普通高等教育"十一五"国家级规划教材

核反应堆控制

（第二版）

张建民　主　编

付满昌　主　审

张建民　孙培伟　姜　晶　编　著

中国原子能出版社

图书在版编目(CIP)数据

核反应堆控制/张建民主编;孙培伟,姜晶编著. —北京:中国原子能出版社,2016.7
ISBN 978-7-5022-7441-2

Ⅰ.①核… Ⅱ.①张… ②孙… ③姜… Ⅲ.①反应堆—控制—高等学校—教材 Ⅳ.①TL36

中国版本图书馆 CIP 数据核字(2016)第 179155 号

内 容 简 介

本书在论述核反应堆与核电厂控制的一般概念和基础知识、线性离散时间控制系统的分析方法和线性控制系统的状态空间分析方法的基础上,介绍了核反应堆的动力学模型及其瞬态响应分析;以不同形式的数学模型为基础详细讨论了各种类型核反应堆及其控制系统的稳定性分析方法;介绍了压水堆核电厂功率分布控制、功率控制以及其他主要过程参数控制;同时也介绍了其他类型动力堆的控制和数字控制系统及其在核电厂的应用;最后介绍了先进压水堆核电厂的控制原理和数字化仪表与控制系统。

本书是高等院校核工程与核技术专业以及核反应堆工程专业的本科生教材,也可供从事相关专业的工程技术人员参考使用。

核反应堆控制(第二版)

出版发行 中国原子能出版社(北京市海淀区阜成路 43 号 100048)
责任编辑 侯茸方
装帧设计 赵 杰
责任校对 冯莲凤
责任印制 潘玉玲
印 刷 保定市中画美凯印刷有限公司
经 销 全国新华书店
开 本 787 mm×1092 mm 1/16
印 张 17.75
字 数 444 千字
版 次 2016 年 8 月第 2 版 2016 年 8 月第 1 次印刷
书 号 ISBN 978-7-5022-7441-2 **定 价 58.00 元**

网址:http://www.aep.com.cn **E-mail:atomep123@126.com**
发行电话:010-68452845

再版前言

本书作为教育部普通高等教育"十一五"国家级教材规划选题、国防科工委"十一五"国防特色学科专业教材支持计划以及西安交通大学本科"十一五"规划教材建设项目，于2009年出版。出版以来，被设有核工程与核技术或核反应堆工程本科专业的院校选为核反应堆控制课程教材使用。本次再版，考虑了我国核事业的发展对高级专业人才培养的需要，同时尽可能反映核电厂与核反应堆系统控制技术的发展，尽量保持原教材特点，力求克服原教材中的不足之处。

考虑到读者已经具备经典控制理论的基本知识，本次再版直接运用经典控制理论的相关定理、性质和方法分析讨论核反应堆与核动力厂控制系统的性能。内容设置上保持了第一版的布局，具体内容作了适当的补充和修改，使内容体系更加完整和清晰。例如增加了轴向功率分布监测与控制的原理、功率控制特性分析以及AP1000核电厂的控制方案和控制原理等内容，完善了脉冲传递函数的相关内容，状态空间分析中将连续系统和离散系统分别描述等等。全书共分为9章。第1章阐述核反应堆控制的基本概念和物理基础；第2章介绍线性离散时间控制系统的信号转换、采样定理、Z变换和脉冲传递函数等基本概念；第3章介绍线性定常控制系统的状态空间模型的建立及其求解，以及线性定常控制系统性能的分析方法；第4章介绍核反应堆系统的各种形式数学模型的建立和瞬态响应分析方法；第5章描述采用各种不同分析方法对核反应堆及其控制系统的稳定性进行分析，包括线性连续系统和离散系统；第6章介绍压水堆核电厂的功率分布控制和主要控制系统；第7章简要介绍几种不同类型动力堆的控制系统，包括了先进沸水堆核电厂的控制系统等；第8章介绍数字控制系统及其在核电厂中的应用，主要包括集中型和集散型数字控制系统；第9章简要介绍先进非能动压水堆核电厂AP1000的控制方案、控制原理以及数字化仪表与控制系统的组成、功能和特性等，也包括了改进型欧洲压水堆核电厂EPR的数字化仪表与控制系统。

本书为核工程与核技术和核反应堆工程专业试用教材，参考学时为56学时，自动控制理论（经典理论部分）课为先修课程。若教学学时偏少可选择其中部分内容讲授。

本书的出版得到了中国原子能出版社领导给予的大力支持；付满昌主审曾为本书提出了许多建设性意见，保证了本教材的质量；作者的学生们也为本书再版提出了修改意见供参考；在本书出版过程中侯苇方编辑花费了很多心思和精力，使本书增色不少，在此一并致以诚挚的谢意。

由于作者学识水平有限，经验不足，书中错误和不妥之处在所难免，敬请读者批评指正，不吝赐教。

作　者

2014年1月

于西安交通大学

前言

本教材曾于2002年出版，作为核工程与核技术专业试用教材，被开设核反应堆控制课程的院校普遍采用。为满足我国核事业发展对高级专业人才培养的需要，反映核反应堆工程与核电厂中控制技术的发展，同时也考虑本专业课程体系的不断改进，决定对本教材进行修订出版。

本教材同时被列为普通高等教育“十一五”国家级规划教材、国防科工委“十一五”国防特色学科专业教材支持计划以及西安交通大学本科“十一五”规划教材建设项目。

在本书编写过程中，考虑到读者已经具备经典控制理论的基本知识，书中直接采用经典控制理论的相关定理、性质和方法分析讨论核反应堆与核动力厂控制系统的性能。由于核能系统已经普遍采用了数字化仪表与控制，所以设置了线性离散时间控制系统的分析方法和线性控制系统的状态空间分析方法及其在核动力控制系统分析中的应用。压水堆核电厂的控制、其他堆型核电厂控制以及核电厂的数字控制等章节保留了原书的布局，内容方面在不同程度上作了更新。最后增加了先进压水堆核电厂控制简介，结合我国引进的两种三代核电机组的数字化仪表与控制系统，简要介绍了现代核电厂仪表与控制的基本概念等，使读者能够了解到核电厂仪表与控制技术的最新进展。全书共分为9章。第1章阐述核反应堆控制的基本概念和物理基础；第2章介绍离散时间控制系统的信号转换、采样定理、差分方程及其求解、Z变换和脉冲传递函数等基本概念；第3章介绍线性定常控制系统的状态空间模型的建立及其求解，以及线性定常系统的分析方法；第4章介绍核反应堆系统各种形式的动力学模型的建立和瞬态响应分析；第5章介绍采用各种不同分析方法对核反应堆及其控制系统的稳定性分析，包括线性连续系统和离散系统；第6章着重介绍压水堆核电厂的功率分布控制和主要控制系统；第7章简要介绍几种不同类型动力堆控制系统，包括先进沸水堆核电厂的控制系统等；第8章介绍核电厂的数字控制基础，主要包括集中型和集散型数字控制；第9章简要介绍了先进非能动压水堆核电厂AP1000和改进型欧洲压水堆核电厂EPR仪表与控制系统的基本组成、功能和性能。

本书为核工程与核技术专业试用教材，参考学时为56学时，自动控制理论(经典理论部分)课为先修课程。若教学学时少可选择其中部分内容讲授。

付满昌主审仔细审阅了本书书稿，提出了许多建设性意见，提高了本教材的质量；在本书出版过程中刘朔编辑给予了很大的支持和帮助，花费很多精力，使本书增色不少，在此一并致以诚挚的谢意。

由于作者学识有限，经验不足，书中错误和不妥之处在所难免，恳请读者批评指正。

作　　者

2009年5月

目　　录

第1章　核反应堆控制概述

1.1　引　言

核能与核应用技术的发展离不开自动控制理论的发展和自动控制技术的广泛应用。第一座核反应堆的成功临界表明自持链式核裂变反应是可以实现人为控制的，这种链式核裂变反应过程被称为受控核裂变。要利用核反应堆裂变过程中产生的中子或热量，首先必须能够启动、停闭反应堆，并维持核反应堆中的核裂变持续进行，同时也能改变链式核裂变反应过程的强弱。这就归结为如何通过控制手段改变核反应堆中的中子吸收材料以对核反应堆裂变过程进行干预的问题，因此可以说，没有自动控制，核反应堆中的自持核裂变反应就无法进行下去，就不可能实现原子能的和平利用。

所谓自动控制，是指在没有人参与的情况下，利用控制器的作用使生产过程或控制对象的一个或多个物理量，能维持在某一给定水平或按照期望的规律变化。在工程和科学发展的实践中，自动控制技术发挥了十分重要的作用，同时自身也得到了飞速发展。自动控制技术在工业过程中的广泛应用，实现了生产过程自动化，提高了生产效率，同时也减轻了人们的劳动强度。特别是对一些有毒、有害的生产过程或操作人员不能靠近的设备或对象采用了自动控制技术，解决了在这样的特殊环境下的控制难题。例如，核反应堆运行过程中，在其周围放射性剂量水平很高，操作人员是不可能接近它进行控制的，所以核反应堆运行过程中的所有物理参数的测量和控制都是由监测与控制系统自动完成的。

核能系统是一个工艺原理和过程复杂、结构庞大、具有各种用途的高科技工业系统，同时它又是一个具有放射性的特殊对象。为了保证安全、可靠和经济地实现核能的利用，系统除了必要的用于能量传递和转换的工艺系统和设备外，还有仪表与控制系统（简称仪控系统）。仪表与控制（I&C）系统包括仪表系统、控制系统和保护系统。仪表系统用于测量过程参数以监测核能系统的运行状态；控制系统通过驱动不同的控制机构以改变核能系统的运行状态；保护系统的目的是防止某些过程参数偏离正常值而导致事故的发生，限制事故发生后所产生的后果。例如在压水堆核电厂中，仪表系统有：堆芯外测量、堆芯内测量、过程参数测量以及核辐射测量系统等；控制系统有：核反应堆功率控制、一回路压力控制、稳压器液位控制、蒸汽发生器液位控制、蒸汽排放控制和核电厂负荷控制系统等；保护系统有：功率限制与降功率、核反应堆紧急停堆以及专设安全设施驱动系统等。

随着控制技术、计算机技术、通信技术以及显示技术（4C技术）的发展，计算机被广泛应用于各种类型的工业过程自动控制中，形成了工业过程数字化监测与控制。根据核能系统不同的类型和用途，逐步地采用了数字化监测与控制技术。核电厂已经全面地采用了数字化仪表与控制系统实现核电厂的监测、控制以及保护。集散型数字化仪表与控制系统被广泛应用于核电厂，其优点是分散控制、集中管理，提高了核电厂运行的安全性、可靠性及经济性；具有极强的数据处理和通信能力，可以方便地实现复杂方式的过程控制；同时，也方便了实现全厂信息共享，提高了生产管理效率。

数字化仪表与控制系统的采用也为现代控制理论在核能系统过程控制中的应用奠定了良好的基础。

1.2 核反应堆控制的物理基础

核反应堆是一种能以可控方式产生自持链式核裂变反应的装置。核反应堆中链式核裂变反应放出的能量被利用构成核能系统。核反应堆堆芯中每进行一次核裂变反应平均释放出约 200 MeV(即 3.2×10^{-11} J)的能量，由此可计算出每秒若有 3.1×10^{10} 次核裂变反应发生就可以产生 1 W 的功率。核反应堆产生的热功率 P_n 可表示为

$$P_n = CE_f N\sigma_f \phi V \quad (W) \tag{1-1}$$

式中，C——单位换算系数；

E_f——每次核裂变平均释放的能量，约为 200 MeV；

N——堆芯平均单位体积内核裂变材料的核数，10^{24} 原子数·cm^{-3}；

σ_f——裂变材料的微观裂变截面，m^2；

ϕ——堆芯活性区平均中子注量率(旧称中子通量密度)，中子数·cm^{-2}·s^{-1}；

V——堆芯活性区体积，cm^3。

由式(1-1)可以看出，核反应堆功率与活性区的中子注量率 ϕ 或中子密度 $n=\phi/v$(v 为热中子速度)成正比，因而核反应堆功率的变化与中子注量率的变化规律是一致的。对核反应堆中子注量率的控制也就实现了对核反应堆功率的控制。

核反应堆能否实现自持的链式核裂变反应，取决于核裂变反应过程中中子的产生率和消失率之间的平衡关系。从中子的平衡关系可定义核反应堆有效增殖因子为

$$k_{eff}=\text{核反应堆内中子的产生率}/\text{核反应堆内中子总的消失率}$$

核反应堆有效增殖因子 k_{eff} 也可描述为新生一代中子数和产生它的直属上一代中子数之比。如果 $k_{eff}=1$，表明核反应堆内中子的产生率恰好等于中子的消失率。这样，在堆内已经进行的链式核裂变反应将不断进行下去，即链式核裂变反应过程处于稳定状态，这种情况被称为核反应堆临界。如果 $k_{eff}<1$，核反应堆处于次临界状态；如果 $k_{eff}>1$，核反应堆处于超临界状态。

为方便分析核反应堆的非稳定状态引入反应性概念，定义反应性 ρ 为

$$\rho = \frac{k_{eff}-1}{k_{eff}} \tag{1-2}$$

用反应性 ρ 描述 k_{eff} 对 1 的相对偏离量，表征了链式核裂变反应过程偏离临界状态的程度。反应性 ρ 和有效增殖因子 k_{eff} 数值的大小都反映了核反应堆中子注量率的变化状态。在物理上，它表示了新一代中子数(裂变数)的改变份额对所有新一代中子数之比。它依赖于堆芯的尺寸、燃料密度、结构材料以及中子与材料原子核的相互作用截面等。在临界状态下，$\rho=0$；若 $\rho>0$，核反应堆处于超临界状态；若 $\rho<0$，核反应堆处于次临界状态。当偏离临界状态时，ρ 的相对变化比 k_{eff} 的变化大得多，所以反应性是一个比较小的量，一般采用比较

小的单位描述。通常把在量值上等于缓发中子份额 β 的反应性称为 1 元(Dollar)，它的 1% 称为 1 分(Cent)。有时也用 pcm 作为反应性的单位(1 pcm$=10^{-5}$)。

如果不考虑缓发中子效应并忽略外中子源，平均中子代时间可定义为 $\Lambda=\dfrac{l}{k_{\text{eff}}}$，$l$ 为中子寿命，核反应堆的中子密度变化与反应性的关系为

$$\frac{\mathrm{d}n}{\mathrm{d}t}=\frac{\rho}{\Lambda}n \tag{1-3}$$

积分后得

$$n=n_0\mathrm{e}^{(\rho/\Lambda)t} \tag{1-4}$$

式中，n_0——$t=0$ 时刻的中子密度，并有 $n_0=n(0)$。

核反应堆周期 T 定义为中子密度变化 e 倍所需要的时间，描述为

$$T=\frac{n}{\mathrm{d}n/\mathrm{d}t}=\frac{\Lambda}{\rho} \tag{1-5}$$

因此，式(1-4)可写为

$$n=n_0\mathrm{e}^{t/T} \tag{1-6}$$

由此可见，每经过时间 T 以后，中子密度 n 将变化 e 倍。核反应堆周期是一个动态变量，随功率变化的速度而变化，功率变化越快周期值越小，当核反应堆的功率不变时，周期为无穷大。只有当功率变化时，周期才是一个可测量的有限值。通常是通过测定周期的倒数 $\dfrac{\mathrm{d}n/\mathrm{d}t}{n}$ 确定反应堆周期的。在核反应堆启动或功率提升过程中，对周期的监督十分重要，周期过小时可能会导致核反应堆失控，被称为短周期事故。

在工程实际中通常采用 2 倍周期 $T_{(2)}$，定义为中子密度 n 变化 2 倍所用的时间，可表示为

$$T_{(2)}=\frac{\lg 2}{\left(\dfrac{\mathrm{d}}{\mathrm{d}t}\lg n\right)} \tag{1-7}$$

假设在一个大型的热中子压水堆内，使反应性 ρ 突然增大 0.001，一般热中子核反应堆内，平均中子代时间 Λ 约等于 10^{-4} s，则可算出核反应堆的周期 $T=10^{-4}/0.001=0.1$ s。如果核反应堆原来运行功率为 1 MW，假定核反应堆本身不会被烧坏的话，仅在 1 s 时间内功率就上升到 22 000 MW，这样短周期的核反应堆是无法控制的。

上面的结论是假设裂变中子中没有缓发中子而得出的。幸而实际核反应的情况并不是那样，裂变中子中存在着很少一部分缓发中子(对于 ^{235}U 来说，大约 150 个裂变中子中只有一个是缓发中子)。缓发中子通过缓发中子先驱核的衰变而产生，在瞬发中子产生后相当长一段时间才起作用。由于缓发中子的存在，实际核反应堆周期与不考虑缓发中子情况下的核反应堆周期相比要长得多。因为中子的平均寿命 $\bar{l}$ 应该是瞬发中子寿命和所有各组缓发中子寿命的权重平均值

$$\bar{l}=(1-\beta)l_0+\sum_{i=1}^{6}\beta_i(t_i+l_0) \tag{1-8}$$

式中，β_i——第 i 组缓发中子份额；

β——缓发中子的总份额，$\beta=\sum\limits_i\beta_i$；

l_0——瞬发中子寿命，s；

t_i——第 i 组缓发中子先驱核的平均寿命，s。

根据附录 1 中^{235}U 缓发中子的数据，可以求得 $\sum_{i=1}^{6}\beta_i t_i$ 的值为 0.085 s 或近似地等于 0.1 s。$l_0 \approx 10^{-4}$ s，有 $\bar{l} \approx 0.1$ s，而平均中子代时间 $\Lambda \approx 0.1$ s。若此时核反应堆的反应性 ρ 突然增加 0.001，则核反应堆周期近似为 100 s（$T=0.1/0.001=100$ s）。这就表明，核反应堆功率增加 e 倍所需的时间是 100 s，因而核反应堆可以很容易地用移动控制棒的方法进行控制。

通过以上分析可以清楚地看到，平均中子代时间和核反应堆周期很大程度上是由缓发中子而不是瞬发中子决定的。特别是中能堆和快堆的情况更是如此，因为这些核反应堆瞬发中子的寿命更短。缓发中子虽然占裂变中子的份额非常之小，但它对核反应堆周期的贡献却非常大。正是由于存在这些缓发中子，核反应堆控制才成为可能。

1.3　反应性控制

反应性依赖于堆芯尺寸的大小、不同材料的相对量和密度以及中子与各种材料原子核的相互作用（散射、俘获和裂变）截面，因此反应性决定中子在核反应堆中的输运状态。由于所有这些因素都受到温度、压力以及裂变等其他效应的影响，所以反应性依赖于核反应堆的运行功率史。

在核反应堆运行过程中，由于核燃料的不断消耗和裂变产物的不断积累，核反应堆内的反应性就会减少，同时，核反应堆功率和温度等量的变化也会引起反应性变化。反应性总的变化趋势是随着核反应堆运行在不断减少。为了保证核反应堆有相当的工作寿期，满足核反应堆启动、停闭以及功率变化的要求，一个核反应堆寿命初期必须具有足够的剩余反应性。同时，必须具备在运行过程中能补偿上述效应引起的反应性损失的有效手段，以使核反应堆的 k_{eff} 值可维持在所需的各种数值上。

堆芯中没有任何控制毒物时的反应性称为剩余反应性。冷态干净堆芯的剩余反应性称为后备反应性。核反应堆稳定运行时必须保证有效增殖因子 $k_{\text{eff}}=1$（即 $\rho=0$），有一定量的后备反应性。后备反应性的大小取决于设计的燃耗速率、裂变产物的增长率、固有反应性温度效应以及预期的控制范围等。当核反应堆处于冷态，而且堆芯全部装有新燃料时，其反应性最大。一般 900 MW 级压水堆核电厂核反应堆的后备反应性为 0.29。其中大约有 0.05 用于补偿由环境温度上升到运行温度所引起的反应性下降，0.07 用于克服氙和钐的中毒，剩下的 0.17 用于补偿燃耗和其他裂变产物毒物吸收以及作为运行裕量。

在核反应堆设计中，应满足“卡棒”准则的安全要求，即当有一定数量的控制棒卡住在全提位置不能下落时，也能安全停堆。因此，要求反应性控制装置提供的总反应性价值必须大于后备反应性。900 MW 级压水堆核电厂反应性控制装置提供的反应性价值为－0.32。其中－0.25 由硼浓度控制提供，－0.07 由控制棒提供。冷停堆情况下的停堆裕度为－0.03。但当核反应堆处于运行温度下，停堆裕度将增大到－0.08。在功率运行过程中，该值大致保持不变。

为了补偿核反应堆的剩余反应性，在堆芯内必须引入适量的可随意调节的负反应性。

此种受控的反应性既可用于补偿堆芯长期运行所需的剩余反应性，也可用于控制核反应堆的功率水平，还可作为停堆手段。实际上，凡是能改变核反应堆有效增殖因子的任一方法均可作为反应性控制手段。例如，中子吸收体移动控制、慢化剂液位控制、燃料控制和反射层移动以改变中子泄漏等等，其中中子吸收体移动是最常用的一种方法。压水堆可移动中子吸收体有控制棒、慢化剂可溶性毒物和可燃毒物棒等。

1.3.1 中子吸收体移动控制

中子吸收体移动控制方法是指固体或液体的中子吸收体进入或移出堆芯，从而改变堆芯的反应性。固体中子吸收体主要是普通的控制棒，液体中子吸收体一般是硼或钆溶液等。

控制棒是由镉(Cd)、硼(^{10}B)、镝(Dy)或铪(Hf)等对中子有较强吸收能力的材料制成的棒状控制元件。例如，M310型压水堆控制棒采用银-铟-镉(80%Ag，15%In，5%Cd)合金，WWER-1000压水堆控制棒为内充碳化硼(B_4C)吸收材料的不锈钢管，其下端为30 cm长的Dy_2O_3-TiO_2吸收材料，坎杜(CANDU)重水核反应堆机械控制吸收棒是夹在两根不锈钢管中间的一根薄的镉管。

使用控制棒的优点是控制速度快、灵活以及反应性价值变化小。适于补偿核反应堆快速的反应性变化，如在功率运行范围内，由慢化剂温度变化引起的反应性变化、由负荷变化引起的反应性变化、与功率系数有关的反应性变化以及紧急停堆等。其缺点是反应性价值不能调整，对堆内中子注量率分布的扰动较大，对控制棒控制机构的可靠性要求比较高。在小型实验研究核反应堆中，通常只用控制棒来控制反应性。

慢化剂中可溶性毒物浓度控制也称化学控制，其方法是在慢化剂中加入一定浓度的可溶性毒物如硼(^{10}B)和钆(Gd)等。通过调节溶液中毒物浓度来补偿反应性。可溶性毒物控制方法有两种：一种方法是在慢化剂或冷却剂中加入可溶性毒物，调节其浓度以达到控制反应性的目的。该方法是用于补偿伴随燃耗加深的反应性变化。因为改变可溶性毒物浓度的化学控制方法是比较慢的，因此，它被用来补偿由于氙毒或燃耗等引起的较慢的反应性变化，在反应堆启动和停闭过程中也伴随有调硼操作。另一种方法是在紧急停堆时，快速将毒物溶液注入堆芯改变堆内反应性以达到停堆的目的。例如坎杜核反应堆中，这两种慢化剂中可溶性毒物控制方法都采用了，向慢化剂中添加可溶硼用以补偿剩余反应性；向慢化剂中添加可溶钆用以补偿停堆后的氙效应。坎杜核反应堆将向慢化剂中快速注入硝酸钆重水溶液作为它的2号停堆系统(SDS2)。

大型核反应堆在首次燃料循环开始时，由于装载的全是新燃料，具有很大的后备反应性。如果仅用调硼来补偿，则硼浓度将会很高。硼浓度高到一定值时，反应性慢化剂温度系数将由负变为正，这是不希望的。一般压水堆核电厂慢化剂的硼浓度限值为1 400 μg/g。为确保核反应堆在运行工况下反应性慢化剂温度系数是负的，压水堆采用了可燃毒物棒。可燃毒物棒材料一般为硼硅酸盐玻璃/不锈钢、二硼化锆(ZrB_2，简写为IFBA)、氧化钆(Gd_2O_3)或氧化铒(Er_2O_3)等。把它作为固定不动的控制棒装入堆芯，用以补偿堆芯寿命初期的剩余反应性。随着核反应堆运行燃耗的加深，硼、钆或铒原子核数目逐渐减少，吸收能力随之降低，这就相当于有反应性逐渐被“放出”，从而起到控制反应性的作用。由于毒物含量随燃耗加深而变小，故称为可燃毒物。可燃毒物棒在堆芯内是尽可能均匀地布置在没有控制棒的导向管内。在第一循环寿期终了换料时，可燃毒物棒就去掉。而在新型的低泄漏燃料布置方案中，后续循环继续采用可燃毒物棒。

1.3.2　慢化剂液位控制

当慢化剂是轻水或重水时，可以通过控制液位来改变反应性。这种方法通常是用微调液面位置来控制反应性的，也可以在紧急停堆时采用该方法实现停堆。在水冷却核反应堆的实验装置中通常采用这种方法，在重水慢化重水冷却核反应堆亦采用这种方法。英国的SGHWR型重水动力堆、加拿大道格拉斯角(Douglas Point)重水慢化重水冷却核反应堆等都采用慢化剂液位控制法。

1.3.3　燃料控制

所谓反应性燃料控制法，是指通过部分燃料交换进行反应性控制。在快堆中，难以得到大的中子吸收截面，故采用燃料交换的控制方式，如美国快堆 EBR-Ⅱ。坎杜核反应堆的不停堆换料方法是典型的反应性燃料控制方法。

1.3.4　反射层控制

移动反射层或改变反射层材料可改变中子的泄漏率。这种方法可以改变堆芯的反应性，但只是在堆芯设计时采用。

表 1-1 列出了几种主要动力堆的反应性控制方式。

表 1-1　动力堆反应性控制方式

控制作用	压水堆	沸水堆	坎杜堆	气冷堆
长期的燃料燃耗和毒物	硼浓度和可燃毒物棒	控制棒	不停堆换料、硼或钆浓度	控制棒
核反应堆从启动至功率输出	控制棒和硼浓度	控制棒	液体区域控制、调节棒、吸收棒、硼或钆浓度	控制棒
功率控制	控制棒	再循环流量调节	液体区域控制	控制棒
紧急停堆	控制棒和停堆棒快速插入堆内	控制棒快速插入堆内	控制棒和 SDS1 停堆棒快速插入堆内	控制棒快速插入堆内
应急停堆	向堆内注入高浓度的硼酸溶液	向堆内注入硼酸溶液	SDS2 快速注入硝酸钆重水溶液	向堆内抛入硼吸收球

1.4　核电厂稳态运行方案

图 1-1 所示为压水堆核电厂工艺系统简图。所谓核电厂稳态运行方案，是指核反应堆及动力装置在稳态运行条件下，以负荷或核反应堆功率为核心，各运行参数，如温度、压力和流量等应遵循的一种相互关系。

核电厂的负荷 P_H 与蒸汽发生器一次侧和二次侧的温度差有如下关系

$$P_H = (UA)_s(T_{av} - T_s) \tag{1-9}$$

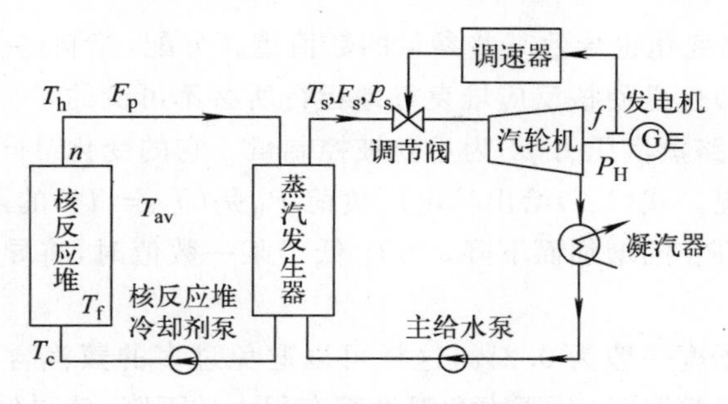

图 1-1　压水堆核电厂工艺系统简图

$$T_{av} = (T_h + T_c)/2 \tag{1-10}$$

式中，$(UA)_s$——蒸汽发生器一次侧到二次侧的等效传热系数，W·℃$^{-1}$；

T_{av}，T_c和 T_h——分别为核反应堆冷却剂平均温度、核反应堆进口和出口温度，℃；

T_s——蒸汽发生器二次侧蒸汽温度，℃。

核反应堆输出功率 P_n可表示为

$$P_n = F_p C_p (T_h - T_c) \tag{1-11}$$

式中，F_p——核反应堆冷却剂流量，kg·s^{-1}；

C_p——冷却剂的比热容，J·kg^{-1}·℃$^{-1}$。

核电厂运行的目标是使 $P_n = P_H$。为达到此目标，应选择能反映核反应堆功率与负荷二者之差的量作为主要被控制量进行控制。从式(1-9)和式(1-11)可以看出，其中每一个参变量的改变都会导致核反应堆的输出功率 P_n或核电厂的负荷 P_H变化。但实际上可以改变的或者说是主要影响的参变量只有冷却剂平均温度 T_{av}(包括 T_h和 T_c)和蒸汽发生器二次侧蒸汽温度 T_s(即二回路压力 p_s)。对于这两个参变量，如果其中某一个保持恒定，使另一个的变化与负荷成一定关系，就引出了两种最基本的稳态运行控制方式：

(1) 蒸汽压力恒定，冷却剂平均温度与负荷变化成线性关系；

(2) 冷却剂平均温度恒定，蒸汽压力与负荷变化成函数关系。

第一种方式，冷却剂平均温度 T_{av}为主要被控制量。它的变化量能反映一回路和二回路之间的不平衡情况，有如下关系式

$$P_n - P_H = MC_p \frac{dT_{av}}{dt} \tag{1-12}$$

式中，M——核反应堆冷却剂的当量质量，kg。

因此，为测定一回路和二回路之间的功率差额，只要测量 T_{av}的变化量就够了。

在正常运行情况下，堆芯状态应满足如下准则：

(1) 保证燃料包壳的完整性；

(2) 设计基准事故工况的相关准则。

它规定了一个随着堆芯高度变化的热点因子的限制。这个限制通常叫做失水事故(LOCA)极限。一般情况下，它的约束性比遵循物理极限和机械极限的规定更强。

为了得到具有一定的压力、温度和流量以及合格品质的蒸汽，冷却剂平均温度 T_{av}随负荷 P_H的增加而增高。但冷却剂平均温度 T_{av}受一回路核反应堆和其他设备等因素的限制而不能过高。一般900 MW级压水堆，T_{av}最大值限制约为325 ℃，一回路压力最大值为

17.2 MPa。当然，功率变化也导致某些参量的数值重新分配，控制这些参量的变化（如氙效应，功率轴向分布……）也是使核反应堆良好地运行所必不可少的。

第二种方式，二回路蒸汽压力 p_s 为主要被控制量。它的变化量同样能反映一回路和二回路之间的不平衡情况。式(1-9)给出核电厂负荷 P_H 是($T_{av}-T_s$)的函数，冷却剂平均温度 T_{av} 恒定，T_s 将随负荷 P_H 的增加而下降，当 T_s 低于某一数值时，将导致汽轮机入口处蒸汽中水含量升高。

汽轮机要求蒸汽干度一般为 0.2%，这样可以避免过多的蒸汽含水量对汽轮机叶片的侵蚀。蒸汽在高压缸里膨胀时，其压力和温度都有很大的下降，使得低压缸进口处的蒸汽参数远在饱和曲线以下。这样就会有水出现，直接危害汽轮机叶片。因此，汽轮机制造商规定了蒸汽品质极限。

蒸汽温度 T_s 尽可能高的第二个理由是使汽轮机的效率尽可能提高，因为汽轮机的效率理论上随着 T_s 的升高而增加。对于该方式，为了保证汽轮机的安全和提高汽轮机的效率，T_s 取值越高越好，但 T_{av} 受到一回路的限制。同时二回路的压力变化范围太大，对二回路的设备及管道等都会造成不利影响。

根据上述两种基本稳态运行方式的分析，核电厂可以有以下 4 种稳态运行方案。

1.4.1 二回路蒸汽压力恒定方案

二回路蒸汽压力（即蒸汽发生器压力）恒定运行方案是指当核电厂启动达到功率运行状态后，在任何时候蒸汽压力是不变的。冷却剂平均温度随负荷的改变而改变。随着负荷的上升，冷却剂平均温度上升，核反应堆的出口温度和入口温度也随之上升，如图 1-2 所示。

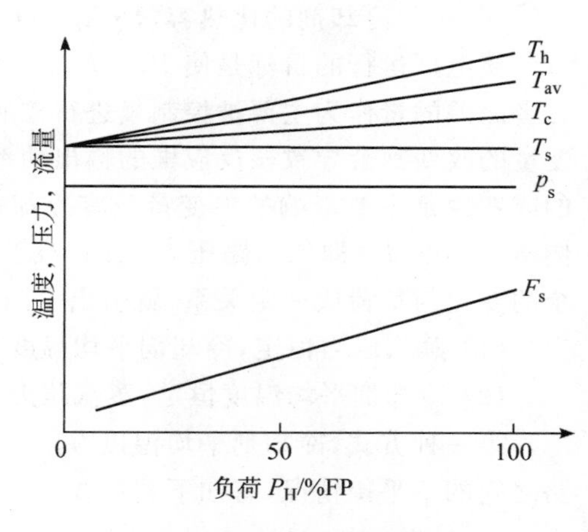

图 1-2 二回路蒸汽压力恒定方案

蒸汽压力恒定方案由于二回路蒸汽压力和温度不变化，对汽轮机等二回路设备是有利的。对汽轮机系统的设计要求是理想的。但由于负荷的增加，冷却剂平均温度和燃料温度随之上升，为了补偿如此大的温度上升而引起的反应性变化，必须设置控制能力很强的控制棒设备。同时，由于核反应堆冷却剂温度变化而引起的稳压器内的冷却剂膨胀或收缩加大，需要设计大的稳压器设备，使一回路的设计负担加重。WWER-1000 堆、CANDU-6 堆和沸水堆核电厂等采用这种运行方案。

1.4.2 冷却剂平均温度恒定方案

冷却剂平均温度恒定运行方案如图 1-3 所示。该运行方案是当核反应堆冷却剂流量 F_p 保持一定时，冷却剂平均温度不随核电厂负荷 P_H 而改变。该方案对一回路系统最为有利。尤其突出的优点是对于具有负温度系数的核反应堆来说这是一个本能的方案，能使核反应堆具有较好的自稳自调特性。同时，由于 T_{av} 恒定，冷却剂容积变化较小，所以，稳压器的液位也几乎不变。在低负荷运行时，随着负荷的下降，蒸汽压力上升，因此，蒸汽发生器就具有了储存热能的可能性。但这种方案由于二回路蒸汽流量和压力随功率的变化较大，对汽轮机等二回路设备不利。增加了蒸汽发生器给水控制系统和汽轮机调速系统的负担。早期的压水堆多采用这种运行方案，如法国的舒兹(Chooz)核电厂机组 A 就采用这种稳态运行方案。

1.4.3　冷却剂出口温度恒定方案

为了避免堆芯出口温度上升对核反应堆燃料和结构热应力限制的影响，可以考虑使用冷却剂出口温度恒定的运行方案，如图 1-4 所示。高温气冷堆采用堆芯出口气体温度恒定的运行方案。

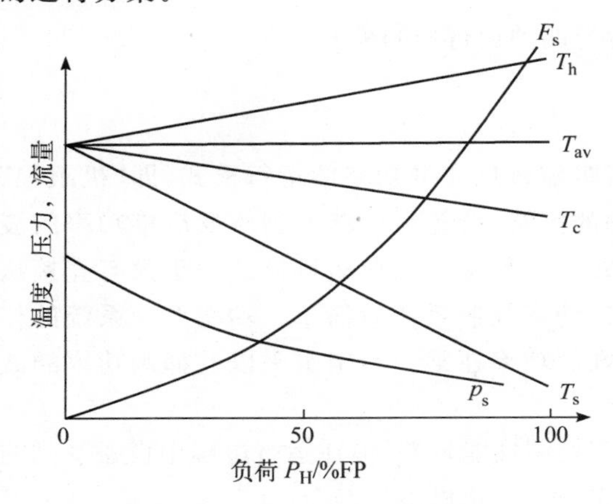

图 1-3　冷却剂平均温度恒定方案

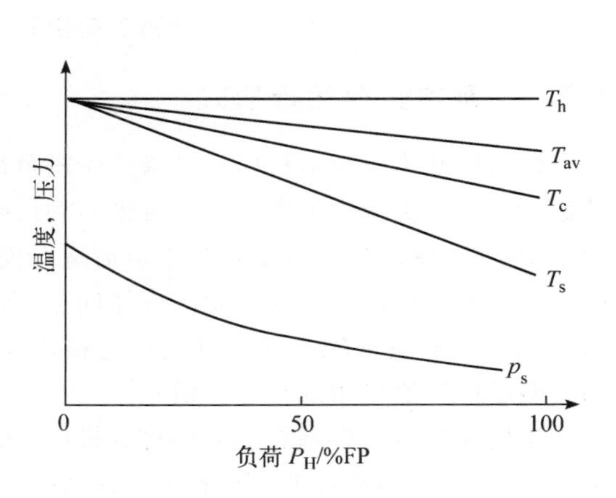

图 1-4　冷却剂出口温度恒定方案

1.4.4　冷却剂平均温度程序方案

冷却剂平均温度随负荷成线性变化的程序运行方案是一种热和机械制约之间的折中方案。图 1-5 所示为 900 MW 级压水堆典型冷却剂平均温度程序方案。T_{av} 随负荷 P_H 的变化可由下式描述

$$T_{av} = T_{av0} + KP_H \qquad (1\text{-}13)$$

式中，T_{av0}——零功率时，核反应堆冷却剂平均温度，℃；

K——T_{av} 与负荷 P_H 成线性函数关系的斜率，℃(%FP)$^{-1}$。

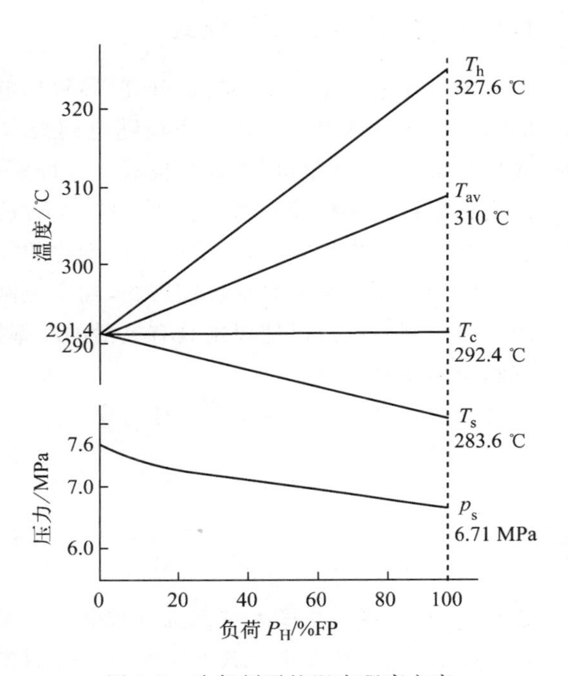

图 1-5　冷却剂平均温度程序方案

该运行方案之所以为一折中方案，是因为它较好地克服了上述蒸汽压力恒定和冷却剂平均温度恒定方案中的缺点，并集中了两个方案的优点。一回路或二回路的全部负担，由一回路和二回路共同承担。其最大的优点是不至于造成二回路系统和设备的

限制太强。当然，必定给一回路增加一定的限制条件。实际上，如果随负荷变化的 T_{av} 变化斜率 K 过大时，负荷剧烈下降，由于慢化剂负温度效应，将释放出大量反应性，所以，应该通过向堆芯深处插入控制棒组件以补偿堆芯反应性的增加，并且还有产生热点的危险。

实际应用中通常采用当负荷 P_H 在 0～100%FP 范围内冷却剂平均温度随负荷线性变化，当负荷 P_H 高于 100%FP 时冷却剂平均温度恒定的结合型方案。

1.5 核电厂运行控制模式

核电厂主要有基本负荷运行和负荷跟踪运行两种运行控制模式。

1.5.1 基本负荷运行模式

核电厂基本负荷运行模式是指汽轮机负荷跟随核反应堆功率的运行模式，即"机跟堆"的运行模式。为减少给燃料寿命带来不利影响的因素，希望尽可能抑制核反应堆功率的波动，这意味着核电厂最好采用基本负荷运行模式。这种基本负荷运行模式由于没有直接从电力系统到核反应堆功率控制的反馈回路，所以功率控制系统较简单。功率控制系统的作用是完成核反应堆的启动、停闭、维持核反应堆的功率在某一给定水平以及抑制功率的波动。核电厂广泛采用这种运行模式。

该模式适合于带基本负荷运行的机组，功率控制性能较差，但在运行过程中设备受到的热应力变化较小，这将无疑有利于保证核电厂安全和延长机组的寿命。

该运行模式在一些核电厂称为模式 A，一些核电厂称为模式 N，还有一些核电厂称为替换模式(ALTERNATE)。

1.5.2 负荷跟踪运行模式

核电在电力生产中的比例升高，导致核电厂越来越多地参与电网调峰，以满足电力电网的需求。这种核电厂的核功率跟随电网需求而变化的运行方式通常称为负荷跟踪运行模式。这是一种"堆跟机"的运行模式。这种模式对于核电厂是最灵活的运行模式。电网需求的变化通过汽轮机控制系统直接反映为蒸汽流量的变化，要求核反应堆通过它的控制系统对负荷的变化作出响应，以适应电网变化的需求。这种自动跟踪负荷的控制模式，具有从电力系统向核反应堆的自动反馈回路，功率控制系统相对较为复杂。采用负荷跟踪运行模式的功率控制系统可以使机组具有灵活的功率控制性能。在任何情况下机组可以参与负荷跟踪和电网调峰运行。

该运行模式在一些核电厂称为模式 G，一些核电厂称为模式 T，还有一些核电厂称为正常模式(NORMAL)。

习 题

1.1 试描述缓发中子对核反应堆控制的作用。

1.2 试说明可移动中子吸收体反应性控制方式有多少种？

1.3 试说明冷却剂平均温度程序方案的特点是什么？

第2章　线性离散控制系统的分析方法

2.1　概　述

线性控制系统包括线性连续时间控制系统和线性离散时间控制系统。线性控制系统的基本特征是描述系统动态过程的数学模型为线性微分方程和差分方程。采用线性定常微分方程和差分方程描述的系统为线性定常系统。实际应用中绝大多数的控制系统为非线性系统,但经过近似化和工程化处理后,可以在一定范围内足够精度地用线性定常系统近似代表。因此,线性定常系统的分析方法的研究尤为重要,并可广泛地应用于这些系统的分析中。

在经典线性系统控制理论中,已经充分讨论了线性定常连续控制系统的分析方法。经典线性系统控制理论的突出特点是:物理概念清晰、研究思路直观、方法简便实用、易于为工程技术人员掌握和采用。经典控制理论的主要研究对象是单输入、单输出线性定常连续控制系统,分析方法的数学基础是傅里叶变换和拉普拉斯变换。线性定常连续控制系统的数学模型有微分方程、传递函数、频率特性、脉冲响应函数以及状态空间模型等。

线性定常连续控制系统的分析包括控制系统稳定性、瞬态特性和稳态特性以及控制系统的设计等。经典理论分析方法主要包括时间域分析方法和频率域分析方法。在时间域,利用劳斯稳定性准则可以分析系统的稳定性,直接利用系统对标准信号的响应研究瞬态特性和稳态特性。频率域分析方法是利用复变量的响应关系曲线图研究控制系统的性能,主要方法是频率响应法和根轨迹法。例如可以通过根轨迹图、奈魁斯特图和波特图研究控制系统的稳定性。频率域分析方法是建立在控制系统传递函数的基础上的。

在控制工程中,数字计算机应用有两种不同的目的:一是被用于复杂控制系统的分析与综合,包括复杂控制系统的数字仿真和计算;二是作为数字控制器与其他部件连接构成数字闭环控制系统。由数字计算机构成的控制系统是一个离散控制系统。所谓离散控制系统就是有一个或多个变量仅在一系列离散的瞬时上变化的控制系统。离散控制系统的信号是通过采样得到的离散数据形式,或者称数字形式,因此离散控制系统也称为采样控制系统或数字控制系统。

图2-1给出了一个离散控制系统的基本结构方框图。该系统由数字控制器、执行器、控制对象、传感器和信号转换器组成。信号转换共有五个过程:采样、量化、编码、解码和保持。其中编码和解码过程只改变信号的表示形式,量化过程只影响信号的大小,而采样和保持过程不仅影响信号的信息量,还影响信号的特性。

相对于连续控制系统,离散控制系统的控制器变为数字控制器、信号变为离散信号,所以离散控制系统的分析和设计就是基于离散系统的数学模型。线性离散时间定常控制系统

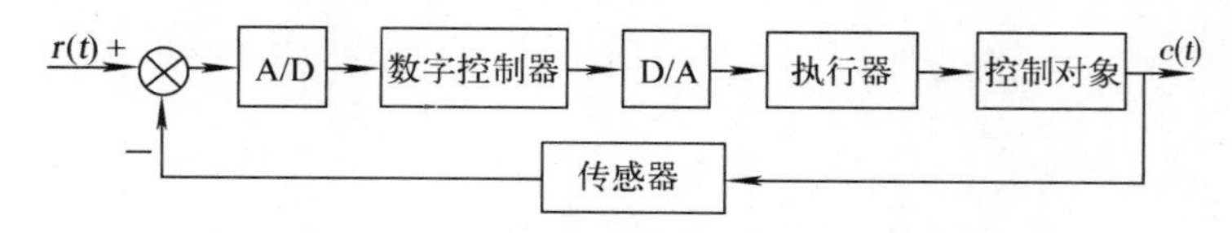

图 2-1　离散控制系统基本结构方框图

可用差分方程、脉冲传递函数、频率特性以及离散状态空间等模型描述。本章主要讨论线性离散时间控制系统的模型建立和分析方法。

2.2　离散控制系统的信号转换

2.2.1　采样-保持器

采样-保持器(S/H)完成信号的采样和保持任务。将一个连续的模拟信号转换成一个阶梯形的模拟信号,如图 2-2 所示。图中采样开关的作用是把时间连续信号转换为时间离散信号或把原时间离散信号改变为另一个序列的采样信号;保持器则用于在给定的时间间隔内保持或“冻结”一个脉冲值或数字信号。实际上采样和保持常在一个部件内完成。它们通常与模-数转换器(A/D)和数-模转换器(D/A)结合在一起使用。

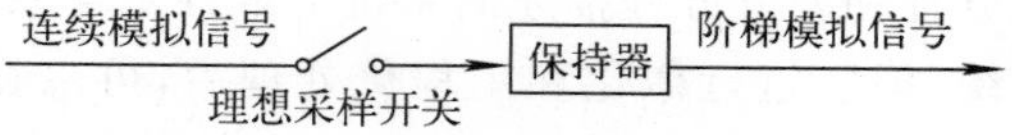

连续模拟信号　理想采样开关　保持器　阶梯模拟信号

图 2-2　采样-保持器方框图

2.2.2　数-模转换器

如果把模-数转换看作编码过程,那么数-模转换就是一个解码过程。数-模转换器将计算机输出的数字信号转换成执行机构所需要的模拟信号,通常为电流或电压的形式。可以把它看成解码与保持过程,如图 2-3 所示。解码器是把一个数字信号转换为幅值调制脉冲信号,而保持器只是把解码后的信号保持到下一个信号到来时刻,使离散脉冲信号变成阶梯模拟信号。

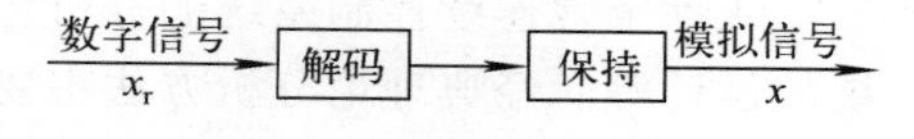

图 2-3　数-模转换器方框图

数-模转换是一种运算,可以用下式描述

$$x = Rx_r \tag{2-1}$$

式中,x——输出模拟电压或电流;

R——基准电压或电流;

x_r——小于 1 的二进制数输入,它可表示为

$$x_r = S_1 \times 2^{-1} + S_2 \times 2^{-2} + \cdots + S_n \times 2^{-n} \tag{2-2}$$

式中,$S_1, S_2, \cdots, S_n$为 n 位二进制的数码,取值“0”或“1”。

实现式(2-1)的功能可以采用由逻辑与开关电路、电阻网络、高精度基准电源及运算放大器等组成的并行数-模转换器,如图 2-4 所示。数字输入数据通过逻辑与开关电路等效地切换电阻网络,它由高精度基准电源供电,输出与数字输入数据相对应的电流,或者经过运算放大器转换输出相应的电压。这类数-模转换器的转换时间,主要取决于开关电路与输出电路的特性。它的转换时间很短，一般为几百纳秒到 1～2 个微秒。

一般逻辑与开关电路中包含数据锁存器，数据一输入即被锁存至下一次输入，从而使数-模转换器同时起零阶保持器的作用。图 2-4 中的电阻网络可以是权电阻网络或 R-2R 梯形电阻网络。

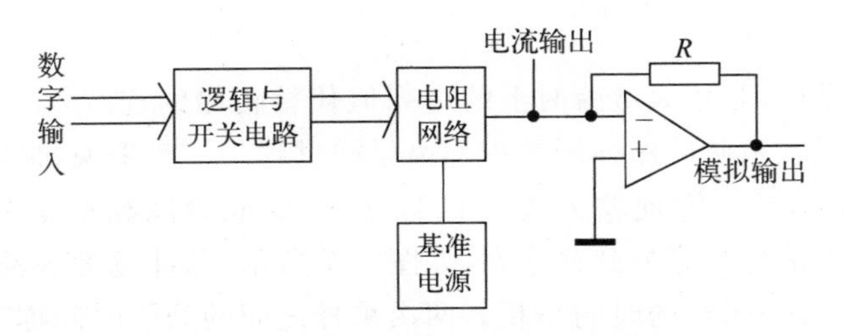

图 2-4　数-模转换器电路原理图

2.2.3　模-数转换器

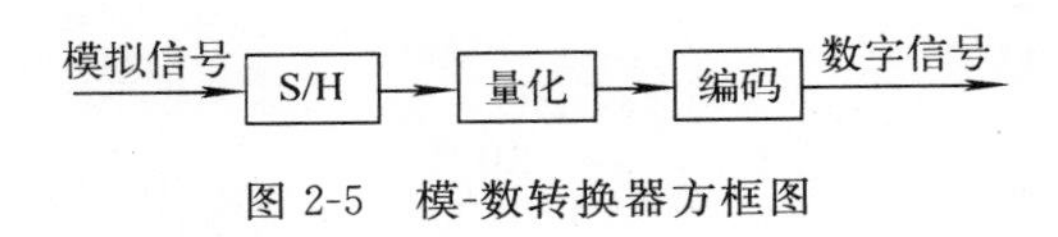

图 2-5　模-数转换器方框图

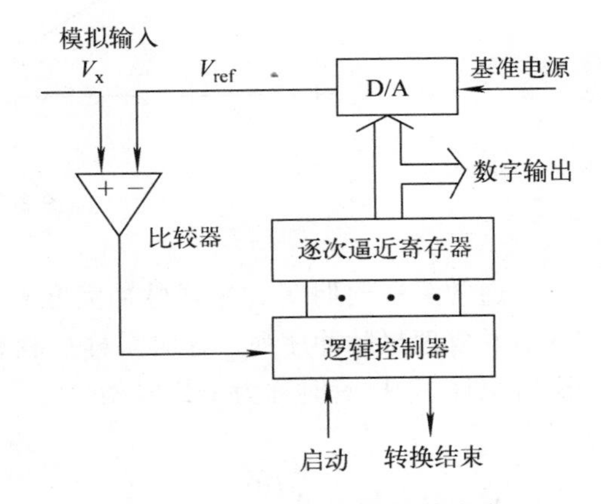

图 2-6　逐次逼近型模-数转换器电路原理图

模-数转换器能将一个模拟信号转换为一个数字编码信号。分解来看，它完成三个过程：采样、量化及编码，如图 2-5 所示。其中采样周期（也称采样时间间隔）只要满足量化和编码的需要，故实际采样时间是十分短暂的。

模-数转换可以运用不同的电路技术来实现，如计数型模-数转换器、并行型模-数转换器、双积分型模-数转换器和逐次逼近型模-数转换器等。逐次逼近型模-数转换器在计算机实时控制系统中应用较多，其原理如图 2-6 所示。

该转换器由比较器、逻辑控制器、数-模转换器和逐次逼近寄存器等组成。逻辑控制器能实现对分搜索的控制。它先使寄存器的最高位为“1”，经数-模转换后得到一个满量程一半的模拟参考电压 V_{ref} 与输入电压 V_x 相比较。若 $V_x \geqslant V_{ref}$，则保留这一位为“1”；若 $V_x < V_{ref}$，则使这一位为“0”，然后再使寄存器的下一位为“1”，与上次结果一起经数-模转换后产生新的模拟参考电压 V_{ref} 与输入电压 V_x 相比较……重复这样的过程直至寄存器最低位为“1”，再与 V_x 相比较，由 $V_x \geqslant V_{ref}$ 还是 $V_x < V_{ref}$ 来决定这一位为“1”或“0”。这样经过 n 次比较后，n 位逐次逼近型寄存器的状态即为转换后的数字量数据。

这种对分搜索方法的优越性是非常明显的。对字长为 n 位的转换器来说，逐次逼近型模-数转换器所需转换时间为 n 个采样周期，而且与 V_x 无关。常用的集成电路逐次逼近型模-数转换器转换时间在几个至几百个微秒。

2.3 连续信号的采样及其重构

2.3.1 连续信号的采样

1. 采样过程

对连续信号的采样，是用离散瞬时上的序列值代替初始的连续信号。连续信号通过一个定时采样开关形成一组脉冲序列的过程称为采样过程。一般来说，采样器的时延极短，惯性也极小，可以忽略不计。它使输入连续信号 $f(t)$ 变成时间离散信号 $f^*(t)$（即采样信号），其为幅值与输入信号相等的脉冲序列，如图 2-7 所示。脉冲宽度 τ 表示采样一个信号所需要的时间（即采样开关闭合的时间）；相邻两次采样之间的间隔时间称为采样周期，用 T 表示。采样信号 $f^*(t)$ 可看成是连续信号 $f(t)$ 和一个幅度为 1，宽度为 τ，周期为 T 的脉冲序列 $p(t)$ 的乘积，即

$$f^*(t) = f(t)p(t) \tag{2-3}$$

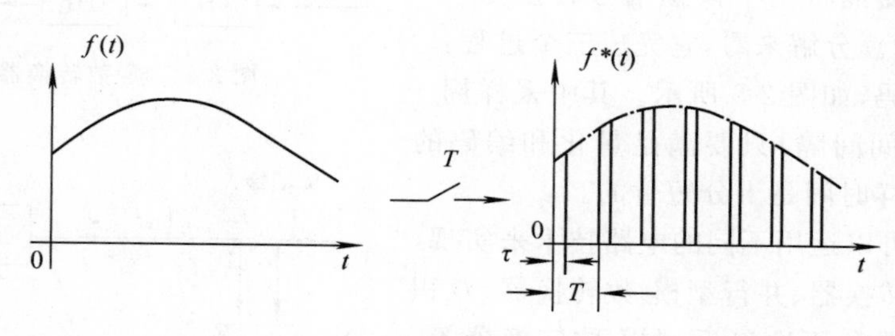

图 2-7　实际采样过程

通常采样周期 T 比采样脉冲宽度 τ 大得多，即满足 $T \gg \tau$，因此，有限宽度的脉冲序列可近似看成理想脉冲序列。这时采样过程称为理想采样过程，如图 2-8 所示。理想采样器是瞬时采样，采样瞬时称为采样时刻。

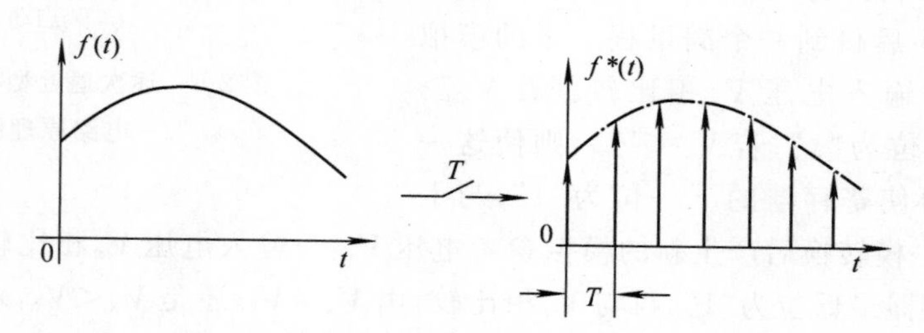

图 2-8　理想采样过程

2. 采样信号的数学描述

图 2-8 所示的理想采样过程，可以看成是连续信号 $f(t)$ 调制一组单位脉冲序列 $\delta_T(t)$ 的幅值调制过程。单位脉冲序列为

$$\delta_{\mathrm{T}}(t)=\delta(t)+\delta(t-T)+\delta(t-2T)+\cdots \tag{2-4}$$

理想采样信号 $f^*(t)$可看成是连续信号 $f(t)$和理想采样脉冲序列 $\delta_{\mathrm{T}}(t)$的乘积,即有

$$\begin{aligned}f^*(t)&=f(t)\delta_{\mathrm{T}}(t)\\&=f(0)\delta(t)+f(T)\delta(t-T)+f(2T)\delta(t-2T)+\cdots\\&=\sum_{k=0}^{\infty}f(kT)\delta(t-kT)\end{aligned} \tag{2-5}$$

理想采样信号 $f^*(t)$ 是一个时间上离散的序列。式中 $\delta(t-kT)$ 表示信号采样的时刻,而 $f(kT)$ 表示采样信号该时刻的采样值,其大小等于被采样连续信号 $f(t)$ 在该时刻的值。

3. 采样信号的频率特性

采样信号的频率特性可以由傅里叶变换求得。设被采样的连续信号 $f(t)$的傅里叶变换为 $F(\mathrm{j}\omega)$,理想采样信号 $f^*(t)$的傅里叶变换用 $F^*(\mathrm{j}\omega)$表示,则

$$F^*(\mathrm{j}\omega)=\mathscr{F}[f^*(t)]=\mathscr{F}[f(t)\delta_{\mathrm{T}}(t)] \tag{2-6}$$

式中,$\delta_{\mathrm{T}}(t)$——具有周期为 T 的周期函数,对应采样角频率为 $\omega_{\mathrm{s}}=2\pi/T$,它可以用傅里叶级数的复数形式表示,即

$$\delta_{\mathrm{T}}(t)=\sum_{k=-\infty}^{\infty}\delta(t-kT)=\frac{1}{T}\sum_{k=-\infty}^{\infty}\mathrm{e}^{\mathrm{j}k\omega_{\mathrm{s}}t} \tag{2-7}$$

所以,采样信号 $f^*(t)$可以表示为傅里叶级数形式

$$f^*(t)=\frac{1}{T}f(t)\sum_{k=-\infty}^{\infty}\mathrm{e}^{\mathrm{j}k\omega_{\mathrm{s}}t} \tag{2-8}$$

式中,k——定义谐波次数的整数,$k=0,\pm1,\pm2,\cdots$,将式(2-8)代入式(2-6)得

$$\begin{aligned}F^*(\mathrm{j}\omega)&=\mathscr{F}[f^*(t)]=\mathscr{F}\left[f(t)\frac{1}{T}\sum_{k=-\infty}^{\infty}\mathrm{e}^{\mathrm{j}k\omega_{\mathrm{s}}t}\right]\\&=\frac{1}{T}\sum_{k=-\infty}^{\infty}\mathscr{F}\left[f(t)\mathrm{e}^{\mathrm{j}k\omega_{\mathrm{s}}t}\right]\end{aligned} \tag{2-9}$$

根据傅里叶变换中的复位移定理,式(2-9)可写成

$$F^*(\mathrm{j}\omega)=\frac{1}{T}\sum_{k=-\infty}^{\infty}F[\mathrm{j}(\omega-k\omega_{\mathrm{s}})] \tag{2-10}$$

若令 $n=-k$,则式(2-10)可写成如下习惯表示形式

$$\begin{aligned}F^*(\mathrm{j}\omega)&=\frac{1}{T}\sum_{n=-\infty}^{\infty}F[\mathrm{j}(\omega+n\omega_{\mathrm{s}})]\\&=\cdots+\frac{1}{T}F[\mathrm{j}(\omega-2\omega_{\mathrm{s}})]+\frac{1}{T}F[\mathrm{j}(\omega-\omega_{\mathrm{s}})]+\frac{1}{T}F(\mathrm{j}\omega)+\\&\quad\frac{1}{T}F[\mathrm{j}(\omega+\omega_{\mathrm{s}})]+\frac{1}{T}F[\mathrm{j}(\omega+2\omega_{\mathrm{s}})]+\cdots\end{aligned} \tag{2-11}$$

式(2-10)和式(2-11)都是采样信号频率特性的表达式。采样信号的幅频谱表达式为

$$|F^*(\mathrm{j}\omega)|=\frac{1}{T}\left|\sum_{n=-\infty}^{\infty}F[\mathrm{j}(\omega+n\omega_{\mathrm{s}})]\right| \tag{2-12}$$

幅频特性曲线如图 2-9 所示。由图可见,采样信号频谱在 ω 处的幅值是连续信号频谱在频率$(\omega+n\omega_{\mathrm{s}})$处的所有矢量和的模。因此,信号经过采样就不可能区分出这些频率点($\omega,\omega\pm\omega_{\mathrm{s}},\omega\pm2\omega_{\mathrm{s}},\cdots,\omega\pm n\omega_{\mathrm{s}}$,这里按习惯取正频率)上幅值的大小。

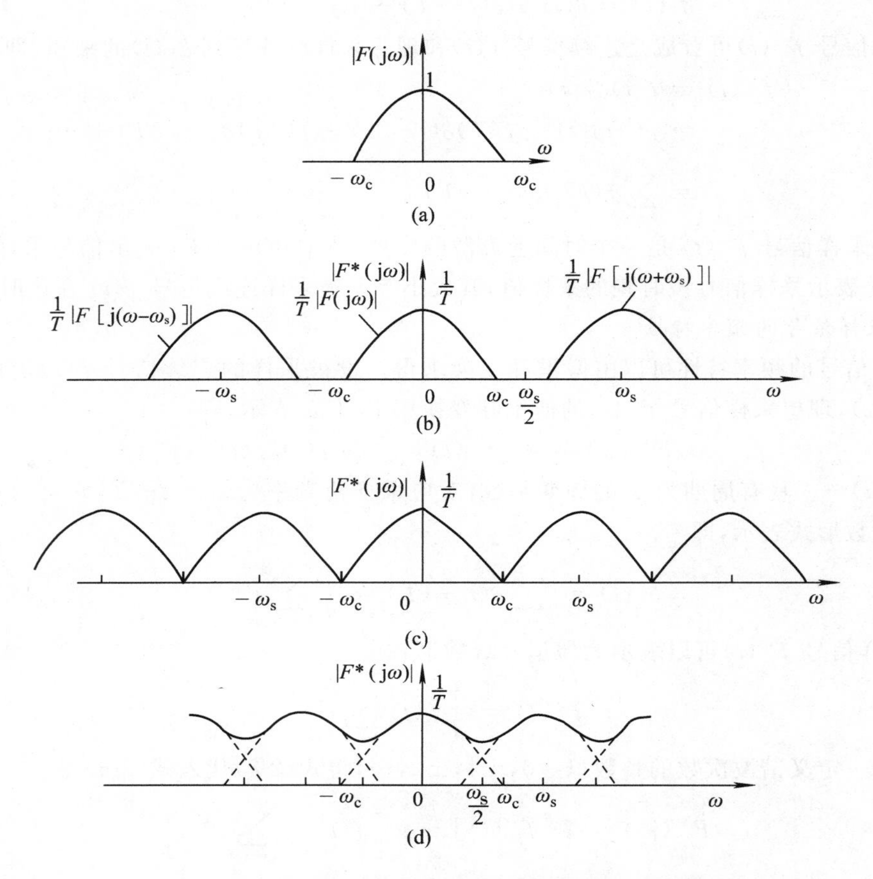

图 2-9　理想采样信号的幅频特性曲线图

(a) $f(t)$ 幅频谱；(b) $\omega_s>2\omega_c$；(c) $\omega_s=2\omega_c$；(d) $\omega_s<2\omega_c$

一般来说，非周期连续信号 $f(t)$ 的幅频谱 $|F(j\omega)|$ 是窄频带的连续频谱，以低频成分为主，如图 2-9(a)所示。其下限频率为 $-\omega_c$，上限频率为 ω_c。而采样信号 $f^*(t)$ 的幅频谱 $|F^*(j\omega)|$ 则是频率的周期函数。在频域内的周期 ω_s 等于时域内的采样角频率。当 $n=0$ 时，$|F^*(j\omega)|_{n=0}=\dfrac{1}{T}|F(j\omega)|$，它与连续信号 $f(t)$ 的幅频谱 $|F(j\omega)|$ 相差 $\dfrac{1}{T}$，该项称为 $|F^*(j\omega)|$ 的基本幅频谱。当 $n\neq0$ 时，由于采样而产生的以 ω_s 为周期的高频幅频谱分量，每隔一个 ω_s 就重复连续信号幅频谱 $\dfrac{1}{T}|F(j\omega)|$ 一次，如图 2-9(b)所示。幅频特性曲线的周期大于 2 倍的上限频率，即 $\omega_s>2\omega_c$。

采样定理：若连续信号幅频谱是有限宽，其最高频率为 ω_c，连续信号采样后产生的高频幅频谱与基本幅频谱不发生重叠的条件是采样频率 ω_s 必须满足下列不等式

$$\omega_s \geqslant 2\omega_c \tag{2-13}$$

例如，图 2-9(c)所示为 $\omega_s=2\omega_c$，正好满足采样定理。若不满足采样定理，就会发生频谱重叠现象，或称折叠、混叠现象，如图 2-9(d)所示。由图可见，$\omega_s<2\omega_c$，在采样信号的基本幅频谱与连续信号幅频谱之间产生了畸变。

2.3.2　采样信号的重构

在数字控制系统或采样系统中，由数字计算机输出信号或采样信号在送入系统连续部件之前必须进行平滑处理，即连续化，这就称为采样信号重构。

1. 信号重构的条件

由图 2-9 可见采样信号和连续信号幅频谱间的关系，如果采样信号通过某种理想低通滤波器滤波后，能把采样信号幅频谱与原连续信号幅频谱完全一样的基本幅频谱分量保留下来，其余高频幅频谱分量彻底滤掉，这就实现了理想重构的愿望。要达到这一目的，必须具备两个条件：一是要满足采样定理 $\omega_s \geqslant 2\omega_c$；二是要采用理想滤波器。第一个条件提供了理想重构的可能性，否则采样幅频谱呈现重叠现象，那么采用最理想的滤波器也无法将基本幅频谱分离出来。

所谓理想低通滤波器是指它能对某个频率（如 ω_c）以下的所有频率分量都给予不失真的传输，而将 ω_c 以上的所有频率分量全部衰减为零（即滤掉）。

在时间域，信号不失真地传输是指系统的输入、输出信号波形完全相同，只有幅值的衰减或增大，而且时间上允许有延迟。若从频率域来看，是指系统的幅频特性为常数，而相频特性为零或与 ω 成线性关系。这类系统称为理想系统，其频率特性为

$$H(j\omega) = K e^{-j\omega t_0} \tag{2-14}$$

即

$$|H(j\omega)| = K, \quad \angle H(j\omega) = -\omega t_0$$

式中，t_0 为常量。所以，理想低通滤波器的频率特性为

$$H(j\omega) = \begin{cases} K e^{-j\omega t_0} & |\omega| \leqslant \omega_c \\ 0 & |\omega| > \omega_c \end{cases} \tag{2-15}$$

理想滤波器的频率特性曲线如图 2-10 所示。由此可见，如果某信号采样后幅频谱不相重叠，通过理想滤波器以后，可以毫不失真地重构原连续信号。实际上，理想低通滤波器在物理上是不可实现的，所以，进行信号重构时，能做的就是试图尽可能逼近原来的连续信号。

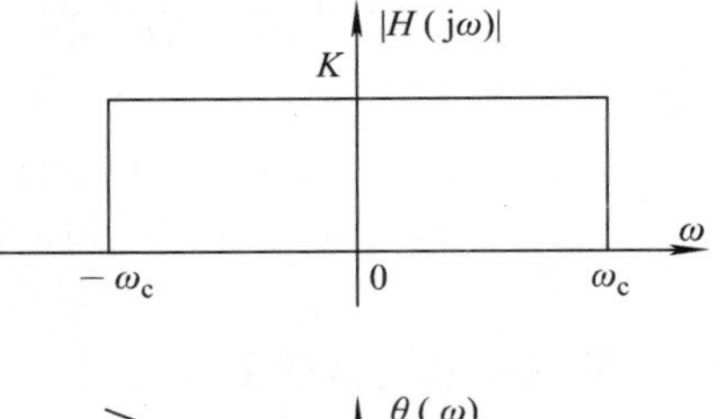

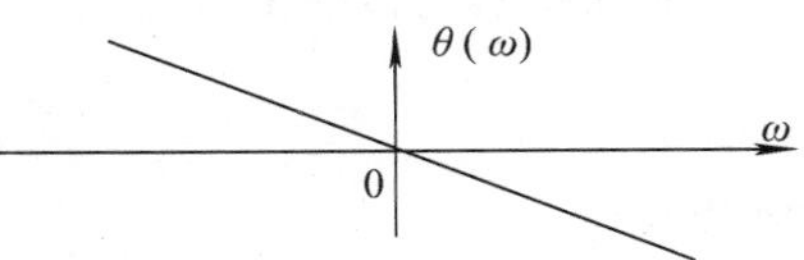

图 2-10　理想滤波器的频率特性曲线图

2. 信号的重构

采样信号重构的实质是指如何把一串脉冲序列 $f(0), f(T), \cdots, f(kT)$ 平滑成连续信号 $f(t)$。实际过程是以当前时刻及过去时刻的采样值作为已知条件实现采样信号的重构。例如，在相邻两个采样时刻 kT 和 $(k+1)T$ 之间的连续信号 $f_k(t)$，必须用 $f(t)$ 在 $(k+1)T$ 以前的 $kT, (k-1)T, (k-2)T, \cdots$ 采样时刻的数值，用外推的方法求出两个点之间的插值。一般采用多项式外推，外推函数为 $f(t)$ 在 $t = kT$ 上的泰勒级数展开式。

$$f_k(t) = f(t) = f(kT) + f'(kT)(t-kT) + \frac{1}{2!}f''(kT)(t-kT)^2 + \cdots \tag{2-16}$$

式中，$kT \leqslant t \leqslant (k+1)T$，$f'(kT) = \left.\dfrac{\mathrm{d}f(t)}{\mathrm{d}t}\right|_{t=kT}$，$f''(kT) = \left.\dfrac{\mathrm{d}^2 f(t)}{\mathrm{d}t^2}\right|_{t=kT}$，… 各系数可用采样值 $f(kT)$，$f[(k-1)T]$，…来估计。一阶导数的近似式为

$$f'(kT) = \{f(kT) - f[(k-1)T]\}/T \tag{2-17}$$

二阶导数可表示为

$$\begin{aligned} f''(kT) &= \{f'(kT) - f'[(k-1)T]\}/T \\ &= \{f(kT) - 2f[(k-1)T] + f[(k-2)T]\}/T^2 \end{aligned} \tag{2-18}$$

依此类推。

从上述近似表达式中可见，导数阶次越高，则所需的过去的采样值的数目也就越多，估算精度就越高。通常利用式(2-16)中的第一项来重构连续信号。由于它是多项式中的零阶导数项，故称为零阶保持器(Zero Order Hold，ZOH)。若利用式(2-16)中的前两项来重构连续信号 $f(t)$，它被称为一阶保持器，在数字仿真时也常会用到。

3. 零阶保持器

根据零阶保持器的时域定义，外推函数 $f_k(t)$ 的表达式为

$$f_k(t) = f(kT), \quad kT \leqslant t < (k+1)T \tag{2-19}$$

零阶保持器的特点是，将采样脉冲序列 $f^*(t)$ 在 kT 时刻的数值保持直到下一个采样时刻 $(k+1)T$ 到来之前。因此采样信号经过零阶保持器以后，其输出就变成阶梯形式的连续信号，如图 2-11 所示。

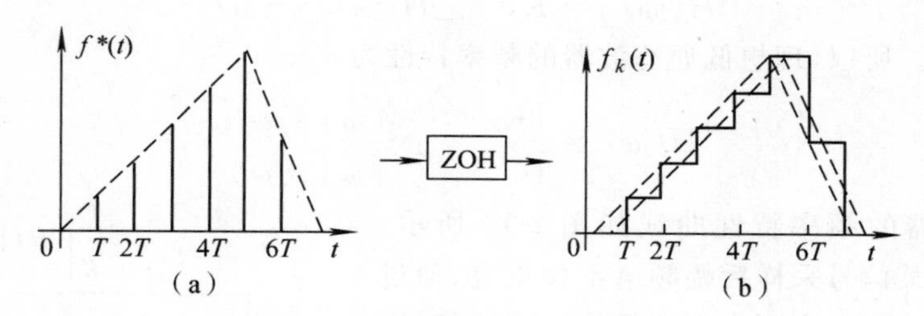

图 2-11　零阶保持器保持特性曲线图

(a)采样信号；(b)阶梯形连续信号

零阶保持器的传递函数为

$$G_{H0}(s) = \frac{1 - e^{-Ts}}{s} \tag{2-20}$$

频率特性为

$$G_{H0}(j\omega) = \frac{1 - e^{-j\omega T}}{j\omega} = T\,\frac{\sin(\omega T/2)}{\omega T/2}\,e^{-j\omega T/2} \tag{2-21}$$

由于采样角频率 $\omega_s = 2\pi/T$，所以有

$$G_{H0}(j\omega) = \frac{2\pi}{\omega_s}\,\frac{\sin(\pi\omega/\omega_s)}{\pi\omega/\omega_s}\,e^{-j\pi\omega/\omega_s}$$

频率特性曲线如图 2-12 中实线所示。

零阶保持器还有一个优势，它比较简单、容易实现，因此，被广泛地采用。

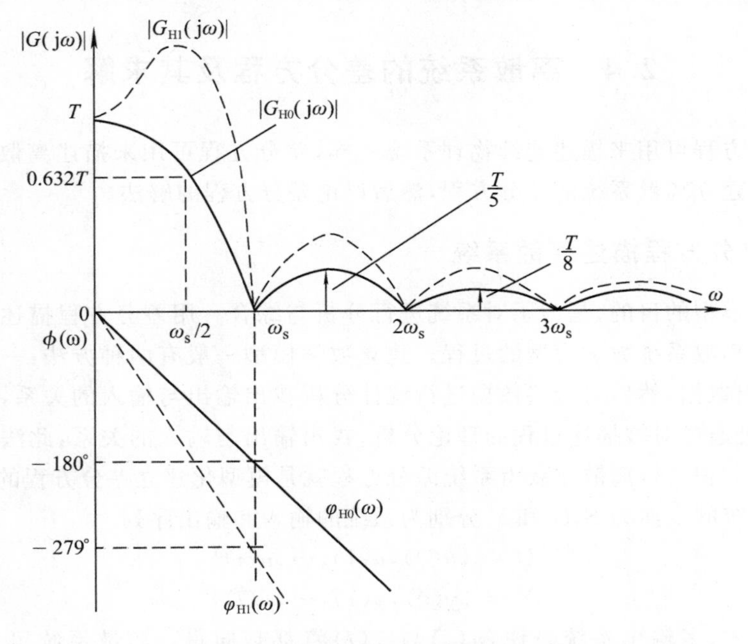

图 2-12　保持器的幅频和相频特性曲线图

4. 一阶保持器

根据一阶保持器的时域定义,外推函数 $f_k(t)$ 的表达式为

$$\begin{aligned} f_k(t) &= f(kT) + f'(kT)(t-kT) \\ &= f(kT) + \frac{1}{T}\{f(kT) - f[(k-1)T]\}(t-kT), \\ & kT \leqslant t \leqslant (k+1)T \end{aligned} \tag{2-22}$$

由式(2-22)可知,一阶保持器的输出是当前时刻输入的采样值 $f(kT)$ 与前一时刻输入采样值 $f[(k-1)T]$ 连线的延长线。一阶保持器的传递函数为

$$G_{\mathrm{H1}}(s) = T(Ts+1)\left(\frac{1-\mathrm{e}^{-Ts}}{Ts}\right)^2 \tag{2-23}$$

频率特性为

$$G_{\mathrm{H1}}(\mathrm{j}\omega) = T\sqrt{1+(\omega T)^2}\left[\frac{\sin(\omega T/2)}{\omega T/2}\right]^2 \mathrm{e}^{-\mathrm{j}(\omega T - \arctan \omega T)} \tag{2-24}$$

或

$$G_{\mathrm{H1}}(\mathrm{j}\omega) = \frac{2\pi}{\omega_{\mathrm{s}}}\sqrt{1+\left(\frac{2\pi\omega}{\omega_{\mathrm{s}}}\right)^2}\left[\frac{\sin(\pi\omega/\omega_{\mathrm{s}})}{\pi\omega/\omega_{\mathrm{s}}}\right]^2 \mathrm{e}^{-\mathrm{j}[(2\pi\omega/\omega_{\mathrm{s}}) - \arctan(2\pi\omega/\omega_{\mathrm{s}})]}$$

频率特性曲线如图 2-12 中虚线所示。

从信号重构精度来看,一阶保持器比零阶保持器精度高,但是对高频信号的滤波性能不如零阶保持器好,相位角滞后也更大。因而从稳定性和动态特性考虑,在反馈控制系统中采用零阶保持器更为有利。

2.4 离散系统的差分方程及其求解

如同微分方程可用来描述连续物理系统一样，差分方程可用来描述离散物理系统。本节先介绍怎样建立离散系统的差分方程，然后讨论差分方程的解法。

2.4.1 用差分方程描述离散系统

建立数学模型的目的，是为了对系统进行分析与综合。用差分方程描述离散系统的过程就是建立该离散系统数学模型的过程。建立数学模型一般有两种方法：一种是通过试验测取输入、输出数据，然后对这些数据进行统计分析找出输出与输入的关系，此法称为系统辨识；另一种是通过对被描述过程的理论分析，找出输出与输入的关系，此法称为系统的模型化。将微分方程进行离散化获得系统差分方程就是模型化建立差分方程的一种方法。

定义某系统的变换为 S，U 和 Y 分别为系统的输入和输出序列

$$U = \{u(0), u(1), \cdots, u(i)\} \tag{2-25}$$

$$Y = \{y(0), y(1), \cdots, y(i)\} \tag{2-26}$$

对于多输入、多输出系统来说，$u(i)$ 与 $y(i)$ 将都是向量。离散系统可用如下差分方程描述

$$Y = S(U) \tag{2-27}$$

如果变换 S 满足叠加原理即

$$Y = S(aU + bU') = aS(U) + bS(U') \tag{2-28}$$

则系统是线性的。此时，Y 是 U 的线性函数。下面给出两个离散系统差分方程的例子：

线性定常离散系统

$$y(kT) - 2y[(k-1)T] = 3u(kT) - u[(k-2)T]$$

非线性定常离散系统

$$y(kT) + 3y[(k-1)T]y[(k-3)T] - 6y^2[(k-2)T] = u(kT) - 4u^2[(k-1)T]$$

单输入、单输出线性定常离散系统差分方程的一般描述形式为

$$y(kT) + a_1 y[(k-1)T] + \cdots + a_n[(k-n)T] = b_0 u(kT) + b_1 u[(k-1)T] + \cdots + b_m u[(k-m)T], m \leqslant n \tag{2-29}$$

或写为

$$y(kT) + \sum_{i=1}^{n} a_i y[(k-i)T] = \sum_{j=0}^{m} b_j u[(k-j)T], \quad m \leqslant n \tag{2-30}$$

还可表达成如下形式

$$y(kT) = -\sum_{i=1}^{n} a_i y[(k-i)T] + \sum_{j=0}^{m} b_j u[(k-j)T], m \leqslant n \tag{2-31}$$

式(2-31)表明该离散系统 kT 时刻的输出不仅取决于输入，还与过去时刻的输出有关。

2.4.2 差分方程的解法

所谓差分方程求解，就是已知系统差分方程及输入数值序列，在给定输出序列初始值的情况下，求解输出序列。差分方程有三种求解方法：① 递推解法，适用于用计算机求解，得

到的是非闭合形式的解；② 解析解法，可得到闭合形式的解；③ Z 变换解法，可直接求得差分方程的全解，为闭合形式的解。

1. 递推法

如果已知系统的差分方程和输入序列，并给定了输出序列的初始值，就可以一步步递推出任何次输出数值。对式(2-30)描述的单输入、单输出线性定常离散系统，它的递推法求解公式为式(2-31)。递推解法得到的是输出数值序列，它是非闭合形式的解。在需要得到输出序列表达式，即闭合形式解时，需要用解析法。

2. 解析法

与微分方程的解析解法类似，差分方程式(2-30)的全解包含通解和特解两部分。通解为齐次差分方程的解。求差分方程特解的方法也和微分方程求特解类似，解的形式要进行试探后才能确定。

3. Z 变换法

在学习了 Z 变换和 Z 反变换以后，可以用 Z 变换法来解差分方程。在方法上类似于用拉普拉斯变换法解微分方程。先对差分方程进行 Z 变换，得到一个代数方程。解此代数方程可得到差分方程解的 Z 变换，再对其作 Z 反变换，即可得到差分方程的解。在离散系统中用 Z 变换求解差分方程，使得求解差分方程变成了代数运算，大大简化和方便了离散系统的分析和综合。

例 2-1　求解差分方程

$$y(k+2)-4y(k+1)+3y(k)=\delta(k)$$

已知　$k\leqslant 0, y(k)=0; \delta(k)=\begin{cases}1 & k=0\\ 0 & k\neq 0\end{cases}$，有 $y(0)=0$；当 $k=-1$ 时，$y(1)=0$。

解　用递推法求解

由已知条件得：$y(0)=0$；$y(1)=0$。递推公式可写为

$$y(k+2)=4y(k+1)-3y(k)+\delta(k)$$

所以

当 $k=0$ 时，$y(2)=4y(1)-3y(0)+\delta(0)=1$

当 $k=1$ 时，$y(3)=4y(2)-3y(1)+\delta(1)=4$

…

故，差分方程的非闭合形式解为

$$y(0)=0, y(1)=0, y(2)=1, y(3)=4, \cdots$$

2.5　Z 变换

Z 变换是一种分析和设计离散系统重要的数学工具。它对于离散系统的作用类似于拉普拉斯变换对于连续系统的作用。

2.5.1　Z 变换定义

已知连续信号 $f(t)$ 的拉普拉斯变换为 $F(s)$。在 2.3 节已经给出 $f(t)$ 的采样信号 $f^*(t)$，它是由连续信号 $f(t)$ 经过理想采样器采样后得到的

$$f^*(t) = f(0)\delta(t) + f(T)\delta(t-T) + f(2T)\delta(t-2T) + \cdots \tag{2-32}$$

也可以写成

$$f^*(t) = \sum_{k=0}^{\infty} f(kT)\delta(t-kT) \tag{2-33}$$

式中，T——采样周期；

k——采样序号。

对式(2-33)进行拉普拉斯变换，可得

$$\mathscr{L}[f^*(t)] = F^*(s) = \int_{-\infty}^{\infty} \sum_{k=0}^{\infty} f(kT)\delta(t-kT)\mathrm{e}^{-st}\mathrm{d}t$$

$$F^*(s) = \sum_{k=0}^{\infty} f(kT)\mathrm{e}^{-kTs} \tag{2-34}$$

式(2-34)中指数为复变量，e^{-kTs} 为超越函数，计算很不方便。令 $\mathrm{e}^{Ts} = z$，则 $s = (\ln z)/T$。对式(2-34)作 $s = (\ln z)/T$ 代换得

$$F^*\left(\frac{1}{T}\ln z\right) = \sum_{k=0}^{\infty} f(kT)z^{-k} \tag{2-35}$$

记为 $F(z)$。称 $F(z)$ 为离散信号 $f^*(t)$ 的 Z 变换，有

$$F(z) = \mathscr{Z}[f^*(t)] = \sum_{k=0}^{\infty} f(kT)z^{-k} \tag{2-36}$$

在上述 Z 变换中，$f^*(t)$ 实际上只是连续信号 $f(t)$ 的采样瞬时值，因此，$f(t)$ 的 Z 变换与 $f^*(t)$ 的 Z 变换有相同的结果，即

$$\mathscr{Z}[f(t)] = \mathscr{Z}[f^*(t)] = F(z) = \sum_{k=0}^{\infty} f(kT)z^{-k} \tag{2-37}$$

实际应用中，所遇到的采样信号 $f^*(t)$ 的 Z 变换幂级数在其收敛域内都可以写成闭合的有理分式形式

$$\begin{aligned} F(z) &= \frac{b_0 z^m + b_1 z^{m-1} + \cdots + b_{m-1}z + b_m}{a_0 z^n + a_1 z^{n-1} + \cdots + a_{n-1}z + a_n} \\ &= \frac{K(z-z_1)(z-z_2)\cdots(z-z_m)}{(z-p_1)(z-p_2)\cdots(z-p_n)}, m \leqslant n \end{aligned} \tag{2-38}$$

式中，$z_1, z_2, \cdots, z_m$ 和 $p_1, p_2, \cdots, p_n$ 分别为 $F(z)$ 的零点和极点。

2.5.2 Z 反变换

已知 Z 变换 $F(z)$ 求相对应的采样函数 $f^*(t)$ 或数值序列 $f(kT)$ 的过程，称为 Z 反变换，它可表示为

$$\mathscr{Z}^{-1}[F(z)] = f^*(t) \tag{2-39}$$

或

$$\mathscr{Z}^{-1}[F(z)] = f(kT), \quad k = 0, 1, 2, \cdots$$

必须指出，因为 $F(z)$ 只取决于 $f(t)$ 的采样瞬时信号值 $f^*(t)$ 或 $f(kT)$，所以 Z 反变换得到的 $f^*(t)$ 或 $f(kT)$ 是唯一的。但对于 $f(t)$ 则不是唯一的。

为简单起见，以后有的表达式中可以将式中的 T 略去，即将 $f(kT)$ 表示为 $f(k)$。

2.5.3　Z 变换性质和定理

Z 变换的性质和定理与拉普拉斯变换的性质和定理是很相似的。下面介绍部分常用的性质和定理。设 $\mathscr{Z}[f(t)]=F(z)$，a 为常数。

(1) 线性性质

$$\mathscr{Z}[af(t)] = aF(z) \tag{2-40}$$

$$\mathscr{Z}[f_1(t) \pm f_2(t)] = F_1(z) \pm F_2(z) \tag{2-41}$$

(2) 实域超前位移定理

$$\mathscr{Z}[f(t+nT)] = z^n F(z) - \sum_{j=0}^{n-1} z^{n-j} f(j) \tag{2-42}$$

(3) 实域滞后位移定理

$$\mathscr{Z}[f(t-nT)] = z^{-n} F(z) \tag{2-43}$$

(4) 复域位移定理

$$\mathscr{Z}[f(t)\mathrm{e}^{\mp at}] = \mathscr{Z}[F(s \pm a)] = F(z\mathrm{e}^{\pm aT}) \tag{2-44}$$

(5) 复微分定理

$$\mathscr{Z}[tf(t)] = -Tz\frac{\mathrm{d}F(z)}{\mathrm{d}z} \tag{2-45}$$

(6) 复积分定理

$$\mathscr{Z}\left[\frac{1}{t}f(t)\right] = \int_0^{\infty} \frac{F(z)}{Tz}\mathrm{d}z + \lim_{t\to 0}\frac{f(t)}{t} \tag{2-46}$$

(7) 终值定理

$$\lim_{k\to\infty} f(kT) = \lim_{z\to 1}(1-z^{-1})F(z) = \lim_{z\to 1}(z-1)F(z) \tag{2-47}$$

(8) 初值定理

$$\lim_{k\to 0} f(kT) = \lim_{z\to\infty} F(z) \tag{2-48}$$

2.5.4　Z 变换计算方法

1. 求 Z 变换

(1) 级数求和法求 Z 变换

级数求和法实际上是通过 Z 变换的定义进行求解的。

例 2-2　求 $f(t)=t$ 的 Z 变换。

解

因为

$$f^*(t) = \sum_{k=0}^{\infty}(kT)\delta(t-kT)$$

根据式(2-36)有

$$F(z) = \sum_{k=0}^{\infty}(kT)z^{-k}$$

这是一个级数形式的解。

(2) 留数法求 Z 变换

已知 $f(t)$的拉普拉斯变换 $F(s)$，即有

$$f(t)=\frac{1}{2\pi j}\int_{c-j\infty}^{c+j\infty}F(s)e^{st}ds \tag{2-49}$$

如果对 $f(t)$进行离散，采样周期为 T，采样函数可表示为

$$f(kT)=\frac{1}{2\pi j}\int_{c-j\infty}^{c+j\infty}F(s)e^{kTs}ds \quad (k=1,2,\cdots) \tag{2-50}$$

而 $f(kT)$的 Z 变换为

$$F(z)=\sum_{k=0}^{\infty}f(kT)z^{-k} \tag{2-51}$$

将式(2-50)代入式(2-51)，并整理得到

$$F(z)=\frac{1}{2\pi j}\int_{c-j\infty}^{c+j\infty}F(s)\sum_{k=0}^{\infty}(e^{Ts}z^{-1})^k ds \tag{2-52}$$

如果满足收敛条件 $|z|>|e^{Ts}|$，式(2-52)中 $\sum_{k=0}^{\infty}(e^{Ts}z^{-1})^k$ 就可以写成闭式表示形式，即

$$\sum_{k=0}^{\infty}(e^{Ts}z^{-1})^k=\frac{z}{z-e^{Ts}}$$

所以，式(2-52)就可以写为

$$F(z)=\frac{1}{2\pi j}\int_{c-j\infty}^{c+j\infty}\frac{F(s)z}{z-e^{Ts}}ds \tag{2-53}$$

式(2-53)为由 $F(s)$ 直接求 $f(t)$ 的 Z 变换的关系式，是一个积分问题，因此可利用留数法求 $f(t)$ 的 Z 变换。设 $s_i(i=1,2,3,\cdots,n)$ 为 $F(s)$ 的全部极点，则 $f(t)$ 的 Z 变换为

$$F(z)=\sum_{i=1}^{n}\operatorname*{Res}_{s_i}\left[\frac{F(s)z}{z-e^{Ts}}\right] \tag{2-54}$$

式中，符号 $\operatorname*{Res}_{s_i}\left[\frac{F(s)z}{z-e^{Ts}}\right]$表示 $\frac{F(s)z}{z-e^{Ts}}$ 在 $F(s)$ 极点 s_i 上的留数。

当 s_i 没有重极点时，

$$\operatorname*{Res}_{s_i}\left[\frac{F(s)z}{z-e^{Ts}}\right]=\lim_{s\to s_i}(s-s_i)\frac{F(s)z}{z-e^{Ts}} \tag{2-55}$$

当 s_i 为 m_i 重极点时

$$\operatorname*{Res}_{s_i}\left[\frac{F(s)z}{z-e^{Ts}}\right]=\lim_{s\to s_i}\frac{1}{(m_i-1)!}\frac{d^{m_i-1}}{ds^{m_i-1}}\left[(s-s_i)^{m_i}\frac{F(s)z}{z-e^{Ts}}\right] \tag{2-56}$$

例 2-3　用留数法求 $F(s)=\frac{a}{s(s+a)}$ 的 Z 变换。

解　利用式(2-54)，$F(s)=\frac{a}{s(s+a)}$ 的 Z 变换可以表示为

$$F(z)=\operatorname*{Res}_{0}\left[\frac{F(s)z}{z-e^{Ts}}\right]+\operatorname*{Res}_{-a}\left[\frac{F(s)z}{z-e^{Ts}}\right]$$

$$F(z)=\lim_{s\to 0}s\frac{\frac{a}{s(s+a)}z}{z-e^{Ts}}+\lim_{s\to -a}(s+a)\frac{\frac{a}{s(s+a)}z}{z-e^{Ts}}=\frac{z}{z-1}-\frac{z}{z-e^{-aT}}$$

例 2-4　用留数法求 $f(t)=t$ 的 Z 变换。

解　先求 $f(t)$ 的拉普拉斯变换 $F(s)$，可得 $F(s)=\frac{1}{s^2}$，可见它有两个重极点，即 $s_1=s_2=0$，$m_i=2$，利用式(2-56)可得

$$F(z)=\frac{\mathrm{d}}{\mathrm{d}s}\left[s^2\frac{1}{s^2}\frac{z}{z-\mathrm{e}^{Ts}}\right]_{s=0}=\frac{Tz}{(z-1)^2}=\frac{Tz^{-1}}{(1-z^{-1})^2}$$

上述两种方法所得结果是完全一致的，只是解的形式不同，但也可以用数学方法处理进行两种形式解之间的互换。

除了上述两种方法之外，还可以通过查表方法求 Z 变换。一些常见函数的 Z 变换都列于附录 2 的表中。

2. 求 Z 反变换

下面介绍求 Z 反变换的幂级数法、部分分式法和留数法等三种方法。

(1) 幂级数法求 Z 反变换

由 Z 变换的定义得

$$F(z)=\sum_{k=0}^{\infty}f(k)z^{-k}=f(0)+f(1)z^{-1}+f(2)z^{-2}+\cdots \tag{2-57}$$

式(2-57)右端 z^{-1} 各幂次项的系数 $f(0),f(1),f(2),\cdots$，就是 $f(t)$ 在各采样点上的数值。如果能将 $F(z)$ 展开为上述形式的级数，也就完成了 Z 反变换。不过，这样得到的是一个非闭合形式的解，一般情况下，要从此无穷级数写出闭合形式是比较困难的。

例 2-5　已知 $F(z)=\frac{0.5z^{-1}}{0.5z^{-2}-1.5z^{-1}+1}$，求 $f(k)$。

解　闭合形式的 $F(z)$，通常表达为 z 的多项式之比，要展开为无穷级数，可用幂级数法，即先将 $F(z)$ 的分子和分母写成 z^{-1} 的升幂形式，然后进行多项式相除，即可得到。原式可写为

$$F(z)=\frac{0.5z^{-1}}{1-1.5z^{-1}+0.5z^{-2}}$$

然后作长除，可得

$$F(z)=0.5z^{-1}+0.75z^{-2}+0.875z^{-3}+\cdots$$

即得非闭合形式解为

$$f(0)=0,f(1)=0.5,f(2)=0.75,f(3)=0.875,\cdots$$

(2) 部分分式法求 Z 反变换

部分分式法可以求出 $f(k)$ 或 $f^*(t)$ 的闭合形式。具体方法类似于求拉普拉斯反变换的部分分式法。$F(z)$ 多项式之比形式见式(2-38)。

下面分 $F(z)$ 无重极点和 $F(z)$ 有重极点两种情况举例说明求解步骤。

① $F(z)$无重极点

例 2-6　已知 $F(z)=\frac{0.5z^{-1}}{1-1.5z^{-1}+0.5z^{-2}}$，试利用部分分式法求 Z 反变换。

解　原式可写为

$$F(z)=\frac{0.5z^{-1}}{(1-z^{-1})(1-0.5z^{-1})}$$

所以有如下等式

$$\frac{A}{1-z^{-1}}+\frac{B}{1-0.5z^{-1}}=\frac{0.5z^{-1}}{1-0.5z^{-1}+0.5z^{-2}}$$

可得

$$A=(1-z^{-1})F(z)\mid_{z=1}=1$$
$$B=(1-0.5z^{-1})F(z)\mid_{z=0.5}=-1$$

所以

$$F(z)=\frac{1}{1-z^{-1}}-\frac{1}{1-0.5z^{-1}}$$

查附录 2 的表,可得 $f(k)=1-0.5^k$,或写作

$$f^*(t)=\sum_{k=0}^{\infty}(1-0.5^{kT})\delta(t-kT)$$

令 $k=0,1,2,\cdots$,可得到 $f(k)$序列$\{0,0.5,0.75,\cdots\}$,可见与幂级数法所得结果相一致。

② $F(z)$有重极点

例 2-7 已知 $F(z)=\dfrac{z^{-1}-1}{1-z^{-1}+0.25z^{-2}}$,试利用部分分式法求 Z 反变换。

解 原式可写为

$$F(z)=\frac{z^{-1}-1}{(1-0.5z^{-1})^2}$$

令

$$\frac{Az^{-1}}{(1-0.5z^{-1})^2}+\frac{B}{1-0.5z^{-1}}=\frac{z^{-1}-1}{1-z^{-1}+0.25z^{-2}}$$

可有如下等式

$$Az^{-1}+B(1-0.5z^{-1})=z^{-1}-1$$

比较等式两边 z^{-1} 同幂次系数,解得 $A=0.5,B=-1$。

于是

$$F(z)=\frac{0.5z^{-1}}{(1-0.5z^{-1})^2}-\frac{1}{1-0.5z^{-1}}$$

查附录 2 的表得

$$f(k)=0.5k\times0.5^{k-1}-0.5^k=(k-1)0.5^k$$

或

$$f^*(t)=\sum_{k=0}^{\infty}[(k-1)T]0.5^{kT}\delta(t-kT)$$

(3) 留数法求 Z 反变换

留数法也称反演积分法。在实际问题中遇到的 $F(z)$表达式,有可能是超越函数,此时无法应用幂级数法和部分分式法来求 Z 反变换,只能采用反演积分法求解。当然,$F(z)$为有理分式时,反演积分法也是适用的。

设 $F(z)z^{k-1}$除有限个极点 $z_1,z_2,\cdots,z_n$ 外,在 Z 域上处处解析,则可通过 Z 反变换的定义式来计算 Z 反变换

$$f(k)=\frac{1}{2\pi \mathrm{j}}\oint_c F(z)z^{k-1}\mathrm{d}z \tag{2-58}$$

式中，c 包围 $F(z)$ 的全部极点。利用留数定理可得

$$f(k)=\sum_{i=1}^{n}\operatorname*{Res}_{z_i}[F(z)z^{k-1}] \tag{2-59}$$

式中，$\operatorname*{Res}_{z_i}[F(z)z^{k-1}]$ 表示 $F(z)z^{k-1}$ 在其极点 z_i 上的留数，当 z_i 为非重极点时

$$\operatorname*{Res}_{z_i}[F(z)z^{k-1}]=\lim_{z\to z_i}(z-z_i)F(z)z^{k-1} \tag{2-60}$$

所以

$$f(k)=\sum_{i=1}^{n}\lim_{z\to z_i}(z-z_i)F(z)z^{k-1} \tag{2-61}$$

当 z_i 为 m_i 重极点时，

$$\operatorname*{Res}_{z_i}[F(z)z^{k-1}]=\lim_{z\to z_i}\frac{1}{(m_i-1)!}\frac{\mathrm{d}^{m_i-1}}{\mathrm{d}z^{m_i-1}}[(z-z_i)^{m_i}F(z)z^{k-1}] \tag{2-62}$$

例 2-8　用留数法求 $F(z)=\dfrac{10z}{(z-1)(z-3)}$ 的 Z 反变换。

解

根据式(2-59)，$F(z)=\dfrac{10z}{(z-1)(z-3)}$ 的 Z 反变换为

$$\begin{aligned}f(k)&=\operatorname*{Res}_{1}\left[\frac{10z}{(z-1)(z-3)}z^{k-1}\right]+\operatorname*{Res}_{3}\left[\frac{10z}{(z-1)(z-3)}z^{k-1}\right]\\&=\lim_{z\to 1}(z-1)\frac{10}{(z-1)(z-3)}z^{k}+\lim_{z\to 3}(z-3)\frac{10}{(z-1)(z-3)}z^{k}\\&=-5+5\times 3^{k}\end{aligned}$$

所以

$$f(k)=5(3^{k}-1),k=1,2,\cdots$$

例 2-9　用留数法求例 2-7 中 $F(z)$的 Z 反变换。

解

$$\begin{aligned}f(k)&=\operatorname*{Res}_{0.5}\left[\frac{z^{-1}-1}{(1-0.5z^{-1})^{2}}z^{k-1}\right]\\&=\frac{1}{(2-1)!}\lim_{z\to 0.5}\frac{\mathrm{d}}{\mathrm{d}z}\left[(z-0.5)^{2}\frac{z(1-z)}{(z-0.5)^{2}}z^{k-1}\right]\\&=\lim_{z\to 0.5}\frac{\mathrm{d}}{\mathrm{d}z}[(1-z)z^{k}]=\lim_{z\to 0.5}\frac{\mathrm{d}}{\mathrm{d}z}(z^{k}-z^{k+1})\\&=\lim_{z\to 0.5}[kz^{k-1}-(k+1)z^{k}]=(k-1)0.5^{k}\end{aligned}$$

例 2-10　用 Z 变换法求解例 2-1 差分方程。

已知　$k\leqslant 0,y(k)=0;\delta(k)=\begin{cases}1 & k=0\\0 & k\neq 0\end{cases}$，有 $y(0)=0$；当 $k=-1$ 时，$y(1)=0$。

解　先对差分方程作 Z 变换，得

$$z^{2}Y(z)-4zY(z)+3Y(z)=1$$

$$Y(z)=\frac{1}{z^2-4z+3}=\frac{1}{(z-1)(z-3)}$$

用留数定理求Z反变换

$$y(k)=\lim_{z\to 1}(z-1)\frac{z^{k-1}}{z^2-4z+3}+\lim_{z\to 3}(z-3)\frac{z^{k-1}}{z^2-4z+3}$$
$$=0.5\times 3^{k-1}-0.5\times 1^{k-1}$$

故，得到差分方程的不同形式解。

2.6 线性离散系统的脉冲传递函数

2.6.1 脉冲传递函数的定义

脉冲传递函数又称Z传递函数。脉冲传递函数用来描述离散系统的特性，只与系统本身的结构参数和性能有关，与输入信号无关。在线性离散系统中，与线性连续系统类似，脉冲传递函数被定义为：在零初始条件下，即输入序列和输出序列均为零的条件下，一个环节或系统的输出序列的Z变换$C(z)$与输入序列Z变换$R(z)$之比，有

$$G(z)=\frac{C(z)}{R(z)}=\frac{\sum_{k=0}^{\infty}c(kT)z^{-k}}{\sum_{k=0}^{\infty}r(kT)z^{-k}} \tag{2-63}$$

脉冲传递函数$G(z)$与连续系统传递函数$G(s)$的输入、输出之间的关系如图2-13所示。

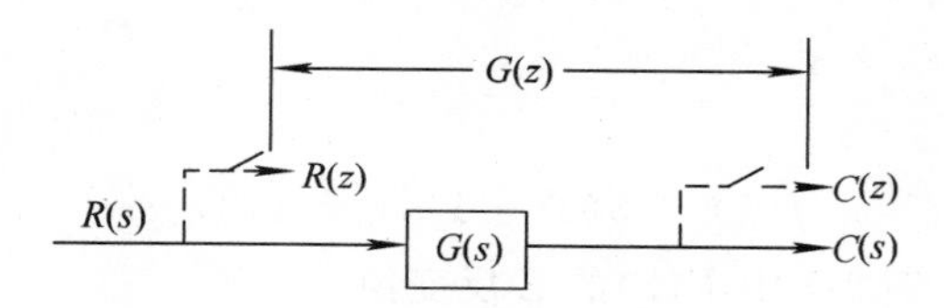

图2-13 脉冲传递函数方框图

对一个用传递函数描述的连续环节或系统$G(s)$，输入一个单位脉冲$\delta(t)$信号时，输出为脉冲响应函数$g(t)$，它可以从$G(s)$的拉普拉斯反变换得到

$$g(t)=\mathscr{L}^{-1}[G(s)] \tag{2-64}$$

如果给环节$G(s)$输入任意脉冲序列

$$r^*(t)=r(0)\delta(t-0)+r(T)\delta(t-T)+r(2T)\delta(t-2T)+\cdots$$
$$=\sum_{k=0}^{\infty}r(kT)\delta(t-kT) \tag{2-65}$$

由叠加原理得，系统的输出$c(kT)$为

$$c(kT)=r(0)g(kT)+r(T)g[(k-1)T]+r(2T)g[(k-2)T]+\cdots+r(kT)g[(k-k)T]$$
$$=\sum_{i=0}^{k}r(iT)g[(k-i)T] \tag{2-66}$$

因为输出可以描述为

$$c^*(t) = \sum_{k=0}^{\infty} c(kT)\delta(t-kT) \tag{2-67}$$

所以

$$C(z) = \sum_{k=0}^{\infty} c(kT)z^{-k} \tag{2-68}$$

将式(2-66)代入式(2-68)有

$$C(z) = \sum_{k=0}^{\infty}\sum_{i=0}^{k} r(iT)g[(k-i)T]z^{-k}$$

由于当 $i>k$ 时，$g[(k-i)T]=0$，上式可写为如下形式

$$C(z) = \sum_{k=0}^{\infty}\sum_{i=0}^{\infty} r(iT)g[(k-i)T]z^{-k} \tag{2-69}$$

令 $j=k-i$，从而 $k=i+j$，则式(2-69)可写为

$$C(z) = \sum_{j=0}^{\infty}\sum_{i=0}^{\infty} r(iT)g(jT)z^{-(i+j)}$$

进一步整理后，有

$$C(z) = \sum_{j=0}^{\infty} g(jT)z^{-j}\sum_{i=0}^{\infty} r(iT)z^{-i} = G(z)R(z) \tag{2-70}$$

故脉冲传递函数可描述为

$$G(z) = \frac{C(z)}{R(z)} \tag{2-71}$$

脉冲传递函数是以 z 为自变量的复变函数，描述了离散系统或环节的特性，只与系统或环节的结构和参数有关。脉冲传递函数也可以由系统或环节的单位脉冲响应序列的 Z 变换求得。

如果已知连续系统的传递函数为 $G(s)$，设保持器的传递函数为 $G_{\mathrm{H}}(s)$，可用频域离散相似法求得相应离散系统的脉冲传递函数为

$$G(z) = \mathscr{Z}[G(s)G_{\mathrm{H}}(s)] \tag{2-72}$$

2.6.2　环节串联的脉冲传递函数

离散系统中两个环节串联可以分为环节间无理想采样开关和环节间有理想采样开关两种情况，如图 2-14 所示。图 2-14(a)为环节间无理想采样开关，离散系统的脉冲传递函数可表示为

$$G(z) = \mathscr{Z}[G_1(s)G_2(s)] = G_1G_2(z) \tag{2-73}$$

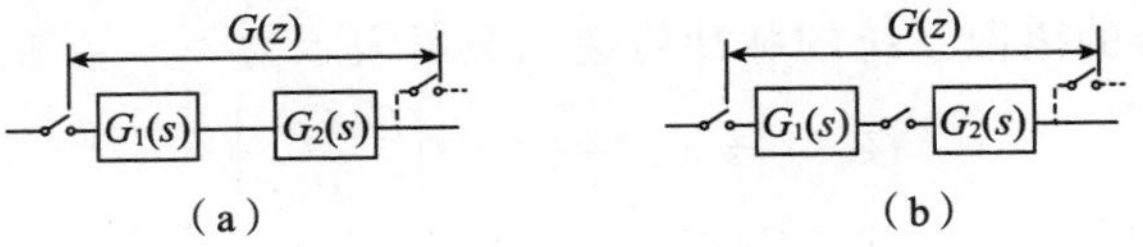

G(z)　G1(s)　G2(s)　(a)

G(z)　G1(s)　G2(s)　(b)

图 2-14　环节串联离散系统方框图

(a)环节间无理想采样开关；(b)环节间有理想采样开关

式(2-73)表明，两个线性连续环节串联，如果中间没有理想采样开关隔离时，离散系统的脉

冲传递函数等于这两个环节的传递函数乘积后的 Z 变换。

图 2-14(b)为环节间有理想采样开关,离散系统的脉冲传递函数可表示为

$$G(z) = \mathscr{Z}[G_1(s)]\mathscr{Z}[G_2(s)] = G_1(z)G_2(z) \tag{2-74}$$

式(2-74)表明,两个线性连续环节串联,如果中间有理想采样开关隔离时,离散系统的脉冲传递函数等于这两个环节各自的脉冲传递函数之积。

显然,式(2-73)和式(2-74)是不相等的。上述结论也可以推广到类似 n 个线性连续环节串联的系统中。

例 2-11　如图 2-14 所示开环离散系统,设 $G_1(s) = \dfrac{1}{s+a}$,$G_2(s) = \dfrac{1}{s+b}$,试求离散系统的脉冲传递函数。

解　对于图 2-14(a)所示系统,脉冲传递函数为

$$G(z) = \mathscr{Z}\left(\frac{1}{s+a} \cdot \frac{1}{s+b}\right) = \frac{(\mathrm{e}^{-aT} - \mathrm{e}^{-bT})z^{-1}}{(b-a)(1-\mathrm{e}^{-aT}z^{-1})(1-\mathrm{e}^{-bT}z^{-1})}$$

对于图 2-14(b)所示系统,脉冲传递函数为

$$G(z) = \mathscr{Z}\left(\frac{1}{s+a}\right)\mathscr{Z}\left(\frac{1}{s+b}\right) = \frac{1}{(1-\mathrm{e}^{-aT}z^{-1})(1-\mathrm{e}^{-bT}z^{-1})}$$

设开环离散系统有零阶保持器 ZOH 与控制对象串联,如图 2-15 所示。由于零阶保持器的传递函数不是 s 的有理分式,因此就不能应用上述方法直接求得离散系统的脉冲传递函数 $G(z)$,而要用下述方法求得。根据式(2-73),系统输出脉冲序列的 Z 变换可表示为

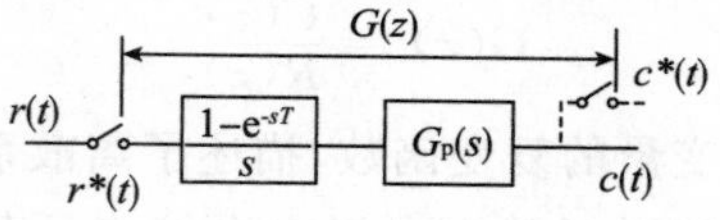

图 2-15　有零阶保持器的开环离散系统方框图

$$C(z) = \mathscr{Z}\left[\frac{1-\mathrm{e}^{-sT}}{s}G_{\mathrm{P}}(s)\right]R(z)$$

$$= \mathscr{Z}\left[\frac{G_{\mathrm{P}}(s)}{s}\right]R(z) - \mathscr{Z}\left[\mathrm{e}^{-sT}\frac{G_{\mathrm{P}}(s)}{s}\right]R(z)$$

由于式中 e^{-Ts} 是延迟了一个采样周期 T 的延迟环节,表明第二项的输出与第一项的输出相同只是延迟了一个采样周期 T,故第二项的输出可表示为 $z^{-1}\mathscr{Z}\left[\dfrac{G_{\mathrm{P}}(s)}{s}\right]R(z)$。离散系统输出脉冲序列的 Z 变换可写为

$$C(z) = (1-z^{-1})\mathscr{Z}\left[\frac{G_{\mathrm{P}}(s)}{s}\right]R(z)$$

所以,具有零阶保持器的离散系统的脉冲传递函数可表示为

$$G(z) = (1-z^{-1})\mathscr{Z}\left[\frac{G_{\mathrm{P}}(s)}{s}\right] \tag{2-75}$$

2.6.3　闭环系统的脉冲传递函数

例 2-12　图 2-16 所示为数字控制系统的基本原理方框图,求系统的脉冲传递函数。

已知控制对象的传递函数 $G_0(s) = \dfrac{1}{1+T_0 s}$,零阶保持器 ZOH 的传递函数为 $G_{\mathrm{H0}}(s) =$

$\frac{1-e^{-Ts}}{s}$，那么广义对象传递函数 $G(s)=G_{H0}(s)G_0(s)$。

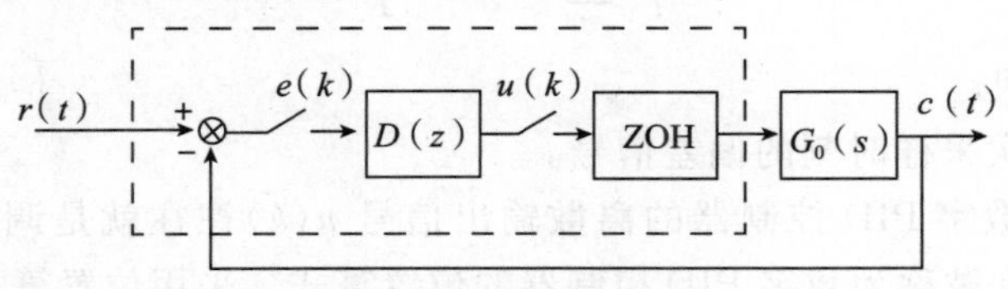

图 2-16　数字闭环控制系统原理方框图

解　求广义对象的脉冲传递函数

$$
\begin{aligned}
\mathscr{Z}[G(s)] &= \mathscr{Z}\left[\frac{1-e^{-Ts}}{s}\frac{1}{1+T_0 s}\right] \\
&= (1-z^{-1})\mathscr{Z}\left[\frac{1}{s(1+T_0 s)}\right] \\
&= (1-z^{-1})\mathscr{Z}\left[\frac{1}{s}-\frac{T_0}{(1+T_0 s)}\right] \\
&= (1-z^{-1})\left[\frac{1}{1-z^{-1}}-\frac{1}{1-e^{-T/T_0}z^{-1}}\right]
\end{aligned}
$$

所以

$$G(z)=\frac{(1-e^{-T/T_0})z^{-1}}{1-e^{-T/T_0}z^{-1}}$$

闭环系统脉冲传递函数 $W(z)$ 为

$$W(z)=\frac{C(z)}{R(z)}=\frac{D(z)G(z)}{1+D(z)G(z)}$$

2.7　数字 PID 控制器

理想的模拟 PID 控制器算式可表示为

$$u(t)=K_P\left[e(t)+\frac{1}{T_I}\int e(t)\mathrm{d}t+T_D\frac{\mathrm{d}e(t)}{\mathrm{d}t}\right] \tag{2-76}$$

式中，$u(t)$——控制器的输出信号；

$e(t)$——控制器的输入信号，等于给定值 $r(t)$ 与测量值 $c(t)$ 之差值；

K_P，T_I 和 T_D——分别为控制器的比例增益、积分时间常数和微分时间常数。

对式(2-76)进行拉普拉斯变换可以得到模拟 PID 控制器的传递函数为

$$G_C(s)=K_P\left(1+\frac{1}{T_I s}+T_D s\right) \tag{2-77}$$

将模拟 PID 控制器的算式和传递函数进行数字化后就可以得到数字 PID 控制器的离散控制算式和脉冲传递函数。

1. 位置算式

分别用求和及增量比代替式(2-76)中的积分项和微分项，可得到第 k 次采样时刻数字 PID 控制器的离散输出信号 $u(k)$ 为

$$u(k) = K_P\left\{e(k) + \frac{T}{T_I}\sum_{i=0}^{k}e(i) + \frac{T_D}{T}[e(k) - e(k-1)]\right\} \tag{2-78}$$

式中，T——采样周期；

$e(k)$——第 k 次采样时刻的偏差信号。

在过程控制中，数字 PID 控制器的离散输出信号 $u(k)$ 往往就是调节阀的开度（位置）值，因此式(2-78)通常被称为数字 PID 控制器的位置算式。采用位置算式进行控制时，每次必须计算阀门位置的绝对值。一旦发生故障，阀门位置将急剧变化。另外，对应于第 k 次的离散输出信号 $u(k)$ 与所有过去时刻的输入信号 $e(0)\sim e(k)$ 有关。

2. 增量算式

为了计算控制器输出信号的变化量（增量），可采用增量算式。由式(2-78)可写出第 $k-1$ 次采样时刻数字 PID 控制器的输出信号 $u(k-1)$ 为

$$u(k-1) = K_P\left\{e(k-1) + \frac{T}{T_I}\sum_{i=0}^{k-1}e(i) + \frac{T_D}{T}[e(k-1) - e(k-2)]\right\} \tag{2-79}$$

则相邻两次采样数字 PID 控制器输出信号的增量为

$$\begin{aligned}\Delta u(k) &= u(k) - u(k-1) \\ &= K_P\left\{[e(k) - e(k-1)] + \frac{T}{T_I}e(k) + \frac{T_D}{T}[e(k) - 2e(k-1) + e(k-2)]\right\} \\ &= K_P[e(k) - e(k-1)] + K_I e(k) + K_D[e(k) - 2e(k-1) + e(k-2)]\end{aligned} \tag{2-80}$$

式中，K_I——积分系数，$K_I = K_P T/T_I$；

K_D——微分系数，$K_D = K_P T_D/T$。

式(2-80)表示了数字 PID 控制器输出信号变化量与偏差信号之间的关系，即控制器的输出表示位置在原有位置上应该变大或变小的量。因此通常称式(2-80)为数字 PID 控制器的增量算式。

3. 实用算式

在数字 PID 控制器上要实现 PID 算式计算时，为便于编制程序，可以导出许多实用算式，以下是其中的一种。

将式(2-80)写成下述形式

$$\Delta u(k) = K_P\left(1 + \frac{T}{T_I} + \frac{T_D}{T}\right)e(k) - K_P\left(1 + \frac{2T_D}{T}\right)e(k-1) + \frac{K_P T_D}{T}e(k-2) \tag{2-81}$$

令，$A = K_P\left[1 + \frac{T}{T_I} + \frac{T_D}{T}\right]$；$B = K_P\left(1 + \frac{2T_D}{T}\right)$；$C = \frac{K_P T_D}{T}$。则式(2-81)可写成

$$\Delta u(k) = Ae(k) - Be(k-1) + Ce(k-2) \tag{2-82}$$

这是一种脱离 PID 概念的算式。由式(2-80)可得到

$$\begin{aligned}u(k) &= u(k-1) + \Delta u(k) \\ &= Ae(k) + u(k-1) - Be(k-1) + Ce(k-2)\end{aligned}$$

据此式得到的实用算式为

$$u(k) = Ae(k) + q(k-1) \tag{2-83}$$

$$q(k) = u(k) - Be(k) + Ce(k-1) \tag{2-84}$$

由式(2-83)和式(2-84)可以方便计算得 $u(k)$，反复递推，便可以分别计算出 $u(k+1)$，$u(k+2)$，…，在上述形式中，已看不出比例、积分和微分各项，它只反映了上次控制量及历次偏差信号对当前控制量的影响。

4. 数字 PID 控制器的脉冲传递函数

采用向后差分变换离散化方法，对式(2-77)进行离散化得到理想的数字 PID 控制器的脉冲传递函数为

$$D(z) = G_C(s)\Big|_{s=\frac{1-z^{-1}}{T}} = K_P\left[1 + \frac{T}{T_I}\frac{1}{1-z^{-1}} + \frac{T_D}{T}(1-z^{-1})\right] \tag{2-85}$$

$$D(z) = K_P + K_I\frac{1}{1-z^{-1}} + K_D(1-z^{-1}) \tag{2-86}$$

式中，$K_I = \dfrac{K_P T}{T_I}$，$K_D = \dfrac{K_P T_D}{T}$，T 为采样周期。

习　题

2.1　试比较离散控制系统和模拟控制系统的异同点。

2.2　为了保证采样后幅频谱不产生混叠，采样频率应满足什么条件？

2.3　试求下列函数的 Z 变换

(1) $f(t) = e^{-2at}$

(2) $f(t) = 3t$

(3) $f(t) = e^{-t}\sin 2t$

(4) $F(s) = \dfrac{s+3}{(s+1)(s+2)}$

(5) $F(s) = \dfrac{1}{s(s^2+1)}$

2.4　试求下列函数的 Z 反变换

(1) $F(z) = \dfrac{z}{z^2-1}$

(2) $F(z) = \dfrac{z}{(z-1)^2(z-2)}$

(3) $F(z) = \dfrac{1}{z(z-0.2)}$

2.5　试用 Z 变换方法解下列差分方程

(1) $y(k+2)+5y(k+1)+6y(k)=0, y(0)=0, y(1)=1$

(2) $y(k+2)+2y(k+1)+y(k)=k, y(0)=0, y(1)=0$

2.6　如图 2-16 所示闭环数字控制系统，已知 $D(z) = K_P + K_I\dfrac{1}{1-z^{-1}}$，控制对象的传递函数 $G(s)$ 如下，试求闭环数字控制系统的脉冲传递函数 $W(z)$。

(1) $G(s) = \dfrac{K}{s(s+a)}$

(2) $G(s) = \dfrac{K(s+c)}{s(s+a)(s+b)}$

第3章 线性控制系统的状态空间分析方法

系统数学模型一般可分为两种基本类型。一种是系统的输入、输出模型，描述了系统输入和输出之间的关系，即系统的外部特性。例如系统的微分方程、传递函数以及频率特性等属于这类模型。由于这种模型只反映了外部变量即输入和输出变量之间的因果关系，没有给出系统内部变量以及内部结构的任何信息，因此，这种模型是对系统的不完全描述。系统的另一种模型是状态空间模型，它不仅描述了系统的外部特性，也给出了系统的内部信息。状态空间模型描述系统包括系统的输入变量对系统内部变量的影响以及系统的输入变量和内部变量对系统输出变量的影响。显然，状态空间模型可以深入到系统内部，表征系统的所有动力学特征，是对系统的一种完全描述。

状态空间模型是现代控制理论中进行系统分析和综合的基础，其重要性就相当于经典控制理论中的传递函数。本章将简单介绍状态空间模型的基本概念、建立以及其在线性控制系统分析中的应用。

3.1 状态空间表达式

3.1.1 基本概念

状态变量

动力学系统的状态变量是指完整地、确定地描述系统的时域行为的最小变量组。如果给定了 $t=t_0$ 时刻这组变量的值和 $t \geqslant t_0$ 时输入的时间函数，那么系统在 $t \geqslant t_0$ 的任何瞬时的行为就完全确定了，这样的一组变量称为状态变量。

状态向量

以状态变量为元素组成的向量为状态向量。如 $x_1(t), x_2(t), \cdots, x_n(t)$ 是系统的一组状态变量，则状态向量就是以这组状态变量为分量的向量，即

$$\boldsymbol{x}(t)=\begin{bmatrix} x_1(t) \\ x_2(t) \\ \vdots \\ x_n(t) \end{bmatrix}, \text{或 } \boldsymbol{x}^{\mathrm{T}}(t)=\begin{bmatrix} x_1(t) & x_2(t) & \cdots & x_n(t) \end{bmatrix} \tag{3-1}$$

状态空间

以状态变量 $x_1, x_2, \cdots, x_n$ 为坐标轴组成的 n 维正交空间，称为状态空间。状态空间中的每一点都代表了状态变量的唯一的、特定的一组值。

状态方程

描述系统状态变量与输入变量之间关系的一阶微分方程组的矩阵形式称为状态方

程。有

$$\dot{\boldsymbol{x}} = \boldsymbol{A}(t)\boldsymbol{x} + \boldsymbol{B}(t)\boldsymbol{u} \tag{3-2}$$

式中，

$\boldsymbol{x} = \begin{bmatrix} x_1 \\ x_2 \\ \vdots \\ x_n \end{bmatrix}$，为 n 维状态向量，n 为系统的阶数；

$\boldsymbol{u} = \begin{bmatrix} u_1 \\ u_2 \\ \vdots \\ u_r \end{bmatrix}$，为 r 维输入向量，r 为系统输入变量的个数；

$\boldsymbol{A}(t) = \begin{bmatrix} a_{11}(t) & a_{12}(t) & \cdots & a_{1n}(t) \\ a_{21}(t) & a_{22}(t) & \cdots & a_{2n}(t) \\ \vdots & \vdots & \cdots & \vdots \\ a_{n1}(t) & a_{n2}(t) & \cdots & a_{nn}(t) \end{bmatrix}$，为 $n \times n$ 维矩阵，表明了系统状态变量之间的关系；

$\boldsymbol{B}(t) = \begin{bmatrix} b_{11}(t) & b_{12}(t) & \cdots & b_{1r}(t) \\ b_{21}(t) & b_{22}(t) & \cdots & b_{2r}(t) \\ \vdots & \vdots & \cdots & \vdots \\ b_{n1}(t) & b_{n2}(t) & \cdots & b_{nr}(t) \end{bmatrix}$，为 $n \times r$ 维矩阵，称为输入矩阵，表明输入变量对状态变量的影响关系。

输出方程

描述系统状态变量与输入变量对输出变量的影响关系称为输出方程，有

$$\boldsymbol{y} = \boldsymbol{C}(t)\boldsymbol{x} + \boldsymbol{D}(t)\boldsymbol{u} \tag{3-3}$$

式中，

$\boldsymbol{y} = \begin{bmatrix} y_1 \\ y_2 \\ \vdots \\ y_m \end{bmatrix}$，为 m 维输出向量，m 为系统输出变量的个数；

$\boldsymbol{C}(t) = \begin{bmatrix} c_{11}(t) & c_{12}(t) & \cdots & c_{1n}(t) \\ c_{21}(t) & c_{22}(t) & \cdots & c_{2n}(t) \\ \vdots & \vdots & \cdots & \vdots \\ c_{m1}(t) & c_{m2}(t) & \cdots & c_{mn}(t) \end{bmatrix}$，为 $m \times n$ 维矩阵，称为输出矩阵。表明了系统状态变量对输出变量的影响关系；

$\boldsymbol{D}(t) = \begin{bmatrix} d_{11}(t) & d_{12}(t) & \cdots & d_{1r}(t) \\ d_{21}(t) & d_{22}(t) & \cdots & d_{2r}(t) \\ \vdots & \vdots & \cdots & \vdots \\ d_{m1}(t) & d_{m2}(t) & \cdots & d_{mr}(t) \end{bmatrix}$，为 $m \times r$ 维矩阵，称为前馈矩阵。表明了系统输

入变量对输出变量的影响关系。

线性连续系统的状态空间表达式也可以用如图 3-1 所示的方框图表示。从图中可以看出前馈矩阵 $\boldsymbol{D}(t)$ 实际上是系统外部模型的一部分，输入变量通过该矩阵直接影响输出变量。

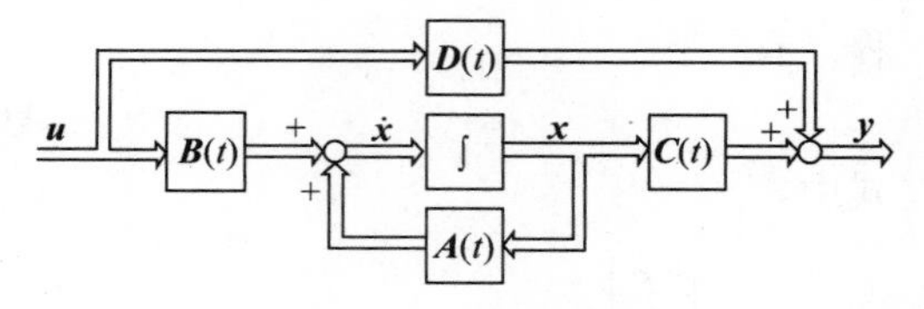

图 3-1　线性连续系统的状态空间表达式方框图

对于线性时变连续系统，式(3-2)和式(3-3)中矩阵 $\boldsymbol{A}(t)$，$\boldsymbol{B}(t)$，$\boldsymbol{C}(t)$ 和 $\boldsymbol{D}(t)$ 的元素是时间的函数。对于线性定常连续系统，这些矩阵元素均为常数，可表示为

$$\dot{\boldsymbol{x}} = \boldsymbol{A}\boldsymbol{x} + \boldsymbol{B}\boldsymbol{u} \tag{3-4}$$

$$\boldsymbol{y} = \boldsymbol{C}\boldsymbol{x} + \boldsymbol{D}\boldsymbol{u} \tag{3-5}$$

对于单输入、单输出线性定常系统，其状态空间表达式为

$$\dot{\boldsymbol{x}} = \boldsymbol{A}\boldsymbol{x} + \boldsymbol{B}u \tag{3-6}$$

$$y = \boldsymbol{C}\boldsymbol{x} + du \tag{3-7}$$

式(3-6)和式(3-7)中，$\boldsymbol{B}$ 为列向量，$\boldsymbol{C}$ 为行向量，d 为标量；u 为一个输入变量，$\boldsymbol{y}$ 为一个输出变量。

3.1.2　列写系统状态空间表达式的一般步骤

对于结构和参数已知的系统，建立其状态空间表达式的一般步骤包括：(1) 选择状态变量；(2) 根据系统的物理定律列写微分方程，并将其转化为状态变量的一阶微分方程组；(3) 将一阶微分方程组写为矩阵形式，即系统的状态空间表达式。下面将通过一个例子来说明建立一个系统的状态空间表达式的过程。

例 3-1　已知如图 3-2 所示的 R-L-C 网络电路。试建立该系统的状态空间表达式。

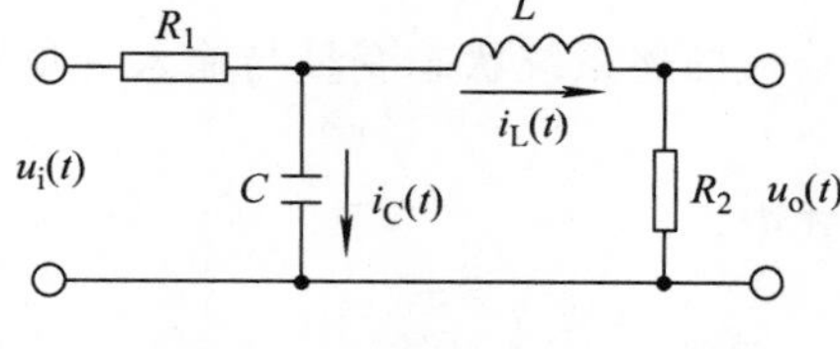

图 3-2　R-L-C 网络电路图

解

(1) 选择状态变量

图 3-2 所示电路为一个具有两个储能元件的网络系统，输入变量为 $u_\mathrm{i}(t)$，输出变量为 $u_\mathrm{o}(t)$。电路中 $u_\mathrm{C}(t)$ 和 $i_\mathrm{L}(t)$ 两个变量可构成最小变量组。当给定 $u_\mathrm{C}(t)$ 和 $i_\mathrm{L}(t)$ 的初值和输入变量 $u_\mathrm{i}(t)$，网络各部分的电压和电流在 $t \geqslant 0$ 的时域行为即过渡过程就完全被确定。所以可以选择 $u_\mathrm{C}(t)$ 和 $i_\mathrm{L}(t)$ 作为状态变量。由它们组成的状态向量为 $\boldsymbol{x} = \begin{bmatrix} u_\mathrm{C}(t) \\ i_\mathrm{L}(t) \end{bmatrix}$。

(2) 列写网络电路方程并转化为一阶微分方程组

由基尔霍夫定律可得

$$u_\mathrm{i}(t) = R_1[i_\mathrm{L}(t) + i_\mathrm{C}(t)] + u_\mathrm{C}(t) \tag{3-8}$$

$$u_\mathrm{C}(t) = L\frac{\mathrm{d}i_\mathrm{L}(t)}{\mathrm{d}t} + R_2 i_\mathrm{L}(t) \tag{3-9}$$

将 $i_\mathrm{C}(t) = C\dfrac{\mathrm{d}u_\mathrm{C}(t)}{\mathrm{d}t}$ 代入式(3-8)有

$$u_{\mathrm{i}}(t)=R_1 i_{\mathrm{L}}(t)+R_1 C\frac{\mathrm{d}u_{\mathrm{C}}(t)}{\mathrm{d}t}+u_{\mathrm{C}}(t) \tag{3-10}$$

整理式(3-9)和式(3-10)有

$$R_1 C\frac{\mathrm{d}u_{\mathrm{C}}(t)}{\mathrm{d}t}=-u_{\mathrm{C}}(t)-R_1 i_{\mathrm{L}}(t)+u_{\mathrm{i}}(t) \tag{3-11}$$

$$L\frac{\mathrm{d}i_{\mathrm{L}}(t)}{\mathrm{d}t}=u_{\mathrm{C}}(t)-R_2 i_{\mathrm{L}}(t) \tag{3-12}$$

式(3-11)和式(3-12)为网络电路的一阶微分方程组。

(3) 写出状态空间表达式

将式(3-11)和式(3-12)一阶微分方程组规范化有

$$\frac{\mathrm{d}u_{\mathrm{C}}}{\mathrm{d}t}=-\frac{1}{R_1 C}u_{\mathrm{C}}-\frac{1}{C}i_{\mathrm{L}}+\frac{1}{R_1 C}u_{\mathrm{i}} \tag{3-13}$$

$$\frac{\mathrm{d}i_{\mathrm{L}}}{\mathrm{d}t}=\frac{1}{L}u_{\mathrm{C}}-\frac{R_2}{L}i_{\mathrm{L}} \tag{3-14}$$

将式(3-13)和式(3-14)表示成矩阵形式有

$$\begin{bmatrix}\dot{u}_{\mathrm{C}}\\ \dot{i}_{\mathrm{L}}\end{bmatrix}=\begin{bmatrix}-\frac{1}{R_1 C} & -\frac{1}{C}\\ \frac{1}{L} & -\frac{R_2}{L}\end{bmatrix}\begin{bmatrix}u_{\mathrm{C}}\\ i_{\mathrm{L}}\end{bmatrix}+\begin{bmatrix}\frac{1}{R_1 C}\\ 0\end{bmatrix}u_{\mathrm{i}} \tag{3-15}$$

$$u_{\mathrm{o}}=\begin{bmatrix}0 & R_2\end{bmatrix}\begin{bmatrix}u_{\mathrm{C}}\\ i_{\mathrm{L}}\end{bmatrix} \tag{3-16}$$

式(3-15)为系统状态方程，式(3-16)为输出方程，它们构成了网络电路系统的状态空间表达式。如果令状态向量为

$$\boldsymbol{x}=\begin{bmatrix}u_{\mathrm{C}}\\ i_{\mathrm{L}}\end{bmatrix}$$

矩阵为

$$\boldsymbol{A}=\begin{bmatrix}-\frac{1}{R_1 C} & -\frac{1}{C}\\ \frac{1}{L} & -\frac{R_2}{L}\end{bmatrix}$$

$$\boldsymbol{B}=\begin{bmatrix}\frac{1}{R_1 C}\\ 0\end{bmatrix}$$

$$\boldsymbol{C}=\begin{bmatrix}0 & R_2\end{bmatrix}$$

输入变量为 $u=u_{\mathrm{i}}(t)$，输出变量为 $y=u_{\mathrm{o}}(t)$。网络电路系统的状态空间表达式可表示为

$$\dot{\boldsymbol{x}}=\boldsymbol{A}\boldsymbol{x}+\boldsymbol{B}u$$

$$y=\boldsymbol{C}\boldsymbol{x}$$

3.2 连续系统的状态空间表达式

3.2.1 由微分方程建立状态空间表达式

一般连续线性定常系统的微分方程表达式为

$$\frac{\mathrm{d}^n y(t)}{\mathrm{d}t^n}+a_1\frac{\mathrm{d}^{n-1}y(t)}{\mathrm{d}t^{n-1}}+\cdots+a_{n-1}\frac{\mathrm{d}y(t)}{\mathrm{d}t}+a_n y(t)$$
$$=b_0\frac{\mathrm{d}^m u(t)}{\mathrm{d}t^m}+b_1\frac{\mathrm{d}^{m-1}u(t)}{\mathrm{d}t^{m-1}}+\cdots+b_{m-1}\frac{\mathrm{d}u(t)}{\mathrm{d}t}+b_m u(t),n\geqslant m \tag{3-17}$$

系统为单输入、单输出系统，因此可以表示为如下状态空间表达式

$$\dot{\boldsymbol{x}}=\boldsymbol{A}\boldsymbol{x}+\boldsymbol{B}u$$
$$y=\boldsymbol{C}\boldsymbol{x}+du$$

取式(3-18)所示简单情况描述由微分方程建立状态空间表达式的步骤

$$\frac{\mathrm{d}^n y(t)}{\mathrm{d}t^n}+a_1\frac{\mathrm{d}^{n-1}y(t)}{\mathrm{d}t^{n-1}}+\cdots+a_{n-1}\frac{\mathrm{d}y(t)}{\mathrm{d}t}+a_n y(t)=b_m u \tag{3-18}$$

(1) 选择状态变量

对于一个 n 阶系统，具有 n 个状态变量，所以可以选 $y,\dot{y},\ddot{y},\cdots,y^{(n-1)}$ 为系统的一组状态变量，有

$$\begin{cases}x_1=y\\x_2=\dot{y}=\dot{x}_1\\x_3=\ddot{y}=\dot{x}_2\\\quad\vdots\\x_n=y^{(n-1)}=\dot{x}_{n-1}\end{cases}$$

故，式(3-18)可写为

$$y^{(n)}=-a_n y-a_{n-1}\dot{y}-\cdots-a_1 y^{(n-1)}+b_m u=-a_n x_1-a_{n-1}x_2-\cdots-a_1 x_n+b_m u=\dot{x}_n$$

(2) 将微分方程式(3-18)化为状态变量 $x_1,x_2,\cdots,x_n$ 的一阶微分方程组

$$\begin{cases}\dot{x}_1=x_2\\\dot{x}_2=x_3\\\vdots\\\dot{x}_{n-1}=x_n\\\dot{x}_n=-a_n x_1-a_{n-1}x_2-\cdots-a_1 x_n+b_m u\end{cases} \tag{3-19}$$

系统输出 $y=x_1$。

(3) 将一阶微分方程组式(3-19)写成矩阵形式，即状态方程

$$\begin{bmatrix}\dot{x}_1\\\dot{x}_2\\\vdots\\\dot{x}_n\end{bmatrix}=\begin{bmatrix}0&1&\cdots&0\\0&0&\cdots&0\\\vdots&\vdots&\cdots&\vdots\\-a_n&-a_{n-1}&\cdots&-a_1\end{bmatrix}\begin{bmatrix}x_1\\x_2\\\vdots\\x_n\end{bmatrix}+\begin{bmatrix}0\\0\\\vdots\\b_m\end{bmatrix}u$$

输出方程为

$$y = \begin{bmatrix} 1 & 0 & \cdots & 0 \end{bmatrix} \begin{bmatrix} x_1 \\ x_2 \\ \vdots \\ x_n \end{bmatrix}$$

例 3-2 设有一控制系统的微分方程为

$$\dddot{y} + 6\ddot{y} + 11\dot{y} + 6y = 6u$$

试求该控制系统的状态空间表达式。

解

选取状态空间变量为 $x_1 = y, x_2 = \dot{y}, x_3 = \ddot{y}$ 。根据原式可写出状态变量的一阶微分方程组

$$\begin{cases} \dot{x}_1 = x_2 \\ \dot{x}_2 = x_3 \\ \dot{x}_3 = -6x_1 - 11x_2 - 6x_3 + 6u \end{cases}$$

控制系统的状态方程为

$$\begin{bmatrix} \dot{x}_1 \\ \dot{x}_2 \\ \dot{x}_3 \end{bmatrix} = \begin{bmatrix} 0 & 1 & 0 \\ 0 & 0 & 1 \\ -6 & -11 & -6 \end{bmatrix} \begin{bmatrix} x_1 \\ x_2 \\ x_3 \end{bmatrix} + \begin{bmatrix} 0 \\ 0 \\ 6 \end{bmatrix} u$$

输出方程为

$$y = \begin{bmatrix} 1 & 0 & 0 \end{bmatrix} \begin{bmatrix} x_1 \\ x_2 \\ x_3 \end{bmatrix}$$

3.2.2 根据传递函数建立状态空间表达式

控制系统传递函数的一般形式为

$$G(s) = \frac{Y(s)}{U(s)} = \frac{b_0 s^m + b_1 s^{m-1} + \cdots + b_{m-1} s + b_m}{s^n + a_1 s^{n-1} + \cdots + a_{n-1} s + a_n}, m \leqslant n \tag{3-20}$$

或

$$G(s) = \frac{Y(s)}{U(s)} = \frac{k(s - z_1)(s - z_2)\cdots(s - z_m)}{(s - p_1)(s - p_2)\cdots(s - p_n)}, m \leqslant n \tag{3-21}$$

在由传递函数建立状态空间表达式的过程中,一般视传递函数的形式而确定处理方法,下面给出几种根据传递函数建立状态空间表达式的一般方法。

1. 直接转换法

设

$$Q(s) = \frac{U(s)}{s^n + a_1 s^{n-1} + \cdots + a_{n-1} s + a_n}$$

即

$$U(s) = (s^n + a_1 s^{n-1} + \cdots + a_{n-1} s + a_n) Q(s) \tag{3-22}$$

式(3-20)可以写成为

$$Y(s) = (b_0 s^m + b_1 s^{m-1} + \cdots + b_{m-1} s + b_m) Q(s) \tag{3-23}$$

对式(3-22)和式(3-23)求拉普拉斯反变换分别有

$$u = q^{(n)} + a_1 q^{(n-1)} + \cdots + a_{n-1}\dot{q} + a_n q$$
$$y = b_0 q^{(m)} + b_1 q^{(m-1)} + \cdots + b_{m-1}\dot{q} + b_m q$$

取状态变量为

$$\begin{cases} x_1 = q \\ x_2 = \dot{q} = \dot{x}_1 \\ \vdots \\ x_n = q^{(n-1)} = \dot{x}_{n-1} \end{cases}$$

那么上式可以写成为

$$u = \dot{x}_n + a_1 x_n + \cdots + a_{n-1} x_2 + a_n x_1$$
$$y = b_0 x_{m+1} + b_1 x_m + \cdots + b_{m-1} x_2 + b_m x_1$$

写出由状态变量构成的一阶微分方程组为

$$\begin{cases} \dot{x}_1 = x_2 \\ \dot{x}_2 = x_3 \\ \vdots \\ \dot{x}_{n-1} = x_n \\ \dot{x}_n = - a_n x_1 - a_{n-1} x_2 - \cdots - a_1 x_n + u \end{cases}$$

由此方程组可写出状态方程为

$$\begin{bmatrix} \dot{x}_1 \\ \dot{x}_2 \\ \vdots \\ \dot{x}_n \end{bmatrix} = \begin{bmatrix} 0 & 1 & \cdots & 0 \\ 0 & 0 & \cdots & 0 \\ \vdots & \vdots & \cdots & \vdots \\ -a_n & -a_{n-1} & \cdots & -a_1 \end{bmatrix} \begin{bmatrix} x_1 \\ x_2 \\ \vdots \\ x_n \end{bmatrix} + \begin{bmatrix} 0 \\ 0 \\ \vdots \\ 1 \end{bmatrix} u$$

一般情况下有 $m<n$，当 $m=n-1$ 时，输出方程为

$$y = [b_m \quad b_{m-1} \quad \cdots \quad b_0] \begin{bmatrix} x_1 \\ x_2 \\ \vdots \\ x_n \end{bmatrix}$$

如果 $m=0$ 时，输出方程为

$$y = [b_m \quad 0 \quad \cdots \quad 0] \begin{bmatrix} x_1 \\ x_2 \\ \vdots \\ x_n \end{bmatrix}$$

同理，可以得到 m 取其他值时的输出方程。

2. 部分分式法

用部分分式法(也称为环节并联法)可将式(3-20)化为部分分式形式

$$G(s) = \frac{Y(s)}{U(s)} = \frac{k_1}{s-p_1} + \frac{k_2}{s-p_2} + \cdots + \frac{k_n}{s-p_n}$$

式中，$p_1, p_2, \cdots, p_n$ 为系统传递函数的极点，且无重极点。$k_1, k_2, \cdots, k_n$ 为待定系数，可按下式计算

$$k_i = \lim_{s \to p_i} G(s)(s - p_i), i = 1, 2, \cdots, n$$

所以，有

$$Y(s) = \frac{k_1}{s - p_1}U(s) + \frac{k_2}{s - p_2}U(s) + \cdots + \frac{k_n}{s - p_n}U(s) \tag{3-24}$$

(1) 选择状态变量

根据式(3-24)的形式，令每一部分分式为一个状态变量的拉普拉斯变换，有

$$X_i(s) = \frac{1}{s - p_i}U(s), i = 1, 2, \cdots, n$$

$$Y(s) = k_1 X_1(s) + k_2 X_2(s) + \cdots + k_n X_n(s)$$

进而有

$$sX_i(s) = p_i X_i(s) + U(s)$$

由此可写出状态变量的拉普拉斯变换描述

$$\begin{cases} sX_1(s) = p_1 X_1(s) + U(s) \\ sX_2(s) = p_2 X_2(s) + U(s) \\ \vdots \\ sX_{n-1}(s) = p_{n-1} X_{n-1}(s) + U(s) \\ sX_n(s) = p_n X_n(s) + U(s) \end{cases}$$

(2) 化为状态变量的一阶微分方程组

对上式进行拉普拉斯反变换，得

$$\begin{cases} \dot{x}_1 = p_1 x_1 + u \\ \dot{x}_2 = p_2 x_2 + u \\ \vdots \\ \dot{x}_{n-1} = p_{n-1} x_{n-1} + u \\ \dot{x}_n = p_n x_n + u \end{cases}$$

同时有

$$y = k_1 x_1 + k_2 x_2 + \cdots + k_n x_n$$

(3) 写成矩阵形式

将上式写成矩阵形式得到状态方程为

$$\begin{bmatrix} \dot{x}_1 \\ \dot{x}_2 \\ \vdots \\ \dot{x}_n \end{bmatrix} = \begin{bmatrix} p_1 & & & 0 \\ & p_2 & & \\ & & \ddots & \\ 0 & & & p_n \end{bmatrix} \begin{bmatrix} x_1 \\ x_2 \\ \vdots \\ x_n \end{bmatrix} + \begin{bmatrix} 1 \\ 1 \\ \vdots \\ 1 \end{bmatrix} u$$

输出方程为

$$y=[k_1 \quad k_2 \quad \cdots \quad k_n]\begin{bmatrix}x_1\\x_2\\\vdots\\x_n\end{bmatrix}$$

例 3-3 设控制系统的传递函数为

$$G(s)=\frac{Y(s)}{U(s)}=\frac{s^2+3s+2}{s(s^2+7s+12)}$$

试求状态空间表达式。

解 (1) 直接转换法

设

$$U(s)=(s^3+7s^2+12s)Q(s)$$
$$Y(s)=(s^2+3s+2)Q(s)$$

选取状态变量 $x_1=q, x_2=\dot{q}, x_3=\ddot{q}$，控制系统的状态方程为

$$\begin{bmatrix}\dot{x}_1\\\dot{x}_2\\\dot{x}_3\end{bmatrix}=\begin{bmatrix}0&1&0\\0&0&1\\0&-12&-7\end{bmatrix}\begin{bmatrix}x_1\\x_2\\x_3\end{bmatrix}+\begin{bmatrix}0\\0\\1\end{bmatrix}u$$

输出方程为

$$y=[2 \quad 3 \quad 1]\begin{bmatrix}x_1\\x_2\\x_3\end{bmatrix}$$

(2) 部分分式法

将传递函数改写为

$$\frac{Y(s)}{U(s)}=\frac{s^2+3s+2}{s(s+3)(s+4)}$$

用部分分式法可得

$$\frac{Y(s)}{U(s)}=\frac{1}{6}\,\frac{1}{s}-\frac{2}{3}\,\frac{1}{s+3}+\frac{3}{2}\,\frac{1}{s+4}$$

所以有

$$Y(s)=\frac{1}{6}\,\frac{1}{s}U(s)-\frac{2}{3}\,\frac{1}{s+3}U(s)+\frac{3}{2}\,\frac{1}{s+4}U(s)$$

选取状态变量的拉普拉斯变换

$$X_1(s)=\frac{1}{s}U(s), X_2(s)=\frac{1}{s+3}U(s), X_3(s)=\frac{1}{s+4}U(s)$$

则有

$$sX_1(s)=U(s), sX_2(s)=-3X_2(s)+U(s), sX_3(s)==-4X_3(s)+U(s)$$

对上式进行拉普拉斯反变换，得到状态变量的一阶微分方程组

$$\begin{cases}\dot{x}_1=u\\\dot{x}_2=-3x_2+u\\\dot{x}_3=-4x_3+u\end{cases}$$

所以，系统的状态方程为

$$\begin{bmatrix}\dot{x}_1\\\dot{x}_2\\\dot{x}_3\end{bmatrix}=\begin{bmatrix}0&0&0\\0&-3&0\\0&0&-4\end{bmatrix}\begin{bmatrix}x_1\\x_2\\x_3\end{bmatrix}+\begin{bmatrix}1\\1\\1\end{bmatrix}u$$

输出方程为

$$y=\begin{bmatrix}\frac{1}{6}&-\frac{2}{3}&\frac{3}{2}\end{bmatrix}\begin{bmatrix}x_1\\x_2\\x_3\end{bmatrix}$$

3. 环节串联法

如果传递函数为式(3-21)所示的形式，用环节串联法将其转换为状态空间表达式更为方便。下面用一个实际例子描述这一方法的处理过程。

例如有一控制系统的传递函数为

$$G(s)=\frac{Y(s)}{U(s)}=\frac{(s+1)(s+2)}{s(s+3)(s+4)}$$

将该传递函数改写为 3 个环节的乘积，有

$$G(s)=G_1(s)G_2(s)G_3(s)$$

式中，$G_1(s)=\frac{1}{s}$，$G_2(s)=\frac{s+1}{s+3}=1+\frac{-2}{s+3}$，$G_3(s)=\frac{s+2}{s+4}=1+\frac{-2}{s+4}$。根据环节串联关系可画出控制系统的状态变量图，如图 3-3 所示。图中还标出了选定的状态变量。

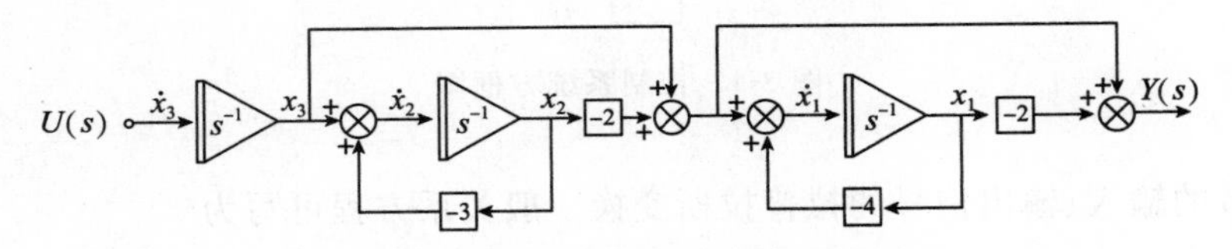

图 3-3　串联式控制系统状态变量图

根据图 3-3 可写出状态变量的拉普拉斯变换的表示形式

$$\begin{cases}sX_1(s)=-4X_1(s)-2X_2(s)+X_3(s)\\sX_2(s)=-3X_2(s)+X_3(s)\\sX_3(s)=U(s)\end{cases}$$

对上式进行拉普拉斯反变换，得到一阶微分方程组

$$\begin{cases}\dot{x}_1=-4x_1-2x_2+x_3\\\dot{x}_2=-3x_2+x_3\\\dot{x}_3=u\end{cases}$$

所以状态方程为

$$\begin{bmatrix}\dot{x}_1\\\dot{x}_2\\\dot{x}_3\end{bmatrix}=\begin{bmatrix}-4&-2&1\\0&-3&1\\0&0&0\end{bmatrix}\begin{bmatrix}x_1\\x_2\\x_3\end{bmatrix}+\begin{bmatrix}0\\0\\1\end{bmatrix}u$$

输出方程为

$$y = \begin{bmatrix} -2 & -2 & 1 \end{bmatrix} \begin{bmatrix} x_1 \\ x_2 \\ x_3 \end{bmatrix}$$

由上述例子可以看出，对系统传递函数的分解不同以及选取状态变量的不同，同一系统可以有各种不同状态空间表达式。

3.2.3 根据结构图建立状态空间表达式

用结构图描述系统是工程中常用的方法之一。同理，也可以将结构图描述系统的形式转换为状态空间表达式。图 3-4 所示是一个控制系统方框图。图中，1，2，3 和 4 为控制系统中各环节的编号；u_1，u_2，u_3 和 u_4 为相应环节的输入信号；x_1，x_2，x_3 和 x_4 为相应环节的输出信号，也定义为系统的状态变量；α_2，α_3 和 α_4 为环节的连接系数；u_0 为系统的输入信号；y 为系统的输出信号，等于 x_4。每个环节的传递函数可用一个典型的超前滞后环节表示，即 $\dfrac{C_i + D_i s}{A_i + B_i s}$，$i=1,2,3,4$。改变环节中系数和系统结构可方便地描述环节的有理分式传递函数。

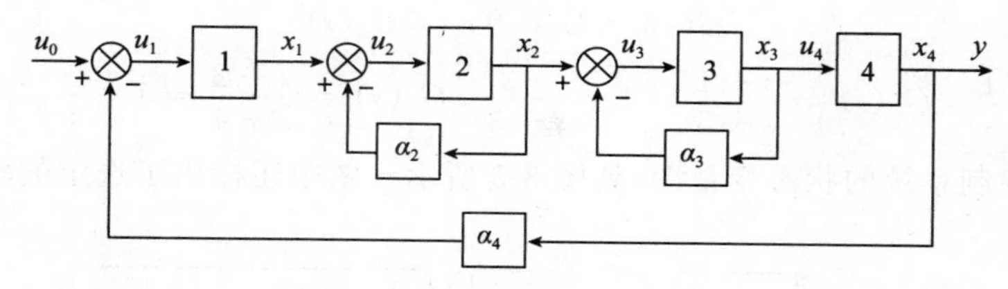

图 3-4 控制系统方框图

每个环节的输入、输出信号的拉普拉斯变换一般关系方程可写为

$$X_i(s) = \frac{C_i + D_i s}{A_i + B_i s} U_i(s), i = 1,2,3,4$$

进一步可有如下形式

$$(A_i + B_i s) X_i(s) = (C_i + D_i s) U_i(s), i = 1,2,3,4$$

用矩阵形式表示有

$$(\boldsymbol{A} + \boldsymbol{B}s)\boldsymbol{X} = (\boldsymbol{C} + \boldsymbol{D}s)\boldsymbol{U} \tag{3-25}$$

$$\boldsymbol{U} = \boldsymbol{W}\boldsymbol{X} + \boldsymbol{W}_0 U_0 \tag{3-26}$$

式中，

$$\boldsymbol{A} = \begin{bmatrix} A_1 & 0 & 0 & 0 \\ 0 & A_2 & 0 & 0 \\ 0 & 0 & A_3 & 0 \\ 0 & 0 & 0 & A_4 \end{bmatrix}, \boldsymbol{B} = \begin{bmatrix} B_1 & 0 & 0 & 0 \\ 0 & B_2 & 0 & 0 \\ 0 & 0 & B_3 & 0 \\ 0 & 0 & 0 & B_4 \end{bmatrix}$$

$$\boldsymbol{C} = \begin{bmatrix} C_1 & 0 & 0 & 0 \\ 0 & C_2 & 0 & 0 \\ 0 & 0 & C_3 & 0 \\ 0 & 0 & 0 & C_4 \end{bmatrix}, \boldsymbol{D} = \begin{bmatrix} D_1 & 0 & 0 & 0 \\ 0 & D_2 & 0 & 0 \\ 0 & 0 & D_3 & 0 \\ 0 & 0 & 0 & D_4 \end{bmatrix}$$

$$\boldsymbol{W}=\begin{bmatrix}0 & 0 & 0 & -\alpha_4\\1 & -\alpha_2 & 0 & 0\\0 & 1 & -\alpha_3 & 0\\0 & 0 & 1 & 0\end{bmatrix},\quad \boldsymbol{W}_0=\begin{bmatrix}1\\0\\0\\0\end{bmatrix},\quad \boldsymbol{X}=\begin{bmatrix}X_1\\X_2\\X_3\\X_4\end{bmatrix},\quad \boldsymbol{U}=\begin{bmatrix}U_1\\U_2\\U_3\\U_4\end{bmatrix}$$

将式(3-26)代入式(3-25)中并整理得

$$(\boldsymbol{A}+\boldsymbol{B}s)\boldsymbol{X}=(\boldsymbol{C}+\boldsymbol{D}s)(\boldsymbol{W}\boldsymbol{X}+\boldsymbol{W}_0U_0)$$

$$(\boldsymbol{B}-\boldsymbol{D}\boldsymbol{W})s\boldsymbol{X}=(\boldsymbol{C}\boldsymbol{W}-\boldsymbol{A})\boldsymbol{X}+\boldsymbol{C}\boldsymbol{W}_0U_0+\boldsymbol{D}\boldsymbol{W}_0sU_0 \tag{3-27}$$

对式(3-27)进行拉普拉斯反变换并整理得到系统的状态方程

$$(\boldsymbol{B}-\boldsymbol{D}\boldsymbol{W})\dot{\boldsymbol{x}}=(\boldsymbol{C}\boldsymbol{W}-\boldsymbol{A})\boldsymbol{x}+\boldsymbol{C}\boldsymbol{W}_0u_0+\boldsymbol{D}\boldsymbol{W}_0\dot{u}_0$$

令 $\boldsymbol{Q}=\boldsymbol{B}-\boldsymbol{D}\boldsymbol{W},\boldsymbol{P}=\boldsymbol{C}\boldsymbol{W}-\boldsymbol{A},\boldsymbol{V}_1=\boldsymbol{C}\boldsymbol{W}_0,\boldsymbol{V}_2=\boldsymbol{D}\boldsymbol{W}_0$，上式可写为

$$\boldsymbol{Q}\dot{\boldsymbol{x}}=\boldsymbol{P}\boldsymbol{x}+\boldsymbol{V}_1u_0+\boldsymbol{V}_2\dot{u}_0 \tag{3-28}$$

如果 $\boldsymbol{Q}$ 矩阵是可逆的，可对式(3-28)两边左乘 $\boldsymbol{Q}^{-1}$ 得到状态方程的标准形式

$$\dot{\boldsymbol{x}}=\boldsymbol{Q}^{-1}\boldsymbol{P}\boldsymbol{x}+\boldsymbol{Q}^{-1}\boldsymbol{V}_1u_0+\boldsymbol{Q}^{-1}\boldsymbol{V}_2\dot{u}_0 \tag{3-29}$$

式中，右端函数计算中不仅与外加信号 u_0 有关，也与外加信号的导数 $\dot{u}_0$ 有关。如果 u_0 为阶跃信号，必须使它作用的所有环节的 $D_i=0$，即 $\boldsymbol{V}_2$ 为零向量。当系统中不存在纯微分环节和(或)纯比例环节时就能保证 $\boldsymbol{Q}$ 矩阵可以求逆。当然也可以通过变换系统结构描述使其逆矩阵存在，就能保证通过该方法求得状态方程。下面是该系统的输出方程。

$$y=\begin{bmatrix}0 & 0 & 0 & 1\end{bmatrix}\begin{bmatrix}x_1\\x_2\\x_3\\x_4\end{bmatrix}$$

在实际工程应用中，可通过适当结构变化使得能根据结构就可方便写出其状态方程。例如，如图 3-5 所示的多输入、多输出系统。

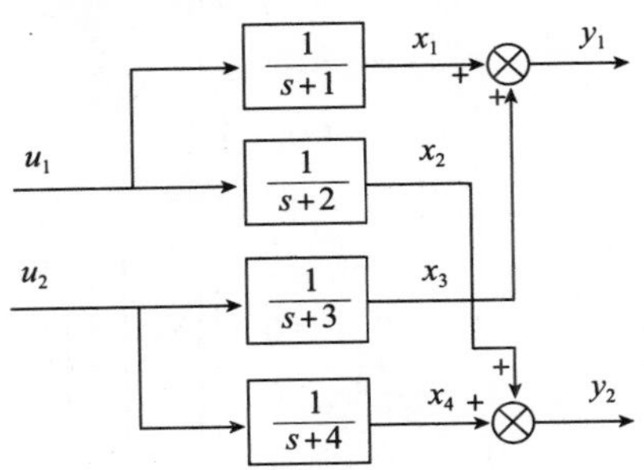

图 3-5　多输入、多输出系统方框图

对于这样的复杂系统可写出其传递矩阵为

$$\boldsymbol{G}(s)=\begin{bmatrix}\dfrac{1}{s+1} & \dfrac{1}{s+3}\\ \dfrac{1}{s+2} & \dfrac{1}{s+4}\end{bmatrix}$$

显然，$G_{11}(s)=\dfrac{1}{s+1}$ 表明输入 u_1 对输出信号 y_1 作用的传递函数；$G_{21}(s)=\dfrac{1}{s+2}$ 表明输入

u_1对输出信号 y_2作用的传递函数；$G_{12}(s)=\dfrac{1}{s+3}$表明输入 u_2对输出信号 y_1作用的传递函数；$G_{22}(s)=\dfrac{1}{s+4}$表明输入 u_2对输出信号 y_2作用的传递函数。要写出多输入、多输出系统的状态方程，可将图 3-5 中结构描述稍作变换如图 3-6 所示。图中仅有积分环节和连接系数。积分环节前后是相应状态变量及其一阶导数，使得问题简化，能直接写出一阶微分方程组。

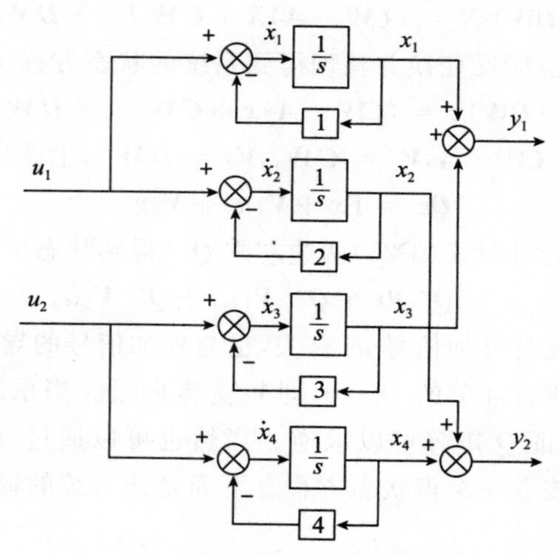

图 3-6　结构变换后多输入、多输出系统方框图

根据图 3-6 的结构和参数可写出一阶微分方程的方程组为

$$\begin{cases}\dot{x}_1=u_1-x_1\\ \dot{x}_2=u_1-2x_2\\ \dot{x}_3=u_2-3x_3\\ \dot{x}_4=u_2-4x_4\end{cases}$$

依据微分方程组写出状态方程为

$$\begin{bmatrix}\dot{x}_1\\ \dot{x}_2\\ \dot{x}_3\\ \dot{x}_4\end{bmatrix}=\begin{bmatrix}-1&0&0&0\\ 0&-2&0&0\\ 0&0&-3&0\\ 0&0&0&-4\end{bmatrix}\begin{bmatrix}x_1\\ x_2\\ x_3\\ x_4\end{bmatrix}+\begin{bmatrix}1&0\\ 1&0\\ 0&1\\ 0&1\end{bmatrix}\begin{bmatrix}u_1\\ u_2\end{bmatrix}$$

输出方程为

$$\begin{bmatrix}y_1\\ y_2\end{bmatrix}=\begin{bmatrix}1&0&1&0\\ 0&1&0&1\end{bmatrix}\begin{bmatrix}x_1\\ x_2\\ x_3\\ x_4\end{bmatrix}$$

3.2.4　传递函数与状态空间表达式之间的关系

假设多输入、多输出线性定常连续系统的状态空间表达式为

$$\dot{\boldsymbol{x}} = \boldsymbol{A}\boldsymbol{x} + \boldsymbol{B}\boldsymbol{u} \tag{3-30}$$

$$\boldsymbol{y} = \boldsymbol{C}\boldsymbol{x} + \boldsymbol{D}\boldsymbol{u} \tag{3-31}$$

式(3-30)和式(3-31)中，$\boldsymbol{x}$ 为 n 维状态变量，$\boldsymbol{u}$ 为 r 维输入向量，$\boldsymbol{y}$ 为 m 维输出向量。

对式(3-30)和式(3-31)进行拉普拉斯变换，有

$$s\boldsymbol{X}(s) - \boldsymbol{x}(0) = \boldsymbol{A}\boldsymbol{X}(s) + \boldsymbol{B}\boldsymbol{U}(s) \tag{3-32}$$

$$\boldsymbol{Y}(s) = \boldsymbol{C}\boldsymbol{X}(s) + \boldsymbol{D}\boldsymbol{U}(s) \tag{3-33}$$

经整理可得

$$\boldsymbol{X}(s) = (s\boldsymbol{I} - \boldsymbol{A})^{-1}\boldsymbol{B}\boldsymbol{U}(s) + (s\boldsymbol{I} - \boldsymbol{A})^{-1}\boldsymbol{x}(0)$$

$$\boldsymbol{Y}(s) = \boldsymbol{C}(s\boldsymbol{I} - \boldsymbol{A})^{-1}\boldsymbol{B}\boldsymbol{U}(s) + \boldsymbol{D}\boldsymbol{U}(s) + \boldsymbol{C}(s\boldsymbol{I} - \boldsymbol{A})^{-1}\boldsymbol{x}(0)$$

令初始条件为零，于是系统的传递函数为

$$\boldsymbol{G}(s) = \frac{\boldsymbol{Y}(s)}{\boldsymbol{U}(s)} = \boldsymbol{C}(s\boldsymbol{I} - \boldsymbol{A})^{-1}\boldsymbol{B} + \boldsymbol{D} \tag{3-34}$$

显然，$\boldsymbol{G}(s)$ 为 $m \times r$ 维矩阵，称为传递函数矩阵，具有如下形式

$$\boldsymbol{G}(s) = \begin{bmatrix} G_{11}(s) & G_{12}(s) & \cdots & G_{1r}(s) \\ G_{21}(s) & G_{22}(s) & \cdots & G_{2r}(s) \\ \vdots & \vdots & \cdots & \vdots \\ G_{m1}(s) & G_{m2}(s) & \cdots & G_{mr}(s) \end{bmatrix}$$

式中，矩阵元素 $G_{ij}(s)$ 表示第 i 个输出变量对应于第 j 个输入变量的传递函数。

当系统为单输入、单输出系统时，$m = r = 1$，传递函数矩阵 $\boldsymbol{G}(s)$ 只有一个元素。此时，式(3-34)可写为

$$G(s) = \frac{Q(s)}{|s\boldsymbol{I} - \boldsymbol{A}|}$$

式中，$Q(s)$ 是以 s 为变量的多项式。因此，$|s\boldsymbol{I} - \boldsymbol{A}|$ 是传递函数 $G(s)$ 的特征多项式。$|s\boldsymbol{I} - \boldsymbol{A}| = 0$ 是矩阵 $\boldsymbol{A}$ 的特征方程式，即系统的特征方程式，而矩阵 $\boldsymbol{A}$ 的特征值也就是传递函数的极点或系统特征方程的根。

3.3 线性定常系统的线性变换

对于一个给定系统，由于状态变量选取不是唯一的，可以产生不同的状态空间表达式，但它们所描述的是同一系统的动态特性，包含了同样多的关于这个系统的信息。因此，可以通过线性变换的方法将状态空间表达式变换为某些特殊形式，例如对角线标准型和约当标准型等。利用这些标准型分析系统的某些性能时，能使问题得到简化。

设矩阵 $\boldsymbol{A}$ 为 $n \times n$ 维矩阵，且特征值互异，即特征值 $\lambda_1, \lambda_2, \cdots, \lambda_n$ 互不相同，那么，$\boldsymbol{A}$ 矩阵的对角线标准型矩阵为

$$\bar{\boldsymbol{A}} = \boldsymbol{P}^{-1}\boldsymbol{A}\boldsymbol{P} = \begin{bmatrix} \lambda_1 & 0 & \cdots & 0 \\ 0 & \lambda_2 & \cdots & 0 \\ \vdots & \vdots & \cdots & \vdots \\ 0 & 0 & \cdots & \lambda_n \end{bmatrix} \tag{3-35}$$

式中，$\boldsymbol{P}$ 为非奇异线性变换矩阵。

由矩阵理论可知，矩阵特征值与特征向量的定义为：设矩阵 $\boldsymbol{A}$ 为 $n\times n$ 维矩阵，若在向量空间中存在一非零向量 $\boldsymbol{v}$，使得式(3-36)成立

$$\boldsymbol{Av}=\lambda\boldsymbol{v} \tag{3-36}$$

则称 λ 为矩阵 $\boldsymbol{A}$ 的特征值；任何满足式(3-36)的非零向量 $\boldsymbol{v}$ 被称为矩阵 $\boldsymbol{A}$ 对应特征值 λ 的特征向量。

非奇异线性变换矩阵 $\boldsymbol{P}$ 是由矩阵 $\boldsymbol{A}$ 的特征向量 $\boldsymbol{v}_1,\boldsymbol{v}_2,\cdots,\boldsymbol{v}_n$ 构成，可表示为

$$\boldsymbol{P}=[\boldsymbol{v}_1\ \boldsymbol{v}_2\ \cdots\ \boldsymbol{v}_n]$$

约当标准型矩阵为

$$\bar{\boldsymbol{A}}=\begin{bmatrix}\bar{\boldsymbol{A}}_1 & & & 0\\ & \bar{\boldsymbol{A}}_2 & & \\ & & \ddots & \\ 0 & & & \bar{\boldsymbol{A}}_l\end{bmatrix}$$

式中，$\bar{\boldsymbol{A}}_1,\bar{\boldsymbol{A}}_2,\cdots,\bar{\boldsymbol{A}}_l$——约当块，约当标准型矩阵共有 l 个约当块，它等于矩阵 $\bar{\boldsymbol{A}}$ 的独立特征向量个数。第 i 个约当块有如下形式

$$\bar{\boldsymbol{A}}_i=\underbrace{\begin{bmatrix}\lambda_i & 1 & \cdots & 0 & 0\\ 0 & \lambda_i & \cdots & \vdots & \vdots\\ 0 & 0 & \cdots & 1 & 0\\ \vdots & \vdots & \cdots & \lambda_i & 1\\ 0 & 0 & \cdots & 0 & \lambda_i\end{bmatrix}}_{m_i}\left.\vphantom{\begin{bmatrix}1\\1\\1\\1\\1\end{bmatrix}}\right\}m_i$$

式中，m_i——每个约当块的阶数，$i=1,2,\cdots,l$，所以有 $m_1+m_2+\cdots+m_l=n$。当系统的状态空间表达式中的系数矩阵 $\boldsymbol{A}$ 为约当矩阵时，则称该状态空间表达式为约当标准型。

对角线矩阵是约当矩阵的特例，对角线标准型为约当标准型的特例。

对于给定的线性定常系统的状态空间表达式，可以通过线性变换得到对角线标准型或约当标准型。

设线性定常系统为

$$\dot{\boldsymbol{x}}=\boldsymbol{Ax}+\boldsymbol{Bu} \tag{3-37}$$

$$\boldsymbol{y}=\boldsymbol{Cx}+\boldsymbol{Du} \tag{3-38}$$

如果矩阵 $\boldsymbol{A}$ 的特征值互异，那么必存在非奇异线性变换矩阵 $\boldsymbol{P}$，使得

$$\bar{\boldsymbol{x}}=\boldsymbol{P}^{-1}\boldsymbol{x}$$

$$\bar{\boldsymbol{A}}=\boldsymbol{P}^{-1}\boldsymbol{AP}$$

$$\bar{\boldsymbol{B}}=\boldsymbol{P}^{-1}\boldsymbol{B}$$

$$\bar{\boldsymbol{C}}=\boldsymbol{CP}$$

$$\bar{\boldsymbol{D}}=\boldsymbol{D}$$

将原线性定常系统状态空间表达式(3-37)和式(3-38)变换为对角线标准型，有

$$\dot{\bar{\boldsymbol{x}}}=\bar{\boldsymbol{A}}\bar{\boldsymbol{x}}+\bar{\boldsymbol{B}}\boldsymbol{u} \tag{3-39}$$

$$\boldsymbol{y}=\bar{\boldsymbol{C}}\bar{\boldsymbol{x}}+\bar{\boldsymbol{D}}\boldsymbol{u} \tag{3-40}$$

例 3-4　将给定系统的状态空间表达式

$$\dot{\boldsymbol{x}}=\begin{bmatrix}0 & 1 & -1\\ -6 & -11 & 6\\ -6 & -11 & 5\end{bmatrix}\boldsymbol{x}+\begin{bmatrix}0\\0\\1\end{bmatrix}\boldsymbol{u}$$

$$y=\begin{bmatrix}1 & 0 & 0\end{bmatrix}\boldsymbol{x}$$

变换为对角线标准型。

解

(1) 计算特征值

系统的特征值是特征方程 $\det(\lambda\boldsymbol{I}-\boldsymbol{A})=0$ 的根。求解特征方程可得特征值：$\lambda_1=-1$，$\lambda_2=-2$，$\lambda_3=-3$。

(2) 计算特征向量

解方程

$$(\lambda_1\boldsymbol{I}-\boldsymbol{A})\boldsymbol{v}_1=\begin{bmatrix}-1 & -1 & 1\\ 6 & 10 & -6\\ 6 & 11 & -6\end{bmatrix}\begin{bmatrix}\nu_{11}\\ \nu_{21}\\ \nu_{31}\end{bmatrix}=0$$

得到矩阵 $\boldsymbol{A}$ 对应特征值 λ_1 的特征向量为

$$\boldsymbol{v}_1=\begin{bmatrix}1\\0\\1\end{bmatrix}$$

同理可得

$$\boldsymbol{v}_2=\begin{bmatrix}1\\2\\4\end{bmatrix},\boldsymbol{v}_3=\begin{bmatrix}1\\6\\9\end{bmatrix}$$

(3) 对状态空间表达式进行线性变换

非奇异线性变换矩阵 $\boldsymbol{P}$ 为

$$\boldsymbol{P}=\begin{bmatrix}\boldsymbol{v}_1 & \boldsymbol{v}_2 & \boldsymbol{v}_3\end{bmatrix}=\begin{bmatrix}1 & 1 & 1\\ 0 & 2 & 6\\ 1 & 4 & 9\end{bmatrix}$$

$$\bar{\boldsymbol{A}}=\boldsymbol{P}^{-1}\boldsymbol{A}\boldsymbol{P}=\begin{bmatrix}-1 & 0 & 0\\ 0 & -2 & 0\\ 0 & 0 & -3\end{bmatrix}$$

$$\bar{\boldsymbol{B}}=\boldsymbol{P}^{-1}\boldsymbol{B}=\begin{bmatrix}3 & \frac{5}{2} & -2\\ -3 & -4 & 3\\ 1 & \frac{3}{2} & -1\end{bmatrix}\begin{bmatrix}0\\0\\1\end{bmatrix}=\begin{bmatrix}-2\\3\\-1\end{bmatrix}$$

$$\bar{\boldsymbol{C}}=\boldsymbol{C}\boldsymbol{P}=\begin{bmatrix}1 & 0 & 0\end{bmatrix}\begin{bmatrix}1 & 1 & 1\\ 0 & 2 & 6\\ 1 & 4 & 9\end{bmatrix}=\begin{bmatrix}1 & 1 & 1\end{bmatrix}$$

所以，系统状态空间表达式的对角线标准型为

$$\dot{\bar{x}} = \begin{bmatrix} -1 & 0 & 0 \\ 0 & -2 & 0 \\ 0 & 0 & -3 \end{bmatrix} \bar{x} + \begin{bmatrix} -2 \\ 3 \\ -1 \end{bmatrix} u$$

$$y = [1 \quad 1 \quad 1]\bar{x}$$

3.4 线性定常系统的状态方程求解

对控制系统时域响应进行求解也是系统性能分析常用的方法之一。如果系统是采用状态方程描述，就需要对状态方程求解。下面介绍线性定常系统状态方程的求解方法。

3.4.1 齐次状态方程求解

线性定常系统在没有控制作用，即输入信号为零时，由初始条件引起的运动称为自由运动。表征为齐次状态方程，有

$$\dot{\boldsymbol{x}}(t) = \boldsymbol{A}\boldsymbol{x}(t) \tag{3-41}$$

求解齐次状态方程式就是求齐次状态方程式(3-41)满足初始条件 $\boldsymbol{x}(t)\mid_{t=0} = \boldsymbol{x}(0)$ 的解。也就是求解系统由初始条件引起的自由运动。齐次状态方程式的求解可以仿照标量微分方程的求解方法进行求解，也可以采用拉普拉斯变换方法进行求解。本节介绍后者。

将状态方程式(3-41)两边进行拉普拉斯变换，有

$$s\boldsymbol{X}(s) - \boldsymbol{x}(0) = \boldsymbol{A}\boldsymbol{X}(s) \tag{3-42}$$

对式(3-42)整理有

$$\boldsymbol{X}(s) = (s\boldsymbol{I} - \boldsymbol{A})^{-1}\boldsymbol{x}(0)$$

进行拉普拉斯反变换，有

$$\boldsymbol{x}(t) = \mathscr{L}^{-1}[(s\boldsymbol{I} - \boldsymbol{A})^{-1}]\boldsymbol{x}(0) \tag{3-43}$$

考虑 $(s\boldsymbol{I} - \boldsymbol{A})^{-1}$ 的级数形式

$$(s\boldsymbol{I} - \boldsymbol{A})^{-1} = \frac{\boldsymbol{I}}{s} + \frac{\boldsymbol{A}}{s^2} + \frac{\boldsymbol{A}^2}{s^3} + \cdots$$

那么，根据矩阵指数函数的定义，有

$$\mathscr{L}^{-1}[(s\boldsymbol{I} - \boldsymbol{A})^{-1}] = \boldsymbol{I} + \boldsymbol{A}t + \frac{\boldsymbol{A}^2 t^2}{2!} + \frac{\boldsymbol{A}^3 t^3}{3!} + \cdots = \mathrm{e}^{\boldsymbol{A}t}$$

所以，齐次状态方程式(3-41)的解为

$$\boldsymbol{x}(t) = \mathrm{e}^{\boldsymbol{A}t}\boldsymbol{x}(0), t \geqslant 0 \tag{3-44}$$

式中，矩阵指数函数 $\mathrm{e}^{\boldsymbol{A}t}$ 也称为线性定常系统的状态转移矩阵，记为 $\boldsymbol{\Phi}(t)$。

当初始条件为 $\boldsymbol{x}(t)\mid_{t=t_0} = \boldsymbol{x}(t_0)$ 时，齐次状态方程的解可表示为

$$\boldsymbol{x}(t) = \mathrm{e}^{\boldsymbol{A}(t-t_0)}\boldsymbol{x}(t_0), t \geqslant t_0 \tag{3-45}$$

式(3-45)表明了系统从 $t = t_0$ 时的初始状态 $\boldsymbol{x}(t_0)$ 转移到 $t > t_0$ 的状态 $\boldsymbol{x}(t)$ 转移特性。矩阵指数函数 $\mathrm{e}^{\boldsymbol{A}(t-t_0)}$ 为状态转移矩阵，记为 $\boldsymbol{\Phi}(t - t_0)$。

线性定常系统齐次状态方程的解式(3-44)和式(3-45)又可分别表示为

$$\boldsymbol{x}(t) = \boldsymbol{\Phi}(t)\boldsymbol{x}(0), t \geqslant 0 \tag{3-46}$$

$$\boldsymbol{x}(t)=\boldsymbol{\Phi}(t-t_0)\boldsymbol{x}(t_0),t\geqslant t_0 \tag{3-47}$$

状态转移矩阵 $\boldsymbol{\Phi}(t)$ 是线性定常矩阵微分方程

$$\begin{cases}\dot{\boldsymbol{\Phi}}(t)=A\boldsymbol{\Phi}(t)\\ \boldsymbol{\Phi}(0)=\boldsymbol{I}\end{cases} \tag{3-48}$$

的唯一解。它包含了系统自由运动的全部信息。矩阵指数函数 e^{At} 是数学函数的名称，而状态转移矩阵 $\boldsymbol{\Phi}(t)$ 则是满足矩阵微分方程式(3-48)的解。后者表征了由初始状态 $\boldsymbol{x}(0)$ 转移到 $t>0$ 的状态 $\boldsymbol{x}(t)$ 的转移特性。对于线性定常系统，其状态转移矩阵 $\boldsymbol{\Phi}(t)$ 的数学表达式就是矩阵指数函数 e^{At}。

3.4.2　非齐次状态方程求解

设非齐次状态方程为

$$\dot{\boldsymbol{x}}=\boldsymbol{Ax}+\boldsymbol{Bu} \tag{3-49}$$

初始状态为 $\boldsymbol{x}(0)$。求解可以采用积分法，也可以采用拉普拉斯变换法，后者相对简单。

对式(3-49)进行拉普拉斯变换，有

$$s\boldsymbol{X}(s)-\boldsymbol{x}(0)=\boldsymbol{AX}(s)+\boldsymbol{BU}(s) \tag{3-50}$$

整理有

$$\boldsymbol{X}(s)=(s\boldsymbol{I}-\boldsymbol{A})^{-1}\boldsymbol{x}(0)+(s\boldsymbol{I}-\boldsymbol{A})^{-1}\boldsymbol{BU}(s)$$

由于

$$(s\boldsymbol{I}-\boldsymbol{A})^{-1}=\frac{\boldsymbol{I}}{s}+\frac{\boldsymbol{A}}{s^2}+\frac{\boldsymbol{A}^2}{s^3}+\cdots$$

且有

$$\mathscr{L}^{-1}[(s\boldsymbol{I}-\boldsymbol{A})^{-1}]=\boldsymbol{I}+\boldsymbol{A}t+\frac{\boldsymbol{A}^2t^2}{2!}+\frac{\boldsymbol{A}^3t^3}{3!}+\cdots=e^{\boldsymbol{A}t}$$

所以，式(3-50)的拉普拉斯反变换由两部分组成，即

$$\boldsymbol{x}(t)=e^{\boldsymbol{A}t}\boldsymbol{x}(0)+\int_0^t e^{\boldsymbol{A}(t-\tau)}\boldsymbol{Bu}(\tau)\mathrm{d}\tau,t\geqslant 0 \tag{3-51}$$

这就是非齐次状态方程式(3-49)当初始状态为 $\boldsymbol{x}(0)$ 时的解。若表示成状态转移矩阵形式，有

$$\boldsymbol{x}(t)=\boldsymbol{\Phi}(t)\boldsymbol{x}(0)+\int_0^t \boldsymbol{\Phi}(t-\tau)\boldsymbol{Bu}(\tau)\mathrm{d}\tau,t\geqslant 0 \tag{3-52}$$

无论是求解齐次状态方程式(3-41)还是求解非齐次状态方程式(3-49)，其关键是求状态转移矩阵 $\boldsymbol{\Phi}(t)$，或矩阵指数函数 e^{At}。上述已经给出了两种求 e^{At} 的方法。

其一是直接级数求和方法，即

$$e^{\boldsymbol{A}t}=\boldsymbol{I}+\boldsymbol{A}t+\frac{\boldsymbol{A}^2t^2}{2!}+\frac{\boldsymbol{A}^3t^3}{3!}+\cdots \tag{3-53}$$

该方法有利于用计算机进行计算得到数值结果，但很难得到闭合形式的解。

其二是拉普拉斯变换方法，即

$$e^{\boldsymbol{A}t}=\mathscr{L}^{-1}[(s\boldsymbol{I}-\boldsymbol{A})^{-1}] \tag{3-54}$$

这种方法只要对矩阵 $(s\boldsymbol{I}-\boldsymbol{A})$ 求逆后进行拉普拉斯反变换就可得到矩阵指数函数。

其三是特征值、特征向量法，该方法是利用矩阵 $\boldsymbol{A}$ 的对角线标准形式 $\bar{\boldsymbol{A}}$ 来计算矩阵指数

函数 e^{At} 的方法。

矩阵指数函数 e^{At} 就可由下式得到

$$e^{At}=Pe^{\bar{A}t}P^{-1}=P\begin{bmatrix}e^{\lambda_1 t} & 0 & \cdots & 0\\ 0 & e^{\lambda_2 t} & \cdots & 0\\ \vdots & \vdots & \cdots & \vdots\\ 0 & 0 & \cdots & e^{\lambda_n t}\end{bmatrix}P^{-1} \tag{3-55}$$

例 3-5 系统状态方程为

$$\begin{bmatrix}\dot{x}_1\\ \dot{x}_2\end{bmatrix}=\begin{bmatrix}0 & 1\\ -2 & -3\end{bmatrix}\begin{bmatrix}x_1\\ x_2\end{bmatrix}+\begin{bmatrix}0\\ 1\end{bmatrix}u(t),t\geqslant 0$$

$u(t)$为单位阶跃函数,求非齐次状态方程的解。

解

用拉普拉斯变换方法求状态转移矩阵

$$(s\boldsymbol{I}-\boldsymbol{A})=\begin{bmatrix}s & -1\\ 2 & s+3\end{bmatrix}$$

$$|s\boldsymbol{I}-\boldsymbol{A}|=\begin{vmatrix}s & -1\\ 2 & s+3\end{vmatrix}=(s+1)(s+2)$$

所以

$$(s\boldsymbol{I}-\boldsymbol{A})^{-1}=\frac{\operatorname{adj}(s\boldsymbol{I}-\boldsymbol{A})}{|s\boldsymbol{I}-\boldsymbol{A}|}=\frac{\begin{bmatrix}s+3 & 1\\ -2 & s\end{bmatrix}}{(s+1)(s+2)}=\begin{bmatrix}\frac{s+3}{(s+1)(s+2)} & \frac{1}{(s+1)(s+2)}\\ \frac{-2}{(s+1)(s+2)} & \frac{s}{(s+1)(s+2)}\end{bmatrix}$$

因此,有

$$e^{At}=\begin{bmatrix}\mathscr{L}^{-1}\left(\frac{s+3}{(s+1)(s+2)}\right) & \mathscr{L}^{-1}\left(\frac{1}{(s+1)(s+2)}\right)\\ \mathscr{L}^{-1}\left(\frac{-2}{(s+1)(s+2)}\right) & \mathscr{L}^{-1}\left(\frac{s}{(s+1)(s+2)}\right)\end{bmatrix}$$

矩阵指数函数 e^{At} 为

$$e^{At}=\begin{bmatrix}2e^{-t}-e^{-2t} & e^{-t}-e^{-2t}\\ -2e^{-t}+2e^{-2t} & -e^{-t}+2e^{-2t}\end{bmatrix}$$

直接套用式(3-51)有

$$\begin{bmatrix}x_1\\ x_2\end{bmatrix}=\begin{bmatrix}2e^{-t}-e^{-2t} & e^{-t}-e^{-2t}\\ -2e^{-t}+2e^{-2t} & -e^{-t}+2e^{-2t}\end{bmatrix}\begin{bmatrix}x_1(0)\\ x_2(0)\end{bmatrix}+$$

$$\int_0^t\begin{bmatrix}2e^{-(t-\tau)}-e^{-2(t-\tau)} & e^{-(t-\tau)}-e^{-2(t-\tau)}\\ -2e^{-(t-\tau)}+2e^{-2(t-\tau)} & -e^{-(t-\tau)}+2e^{-2(t-\tau)}\end{bmatrix}\begin{bmatrix}0\\ 1\end{bmatrix}1(\tau)d\tau$$

$$\begin{bmatrix}x_1\\ x_2\end{bmatrix}=\begin{bmatrix}(2e^{-t}-e^{-2t})x_1(0)+(e^{-t}-e^{-2t})x_2(0)\\ (-2e^{-t}+2e^{-2t})x_1(0)+(-e^{-t}+2e^{-2t})x_2(0)\end{bmatrix}+\int_0^t\begin{bmatrix}e^{-(t-\tau)}-e^{-2(t-\tau)}\\ -e^{-(t-\tau)}+2e^{-2(t-\tau)}\end{bmatrix}d\tau$$

$$\begin{bmatrix}x_1\\ x_2\end{bmatrix}=\begin{bmatrix}(2e^{-t}-e^{-2t})x_1(0)+(e^{-t}-e^{-2t})x_2(0)\\ (-2e^{-t}+2e^{-2t})x_1(0)+(-e^{-t}+2e^{-2t})x_2(0)\end{bmatrix}+\begin{bmatrix}\frac{1}{2}-e^{-t}+\frac{1}{2}e^{-2t}\\ e^{-t}-e^{-2t}\end{bmatrix}$$

故，非齐次状态方程的解为

$$\begin{bmatrix} x_1 \\ x_2 \end{bmatrix} = \begin{bmatrix} (2e^{-t} - e^{-2t})x_1(0) + (e^{-t} - e^{-2t})x_2(0) + \frac{1}{2} - e^{-t} + \frac{1}{2}e^{-2t} \\ (-2e^{-t} + 2e^{-2t})x_1(0) + (-e^{-t} + 2e^{-2t})x_2(0) + e^{-t} - e^{-2t} \end{bmatrix}$$

3.5　离散系统的状态空间表达式

3.5.1　由差分方程建立状态空间表达式

采样控制系统是对连续信号在时间上进行离散化，利用采样控制信号的控制系统。由于采样控制系统的数学描述在时间上是不连续的，故被称为离散时间系统。离散时间控制系统的一般差分方程描述为

$$\begin{aligned} & y(k+n) + a_1 y(k+n-1) + \cdots + a_{n-1} y(k+1) + a_n y(k) = \\ & b_0 u(k+m) + b_1 u(k+m-1) + \cdots + b_{m-1} u(k+1) + b_m u(k),\ m \leqslant n \end{aligned} \tag{3-56}$$

式中，k 表示系统运动过程中的第 k 个采样时刻。

将差分方程化为状态空间表达式的过程与把微分方程化为状态空间表达式的过程基本相同。为简便描述取差分方程输入函数中不包含差分情况为例说明其过程，有

$$y(k+n) + a_1 y(k+n-1) + \cdots + a_{n-1} y(k+1) + a_n y(k) = b_m u(k)$$

(1) 选择状态变量

对于一个 n 阶系统，具有 n 个状态变量，所以可以选 $y(k)$，$y(k+1)$，$y(k+2)$，$\cdots$，$y(k+n-1)$ 为系统的一组状态变量，有

$$\begin{cases} x_1(k) = y(k) \\ x_2(k) = y(k+1) = x_1(k+1) \\ x_3(k) = y(k+2) = x_2(k+1) \\ \vdots \\ x_n(k) = y(k+n-1) = x_{n-1}(k+1) \end{cases}$$

故，有

$$\begin{aligned} y(k+n) &= -a_n y(k) - a_{n-1} y(k+1) - \cdots - a_1 y(k+n-1) + b_m u(k) \\ &= -a_n x_1(k) - a_{n-1} x_2(k) - \cdots - a_1 x_n(k) + b_m u(k) = x_n(k+1) \end{aligned}$$

(2) 将差分方程化为一阶差分方程组

$$\begin{cases} x_1(k+1) = x_2(k) \\ x_2(k+1) = x_3(k) \\ \vdots \\ x_{n-1}(k+1) = x_n(k) \\ x_n(k+1) = -a_n x_1(k) - a_{n-1} x_2(k) - \cdots - a_1 x_n(k) + b_m u(k) \end{cases}$$

系统输出 $y(k) = x_1(k)$。

(3) 将一阶差分方程组写成矩阵形式，即状态方程

$$\begin{bmatrix} x_1(k+1) \\ x_2(k+1) \\ \vdots \\ x_n(k+1) \end{bmatrix} = \begin{bmatrix} 0 & 1 & \cdots & 0 \\ 0 & 0 & \cdots & 0 \\ \vdots & \vdots & \cdots & \vdots \\ -a_n & -a_{n-1} & \cdots & -a_1 \end{bmatrix} \begin{bmatrix} x_1(k) \\ x_2(k) \\ \vdots \\ x_n(k) \end{bmatrix} + \begin{bmatrix} 0 \\ 0 \\ \vdots \\ b_m \end{bmatrix} u(k)$$

输出方程为

$$y(k) = \begin{bmatrix} 1 & 0 & \cdots & 0 \end{bmatrix} \begin{bmatrix} x_1(k) \\ x_2(k) \\ \vdots \\ x_n(k) \end{bmatrix}$$

可表示为

$$\boldsymbol{x}(k+1) = \boldsymbol{A}_{\mathrm{k}}\boldsymbol{x}(k) + \boldsymbol{B}_{\mathrm{k}}\boldsymbol{u}(k) \tag{3-57}$$

$$\boldsymbol{y}(k) = \boldsymbol{C}_{\mathrm{k}}\boldsymbol{x}(k) + \boldsymbol{D}_{\mathrm{k}}\boldsymbol{u}(k) \tag{3-58}$$

3.5.2 根据脉冲传递函数建立状态空间表达式

离散控制系统脉冲传递函数的一般形式为

$$W(z) = \frac{Y(z)}{U(z)} = \frac{b_0 z^m + b_1 z^{m-1} + \cdots + b_{m-1} z + b_m}{z^n + a_1 z^{n-1} + \cdots + a_{n-1} z + a_n}, m \leqslant n$$

设 $W(z)$ 的极点为 $z_1, z_2, \cdots, z_n$，且无重极点。用部分分式法可将 $W(z)$ 化为部分分式形式

$$W(z) = \frac{Y(z)}{U(z)} = \frac{k_1}{z - z_1} + \frac{k_2}{z - z_2} + \cdots + \frac{k_n}{z - z_n}$$

式中，$k_1, k_2, \cdots, k_n$ 为待定系数，可按下式计算：

$$k_i = \lim_{z \to z_i} W(z)(z - z_i), i = 1, 2, \cdots, n$$

所以，有

$$Y(z) = \frac{k_1}{z - z_1} U(z) + \frac{k_2}{z - z_2} U(z) + \cdots + \frac{k_n}{z - z_n} U(z)$$

(1) 选择状态变量

令每一部分分式为一个状态变量的 Z 变换，有

$$X_i(z) = \frac{1}{z - z_i} U(z), i = 1, 2, \cdots, n$$

进而有

$$z X_i(z) = z_i X_i(z) + U(z)$$

由此可写出状态变量的 Z 变换描述

$$\begin{cases} z X_1(z) = z_1 X_1(z) + U(z) \\ z X_2(z) = z_2 X_2(z) + U(z) \\ \vdots \\ z X_{n-1}(z) = z_{n-1} X_{n-1}(z) + U(z) \\ z X_n(z) = z_n X_n(z) + U(z) \end{cases}$$

(2) 写为状态变量的一阶差分方程组

对上式进行 Z 反变换，得

$$
\begin{cases}
x_1(k+1) = z_1 x_1(k) + u(k) \\
x_2(k+1) = z_2 x_2(k) + u(k) \\
\vdots \\
x_{n-1}(k+1) = z_{n-1} x_{n-1}(k) + u(k) \\
x_n(k+1) = z_n x_n(k) + u(k)
\end{cases}
$$

$$
y(k) = k_1 x_1(k) + k_2 x_2(k) + \cdots + k_n x_n(k)
$$

(3) 写为矩阵形式

写为矩阵形式，即得到离散系统的状态方程为

$$
\begin{bmatrix} x_1(k+1) \\ x_2(k+1) \\ \vdots \\ x_n(k+1) \end{bmatrix} = \begin{bmatrix} z_1 & & & 0 \\ & z_2 & & \\ & & \ddots & \\ 0 & & & z_n \end{bmatrix} \begin{bmatrix} x_1(k) \\ x_2(k) \\ \vdots \\ x_n(k) \end{bmatrix} + \begin{bmatrix} 1 \\ 1 \\ \vdots \\ 1 \end{bmatrix} u(k)
$$

输出方程为

$$
y(k) = \begin{bmatrix} k_1 & k_2 & \cdots & k_n \end{bmatrix} \begin{bmatrix} x_1(k) \\ x_2(k) \\ \vdots \\ x_n(k) \end{bmatrix}
$$

3.5.3　连续状态空间方程的离散化

在离散控制系统中，往往存在用连续状态空间方程描述的环节。为了运用离散系统的分析和设计方法对系统进行分析和设计，就必须使整个系统统一地用离散状态方程来描述。为此，就需要将连续状态方程化为离散状态方程。这种通过虚拟采样和保持将连续状态方程化为离散状态方程的过程被称为连续状态空间方程的离散化，如图 3-7 所示。在离散化过程中，作用函数向量只在采样时刻 $t=kT$ 上发生变化。而离散化的任务在于导出在采样时刻 $t=kT$ 上与连续状态 $\boldsymbol{x}(t)$ 同值的离散状态方程。

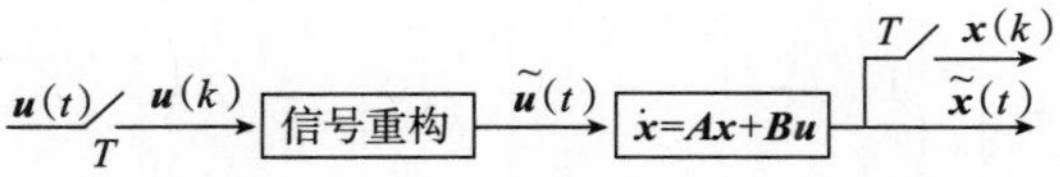

图 3-7　连续状态方程的离散化原理图

设连续系统状态方程为

$$
\dot{\boldsymbol{x}} = \boldsymbol{A}\boldsymbol{x} + \boldsymbol{B}\boldsymbol{u} \tag{3-59}
$$

在 3.4.2 节已经得到非齐次状态方程的解式(3-51)，为

$$
\boldsymbol{x}(t) = \mathrm{e}^{\boldsymbol{A}t}\boldsymbol{x}(0) + \int_0^t \mathrm{e}^{\boldsymbol{A}(t-\tau)}\boldsymbol{B}\boldsymbol{u}(\tau)\mathrm{d}\tau, t \geqslant 0 \tag{3-60}
$$

对式(3-60)分别在 kT 和 $(k+1)T$ 依次相连的采样时刻，有

$$\boldsymbol{x}(kT) = \mathrm{e}^{\boldsymbol{A}kT}\boldsymbol{x}(0) + \int_0^{kT} \mathrm{e}^{\boldsymbol{A}(kT-\tau)}\boldsymbol{B}\bar{\boldsymbol{u}}(\tau)\mathrm{d}\tau \tag{3-61}$$

$$\boldsymbol{x}[(k+1)T] = \mathrm{e}^{A(k+1)T}\boldsymbol{x}(0) + \int_0^{(k+1)T} \mathrm{e}^{\boldsymbol{A}[(k+1)T-\tau]}\boldsymbol{B}\bar{\boldsymbol{u}}(\tau)\mathrm{d}\tau \tag{3-62}$$

将式(3-62)－式(3-61)×e^{AT}，可得

$$\boldsymbol{x}[(k+1)T] = \mathrm{e}^{AT}\boldsymbol{x}(kT) + \int_{kT}^{(k+1)T} \mathrm{e}^{\boldsymbol{A}[(k+1)T-\tau]}\boldsymbol{B}\bar{\boldsymbol{u}}(\tau)\mathrm{d}\tau \tag{3-63}$$

由于式(3-63)右端的积分在一个采样周期内，积分与 k 无关，故可令 $k=0$。若信号重构采用了零阶保持器，即在 kT 和$(k+1)T$ 采样时刻之间的 $\bar{u}(t)$ 是不变化的，保持为常数，即为 kT 采样时刻的值 $\bar{u}(\tau) = u(kT)$ 。那么式(3-63)可写为

$$\boldsymbol{x}[(k+1)T] = \mathrm{e}^{AT}\boldsymbol{x}(kT) + \int_0^T \mathrm{e}^{A(T-t)}\boldsymbol{B}\mathrm{d}t\boldsymbol{u}(kT)$$

或

$$\boldsymbol{x}[(k+1)T] = \mathrm{e}^{AT}\boldsymbol{x}(kT) + \int_0^T \mathrm{e}^{A\lambda}\boldsymbol{B}\,\mathrm{d}\lambda\boldsymbol{u}(kT) \tag{3-64}$$

式(3-64)为由连续状态方程离散化得到的离散状态方程，式中 $\lambda = T-t$ 。它可以被写成为由状态转移矩阵的表达形式

$$\boldsymbol{x}[(k+1)T] = \boldsymbol{\Phi}(T)\boldsymbol{x}(kT) + \int_0^T \boldsymbol{\Phi}(\lambda)\boldsymbol{B}\mathrm{d}\lambda\boldsymbol{u}(kT) \tag{3-65}$$

例 3-6 设连续状态方程为

$$\begin{bmatrix}\dot{x}_1\\ \dot{x}_2\end{bmatrix} = \begin{bmatrix}0 & 1\\ 0 & -2\end{bmatrix}\begin{bmatrix}x_1\\ x_2\end{bmatrix} + \begin{bmatrix}0\\ 1\end{bmatrix}u$$

试求其相应的离散状态方程。

解

根据式(3-64)，连续状态方程的离散化关键是求出 e^{AT} 和 $\int_0^T \mathrm{e}^{A\lambda}\boldsymbol{B}\,\mathrm{d}\lambda$ 。采用拉普拉斯变换求状态转移矩阵

$$\boldsymbol{\Phi}(T) = \mathbf{e}^{AT} = \mathscr{L}^{-1}\left[(s\boldsymbol{I}-\boldsymbol{A})^{-1}\right]_{t=T} = \begin{bmatrix}1 & \frac{1}{2}(1-\mathrm{e}^{-2T})\\ 0 & \mathrm{e}^{-2T}\end{bmatrix}$$

$$\int_0^T \mathrm{e}^{A\lambda}\boldsymbol{B}\,\mathrm{d}\lambda = \int_0^T \begin{bmatrix}1 & \frac{1}{2}(1-\mathrm{e}^{-2\lambda})\\ 0 & \mathrm{e}^{-2\lambda}\end{bmatrix}\mathrm{d}\lambda\begin{bmatrix}0\\ 1\end{bmatrix} = \begin{bmatrix}\frac{1}{2}\left(T+\frac{\mathrm{e}^{-2T}-1}{2}\right)\\ \frac{1}{2}(1-\mathrm{e}^{-2T})\end{bmatrix}$$

将得到的 e^{AT} 和 $\int_0^T \mathrm{e}^{A\lambda}\boldsymbol{B}\,\mathrm{d}\lambda$ 代入式(3-64)有

$$\begin{bmatrix}x_1[(k+1)T]\\ x_2[(k+1)T]\end{bmatrix} = \begin{bmatrix}1 & \frac{1}{2}(1-\mathrm{e}^{-2T})\\ 0 & \mathrm{e}^{-2T}\end{bmatrix}\begin{bmatrix}x_1(kT)\\ x_2(kT)\end{bmatrix} + \begin{bmatrix}\frac{1}{2}\left(T+\frac{\mathrm{e}^{-2T}-1}{2}\right)\\ \frac{1}{2}(1-\mathrm{e}^{-2T})\end{bmatrix}u(kT)$$

如果采样周期取 $T=1$ s，得到的离散状态方程为

$$\begin{bmatrix} x_1(k+1) \\ x_2(k+1) \end{bmatrix} = \begin{bmatrix} 1 & 0.432 \\ 0 & 0.135 \end{bmatrix} \begin{bmatrix} x_1(k) \\ x_2(k) \end{bmatrix} + \begin{bmatrix} 0.284 \\ 0.432 \end{bmatrix} u(k)$$

当采样周期 T 很小时，还可以采用差商代替微商的近似方法进行离散化，即

$$\dot{x}(t) \approx \frac{x[(k+1)T] - x(kT)}{T} \tag{3-66}$$

连续状态方程就近似离散化为

$$\boldsymbol{x}[(k+1)T] = (\boldsymbol{I} - T\boldsymbol{A})\boldsymbol{x}(kT) + T\boldsymbol{B}\boldsymbol{u}(kT) \tag{3-67}$$

3.6 线性定常系统的能控性和能观测性

能控性和能观测性是系统结构的两个基本属性。所谓能控性是描述系统输入 $u(t)$ 对状态 $x(t)$ 的控制能力，而能观测性则是描述系统输出 $y(t)$ 对状态 $x(t)$ 的反应能力。

3.6.1 线性定常系统的能控性

1. 能控性定义

设线性定常系统为

$$\dot{\boldsymbol{x}} = \boldsymbol{A}\boldsymbol{x} + \boldsymbol{B}\boldsymbol{u} \tag{3-68}$$

若存在一个输入 $\boldsymbol{u}(t)$，能使系统从任意初始状态 $\boldsymbol{x}(t_0)$，在有限时间区间 $[t_0, t_f]$ 内转移到任意终端状态 $\boldsymbol{x}(t_f)$，则称此状态是能控的。如果系统的所有状态都是能控的，则称此系统的状态是完全能控的，或简称系统是能控的。

为计算方便，假定任意终端状态为状态空间的原点，$\boldsymbol{x}(t_f)=0$。

2. 能控性判据

(1) 能控性判据一

直接根据状态方程的 $\boldsymbol{A}$ 矩阵和 $\boldsymbol{B}$ 矩阵来判别系统的能控性。

判据：对于式(3-68)所描述的线性定常系统，状态完全能控的充分必要条件是能控性矩阵

$$\boldsymbol{Q}_c = [\boldsymbol{B} \quad \boldsymbol{A}\boldsymbol{B} \quad \boldsymbol{A}^2\boldsymbol{B} \quad \cdots \quad \boldsymbol{A}^{n-1}\boldsymbol{B}]$$

满秩，即 $\mathrm{rank}\,[\boldsymbol{Q}_c] = n$。式中 $\boldsymbol{Q}_c$ 为 $n \times nr$ 维矩阵。

(2) 能控性判据二

判据二是根据系统对角线标准型或约当标准型判别能控性的判据。先将系统状态空间表达式变换为对角线标准型或约当标准型，这样就有

$$\dot{\bar{\boldsymbol{x}}} = \bar{\boldsymbol{A}}\bar{\boldsymbol{x}} + \bar{\boldsymbol{B}}\boldsymbol{u} \tag{3-69}$$

形式。

判据：对于式(3-68)所描述的线性定常系统，状态完全能控的充分必要条件是式(3-69)中 $\bar{\boldsymbol{B}}$ 矩阵不包含元素全为零的行。

例 3-7 判断如下系统的能控性。

(1)

$$\begin{bmatrix}\dot{\bar{x}}_1\\ \dot{\bar{x}}_2\\ \dot{\bar{x}}_3\end{bmatrix}=\begin{bmatrix}-7 & 0 & 0\\ 0 & -5 & 0\\ 0 & 0 & -1\end{bmatrix}\begin{bmatrix}\bar{x}_1\\ \bar{x}_2\\ \bar{x}_3\end{bmatrix}+\begin{bmatrix}2\\ 5\\ 7\end{bmatrix}u$$

(2)

$$\begin{bmatrix}\dot{\bar{x}}_1\\ \dot{\bar{x}}_2\\ \dot{\bar{x}}_3\end{bmatrix}=\begin{bmatrix}-7 & 0 & 0\\ 0 & -5 & 0\\ 0 & 0 & -1\end{bmatrix}\begin{bmatrix}\bar{x}_1\\ \bar{x}_2\\ \bar{x}_3\end{bmatrix}+\begin{bmatrix}2\\ 0\\ 9\end{bmatrix}u$$

(3)

$$\begin{bmatrix}\dot{\bar{x}}_1\\ \dot{\bar{x}}_2\\ \dot{\bar{x}}_3\end{bmatrix}=\begin{bmatrix}-7 & 0 & 0\\ 0 & -5 & 0\\ 0 & 0 & -1\end{bmatrix}\begin{bmatrix}\bar{x}_1\\ \bar{x}_2\\ \bar{x}_3\end{bmatrix}+\begin{bmatrix}0 & 1\\ 4 & 0\\ 7 & 5\end{bmatrix}\begin{bmatrix}u_1\\ u_2\end{bmatrix}$$

解

根据判据二,(1)和(3)中的 $\bar{\boldsymbol{B}}$ 矩阵不包含元素全为零的行,所以(1)和(3)是状态完全能控的;(2)有元素全为零的行,所以状态不完全能控。

3.6.2 线性定常系统的能观测性

1. 能观测性定义

线性定常系统的状态空间表达式为

$$\dot{\boldsymbol{x}}=\boldsymbol{Ax}+\boldsymbol{Bu} \tag{3-70}$$

$$\boldsymbol{y}=\boldsymbol{Cx} \tag{3-71}$$

如果对任意给定的输入 $\boldsymbol{u}(t)$,都存在一有限时间 $t_f>t_0$,能根据$[t_0,t_f]$期间的输出 $\boldsymbol{y}(t)$唯一确定系统在初始时刻的状态 $\boldsymbol{x}(t_0)$,则称状态是能观测的。如果系统的每一个状态都是能观测的,则称此系统的状态完全能观测,或简称系统是能观测的。

在定义中,能确定初始状态 $\boldsymbol{x}(t_0)$,就认为系统状态是能观测的,是因为当初始状态确定,通过状态方程系统状态也随之确定。

2. 能观测性判据

(1) 能观测性判据一

直接根据状态空间表达式的 $\boldsymbol{A}$ 矩阵和 $\boldsymbol{C}$ 矩阵来判别系统的能观测性。

判据:对于式(3-70)和式(3-71)所描述的线性定常系统,系统状态完全能观测的充分必要条件是能观测性矩阵

$$\boldsymbol{Q}_0=\begin{bmatrix}\boldsymbol{C}\\ \boldsymbol{CA}\\ \boldsymbol{CA}^2\\ \vdots\\ \boldsymbol{CA}^{n-1}\end{bmatrix}$$

满秩,即 $\mathrm{rank}[\boldsymbol{Q}_0]=n$。式中 Q_0 为 $nm\times n$ 维矩阵。

(2) 能观测性判据二

判据二是根据系统对角线标准型或约当标准型判别能观测性的判据。先将系统状态空间表达式变换为对角线标准型或约当标准型，这样就有

$$\dot{\boldsymbol{x}} = \bar{\boldsymbol{A}}\boldsymbol{x} + \bar{\boldsymbol{B}}\boldsymbol{u} \tag{3-72}$$

$$\boldsymbol{y} = \bar{\boldsymbol{C}}\boldsymbol{x} \tag{3-73}$$

形式。

判据：对于式(3-70)和式(3-71)所描述的线性定常系统，状态完全能观测的充分必要条件是式(3-73)中 $\bar{\boldsymbol{C}}$ 矩阵不包含元素全为零的列。

例 3-8　系统状态空间表达式为

$$\begin{bmatrix} \dot{x}_1 \\ \dot{x}_2 \end{bmatrix} = \begin{bmatrix} 2 & -1 \\ 1 & -3 \end{bmatrix} \begin{bmatrix} x_1 \\ x_2 \end{bmatrix} + \begin{bmatrix} -10 \\ 1 \end{bmatrix} u$$

$$\begin{bmatrix} y_1 \\ y_2 \end{bmatrix} = \begin{bmatrix} 1 & 0 \\ -1 & 0 \end{bmatrix} \begin{bmatrix} x_1 \\ x_2 \end{bmatrix}$$

试确定系统的能观测性。

解

为了写出系统能观测性矩阵先计算 $\boldsymbol{CA}$ 矩阵

$$\boldsymbol{CA} = \begin{bmatrix} 1 & 0 \\ -1 & 0 \end{bmatrix} \begin{bmatrix} 2 & -1 \\ 1 & -3 \end{bmatrix} = \begin{bmatrix} 2 & -1 \\ -2 & 1 \end{bmatrix}$$

那么

$$\boldsymbol{Q}_0 = \begin{bmatrix} \boldsymbol{C} \\ \boldsymbol{CA} \end{bmatrix} = \begin{bmatrix} 1 & 0 \\ -1 & 0 \\ 2 & -1 \\ -2 & 1 \end{bmatrix}$$

显然，它的秩为 2，所以系统是能观测的。

习　题

3.1　试列写题图 3-1 所示的 R-L-C 串联电路的状态空间表达式。

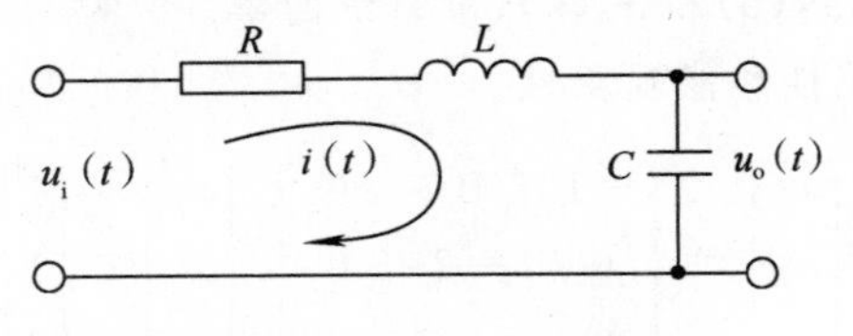

题图 3-1　R-L-C 串联电路图

3.2　已知微分方程为

$$a\dddot{x}(t) + b\ddot{x}(t) + c\dot{x}(t) + dx(t) = u(t)$$

试写出系统的状态方程。

3.3　一单输入、单输出系统的状态空间表达式为

$$\begin{bmatrix}\dot{x}_1\\ \dot{x}_2\end{bmatrix}=\begin{bmatrix}0 & 1\\ -3 & -4\end{bmatrix}\begin{bmatrix}x_1\\ x_2\end{bmatrix}+\begin{bmatrix}0\\ 1\end{bmatrix}u$$

$$y=\begin{bmatrix}10 & 0\end{bmatrix}\begin{bmatrix}x_1\\ x_2\end{bmatrix}$$

试求出系统传递函数 $G(s)=\dfrac{Y(s)}{U(s)}$。

3.4　试求出系统 $G(s)=\dfrac{2(s+3)}{(s+1)(s+2)}$ 的状态空间表达式。

3.5　试求出系统 $G(s)=\dfrac{2s^2+5s+1}{(s-1)(s-2)^3}$ 的状态空间表达式。

3.6　已知连续系统的状态方程为

$$\begin{bmatrix}\dot{x}_1\\ \dot{x}_2\end{bmatrix}=\begin{bmatrix}0 & 1\\ -1 & -2\end{bmatrix}\begin{bmatrix}x_1\\ x_2\end{bmatrix}+\begin{bmatrix}0\\ 1\end{bmatrix}u$$

设采样周期 $T=1$ s,试求系统离散状态方程。

3.7　已知系统的状态空间表达式为

$$\begin{bmatrix}\dot{x}_1\\ \dot{x}_2\\ \dot{x}_3\end{bmatrix}=\begin{bmatrix}0 & 1 & 0\\ 0 & 0 & 1\\ -6 & -11 & -6\end{bmatrix}\begin{bmatrix}x_1\\ x_2\\ x_3\end{bmatrix}+\begin{bmatrix}0\\ 0\\ 1\end{bmatrix}u$$

$$y=\begin{bmatrix}1 & 2 & 0\end{bmatrix}\begin{bmatrix}x_1\\ x_2\\ x_3\end{bmatrix}$$

试求出系统的特征值和特征向量,并将状态空间表达式变换为标准型。

3.8　系统状态方程为

$$\begin{bmatrix}\dot{x}_1\\ \dot{x}_2\\ \dot{x}_3\end{bmatrix}=\begin{bmatrix}2 & 1 & 0\\ 0 & 2 & 1\\ 0 & 0 & 2\end{bmatrix}\begin{bmatrix}x_1\\ x_2\\ x_3\end{bmatrix}$$

已知系统初始条件 $x_1(0)$,$x_2(0)$和 $x_3(0)$,求系统的解。

3.9　判断下列系统的能控性和能观测性。

$$\begin{bmatrix}\dot{x}_1\\ \dot{x}_2\\ \dot{x}_3\end{bmatrix}=\begin{bmatrix}-1 & 0 & 0\\ 0 & -2 & 0\\ 0 & 0 & -3\end{bmatrix}\begin{bmatrix}x_1\\ x_2\\ x_3\end{bmatrix}+\begin{bmatrix}1\\ 1\\ 0\end{bmatrix}u$$

$$y=\begin{bmatrix}1 & 0 & 2\end{bmatrix}\begin{bmatrix}x_1\\ x_2\\ x_3\end{bmatrix}$$

第4章 核反应堆动力学模型

4.1 系统数学模型概述

许多动态系统，无论它们是机械的、电气的、热力的还是液压的，它们的动态特性都可以用微分方程描述。如果对这些微分方程求解，就可以获得动态系统对输入量的响应。具体系统的微分方程可以根据相应的物理学定律推导获得。描述系统特性的数学表达式叫系统的数学模型。要分析某一系统，首先应建立该系统的数学模型。数学模型是用数学语言描述了系统中各物理量之间的关系。推导一个合理的数学模型是整个分析过程中最重要的一步。数学模型可以有许多种不同的形式，根据具体系统和条件的不同以及分析方法的不同，可以选择一种比较合适和分析方便的数学模型。数学模型的基本形式有微分方程、差分方程、传递函数、单位脉冲响应函数、状态空间模型及某些图示形式等等。一旦建立了系统的数学模型，就可以采用各种分析方法和计算工具，对系统进行分析和综合。

在推导数学模型的过程中，必须在模型的简化性和分析结果的准确性之间作出折中考虑。分析结果的准确程度仅取决于数学模型相对于给定物理系统的近似程度。往往是对影响系统性能的一些次要因素作适当的忽略或简化，以获得既不丧失系统的特性，即保证准确性，又比较简单的数学模型。此外，模型的简化程度也取决于模型的用途和计算条件等因素。

如果系统的数学模型方程是线性的，这种系统称为线性系统，而用非线性方程描述的系统为非线性系统。线性系统是常用的系统，非线性系统也是常见的系统之一，有些重要的控制系统，对任意大小的输入变量而言，系统都是非线性的。例如，在继电控制系统中，控制作用不是接通就是关断，这时控制器的输入量和输出量的关系总是非线性的。对于包含有非线性系统的问题求解，其过程是相当复杂的。为了避开由非线性系统所造成的数学上的难点，通常是在一定的工作范围内，用线性方程近似表示，这个过程称为线性化过程。一旦用线性化数学模型近似地表示非线性系统，就可采用一些线性的方法来分析和设计系统。

为了分析一个控制系统的运动规律或为某一物理系统设计一套控制系统，就必须了解自动控制系统中元件、部件以及物理系统的特性。要得到一个满意的自动控制系统，建立一个合理的数学模型是非常必要的。另外，物理过程完全不同的实际系统可以具有同一性能的数学模型。

控制系统由控制器、放大器、执行机构、控制对象和监测装置等组成。在分析和设计系统时，最重要的是深入研究这些部件或元件的动态特性，正确列写它们的数学模型。只有获得较为准确的数学模型才能设计出性能良好的控制系统。控制系统的数学模型则是在系统元件或部件数学模型的基础上，运用系统运动物理学定律建立的。它代表了系统在运行中各变量之间的关系。

建立系统微分方程式的一般步骤是：

（1）将系统划分为若干个单向环节，确定每一环节的输入量和输出量；

（2）根据运动定理或化学定律（物质守恒定律、能量守恒定律、牛顿定律、欧姆定律和基尔霍夫定律等等）列出原始方程式；

（3）简化、线性化，然后消去中间变量，得到一个只包含输入量和输出量的微分方程式；

（4）把方程式整理成标准形式，即输入量放在方程的右边，输出量放在方程的左边，各导数项按降幂排列。

4.2 核反应堆动态方程

4.2.1 点堆动态方程

根据核反应堆物理分析中讨论过的单群中子扩散理论，推导核反应堆动态方程。如果假定核反应堆堆芯内各点的中子密度随时间的变化特性与空间位置无关，似乎把核反应堆看成没有空间度量的一个"点"，则点堆动态方程为

$$\begin{cases}\dfrac{\mathrm{d}n(t)}{\mathrm{d}t}=\dfrac{(1-\beta)k_{\mathrm{eff}}}{l}n(t)+\sum\limits_{i}\lambda_i c_i(t)-\dfrac{n(t)}{l}\\ \dfrac{\mathrm{d}c_i(t)}{\mathrm{d}t}=\dfrac{\beta_i k_{\mathrm{eff}}}{l}n(t)-\lambda_i c_i(t)\end{cases}\tag{4-1}$$

式中，$n(t)$—— 中子密度，cm^{-3}；

$c_i(t)$—— 第 i 组缓发中子先驱核浓度，cm^{-3}；

l—— 中子寿命，s；

k_{eff}—— 核反应堆有效增殖因子；

λ_i—— 第 i 组缓发中子先驱核衰变常量，s^{-1}；

β_i—— 第 i 组缓发中子份额；

β—— 总缓发中子份额，$\beta=\sum\limits_{i}\beta_i$。式中，$i=1,2,\cdots,m$，$m$—— 缓发中子组数。

式(4-1)中 $k_{\mathrm{eff}}n(t)/l$ 为中子总的产生率，$n(t)/l$ 为总的中子损失率，$(1-\beta)k_{\mathrm{eff}}n(t)/l$ 为瞬发中子的产生率，$\sum\limits_{i}\lambda_i c_i(t)$ 为缓发中子的产生率，$\beta_i k_{\mathrm{eff}}n(t)/l$ 为第 i 组缓发中子先驱核的产生率，$\lambda_i c_i(t)$ 是第 i 组缓发中子先驱核的损失率。

在推导该方程时没有考虑核反应堆中的温度反馈，即认为核反应堆的功率水平比较低，反应性温度反馈系数被忽略，因此方程式(4-1)也被称为零功率核反应堆点堆动态方程。

由于平均中子代时间为 $\Lambda=\dfrac{l}{k_{\mathrm{eff}}}$，反应性为 $\rho=\dfrac{k_{\mathrm{eff}}-1}{k_{\mathrm{eff}}}$，则核反应堆点堆动态方程式(4-1) 就可以写成

$$\begin{cases}\dfrac{\mathrm{d}n(t)}{\mathrm{d}t}=\dfrac{\rho-\beta}{\Lambda}n(t)+\sum\limits_{i}\lambda_i c_i(t)\\ \dfrac{\mathrm{d}c_i(t)}{\mathrm{d}t}=\dfrac{\beta_i}{\Lambda}n(t)-\lambda_i c_i(t)\end{cases}\tag{4-2}$$

核反应堆点堆动态方程并未将核反应堆真正当作一个点来处理，而只是假定空间形状函数不随时间改变而已，所以它不能被用于描述与空间相关的动态特性。该方程是核反应堆动态的近似描述，因为在推导过程中忽略了一些影响因素。动态方程是在均匀裸堆的情况下推导出来的，关于单群近似的假设也十分粗糙。当局部扰动不大而且核反应堆接近临界状态时，由它得出的结果还是相当令人满意的。核反应堆点堆动态方程在许多情况下还是很有实用价值的，并且被广泛采用。在核反应堆控制系统设计和特性研究中均采用点堆动态方程。但当核反应堆偏离临界状态较远时，这个模型也就不适用了。

在方程式(4-2)中，$n(t)$ 为核反应堆的输出量，ρ 为核反应堆的输入量，因此该方程为一阶非线性微分方程组。一般考虑核反应堆具有6组缓发中子。改写方程式(4-2)为

$$\begin{cases}\dfrac{\mathrm{d}n}{\mathrm{d}t}=\dfrac{\rho-\beta}{\Lambda}n+\sum\limits_{i=1}^{6}\lambda_i c_i\\[2ex]\dfrac{\mathrm{d}c_i}{\mathrm{d}t}=\dfrac{\beta_i}{\Lambda}n-\lambda_i c_i\end{cases}\tag{4-3}$$

通常假定在小扰动情况下，可对该方程按照控制系统线性化理论进行线性化。设 t_0 时刻核反应堆处于稳态，这时 $n=n_0, c_i=c_{i0}, \rho=\rho_0$。如果这时反应性 ρ 有一个小的变化 $\Delta\rho$，则 n 和 c 也相应地都有一个小的变化。那么有：$\rho=\rho_0+\Delta\rho, n=n_0+\Delta n, c_i=c_{i0}+\Delta c_i$。

因为 $\beta=\sum\limits_{i=1}^{6}\beta_i$，容易求得稳态工况下有：$\dfrac{\beta_i n_0}{\Lambda}=\lambda_i c_{i0}$，$\dfrac{\beta n_0}{\Lambda}=\sum\limits_{i=1}^{6}\lambda_i c_{i0}$。将这些关系式代入式(4-3)有

$$\begin{cases}\dfrac{\mathrm{d}\Delta n}{\mathrm{d}t}=\dfrac{n_0}{\Lambda}\Delta\rho+\dfrac{\Delta\rho}{\Lambda}\Delta n+\dfrac{\rho_0-\beta}{\Lambda}\Delta n+\sum\limits_{i=1}^{6}\lambda_i\Delta c_i\\[2ex]\dfrac{\mathrm{d}\Delta c_i}{\mathrm{d}t}=\dfrac{\beta_i}{\Lambda}\Delta n-\lambda_i\Delta c_i\end{cases}\tag{4-4}$$

式中，$\Delta n\Delta\rho/\Lambda$ 项为高阶无穷小项，可以忽略，因而方程式(4-4)可以化为核反应堆动态方程的线性化方程，即增量方程

$$\begin{cases}\dfrac{\mathrm{d}\Delta n}{\mathrm{d}t}=\dfrac{n_0}{\Lambda}\Delta\rho+\dfrac{\rho_0-\beta}{\Lambda}\Delta n+\sum\limits_{i=1}^{6}\lambda_i\Delta c_i\\[2ex]\dfrac{\mathrm{d}\Delta c_i}{\mathrm{d}t}=\dfrac{\beta_i}{\Lambda}\Delta n-\lambda_i\Delta c_i\end{cases}\tag{4-5}$$

4.2.2　核反应堆近似模型

1. 等效单组缓发中子点堆动态方程

多组缓发中子点堆动态方程，求解计算工作量较大，且在有的场合必要性也不大，因此利用适当参数权重，减少缓发中子的组数(即使微分方程降阶)。最简单的方法是用等效单组缓发中子来近似描述。

对于多组缓发中子点堆动态方程式(4-3)，分别将 $\beta=\sum\limits_{i=1}^{6}\beta_i$ 和 $\lambda=\beta/\sum\limits_{i=1}^{6}\dfrac{\beta_i}{\lambda_i}$ 代入，式(4-3)就被近似表示为如下具有等效单组缓发中子的点堆动态方程

$$\begin{cases}\dfrac{\mathrm{d}n}{\mathrm{d}t}=\dfrac{\rho-\beta}{\Lambda}n+\lambda c\\[2ex]\dfrac{\mathrm{d}c}{\mathrm{d}t}=\dfrac{\beta}{\Lambda}n-\lambda c\end{cases}\tag{4-6}$$

式中，c—— 等效单组缓发中子先驱核浓度，cm^{-3}；

λ—— 等效单组缓发中子先驱核的衰变常量，s^{-1}。

同理，设 t_0 时刻核反应堆处于稳态，如果这时反应性 ρ 有一个小的变化 $\Delta\rho$，则有：$\rho = \rho_0 + \Delta\rho, n = n_0 + \Delta n, c = c_0 + \Delta c$，那么具有等效单组缓发中子点堆动态方程的增量方程为

$$\begin{cases} \dfrac{d\Delta n}{dt} = \dfrac{n_0}{\Lambda}\Delta\rho + \dfrac{\rho_0 - \beta}{\Lambda}\Delta n + \lambda\Delta c \\ \dfrac{d\Delta c}{dt} = \dfrac{\beta}{\Lambda}\Delta n - \lambda\Delta c \end{cases} \tag{4-7}$$

2. 常源近似

当引入反应性的量值超过瞬发临界值(即 $\rho > \beta$)时，中子密度迅速变化。相对地，核反应堆内先驱核衰变产生的缓发中子的变化率则比较小，可认为 $\dfrac{dc}{dt} \approx 0$，即为常源近似。在一定的瞬态过程时间范围内，即在 $0 < t \ll 1/\lambda$ 期间内，假定缓发中子没有随时间变化，即源为常数($\dfrac{dc}{dt} = 0$)，且有 $\lambda c \approx \lambda c_0 = \dfrac{\beta n_0}{\Lambda}$，则等效单组缓发中子点堆动态方程式(4-6)就变为

$$\frac{dn}{dt} = \frac{\rho - \beta}{\Lambda} n + \frac{\beta}{\Lambda} n_0 \tag{4-8}$$

3. 瞬跳近似

所谓瞬跳近似是处理次瞬发临界和次临界反应性邻域内核反应堆动力学问题的一种方法。对于具有较小平均中子代时间 Λ 的问题可有精确解。次瞬发临界反应堆中子注量率对反应性的阶跃变化的响应是瞬跳变化的。因为初始瞬态过程很短，瞬发中子寿命可看作零(即 $\Lambda \to 0$)，而中子密度在起始一瞬间突然发生变化，也被称为零寿命近似。这是个非常实用的准静态近似，所以有 $\dfrac{dn}{dt} = 0$，而点堆动态方程也相应简化为

$$\begin{cases} 0 = \dfrac{\rho_0 - \beta}{\Lambda} n + \lambda c \\ \dfrac{dc}{dt} = \dfrac{\beta}{\Lambda} n - \lambda c \end{cases} \tag{4-9}$$

式(4-9)为等效单组缓发中子瞬跳近似点堆的动力学方程。

4.2.3 反应性方程

反应性方程也被称为倒时方程，它是核反应堆周期和反应性之间的关系式，是核反应堆物理实验中由测量核反应堆周期来确定反应性的方法的理论根据。下面由核反应堆点堆动态方程导出反应性方程。

核反应堆动态方程为

$$\begin{cases} \dfrac{dn(t)}{dt} = \dfrac{\rho - \beta}{\Lambda} n(t) + \sum\limits_i \lambda_i c_i(t) \\ \dfrac{dc_i(t)}{dt} = \dfrac{\beta_i}{\Lambda} n(t) - \lambda_i c_i(t) \end{cases} \tag{4-10}$$

如果 $t < 0$ 时，核反应堆处于稳态，$\rho = 0$；而 $t \geqslant 0$ 时，$\rho = \rho_0$(ρ_0 为常数)。现用拉普拉斯

变换方法研究方程式(4-10) 的解。用 ρ_0 替换方程式(4-10) 中的 ρ,并进行拉普拉斯变换得

$$\begin{cases} sN(s) - n(0) = \dfrac{\rho_0 - \beta}{\Lambda}N(s) + \sum\limits_i \lambda_i C_i(s) \\ sC_i(s) - c_i(0) = \dfrac{\beta_i}{\Lambda}N(s) - \lambda_i C_i(s) \end{cases} \tag{4-11}$$

整理式(4-11)中第 2 个方程后得 $C_i(s) = \dfrac{\dfrac{\beta_i}{\Lambda}N(s) + c_i(0)}{s + \lambda_i}$,然后再代入式(4-11) 中第 1 个方程并整理,有

$$N(s) = \frac{\Lambda\left[n(0) + \sum\limits_i \dfrac{\lambda_i c_i(0)}{s + \lambda_i}\right]}{\Lambda s + \beta - \rho_0 - \sum\limits_i \dfrac{\beta_i \lambda_i}{s + \lambda_i}} \tag{4-12}$$

式(4-12)为中子密度的拉普拉斯变换,很明显,分子的阶数为 m,分母的阶数为 $m+1$。可以改写为 s 的两个多项式之比。所以求式(4-12)的拉普拉斯反变换得中子密度,有

$$n(t) = \mathscr{L}^{-1}[N(s)] = \sum_{j=1}^{m+1} A_j e^{\omega_j t} \tag{4-13}$$

式中,$\omega_j (j = 1,2,\cdots,m+1)$ 为式(4-12) 分母等于零的$(m+1)$ 个根,即 ω_j 满足方程式(4-14)

$$\Lambda\omega + \beta - \rho_0 - \sum_i \frac{\beta_i \lambda_i}{\omega + \lambda_i} = 0 \tag{4-14}$$

因为 $\beta = \sum\limits_i \beta_i$,所以式(4-14)可写为

$$\rho_0 = \Lambda\omega + \sum_i \frac{\beta_i \omega}{\omega + \lambda_i} \tag{4-15}$$

式(4-14)和式(4-15)均为反应性方程的不同表示形式,是 ω 的$(m+1)$ 阶代数方程。当 $\omega = 0$ 时,右端为零。随着 ω 的逐渐增加,右端也单调增大。

可以证明,反应性方程式(4-14) 的$(m+1)$ 个根中有 m 个根为负实根,而另一个根 ω_1 的符号与 ρ_0 的符号相同。当 ρ_0 为正值时,反应性方程有一个正根 ω_1,其余的为负根。此时式(4-13) 除第一项外,所有指数项都是随时间增加而衰减的,因而核反应堆的特性最终由第一项来决定。当 ρ_0 为负值时,反应性方程所有根都是负的。所有指数项都是随时间增加而逐渐衰减的,但其中第一项比其他项要衰减得慢些,所以最终仍起主要作用。由此得到,无论 ρ_0 为正值还是负值,总有一项逐渐变为主要的,核反应堆的特性最终由这一项来决定。若 ω_1 为代数上最大的一个根,起主要作用的项是 $A_1 e^{\omega_1 t}$。那么当 ρ_0 为正值时,主要项将按指数规律增长,此时核反应堆的稳定周期或渐近周期为 $T = 1/\omega_1$。显而易见,当 $t = T$ 时,有 $n/n_0 = e$。这就是说,核反应堆稳定周期是当瞬变项作用衰减完以后,中子密度变化 e 倍所需要的时间。这和前面核反应堆周期的定义是完全一致的。

如将稳定周期 $T = 1/\omega$ 代入式(4-15) 中可得到如下形式的反应性方程

$$\rho_0 = \frac{\Lambda}{T} + \sum_i \frac{\beta_i}{1 + \lambda_i T} \tag{4-16}$$

式(4-16)描述了反应性和稳定周期之间的关系。

反应性方程式(4-14)的根可非常方便地由图4-1图解得到。图中$\omega_j(j=1,2,\cdots,m+1)$分别表示$(m+1)$个实根，每条曲线分别表示反应性方程的根随反应性的变化规律。利用图解不难看出，当$\rho=\rho_0$时为一条水平线，该水平线与$(m+1)$条曲线相交，而交点就是反应性方程对应ρ_0的根。若将它们按代数值大小顺序排列，即有

$$\omega_1>-\lambda_1>\omega_2>-\lambda_2>\cdots>\omega_m>-\lambda_m>\omega_{m+1}$$

若考虑具有6组缓发中子的核反应堆，如果ρ_0为正，有6个负根和1个正根；如果ρ_0为负，则7个都是负根。

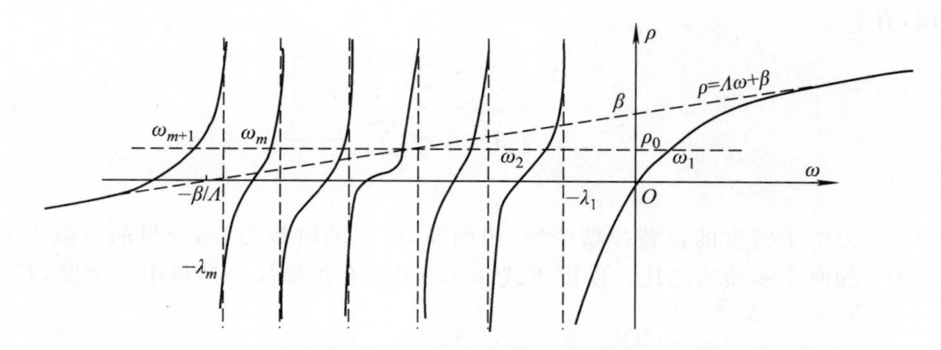

图4-1　反应性方程的根随反应性的变化曲线图

下面研究几种情况：

(1) 当引入的反应性很小($\rho_0\ll\beta$)时，即$|\omega|\ll\min(\lambda_i)$，式(4-15)可近似为

$$\rho_0\approx\omega_1\Lambda+\omega_1\sum_{i=1}^{6}\frac{\beta_i}{\lambda_i}\tag{4-17}$$

于是渐近周期为

$$T=\frac{1}{\omega_1}\approx\frac{1}{\rho_0}\left[\Lambda+\sum_{i=1}^{6}\frac{\beta_i}{\lambda_i}\right]\tag{4-18}$$

(2) 当引入的反应性很大($\rho_0\gg\beta$)时，即$|\omega|\gg\max(\lambda_i)$，式(4-15)可近似为渐近式，即图4-1中虚线的方程

$$\rho_0\approx\omega_1\Lambda+\beta\tag{4-19}$$

于是渐近周期为

$$T=\frac{1}{\omega_1}\approx\frac{\Lambda}{\rho_0-\beta}\approx\frac{\Lambda}{\rho_0}\tag{4-20}$$

(3) 当$\rho_0<\beta$时，称为缓发临界。核反应堆要达到临界尚需缓发中子作出贡献，因而核反应堆的时间特性在很大程度上将由先驱核衰变的时间决定。

(4) 当$\rho_0=\beta$时，称为瞬发临界。仅靠瞬发中子就可使核反应堆达到临界。在核反应堆运行中，必须避免发生瞬发临界现象，否则将会造成核反应堆失控。

如果反应性$\rho_0=\beta$值时，核反应堆达到瞬发临界。此时，核反应堆完全依靠瞬发中子维持链式反应，功率急剧上升失去控制，出现所谓“瞬发临界事故”。

在裂变过程中产生的中子，有β份是缓发中子，那么瞬发中子就是$(1-\beta)$份。如果也将有效增殖因子k_{eff}看成由两部分组成：一部分是缓发中子增殖因子βk_{eff}，另一部分是瞬发中子增殖因子$(1-\beta)k_{\mathrm{eff}}$，且把瞬发中子的增殖因子调整到小于1，那么无论如何也就不会由瞬

发中子造成瞬发临界。在这种条件下，核反应堆功率的变化就完全由缓发中子决定了。不难理解，缓发中子份额虽然很小，但它的平均寿命有几十秒，所以有充分的时间进行控制。因此，只要利用这段时间控制缓发中子的数目，使 $k_{eff}=1$，就实现了核反应堆功率的控制。

(5) 当 $\rho_0>\beta$ 时，称为瞬发超临界。仅靠瞬发中子就可使核反应堆有效增殖因子 k_{eff} 大于 1。缓发中子在决定周期方面不起作用。核反应堆功率就以瞬发中子所决定的极短周期危险地增长。

(6) 当 ρ_0 为很大的负反应性时，由图 4-1 可以看出，稳定周期 T 将接近于 $1/\lambda_1$，约等于 80 s。如果由于引入大的负反应性而突然停堆，则中子密度迅速下降。在短期内瞬变项衰减之后，中子密度将按指数规律下降，其周期约为 80 s。

图 4-2 给出了 ^{233}U，^{235}U 和 ^{239}Pu 分别作燃料时的正反应性和稳定周期之间的关系。当正反应性增加时，渐近周期单调地减少。当反应性较小时，对于周期大于 10 s 的情况，瞬发中子的寿命对反应性和渐近周期的关系没有影响，渐近周期主要由缓发中子所决定；当反应性较大而渐近周期较小时，瞬发中子寿命产生的影响是非常显著的。特别是瞬发临界($\rho_0=\beta$)附近的情况，反应性微小的增加，对不同平均中子代时间 Λ 的核反应堆，其渐近周期缩短值的差别很大。此时，缓发中子的影响可以忽略。

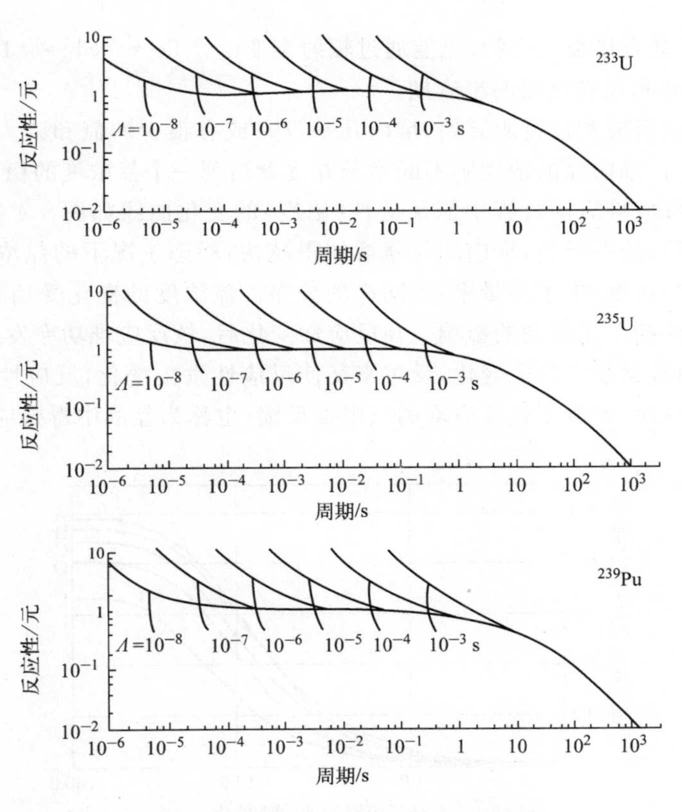

图 4-2　渐近周期与反应性的关系曲线图

4.2.4　氙的效应及其动态方程

在核反应堆活性区内燃料裂变过程中，产生不少对热中子具有较大吸收截面的物质(称为毒素)，它们对堆芯反应性有很大影响，其中对堆芯反应性影响最大的是氙(^{135}Xe)，热中子吸收截面高达 3×10^{-22} m^2。在堆芯，氙的产生和消失过程如图 4-3 所示。氙的一部分是由裂变直接产生，另一部分则是由碘(^{135}I)的衰变(半衰期为 6.585 h)而产生的，而且占主要部分。而^{135}Xe 的消失也有两种方法：(1) 氙自身的衰变(半衰期为 9.169 h)；(2) 由于俘获中子而消失。

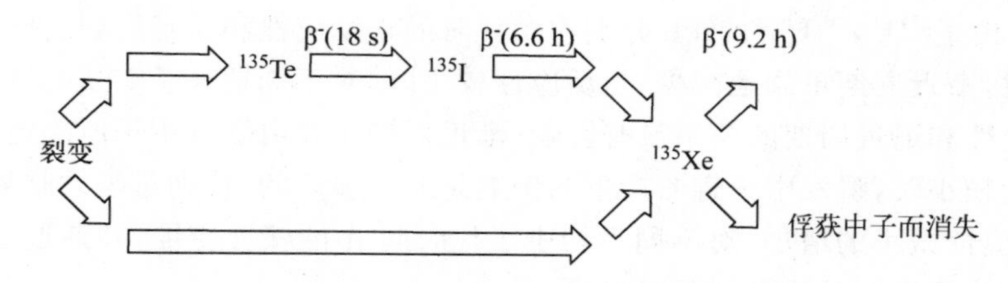

图 4-3　氙的产生和消失过程示意图

图 4-3 中^{135}I 是直接裂变产物，也能通过辐射衰变链^{135}Te→^{135}Sb→^{135}I 生成。碲(^{135}Te)和锑(^{135}Sb)相对碘和氙有很短的半衰期。

在核反应堆运行前和运行刚开始，堆内几乎没有或有很少的氙和碘。随着核反应堆在某一功率连续运行，堆内氙的浓度则不断增长并逐渐达到一个氙浓度的稳定值，这时称为氙平衡状态。某核反应堆启动过程中氙反应性(浓度)的变化曲线如图 4-4 所示。由图可见，核反应堆启动以后，功率越高，堆内的氙就增加得越快，稳态工况下的氙浓度也越高。在氙平衡状态氙浓度与功率(中子注量率)有同样的分布。氙浓度的变化受功率分布、功率的瞬时变化和反应性控制单元移动的影响。在反应性变化后，核反应堆功率发生变化，功率变化后，引起活性区内毒素浓度发生变化，反过来又使反应性发生变化，反应性的变化又影响到核反应堆功率的变化，形成了核反应堆的氙中毒反馈(也称为氙的中毒效应)。

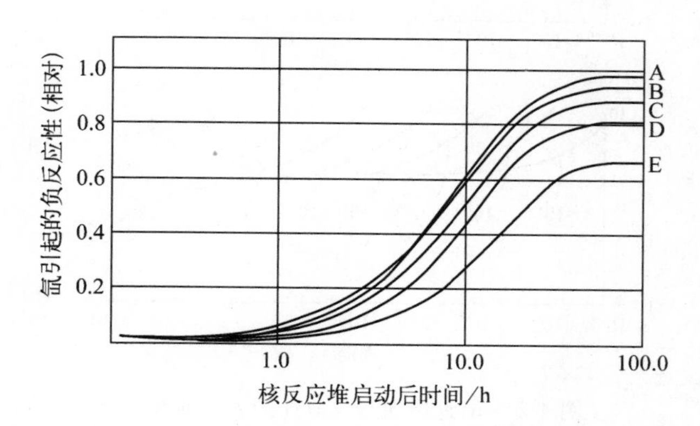

图 4-4　核反应堆启动后氙反应性变化曲线图

A — 0～100%FP；B — 0～80%FP；C — 0～60%FP；D — 0～40%FP；E — 0～20%FP

核反应堆内氙的动态可由式(4-21)和式(4-22)微分方程描述。

$$\frac{dX}{dt}=\lambda_I I+(\gamma_X\Sigma_f-\sigma_X X)\phi-\lambda_X X \tag{4-21}$$

$$\frac{dI}{dt}=\gamma_I\Sigma_f\phi-\lambda_I I \tag{4-22}$$

式中，X——核反应堆中^{135}Xe 的平均浓度，10^{24}原子数·cm^{-3}；

I——核反应堆中^{135}I 的平均浓度，10^{24}原子数·cm^{-3}；

γ_X——^{135}Xe 的直接裂变产额(平均每次裂变)；

γ_I——^{135}I 的直接裂变产额(平均每次裂变)；

λ_X——^{135}Xe 的衰变常量，s^{-1}；

λ_I——^{135}I 的衰变常量，s^{-1}；

ϕ——核反应堆的平均中子注量率，$cm^{-2}\cdot s^{-1}$；

Σ_f——燃料的宏观裂变截面，cm^{-1}；

σ_X——^{135}Xe 的热中子微观吸收截面，cm^2。

式(4-21)中，$\lambda_I I$ 项是由^{135}I 衰变而成的^{135}Xe，$\gamma_X\Sigma_f\phi$ 是由裂变直接生成的^{135}Xe，$\sigma_X X\phi$ 是由俘获中子而损失的^{135}Xe，最后一项 $\lambda_X X$ 为^{135}Xe 本身衰变的损失。式(4-22)中，$\lambda_I I$ 项是^{135}I 衰变的损失，$\gamma_I\Sigma_f\phi$ 是由裂变直接生成的^{135}I。

这些参数与温度有关，而且堆型不同其数值也不同，如表 4-1 所示。

表 4-1　氙动态相关参数

参数	单位	^{235}U 核反应堆	坎杜 6 核反应堆
γ_I		0.056	0.063 1
λ_I	s^{-1}	2.9×10^{-5}	2.85×10^{-5}
γ_X		0.003	0.004 5
λ_X	s^{-1}	2.1×10^{-5}	2.09×10^{-5}
σ_X	cm^2	3.5×10^{-18}	3.5×10^{-18}

4.3　核反应堆的瞬态响应分析

本节将讨论核反应堆在反应性阶跃输入下中子密度的瞬态响应规律。

4.3.1　考虑六组缓发中子的瞬态响应分析

直接应用拉普拉斯变换法求解核反应堆点堆动态方程式(4-2)在反应性阶跃输入下中子密度的瞬态响应。设反应性阶跃输入为 $\rho_0=$ 常数，$n_0=n(0)$，$c_{i0}=c_i(0)$，有$\frac{\beta_i n_0}{\Lambda}=\lambda_i c_{i0}$。对式(4-2) 进行拉普拉斯变换后有

$$sN(s)-n(0)=\frac{\rho_0-\beta}{\Lambda}N(s)+\sum_i\lambda_i C_i(s) \tag{4-23}$$

$$C_i(s)=\frac{\frac{\beta_i}{\Lambda}N(s)+c_i(0)}{s+\lambda_i} \tag{4-24}$$

将式(4-24)代入式(4-23)有

$$sN(s)+\frac{\beta-\rho_0}{\Lambda}N(s)-\sum_i\frac{\beta_i\lambda_i}{\Lambda(s+\lambda_i)}N(s)=n_0+\sum_i\frac{\lambda_i c_{i0}}{s+\lambda_i} \tag{4-25}$$

$$N(s) = \frac{n_0 + \dfrac{1}{\Lambda}\sum_i \dfrac{\beta_i n_0}{s+\lambda_i}}{s + \dfrac{\beta-\rho_0}{\Lambda} - \dfrac{1}{\Lambda}\sum_i \dfrac{\beta_i\lambda_i}{s+\lambda_i}}$$

$$= n_0 \frac{\Lambda + \sum_i \dfrac{\beta_i}{s+\lambda_i}}{\Lambda s + \beta - \rho_0 - \sum_i \dfrac{\beta_i\lambda_i}{s+\lambda_i}} \tag{4-26}$$

因此有

$$\frac{N(s)}{n_0} = \frac{\Lambda + \sum_i \dfrac{\beta_i}{s+\lambda_i}}{s\left[\Lambda + \sum_i \dfrac{\beta_i}{s+\lambda_i}\right] - \rho_0} \tag{4-27}$$

式(4-27)可写成两个多项式之比的形式,有

$$\frac{N(s)}{n_0} = \frac{P(s)}{D(s)} \tag{4-28}$$

可以看出,$P(s)$ 为 m 次多项式,$D(s)$ 为 $(m+1)$ 次多项式。给分式分子和分母分别乘以 $\prod_i (s+\lambda_i)$ 有

$$P(s) = \left[\Lambda + \sum_i \frac{\beta_i}{s+\lambda_i}\right]\prod_i (s+\lambda_i) \tag{4-29}$$

$$D(s) = \left[\Lambda s + \beta - \rho_0 - \sum_i \frac{\beta_i\lambda_i}{s+\lambda_i}\right]\prod_i (s+\lambda_i) \tag{4-30}$$

$D(s)=0$ 为特征方程,所以特征方程的 $(m+1)$ 个不同实根实际上是 $N(s)$ 所具有的在实轴上的 $(m+1)$ 个单极点。设 $\omega_j\,(j=1,2,\cdots,m+1)$ 为特征方程的根,由留数定理可以求得式(4-28) 的拉普拉斯反变换为

$$n(t) = n_0 \sum_{j=1}^{m+1} \frac{P(\omega_j)}{D'(\omega_j)} e^{\omega_j t} \tag{4-31}$$

式中,$D'(\omega_j)$ 为 $D(s)$ 对 s 求导后,在 $s=\omega_j$ 处的值。

$$D'(s) = \left[\Lambda + \sum_i \frac{\beta_i\lambda_i}{(s+\lambda_i)^2}\right]\prod_i (s+\lambda_i) + \cdots \tag{4-32}$$

当 $s=\omega_j$ 时,式(4-32)第 2 项以后各项全为零。于是有

$$D'(\omega_j) = \left[\Lambda + \sum_i \frac{\beta_i\lambda_i}{(\omega_j+\lambda_i)^2}\right]\prod_i (\omega_j+\lambda_i) \tag{4-33}$$

将式(4-33)代入式(4-31)可得

$$n(t) = n_0 \sum_{j=1}^{m+1} \frac{\Lambda + \sum_i \dfrac{\beta_i}{\omega_j+\lambda_i}}{\Lambda + \sum_i \dfrac{\beta_i\lambda_i}{(\omega_j+\lambda_i)^2}} e^{\omega_j t} \tag{4-34}$$

因为 $\rho_0 = \left[\Lambda + \sum_i \dfrac{\beta_i}{\omega_j+\lambda_i}\right]\omega_j$,所以有

$$n(t) = n_0\rho_0 \sum_{j=1}^{m+1} \frac{1}{\omega_j\left[\Lambda + \sum_i \dfrac{\beta_i\lambda_i}{(\omega_j+\lambda_i)^2}\right]} e^{\omega_j t} \tag{4-35}$$

式(4-35)为反应性阶跃输入下点堆动态方程的解。由式(4-35)可见，当 ρ_0 为正时，各指数项系数与其相应的 ω_j 同号；当 ρ_0 为负时，由于全部 ω_j 为负，所以所有指数项系数都为正。

$$n(t) = n_0 \sum_{j=1}^{m+1} A_j e^{\omega_j t} \tag{4-36}$$

式中，$A_j = \dfrac{\rho_0}{\omega_j\left[\Lambda + \sum\limits_i \dfrac{\beta_i\lambda_i}{(\omega_j+\lambda_i)^2}\right]}$。

图 4-5 为反应性阶跃输入下，核反应堆相对中子密度随时间的变化曲线。当反应性为正($\rho > 0$)时，由于瞬发中子的作用，在开始时 n/n_0 突然上升，然后按缓发中子所决定的周期增加，如图 4-5(a) 所示。当 $\rho < \beta$ 时，链式反应循环中，每次裂变只产生 $(1-\beta)k_{\text{eff}}$ 个新的瞬发中子，仅靠瞬发中子不能使核反应堆维持临界，需靠缓发中子 βk_{eff} 才能使核反应堆维持临界，n/n_0 缓慢上升，而且最后核反应堆的时间特性主要由缓发中子决定。当反应性为负($\rho < 0$)时，基于同样的物理原因，情况刚好相反：开始时 n/n_0 迅速下降，最后中子密度的下降速度则由缓发中子所决定，如图 4-5(b) 所示。

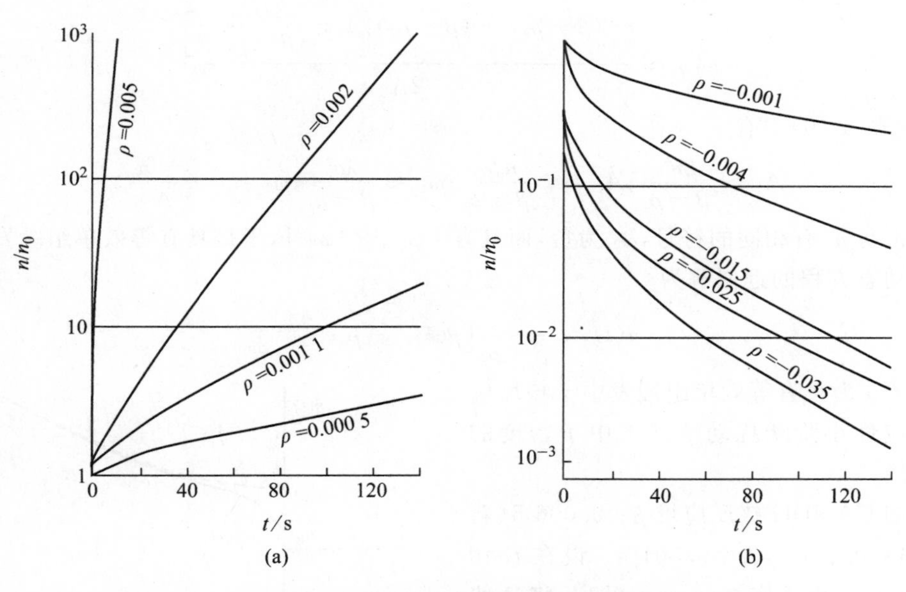

图 4-5　反应性阶跃输入相对中子密度随时间的变化曲线图

(a)$\rho>0$；(b)$\rho<0$

4.3.2　等效单组缓发中子的瞬态响应分析

考虑等效单组缓发中子的核反应堆点堆动态方程式(4-6)。不考虑中子源，并设输入为比较小的阶跃反应性 ρ_0，方程就写为

$$\begin{cases} \dfrac{dn}{dt} = \dfrac{\rho_0 - \beta}{\Lambda}n + \lambda c \\ \dfrac{dc}{dt} = \dfrac{\beta}{\Lambda}n - \lambda c \end{cases} \tag{4-37}$$

对方程式(4-37)求解，就可得到考虑等效单组缓发中子核反应堆阶跃响应的近似解，进行拉普拉斯变换并整理，有

$$N(s)=\frac{\Lambda n_0+\frac{\beta n_0}{s+\lambda}}{\Lambda s+\frac{\beta s}{s+\lambda}-\rho_0}=n_0\frac{\Lambda s+\lambda\Lambda+\beta}{\Lambda s^2+(\lambda\Lambda+\beta-\rho_0)s-\lambda\rho_0}\tag{4-38}$$

设 ω_1 和 ω_2 为方程 $\Lambda s^2+(\lambda\Lambda+\beta-\rho_0)s-\lambda\rho_0=0$ 的根，而且有

$$\omega_{1,2}=\frac{-(\lambda\Lambda+\beta-\rho_0)\pm[(\lambda\Lambda+\beta-\rho_0)^2+4\lambda\Lambda\rho_0]^{1/2}}{2\Lambda}\tag{4-39}$$

由于 $\omega_1\neq\omega_2$，等效单组缓发中子动态方程的解有如下形式

$$n(t)\approx A_1\mathrm{e}^{\omega_1 t}+A_2\mathrm{e}^{\omega_2 t}\tag{4-40}$$

当阶跃输入反应性 $|\rho_0|$ 的值足够小，$\lambda\Lambda\ll\beta-\rho_0$ 和 $(\lambda\Lambda+\beta-\rho_0)^2\gg4\lambda\Lambda\rho_0$ 时，近似有

$$\omega_{1,2}\approx\frac{-(\beta-\rho_0)\pm(\beta-\rho_0)\left[1+\frac{4\lambda\Lambda\rho_0}{(\beta-\rho_0)^2}\right]^{1/2}}{2\Lambda}\tag{4-41}$$

进一步可近似为

$$\omega_{1,2}\approx\frac{-(\beta-\rho_0)\pm(\beta-\rho_0)\left[1+\frac{2\lambda\Lambda\rho_0}{(\beta-\rho_0)^2}\right]}{2\Lambda}\tag{4-42}$$

因此，在式(4-40)中有

$$A_1\approx\frac{\beta n_0}{\beta-\rho_0};A_2\approx-\frac{n_0\rho_0}{\beta-\rho_0};\omega_1\approx\frac{\lambda\rho_0}{\beta-\rho_0};\omega_2\approx-\frac{\beta-\rho_0}{\Lambda}。$$

其中，ω_1 与 ρ_0 有相同的符号，ω_2 为负，而且有 $|\omega_1|\ll|\omega_2|$，于是具有等效单组缓发中子核反应堆动态方程的近似解为

$$n(t)\approx\frac{n_0}{\beta-\rho_0}\left[\beta\mathrm{e}^{\frac{\lambda\rho_0}{\beta-\rho_0}t}-\rho_0\mathrm{e}^{-\frac{\beta-\rho_0}{\Lambda}t}\right]\tag{4-43}$$

图 4-6 为具有等效单组缓发中子核反应堆在反应性小阶跃扰动情况下中子密度的响应曲线。

例如 CANDU 核反应堆 $\beta=0.0065$(新燃料)，$\lambda=0.1\ \mathrm{s}^{-1}$，$\Lambda=0.001\ \mathrm{s}$。设在 $t=0$ 时刻，引入阶跃反应性 $\rho_0=0.001$。将这些参数代入式(4-43)，就可以得到

$$\frac{n(t)}{n_0}=1.18\mathrm{e}^{0.0182t}-0.18\mathrm{e}^{-5.5t}$$

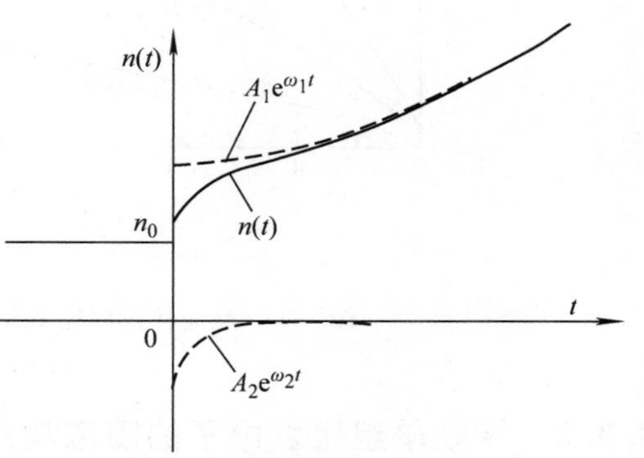

图 4-6　反应性小阶跃输入核反应堆的中子密度响应曲线图

当核反应堆引入一个很大的阶跃反应性 ρ_0 时，其近似解为

$$n(t)\approx\frac{n_0}{\rho_0-\beta}\left[\rho_0\mathrm{e}^{\frac{\rho_0-\beta}{\Lambda}t}-\beta\mathrm{e}^{-\frac{\lambda\rho_0}{\rho_0-\beta}t}\right]\tag{4-44}$$

4.3.3　常源近似的瞬态响应分析

对于常源近似核反应堆点堆动态方程式(4-8)，当反应性阶跃输入($\rho(t)=\rho_0$)时，用拉普拉斯变换法求解。

对方程式(4-8)进行拉普拉斯变换，有

$$sN(s)-n_0=\frac{\rho_0-\beta}{\Lambda}N(s)+\frac{\beta n_0}{\Lambda}\frac{1}{s}$$

对上式进行整理，有

$$N(s)=n_0\frac{s+\frac{\beta}{\Lambda}}{s\left(s-\frac{\rho_0-\beta}{\Lambda}\right)}=\frac{n_0}{\rho_0-\beta}\left(\frac{\rho_0}{s-\frac{\rho_0-\beta}{\Lambda}}-\frac{\beta}{s}\right)$$

进行拉普拉斯反变换得到常源近似的瞬态响应解为

$$n(t)\approx\frac{n_0}{\rho_0-\beta}\left[\rho_0 e^{\frac{\rho_0-\beta}{\Lambda}t}-\beta\right]\qquad(4\text{-}45)$$

式中，n_0 是 $n(t)$ 的初始值，初始状态为稳态情况，它是在大的反应性阶跃扰动条件下求得的。可以证明，当阶跃反应性较小时，只要时间满足 $\lambda t \ll 1$ 时，就能得到与式(4-45)类似的结果。由此可见，只要 $0<t\ll 1/\lambda$，不论阶跃扰动 ρ_0 的值大小如何，式(4-45) 都适用。

常源近似只是在核反应堆受到扰动以后的一段时间范围内才是正确的，如图 4-7 所示。

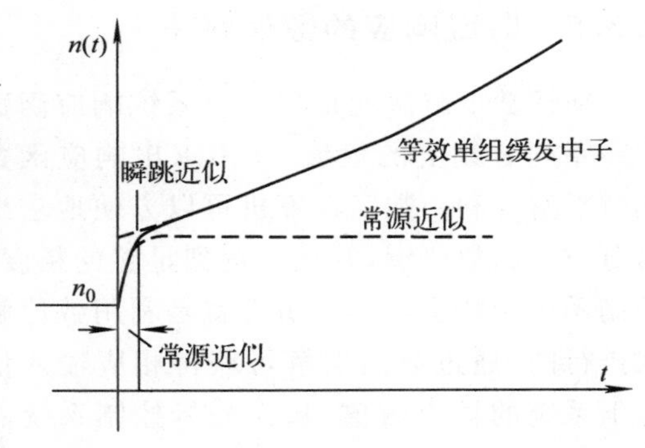

图 4-7　核反应堆在阶跃扰动下的近似响应曲线图

当反应性为快速斜坡变化，即 $\rho(t)=\beta+\mu t$，$\mu>0$ 时，由临界跳到瞬发临界，然后再继续增加。图 4-8 所示为快速斜坡输入造成的某种严重事故情况下，相对中子密度随时间变化的近似曲线。图中，$\rho(t)=0.07t$，$\Lambda=10^{-4}$ s。

4.3.4　瞬跳近似的瞬态响应分析

式(4-9)为等效单组缓发中子核反应堆点堆瞬跳近似动态方程，而中子密度在起始一瞬间会突然发生变化。通过求解该方程式可以得到瞬跳近似的瞬态响应。反应性输入为阶跃信号($\rho(t)=\rho_0$)时，对式(4-9)求拉普拉斯变换有

$$\begin{cases}0=\frac{\rho_0-\beta}{\Lambda}N(s)+\lambda C(s)\\[2ex] C(s)=\dfrac{\frac{\beta}{\Lambda}N(s)+c(0)}{s+\lambda}\end{cases}$$

将 $C(s)$代入，同时有 $c(0)=\frac{\beta}{\lambda\Lambda}n_0$，经过整理有

$$N(s)=\frac{\beta n_0}{(\beta-\rho_0)(s+\lambda)-\lambda\beta}=\frac{\beta n_0}{(\beta-\rho_0)s-\lambda\rho_0}=\frac{\beta n_0}{\beta-\rho_0}\frac{1}{s-\frac{\lambda\rho_0}{\beta-\rho_0}}\qquad(4\text{-}46)$$

对上式求拉普拉斯反变换得到瞬跳近似的中子密度响应为

$$n(t) \approx \frac{\beta n_0}{\beta - \rho_0} e^{\frac{\lambda \rho_0}{\beta - \rho_0} t} \tag{4-47}$$

式(4-47)表明，在 $t=0$ 处有间断，$n(t)$ 从 n_0 跳到 $\frac{\beta}{\beta-\rho_0}n_0$；$t$ 很大时，由式(4-43)和式(4-47)求得的两条曲线相互重合，响应曲线如图 4-7 所示。

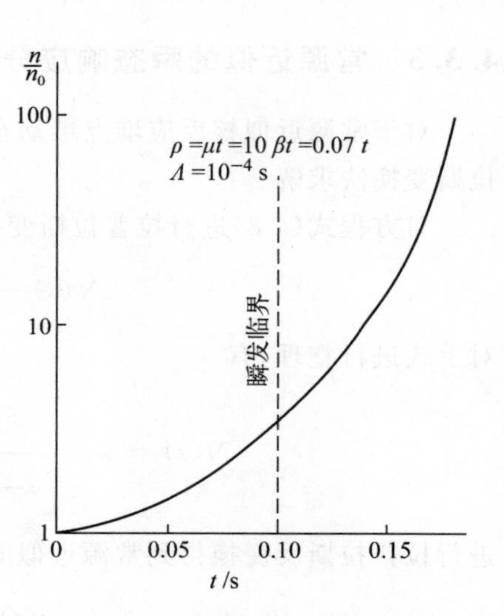

图 4-8　快速斜坡输入扰动下的近似响应曲线图

式(4-43)为具有等效单组缓发中子核反应堆点堆动态方程的解。对于瞬跳近似，平均中子代时间可当作零(即 $\Lambda \to 0$)，所以也可以对式(4-43)取 $\Lambda \to 0$ 获得瞬跳近似中子密度的响应。

设在慢的斜坡输入情况下有 $\rho(t)=\mu t$，$\mu>0$。方程的解为

$$n(t) = n_0 e^{-\lambda t}\left[\frac{\beta}{\beta-\mu t}\right]^{1+(\lambda\beta/\mu)} \tag{4-48}$$

响应曲线如图 4-9 所示。图中，$\rho(t)=0.000\ 07t$，$\lambda=0.1\ s^{-1}$。

4.3.5　时域响应的数值解法

所谓数值解法就是仅求出系统响应函数在一系列时刻上的数值，并不求出响应函数的解析解。利用数字计算机可以方便地求出微分方程的数值解，并且可达到足够的精度。控制系统的数字计算机仿真就是利用数值解法进行的，通过数值求解可获得相应输入信号下系统的输出数值，从而分析控制系统的动态特性。如果描写控制系统运动过程的微分方程已经知道，即数学模型已建立，可应用数字计算机直接对微分方程求解，求出系统的瞬态响应，然后由计算机输出设备显示或记录下来。通常把这个求解过程称为计算机数字仿真。

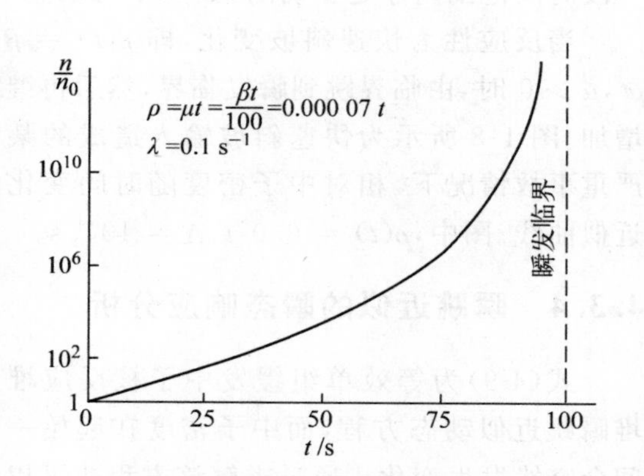

图 4-9　慢速斜坡输入扰动下的近似响应曲线图

微分方程的数值积分法求解是获得系统数值解的基本方法。现以一阶微分方程的数值积分法求解为例描述微分方程的数值求解过程。一阶微分方程可写为

$$\frac{dx}{dt} = f(t,x),\ x(t)\mid_{t=t_0} = x_0 \tag{4-49}$$

改写式(4-49)有

$$dx = f(t,x)dt \tag{4-50}$$

设时间由 t_0 变到 t_1，$x(t)$ 由 x_0 变到 x_1，那么对式(4-50)两边积分可以得到

$$\int_{x_0}^{x_1} \mathrm{d}x = \int_{t_0}^{t_1} f(t,x)\mathrm{d}t \tag{4-51}$$

$$x_1 = x_0 + \int_{t_0}^{t_1} f(t,x)\mathrm{d}t \tag{4-52}$$

当时间由 t_1 变到 t_2，$x(t)$ 由 x_1 变到 x_2 时，可以用同样的方法求出 x_2。因此可以依次求得对应时间 $t_1, t_2, t_3, \cdots$ 的函数值 $x_1, x_2, x_3, \cdots$

由于式(4-52)中被积函数 $f(t,x)$ 中包含有待求函数 x，而在 $t_0 \sim t_1$ 区间的 x 值尚属未知，所以实际上该式是无法直接求积的。因此微分方程的求解必须借助于必要的近似数值解法。通常使用的数值求解方法有欧拉法(Euler)、梯形法、龙格-库塔法(Runge-Kutta)、阿达姆司法(Adams)和吉尔法(Gear)等数值算法。一般是根据求解问题的性质、计算时间和计算精度的要求选取适当的计算方法。

数值求解的过程和方法可以分为两种，一是应用各种高级程序设计语言，根据实际要求解的问题和确定的数值计算方法编制计算程序，然后在数字计算机上进行计算；二是利用成功的计算机数字仿真平台或数值仿真计算工具软件包，不用编程而直接对微分方程或系统进行解算。MATLAB 是目前最流行、功能最强、应用最广泛的用于分析、计算、设计和仿真研究的基本工具。它被应用于诸多领域，并取得了很好的计算效果。

MATLAB(MATrix LABoratory)工具软件包是美国 MathWorks 公司开发的，它是一种功能强、效率高、便于进行科学和工程计算的交互式软件包。其中包括：一般数值分析、矩阵运算、数字信号处理、建模和系统控制以及优化等应用程序。MATLAB 是一种专门为矩阵运算设计的语言，在 MATLAB 中处理的所有变量都是以矩阵形式出现的。这就是说，MATLAB 只有一种数据形式，那就是矩阵，或者说是数的矩形阵列。MATLAB 命令和矩阵函数是分析和设计控制系统时常用的。MATLAB 具有许多预先定义的函数，供用户在求解许多类型不同的控制问题时调用，并已经成为国际控制界应用最广的语言和工具了。MATLAB 有丰富的控制系统分析和研究工具箱，如控制系统工具箱(control system toolbox)，系统辨识工具箱(system identification toolbox)，鲁棒控制工具箱(robust control toolbox)，多变量频域设计工具箱(multivariable frequency design toolbox)，μ 分析与校正优化工具箱(μ-analysis and synthesis toolbox)，神经网络工具箱(neural network toolbox)，最优化工具箱(optimization toolbox)，信号处理工具箱(signal processing toolbox)以及仿真环境 SIMULINK 等。

控制系统的数学模型在控制系统研究中是非常重要的，要对系统进行仿真处理，首先应该知道系统的数学模型，然后才可对之进行仿真。在线性系统理论中，一般常用的模型有状态方程和传递函数等。在 SIMULINK 仿真环境下，可利用系统方框图输入控制系统模型，实现控制系统模型的图形输入。然后利用 SIMULINK 提供的功能来对系统进行仿真或线性化分析。下面通过三个例子介绍控制系统分别由传递函数、状态方程和方框图三种形式描述时的 MATLAB 数值求解方法和过程。

例 4-1　设系统的传递函数为

$$\frac{C(s)}{R(s)} = \frac{25}{s^2 + 4s + 25}$$

求该系统的单位阶跃响应。

解

在 MATLAB 下，系统的传递函数可用两个数组来表示，每一个数组由相应的多项式系数组成，并且以 s 的降幂排列如下：

$$\text{num} = [0 \quad 0 \quad 25]$$
$$\text{den} = [1 \quad 4 \quad 25]$$

num 数组描述系统闭环传递函数的分子，den 数组描述系统闭环传递函数的分母。当输入命令

step(num, den)，step(num, den, t)

将会产生单位阶跃响应曲线图（在阶跃命令中，t 为用户指定时间）。图 4-10 给出了 MATLAB 用传递函数模型输入方法求解单位阶跃响应曲线。

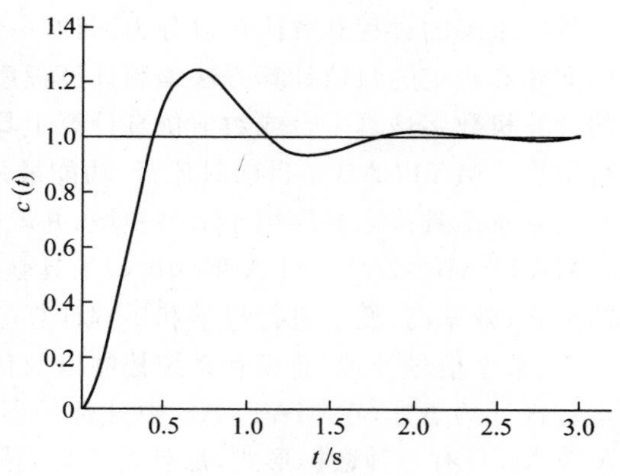

图 4-10　单位阶跃响应曲线图

例 4-2　求下列系统的单位脉冲响应

$$\begin{bmatrix} \dot{x}_1 \\ \dot{x}_2 \end{bmatrix} = \begin{bmatrix} 0 & 1 \\ -1 & -1 \end{bmatrix} \begin{bmatrix} x_1 \\ x_2 \end{bmatrix} + \begin{bmatrix} 0 \\ 1 \end{bmatrix} u$$

$$y = [1 \quad 0] \begin{bmatrix} x_1 \\ x_2 \end{bmatrix} + [0] u$$

解　对于一个以状态空间表达式描述的控制系统，已知状态矩阵 $\boldsymbol{A}$，控制矩阵 $\boldsymbol{B}$，输出矩阵 $\boldsymbol{C}$ 和直接传输矩阵 $\boldsymbol{D}$，就可通过 MATLAB 命令对系统进行仿真计算。

输入

A=[0　1；　−1　−1]；

B=[0；1]；

C=[1　0]；

D=[0]；

定义状态空间方程后，输入命令

impulse(***A***, ***B***, ***C***, ***D***)

将会产生系统的单位脉冲响应。图 4-11 给出了 MATLAB 用状态空间表达式模型输入方法求解单位脉冲响应曲线。

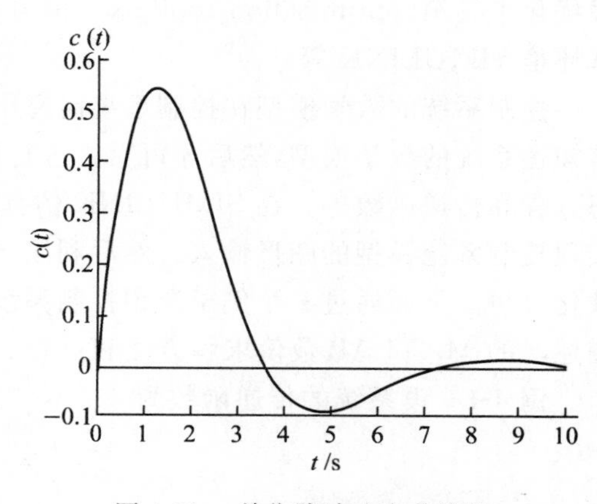

图 4-11　单位脉冲响应曲线图

例 4-3　用 SIMULINK 仿真计算实验核反应堆功率控制系统的单位阶跃响应。

解

(1) 建立控制系统仿真模型

进入 MATLAB 环境之后，键入 SIMULINK 命令则可以打开系统模型库。系统提供 Sources（输入源），Sinks（输出方式），Discrete（离散时间模型），Linear（线性环节），Nonlinear

(非线性环节),Connections(连接及接口)和 Extras(其他环节)供建立模型使用。当选择了 File→New 菜单项后,系统自动打开一个空白的方框图模型编辑窗口。在此窗口中允许用户利用模型库建立所要进行仿真研究的系统结构方框图模型,并给定适当的输入信号和指定输出形式。图 4-12 所示为实验核反应堆功率控制系统的仿真模型图。输入为单位阶跃信号。

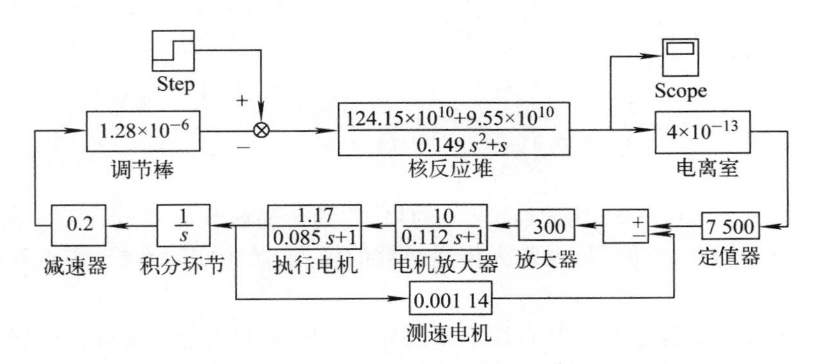

图 4-12　核反应堆功率控制系统的 SIMULINK 仿真模型图

(2) SIMULINK 仿真

建立了控制系统的仿真模型后,选择 Simulation→Parameters 选项设置仿真控制参数。仿真控制参数包括仿真算法的选择、仿真范围的指定以及仿真步长范围的指定以及仿真精度的定义等。设置好仿真控制参数后,则可选择 Simulation→Start 选项来启动仿真过程。图 4-12 所示系统的仿真结果如图 4-13 所示。

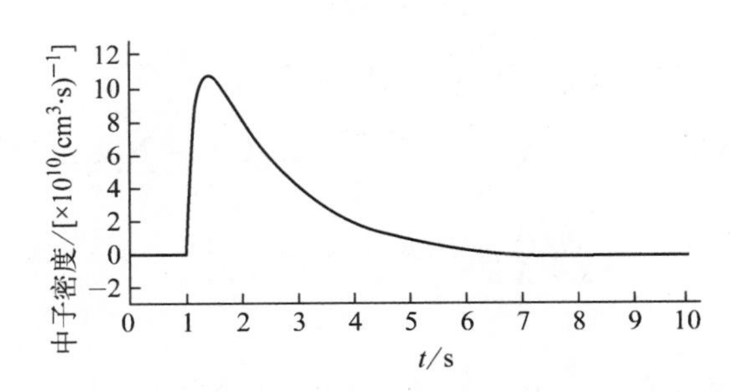

图 4-13　核反应堆功率控制系统瞬态仿真曲线图

4.4　核反应堆的传递函数

4.4.1　概述

系统的传递函数定义为:当初始条件为零时,线性定常系统输出变量的拉普拉斯变换与输入变量的拉普拉斯变换之比。传递函数是一种以系统参数表示的线性定常系统的输入量与输出量之间的关系式,它表征系统的固有特性,完全取决于系统的特性与参数,而与外加的输入变量的形式无关。传递函数的一般形式为复变量 s 的有理多项式之比,

$$G(s)=\frac{Y(s)}{U(s)}=\frac{b_0 s^m+b_1 s^{m-1}+\cdots+b_{m-1}s+b_m}{a_0 s^n+a_1 s^{n-1}+\cdots+a_{n-1}s+a_n}=\frac{P(s)}{D(s)},n\geqslant m \tag{4-53}$$

式中，$D(s)=a_0 s^n+a_1 s^{n-1}+\cdots+a_{n-1}s+a_n$ 为分母。定义

$$D(s)=a_0 s^n+a_1 s^{n-1}+\cdots+a_{n-1}s+a_n=0 \tag{4-54}$$

为系统的特征方程，其为 s 的 n 阶代数方程。

传递函数还可以写成如下形式

$$G(s)=\frac{k(s+z_1)(s+z_2)\cdots(s+z_m)}{(s+p_1)(s+p_2)\cdots(s+p_n)}=\frac{k\prod_{j=1}^{m}(s+z_j)}{\prod_{i=1}^{n}(s+p_i)} \tag{4-55}$$

式中，$s=-z_1,-z_2,\cdots,-z_m$ 为 $P(s)=0$ 的根，称为传递函数的零点；$s=-p_1,-p_2,\cdots,-p_n$ 为特征方程 $D(s)=0$ 的根，也称为传递函数的极点。对于实际系统，零点和极点只能是实数或共轭复数。

系统传递函数是线性定常控制系统采用经典理论分析和设计的基础。在研究核反应堆动态特性以及分析和设计控制系统时，首先要给出系统的传递函数。

4.4.2 零功率核反应堆的传递函数

1. 考虑六组缓发中子核反应堆的传递函数

具有六组缓发中子核反应堆的增量方程为

$$\begin{cases}\dfrac{\mathrm{d}\Delta n}{\mathrm{d}t}=\dfrac{n_0}{\Lambda}\Delta\rho+\dfrac{\rho_0-\beta}{\Lambda}\Delta n+\sum\limits_{i=1}^{6}\lambda_i\Delta c_i\\[2ex]\dfrac{\mathrm{d}\Delta c_i}{\mathrm{d}t}=\dfrac{\beta_i}{\Lambda}\Delta n-\lambda_i\Delta c_i\end{cases} \tag{4-56}$$

对方程式(4-56)进行拉普拉斯变换，且初始条件为零，有

$$\begin{cases}s\Delta N(s)=\dfrac{n_0}{\Lambda}\Delta\rho(s)+\dfrac{\rho_0-\beta}{\Lambda}\Delta N(s)+\sum\limits_{i=1}^{6}\lambda_i\Delta C_i(s)\\[2ex]\Delta C_i(s)=\dfrac{\beta_i/\Lambda}{s+\lambda_i}\Delta N(s)\end{cases} \tag{4-57}$$

将式(4-57)整理有

$$s\Delta N(s)=\frac{n_0}{\Lambda}\Delta\rho(s)-\frac{\beta-\rho_0}{\Lambda}\Delta N(s)+\sum_{i=1}^{6}\frac{\beta_i\lambda_i}{\Lambda(s+\lambda_i)}\Delta N(s) \tag{4-58}$$

于是可得核反应堆传递函数

$$K_{\mathrm{R}}G_{\mathrm{R}}(s)=\frac{\Delta N(s)}{\Delta\rho(s)}=\frac{n_0}{\Lambda s+\beta-\rho_0-\sum\limits_{i=1}^{6}\dfrac{\beta_i\lambda_i}{s+\lambda_i}} \tag{4-59}$$

$$K_{\mathrm{R}}G_{\mathrm{R}}(s)=\frac{n_0}{s\left(\Lambda+\sum\limits_{i=1}^{6}\dfrac{\beta_i}{s+\lambda_i}\right)-\rho_0} \tag{4-60}$$

当核反应堆处于临界状态时，$\rho_0=0$，方程(4-60)变为

$$\frac{\Delta N(s)}{\Delta\rho(s)}=\frac{n_0}{s\left(\Lambda+\sum\limits_{i=1}^{6}\dfrac{\beta_i}{s+\lambda_i}\right)}=\frac{n_0}{\Lambda s}\frac{1}{1+\dfrac{1}{\Lambda}\sum\limits_{i=1}^{6}\dfrac{\beta_i}{s+\lambda_i}} \tag{4-61}$$

如果某核反应堆采用^{235}U 热中子裂变过程中的缓发中子数据(附录 1)，当 $\Lambda = 10^{-4}$ s 时，由式(4-61)可以求得该核反应堆传递函数为

$$K_R G_R(s) = \frac{n_0}{\Lambda s} \frac{(s+14)(s+1.61)(s+0.456)(s+0.151)(s+0.0315)(s+0.0124)}{(s+77)(s+13.38)(s+1.43)(s+0.336)(s+0.0805)(s+0.0147)} \tag{4-62}$$

按同样的方法，可以根据各种可裂变同位素在不同裂变过程中的缓发中子常数，求得相应零功率核反应堆的传递函数。附录 3 中列出了几种同位素作燃料的零功率核反应堆的传递函数。

2. 等效单组缓发中子核反应堆的传递函数

具有等效单组缓发中子核反应堆的增量方程为

$$\begin{cases} \dfrac{\mathrm{d}\Delta n}{\mathrm{d}t} = \dfrac{n_0}{\Lambda}\Delta\rho + \dfrac{\rho_0 - \beta}{\Lambda}\Delta n + \lambda \Delta c \\ \dfrac{\mathrm{d}\Delta c}{\mathrm{d}t} = \dfrac{\beta}{\Lambda}\Delta n - \lambda \Delta c \end{cases} \tag{4-63}$$

对方程式(4-63)进行拉普拉斯变换，且初始条件为零，有

$$\begin{cases} s\Delta N(s) = \dfrac{n_0}{\Lambda}\Delta\rho(s) + \dfrac{\rho_0 - \beta}{\Lambda}\Delta N(s) + \lambda \Delta C(s) \\ \Delta C(s) = \dfrac{\beta/\Lambda}{s+\lambda}\Delta N(s) \end{cases} \tag{4-64}$$

将式(4-64)整理有

$$\left[\Lambda s + \beta - \rho_0 - \frac{\beta\lambda}{s+\lambda}\right]\Delta N(s) = n_0 \Delta\rho(s) \tag{4-65}$$

于是传递函数为

$$K_R G_R(s) = \frac{\Delta N(s)}{\Delta\rho(s)} = \frac{n_0}{\Lambda s + \dfrac{\beta s}{s+\lambda} - \rho_0} \tag{4-66}$$

当核反应堆处于临界状态时，$\rho_0 = 0$，则

$$K_R G_R(s) = \frac{n_0}{\Lambda} \frac{s+\lambda}{s(s+\lambda+\beta/\Lambda)} \tag{4-67}$$

由于通常 $\lambda \ll \beta/\Lambda$，核反应堆传递函数可简化为

$$K_R G_R(s) \approx \frac{n_0}{\Lambda} \frac{s+\lambda}{s(s+\beta/\Lambda)} \tag{4-68}$$

3. 常源近似核反应堆的传递函数

对于常源近似 $\left(\dfrac{\mathrm{d}c}{\mathrm{d}t} = 0\right)$ 情况，由式(4-8)可推导出其传递函数为

$$K_R G_R(s) \approx \frac{n_0}{\Lambda} \frac{1}{s+\beta/\Lambda} \tag{4-69}$$

4. 瞬跳近似核反应堆的传递函数

对于瞬跳近似 $\left(\dfrac{\mathrm{d}n}{\mathrm{d}t} = 0\right)$ 情况，由式(4-9)可推导出其传递函数为

$$K_R G_R(s) = \frac{n_0(s+\lambda)}{\beta s} \tag{4-70}$$

由上述可见，传递函数与核反应堆稳态中子密度 n_0 成正比。为在不同稳态功率运行下获得外部功率控制系统良好的控制特性，必须补偿核反应堆传递函数中由功率引起的变系数(非线性)的影响。

4.4.3 具有温度反馈核反应堆系统的传递函数

当核反应堆在高功率运行时，就要考虑核反应堆内部的反馈作用。核反应堆的反馈作用是极为复杂的，它与核反应堆的物理、结构和热工水力密切相关。本节讨论燃料温度和慢化剂的温度变化引起反馈情况的核反应堆系统的传递函数。当核反应堆的功率变化时，燃料温度就产生变化，而且燃料温度变化响应时间延迟很小。由于燃料温度引起堆内反应性变化与燃料温度变化之间也没有明显的时间延迟，所以燃料温度改变时，产生的反应性效应相对来说是瞬发的。由于促使慢化剂的温度发生变化的热量来自于燃料，而且慢化剂的热容量一般也比较大，因此，慢化剂温度变化产生的反应性效应有较大的时间延迟。核反应堆的温度反馈原理如图 4-14 所示。

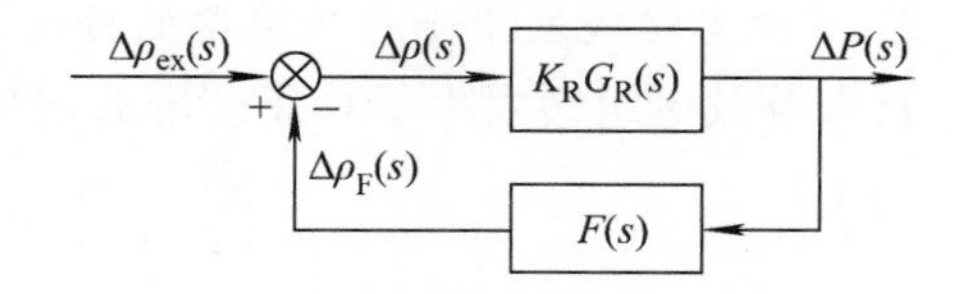

图 4-14 具有温度反馈的核反应堆系统方框图

图 4-14 中 $K_R G_R(s)$ 为零功率核反应堆的传递函数，$F(s)$ 为温度反馈传递函数。$\Delta\rho_{ex}(s)$ 为外部引入的反应性变化，如控制棒移动所引起的反应性变化。$\Delta\rho_F(s)$ 为燃料温度和慢化剂温度变化所引起的反应性变化。$\Delta\rho(s)$ 为 $\Delta\rho_{ex}(s)$ 和 $\Delta\rho_F(s)$ 的差值。$\Delta P(s)$ 为核反应堆的功率变化。当控制棒在堆芯移动产生 $\Delta\rho_{ex}(s)$ 后，$\Delta\rho(s)$ 就随之发生变化；由于实际引入核反应堆的反应性发生变化，所以核反应堆的功率就有一个变化 $\Delta P(s)$。功率的变化就导致了燃料温度和慢化剂温度相继变化。因为核反应堆具有负的反应性温度系数，所以 $\Delta\rho_F(s)$ 的变化使得 $\Delta\rho$ 的数值趋向于零。最终使核反应堆在有外部反应性引入的情况下，功率被稳定在另一个功率水平上。图 4-14 所示具有温度反馈核反应堆系统的传递函数为

$$\frac{\Delta P(s)}{\Delta\rho_{ex}(s)} = \frac{K_R G_R(s)}{1 + K_R G_R(s) F(s)} \tag{4-71}$$

式中，$F(s)$ 是温度反馈的传递函数，下面推导 $F(s)$。

最简单的处理方法是分别用燃料平均温度 T_F 和慢化剂平均温度 T_M 表征堆芯内不同区域的温度。设核反应堆在稳态条件下，堆功率(或中子密度)为 P_0，燃料平均温度为 T_{F0}，慢化剂平均温度为 T_{M0}。当核反应堆功率发生小的变化以后，燃料平均温度和慢化剂平均温度按式(4-72)和式(4-73)所描述的规律变化。

$$\frac{d\Delta T_F}{dt} = a\Delta P - \omega_F \Delta T_F \tag{4-72}$$

$$\frac{d\Delta T_M}{dt} = b\Delta T_F - \omega_M \Delta T_M \tag{4-73}$$

式中，ΔT_F—— 燃料平均温度的增量，℃；

ΔT_M—— 慢化剂平均温度的增量，℃；

ΔP—— 功率的增量，W。

假定 a 和 b 是常系数。ω_F 和 ω_M 分别为燃料温度和慢化剂温度的衰减常数。对式(4-72)和式(4-73)进行拉普拉斯变换，并整理得

$$\frac{\Delta T_{\rm F}(s)}{\Delta P(s)}=\frac{a}{s+\omega_{\rm F}} \tag{4-74}$$

$$\frac{\Delta T_{\rm M}(s)}{\Delta T_{\rm F}(s)}=\frac{b}{s+\omega_{\rm M}} \tag{4-75}$$

式(4-74)和式(4-75)的等号两边相乘得慢化剂温度与功率之间的传递函数为

$$\frac{\Delta T_{\rm M}(s)}{\Delta P(s)}=\frac{ab}{(s+\omega_{\rm F})(s+\omega_{\rm M})} \tag{4-76}$$

若反应性燃料温度系数和反应性慢化剂温度系数分别为 $\alpha_{\rm F}$ 和 $\alpha_{\rm M}$，则总的温度反馈反应性的拉普拉斯变换为

$$\Delta\rho_{\rm F}(s)=\alpha_{\rm F}\Delta T_{\rm F}(s)+\alpha_{\rm M}\Delta T_{\rm M}(s) \tag{4-77}$$

反馈传递函数为

$$F(s)=\frac{\Delta\rho_{\rm F}(s)}{\Delta P(s)}=\alpha_{\rm F}\frac{\Delta T_{\rm F}(s)}{\Delta P(s)}+\alpha_{\rm M}\frac{\Delta T_{\rm M}(s)}{\Delta P(s)} \tag{4-78}$$

将式(4-74)和式(4-76)分别代入式(4-78)得

$$\begin{aligned}F(s)=\frac{\Delta\rho_{\rm F}(s)}{\Delta P(s)}&=\alpha_{\rm F}\frac{a}{(s+\omega_{\rm F})}+\alpha_{\rm M}\frac{ab}{(s+\omega_{\rm F})(s+\omega_{\rm M})}\\&=\frac{a\alpha_{\rm F}s+a\alpha_{\rm F}\omega_{\rm M}+ab\alpha_{\rm M}}{s^2+(\omega_{\rm F}+\omega_{\rm M})s+\omega_{\rm F}\omega_{\rm M}}\end{aligned} \tag{4-79}$$

因此，将式(4-68)和式(4-79)代入式(4-71)可得具有温度反馈核反应堆系统的传递函数为

$$\frac{\Delta P(s)}{\Delta\rho_{\rm ex}(s)}=\frac{n_0}{\Lambda}\frac{s^3+As^2+Bs+C}{s^4+Ds^3+Es^2+Fs+G} \tag{4-80}$$

式中，$A=\omega_{\rm F}+\omega_{\rm M}+\lambda$；

$B=\omega_{\rm F}\omega_{\rm M}+\lambda\omega_{\rm F}+\lambda\omega_{\rm M}$；

$C=\lambda\omega_{\rm F}\omega_{\rm M}$；

$D=\omega_{\rm F}+\omega_{\rm M}+\beta/\Lambda$；

$E=an_0\alpha_{\rm F}+\omega_{\rm F}\omega_{\rm M}+(\omega_{\rm F}+\omega_{\rm M})\beta/\Lambda$；

$F=[\omega_{\rm F}\omega_{\rm M}\beta+an_0(\alpha_{\rm F}\omega_{\rm M}+b\alpha_{\rm M}+\lambda\alpha_{\rm F})]/\Lambda$；

$G=an_0(\alpha_{\rm F}\omega_{\rm M}+b\alpha_{\rm M})/\Lambda$。

4.5　核反应堆的频率特性

4.5.1　概述

频率特性是线性系统的一种数学模型，是描述系统对频率的响应特性。在应用频率响应法对系统进行分析时，研究系统的频率特性是非常重要的。系统的频率特性可由微分方程或传递函数得到，也可从正弦输入下的稳态响应得到。因此，系统的频率特性可看作是正弦输出的复数表示 $Y(\mathrm{j}\omega)$ 和正弦输入的复数表示 $X(\mathrm{j}\omega)$ 之比，如下式

$$G(\mathrm{j}\omega)=\frac{Y(\mathrm{j}\omega)}{X(\mathrm{j}\omega)} \tag{4-81}$$

由于频率特性 $G(\mathrm{j}\omega)$ 为复变数，所以可表示为

$$G(\mathrm{j}\omega)=|G(\mathrm{j}\omega)|\angle G(\mathrm{j}\omega) \tag{4-82}$$

式中，$|G(j\omega)|$—— 系统的幅频特性，可表示为 $g(\omega)$；$\angle G(j\omega)$—— 系统的相频特性，可表示为 $\varphi(\omega)$。$G(j\omega)$ 也可以表示为实部和虚部形式，有

$$G(j\omega) = \mathrm{Re}[G(j\omega)] + j\mathrm{Im}[G(j\omega)] \tag{4-83}$$

式中，$\mathrm{Re}[G(j\omega)]$—— 系统实频特性，可表示为 $\mathrm{Re}(\omega)$；$\mathrm{Im}[G(j\omega)]$—— 系统虚频特性，可表示为 $\mathrm{Im}(\omega)$。

实际应用中，频率特性 $G(j\omega)$ 并不从正弦稳态响应来求得，而很简单地将 $s = j\omega$ 代入传递函数 $G(s)$ 中即可。如果 $G(s)$ 表示的是某一环节的传递函数，相应的 $G(j\omega)$ 是该环节的频率特性。若系统的闭环传递函数表示为 $\dfrac{C(s)}{R(s)} = \dfrac{G(s)}{1 + H(s)G(s)}$，式中，$H(s)$ 为反馈环节的传递函数，$H(s)G(s)$ 为开环传递函数，因此，$\dfrac{C(j\omega)}{R(j\omega)} = \dfrac{G(j\omega)}{1 + H(j\omega)G(j\omega)}$ 为该系统的闭环频率特性，$G(j\omega)H(j\omega)$ 为开环频率特性。

极坐标图(奈魁斯特图)是开环频率特性 $G(j\omega)H(j\omega)$ 图示方法中的一种，如图 4-15 所示，被称为开环 $G(j\omega)H(j\omega)$ 幅相频率特性。采用极坐标图的优点就在于，它可在一张图上描绘出整个频率域的频率特性。不足之处是不能明显地表示出开环传递函数中每个典型环节的作用。

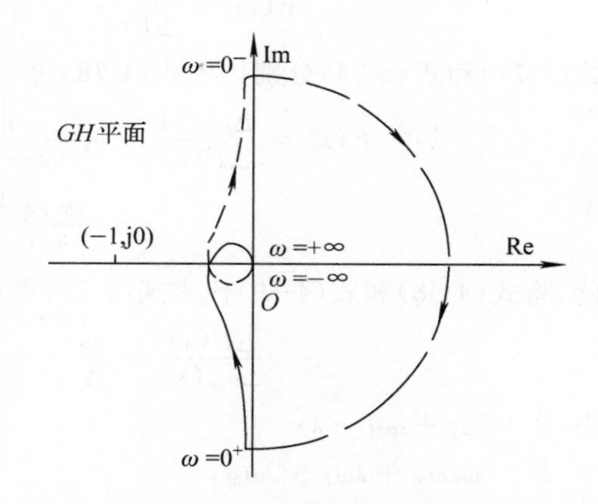

图 4-15　开环 $G(j\omega)H(j\omega)$ 幅相频率特性曲线图

在极坐标图中，系统的频率特性表示为 $G(j\omega)H(j\omega) = |G(j\omega)H(j\omega)| \angle G(j\omega)H(j\omega)$。若对幅频特性 $|G(j\omega)H(j\omega)|$ 取以 10 为底的对数，并乘以 20，单位以分贝 (dB) 表示，记为

$$L(\omega) = 20\lg |G(j\omega)H(j\omega)| \ (\mathrm{dB}) \tag{4-84}$$

称为对数幅频特性。在以 dB 为纵坐标(均匀刻度)，以角频率的对数 $\lg\omega$ 为横坐标的半对数坐标系上绘出相应的曲线，称之为对数幅频特性曲线。

相应将相位角 $\varphi(\omega) = \angle G(j\omega)H(j\omega)$ 绘于以角频率的对数 $\lg\omega$ 为横坐标，角度(均匀刻度)为纵坐标，半对数坐标系上就是对数相频特性曲线。一般用这两张图放在一起来描述系统的对数频率特性，称为对数频率特性图，如图 4-16 所示，也称为系统的对数坐标图 (Bode 图)。

图 4-16 对数坐标图的横坐标是按 $\lg\omega$ 进行刻度的，但标出的是实际的 ω 值，因此横坐标的刻度是不均匀的。为了方便描述对数幅频特性的渐近线斜率，引入十倍频程(dec)的概念。图 4-16 中所标的 −40 dB/十倍频程表明频率每增加 10 倍 $|G(j\omega)H(j\omega)|$ 下降 100 倍，$L(\omega)$ 下降 40 dB。

对数坐标图是频域分析法中的另一图解方法。将频率特性的幅频特性和相频特性分别绘于对数坐标图中，形成对数幅频特性和对数相频特性两条曲线，称为对数频率特性曲线。这两条曲线连同它们的坐标组成了对数坐标图。对数频率特性相加的特点为对数频率特性图绘制和系统校正带来很大的方便。

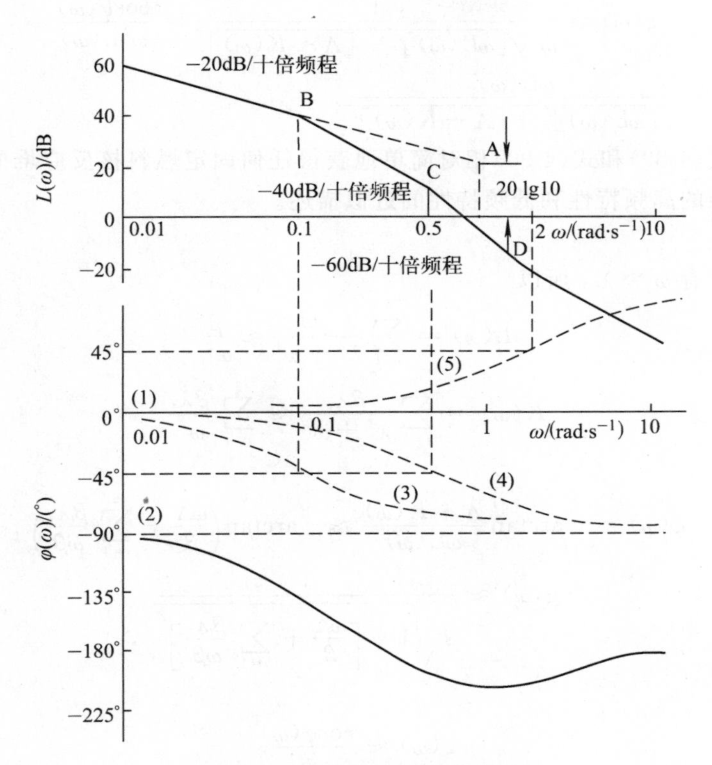

图 4-16　对数频率特性曲线图

4.5.2　零功率核反应堆的频率特性

在上节已经得到零功率核反应堆的传递函数

$$K_{\mathrm{R}}G_{\mathrm{R}}(s)=\frac{n_0}{\Lambda s}\frac{1}{1+\dfrac{1}{\Lambda}\displaystyle\sum_{i=1}^{6}\frac{\beta_i}{s+\lambda_i}} \tag{4-85}$$

将传递函数中的 s 换成 $\mathrm{j}\omega$ 就得到核反应堆的频率特性，令

$$W(\mathrm{j}\omega)=\frac{K_{\mathrm{R}}G_{\mathrm{R}}(\mathrm{j}\omega)}{n_0}=\frac{1}{\mathrm{j}\omega\Lambda+\displaystyle\sum_{i=1}^{6}\frac{\mathrm{j}\omega\beta_i}{\lambda_i+\mathrm{j}\omega}}=g(\omega)\mathrm{e}^{\mathrm{j}\varphi(\omega)} \tag{4-86}$$

$$W(\mathrm{j}\omega)=\frac{1}{\omega^2\displaystyle\sum_{i=1}^{6}\frac{\beta_i}{\lambda_i^2+\omega^2}+\mathrm{j}\omega\left[\Lambda+\displaystyle\sum_{i=1}^{6}\frac{\beta_i\lambda_i}{\lambda_i^2+\omega^2}\right]} \tag{4-87}$$

如果令 $L(\omega)=\displaystyle\sum_{i=1}^{6}\frac{\beta_i}{\lambda_i^2+\omega^2}$，$K(\omega)=\displaystyle\sum_{i=1}^{6}\frac{\beta_i\lambda_i}{\lambda_i^2+\omega^2}$，则频率特性可写为

$$W(\mathrm{j}\omega)=\frac{1}{\omega^2L(\omega)+\mathrm{j}\omega[\Lambda+K(\omega)]} \tag{4-88}$$

于是 $\varphi(\omega)$ 和 $g(\omega)$ 可分别表示为

$$\varphi(\omega)=-\arctan\frac{\Lambda+K(\omega)}{\omega L(\omega)} \tag{4-89}$$

$$g(\omega) = \frac{1}{\omega\sqrt{[\omega L(\omega)]^2 + [\Lambda + K(\omega)]^2}} = \frac{\cos\varphi(\omega)}{\omega^2 L(\omega)} \tag{4-90}$$

式中，$\cos\varphi(\omega) = \dfrac{\omega L(\omega)}{\sqrt{[\omega L(\omega)]^2 + [\Lambda + K(\omega)]^2}}$。

可以应用式(4-89)和式(4-90)相对简单地获得任何固定燃料核反应堆的频率特性。下面讨论核反应堆的高频特性和低频特性的近似描述。

1. 高频段

由于高频段有 $\omega \gg \lambda_i$，所以

$$L(\omega) = \sum_{i=1}^{6} \frac{\beta_i}{\lambda_i^2 + \omega^2} \approx \frac{\beta}{\omega^2} \tag{4-91}$$

$$K(\omega) = \sum_{i=1}^{6} \frac{\beta_i \lambda_i}{\lambda_i^2 + \omega^2} \approx \sum_{i=1}^{6} \frac{\beta_i \lambda_i}{\omega^2} \tag{4-92}$$

由此可以得到

$$\varphi(\omega) = -\arctan\frac{\Lambda + K(\omega)}{\omega L(\omega)} \approx -\arctan\left(\frac{\omega\Lambda}{\beta} + \sum_{i=1}^{6}\frac{\beta_i\lambda_i}{\omega\beta}\right) \tag{4-93}$$

$$g(\omega) \approx \frac{1}{\beta\sqrt{1 + \left[\dfrac{\omega\Lambda}{\beta} + \displaystyle\sum_{i=1}^{6}\dfrac{\beta_i\lambda_i}{\omega\beta}\right]^2}} \tag{4-94}$$

或者

$$g(\omega) \approx \frac{\cos\varphi(\omega)}{\beta}$$

如果 ω 增大到使得条件$\dfrac{\omega\Lambda}{\beta} \gg \displaystyle\sum_{i=1}^{6}\dfrac{\beta_i\lambda_i}{\omega\beta}$ 满足时，则有

$$\varphi(\omega) \approx -\arctan\frac{\omega\Lambda}{\beta} \tag{4-95}$$

$$g(\omega) \approx \frac{1}{\beta\sqrt{1 + \left[\dfrac{\omega\Lambda}{\beta}\right]^2}} = \frac{1}{\sqrt{\beta^2 + (\omega\Lambda)^2}} \tag{4-96}$$

2. 低频段

由于低频段有 $\omega \ll \lambda_i$，所以有

$$L(\omega) \approx L_0 = \sum_{i=1}^{6}\frac{\beta_i}{\lambda_i{}^2}$$

$$K(\omega) \approx K_0 = \sum_{i=1}^{6}\frac{\beta_i}{\lambda_i}$$

因此

$$g(\omega) \approx \frac{1}{\omega\sqrt{(\omega L_0)^2 + (\Lambda + K_0)^2}} \tag{4-97}$$

$$\varphi(\omega) \approx -\arctan\frac{\Lambda + K_0}{\omega L_0} \tag{4-98}$$

如果条件 $K_0 \gg \Lambda$ 满足，有 $K_0 + \Lambda \approx K_0$。因此，低频段的频率特性可近似为如下形式

$$g(\omega) \approx \frac{1}{\omega\sqrt{(\omega L_0)^2 + K_0^2}} \tag{4-99}$$

$$\varphi(\omega) \approx -\arctan\frac{K_0}{\omega L_0} \tag{4-100}$$

当 $\omega \ll 0.01$ 时，有 $K_0 \gg \omega L_0$，核反应堆幅频特性可进一步近似为

$$g(\omega) \approx \frac{1}{\omega K_0} \tag{4-101}$$

图 4-17 给出了用 ^{235}U 作燃料，平均中子代时间分别取 $\Lambda=10^{-6}$ s，10^{-5} s，10^{-4} s 和 10^{-3} s 时，热堆的对数幅频特性和对数相频特性曲线。容易通过式(4-100)和式(4-101)以及图 4-17 看出，在低频段，幅值与频率成反比，频率越低，幅值越大。相位角则随频率的减小趋向于 $-90°$，最终 4 条曲线重合。在高频段，频率越高，幅值越小。相位角则随频率的增加而趋向于 $-90°$。频率特性随频率的变化的速度与核反应堆特性参数有关。可以看出，核反应堆的频率特性差异较大，主要取决于 β/Λ 的值，Λ 愈小频带愈宽。随着核反应堆核燃料同位素的不同，核反应堆物理参数也不同，因而核反应堆也具有不同的频率特性。几种常见可裂变燃料作成的核反应堆的对数频率特性曲线列于附录 4 中。

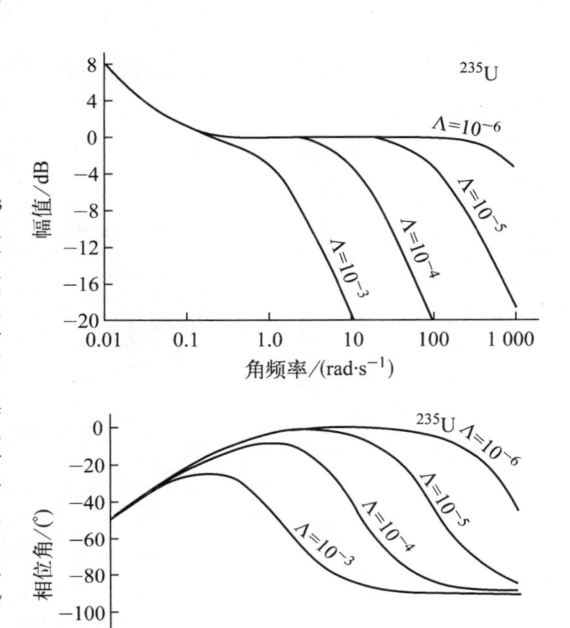

图 4-17　^{235}U 热堆的对数频率特性曲线图

4.5.3　具有温度反馈核反应堆系统的频率特性

具有温度反馈的核反应堆系统如图 4-18 所示。其中点堆的传递函数为具有等效单组缓发中子核反应堆传递函数

$$K_R G_R(s) = \frac{n_0}{\Lambda}\frac{s+\lambda}{s(s+\lambda+\beta/\Lambda)} \tag{4-102}$$

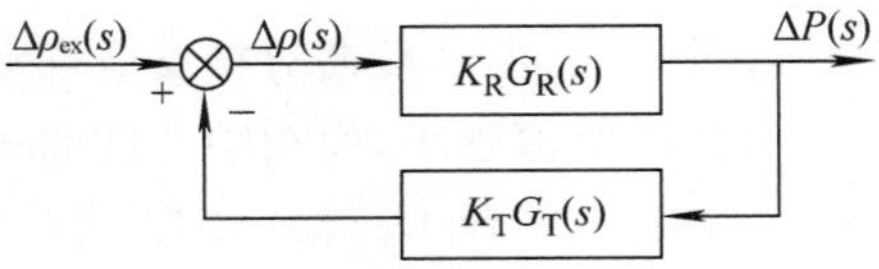

图 4-18　具有温度反馈核反应堆系统的方框图

设温度反馈回路近似为一阶惯性环节，其传递函数为

$$K_T G_T(s) = \frac{K_{TC}}{\tau s+1} \tag{4-103}$$

式中，K_{TC}——反馈回路反应性温度系数。

由此可得到具有温度反馈的核反应堆系统的传递函数

$$K_{RT} G_{RT}(s) = \frac{K_R G_R(s)}{1+K_R K_T G_R(s) G_T(s)} \tag{4-104}$$

其频率特性为

$$K_{\mathrm{RT}}G_{\mathrm{RT}}(\mathrm{j}\omega)=\frac{\dfrac{n_0(\lambda+\mathrm{j}\omega)}{\mathrm{j}\omega\Lambda(\lambda+\beta/\Lambda+\mathrm{j}\omega)}}{1+K_{\mathrm{TC}}\dfrac{n_0(\lambda+\mathrm{j}\omega)}{\mathrm{j}\omega\Lambda(\lambda+\beta/\Lambda+\mathrm{j}\omega)}\dfrac{1}{1+\mathrm{j}\omega\tau}} \tag{4-105}$$

图 4-19 给出了不同反应性温度系数下的核反应堆对数频率特性曲线，其中 $\Lambda=10^{-4}$ s，$\tau=0.159$ s。

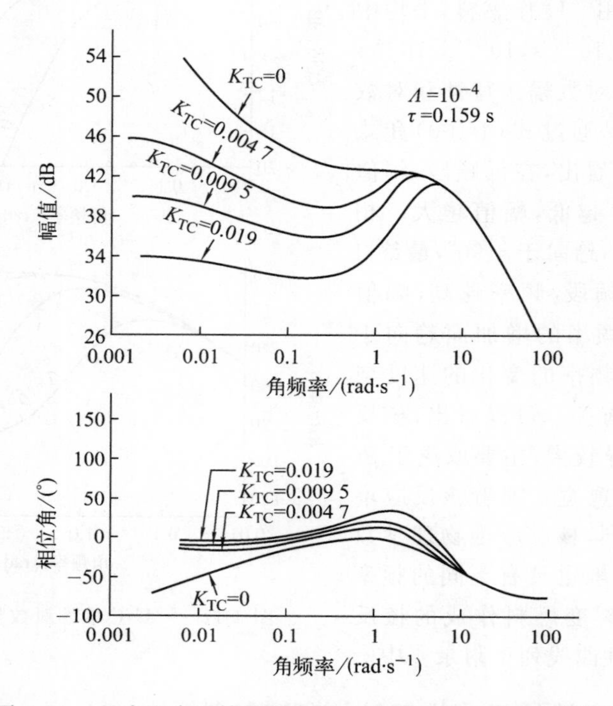

图 4-19 具有温度反馈核反应堆系统的对数频率特性曲线图

在低频段，温度反馈对核反应堆动态特性影响较大。负反应性温度系数的绝对值越大，幅频特性的幅值越小，而相频特性的相位角则趋近于零度。由式(4-105)可以看出，当 ω 很小($\omega<10^{-3}$)时，$K_{\mathrm{R}}G_{\mathrm{R}}(\mathrm{j}\omega)$很大，因此频率特性可近似为

$$K_{\mathrm{RT}}G_{\mathrm{RT}}(\mathrm{j}\omega)\approx 1/K_{\mathrm{TC}} \tag{4-106}$$

在高频段，温度反馈效应对动态特性基本上没有影响。频率特性式(4-105)可以写为

$$K_{\mathrm{RT}}G_{\mathrm{RT}}(\mathrm{j}\omega)=\frac{K_{\mathrm{R}}G_{\mathrm{R}}(\mathrm{j}\omega)}{1+K_{\mathrm{R}}G_{\mathrm{R}}(\mathrm{j}\omega)\dfrac{K_{\mathrm{TC}}}{1+\mathrm{j}\omega\tau}} \tag{4-107}$$

当 ω 很大时，$\dfrac{K_{\mathrm{TC}}}{1+\mathrm{j}\omega\tau}$ 很小，因此有

$$K_{\mathrm{RT}}G_{\mathrm{RT}}(\mathrm{j}\omega)\approx K_{\mathrm{R}}G_{\mathrm{R}}(\mathrm{j}\omega) \tag{4-108}$$

4.6 氙产生过程的传递函数和频率特性

在本章 4.2.4 节中，已得到了核反应堆中氙的动态方程式(4-21)和式(4-22)。核反应

堆内氙的浓度是随中子注量率的变化而变化的，因此传递函数和频率特性都是将中子注量率看作输入量，氙的浓度看作输出量。

由动态方程式(4-21)和式(4-22)可以看出，该方程为非线性方程，因此对该方程需要进行线性化处理，然后写出其传递函数。首先假定是在某一稳定状态，产生小扰动情况下，令 $X = X_0 + \Delta X, \phi = \phi_0 + \Delta\phi, I = I_0 + \Delta I$，然后代入方程式(4-21) 和式(4-22) 有

$$\frac{\mathrm{d}(X_0 + \Delta X)}{\mathrm{d}t} = \lambda_{\mathrm{I}}(I_0 + \Delta I) + [\gamma_{\mathrm{x}}\Sigma_{\mathrm{f}} - \sigma_{\mathrm{x}}(X_0 + \Delta X)](\phi_0 + \Delta\phi) - \lambda_{\mathrm{x}}(X_0 + \Delta X) \tag{4-109}$$

$$\frac{\mathrm{d}(I_0 + \Delta I)}{\mathrm{d}t} = \gamma_{\mathrm{I}}\Sigma_{\mathrm{f}}(\phi_0 + \Delta\phi) - \lambda_{\mathrm{I}}(I_0 + \Delta I) \tag{4-110}$$

由于稳态时，有

$$\frac{\mathrm{d}X_0}{\mathrm{d}t} = 0 = \lambda_{\mathrm{I}} I_0 + (\gamma_{\mathrm{x}}\Sigma_{\mathrm{f}} - \sigma_{\mathrm{x}} X_0)\phi_0 - \lambda_{\mathrm{x}} X_0 \tag{4-111}$$

$$\frac{\mathrm{d}I_0}{\mathrm{d}t} = 0 = \gamma_{\mathrm{I}}\Sigma_{\mathrm{f}}\phi_0 - \lambda_{\mathrm{I}} I_0 \tag{4-112}$$

整理方程式(4-111)和式(4-112)，得到在稳态情况下氙浓度和中子注量率存在如下关系

$$X_0 = \frac{(\gamma_{\mathrm{x}} + \gamma_{\mathrm{I}})\Sigma_{\mathrm{f}}\phi_0}{\lambda_{\mathrm{x}} + \sigma_{\mathrm{x}}\phi_0} \tag{4-113}$$

忽略方程式(4-109)中的高阶无穷小项($\Delta\phi\Delta X$)，氙的线性增量方程为

$$\frac{\mathrm{d}\Delta X}{\mathrm{d}t} = \lambda_{\mathrm{I}}\Delta I + \gamma_{\mathrm{x}}\Sigma_{\mathrm{f}}\Delta\phi - \sigma_{\mathrm{x}} X_0 \Delta\phi - \sigma_{\mathrm{x}}\phi_0 \Delta X - \lambda_{\mathrm{x}}\Delta X \tag{4-114}$$

$$\frac{\mathrm{d}\Delta I}{\mathrm{d}t} = \gamma_{\mathrm{I}}\Sigma_{\mathrm{f}}\Delta\phi - \lambda_{\mathrm{I}}\Delta I \tag{4-115}$$

对方程式(4-114)和式(4-115)进行拉普拉斯变换并整理得

$$\frac{\Delta X(s)}{\Delta\Phi(s)} = \frac{\lambda_{\mathrm{I}}\gamma_{\mathrm{I}}\Sigma_{\mathrm{f}} + (\gamma_{\mathrm{x}}\Sigma_{\mathrm{f}} - \sigma_{\mathrm{x}} X_0)(s + \lambda_{\mathrm{I}})}{(s + \lambda_{\mathrm{I}})(s + \lambda_{\mathrm{x}} + \sigma_{\mathrm{x}}\phi_0)} \tag{4-116}$$

或

$$\frac{\Delta X(s)}{\Delta\Phi(s)} = \frac{(\gamma_{\mathrm{x}}\Sigma_{\mathrm{f}} - \sigma_{\mathrm{x}} X_0)\left(s + \dfrac{\lambda_{\mathrm{I}}\gamma_{\mathrm{I}}\Sigma_{\mathrm{f}}}{\gamma_{\mathrm{x}}\Sigma_{\mathrm{f}} - \sigma_{\mathrm{x}} X_0} + \lambda_{\mathrm{I}}\right)}{(s + \lambda_{\mathrm{I}})(s + \lambda_{\mathrm{x}} + \sigma_{\mathrm{x}}\phi_0)}$$

其频率特性为

$$\frac{\Delta X(\mathrm{j}\omega)}{\Delta\Phi(\mathrm{j}\omega)} = \frac{(\gamma_{\mathrm{x}}\Sigma_{\mathrm{f}} - \sigma_{\mathrm{x}} X_0)\left(\dfrac{\lambda_{\mathrm{I}}\gamma_{\mathrm{I}}\Sigma_{\mathrm{f}}}{\gamma_{\mathrm{x}}\Sigma_{\mathrm{f}} - \sigma_{\mathrm{x}} X_0} + \lambda_{\mathrm{I}} + \mathrm{j}\omega\right)}{(\lambda_{\mathrm{I}} + \mathrm{j}\omega)(\lambda_{\mathrm{x}} + \sigma_{\mathrm{x}}\phi_0 + \mathrm{j}\omega)} \tag{4-117}$$

对数频率特性曲线如图 4-20 所示。

如果式(4-117)中 $\gamma_{\mathrm{x}}\Sigma_{\mathrm{f}} - \sigma_{\mathrm{x}} X_0 = 0$ 时，相当于 $\phi_0 = 3 \times 10^{11}$。当 $\phi_0 > 3 \times 10^{11}$ 时，随着频率增加，相频特性曲线趋于 $-270°$。当 $\phi_0 < 3 \times 10^{11}$ 时，随着频率增加，相频特性曲线趋于 $-90°$。

对式(4-117)，若使 $\omega \to 0$ 时，该式就变为

$$\left.\frac{\Delta X(\mathrm{j}\omega)}{\Delta\Phi(\mathrm{j}\omega)}\right|_{\omega\to 0} = \frac{(\gamma_{\mathrm{x}}\Sigma_{\mathrm{f}} - \sigma_{\mathrm{x}} X_0)\left(\dfrac{\lambda_{\mathrm{I}}\gamma_{\mathrm{I}}\Sigma_{\mathrm{f}}}{\gamma_{\mathrm{x}}\Sigma_{\mathrm{f}} - \sigma_{\mathrm{x}} X_0} + \lambda_{\mathrm{I}}\right)}{\lambda_{\mathrm{I}}(\lambda_{\mathrm{x}} + \sigma_{\mathrm{x}}\phi_0)} = \frac{(\gamma_{\mathrm{I}} + \gamma_{\mathrm{x}})\Sigma_{\mathrm{f}} - \sigma_{\mathrm{x}} X_0}{\lambda_{\mathrm{x}} + \sigma_{\mathrm{x}}\phi_0} \tag{4-118}$$

将式(4-113)代入式(4-118)有

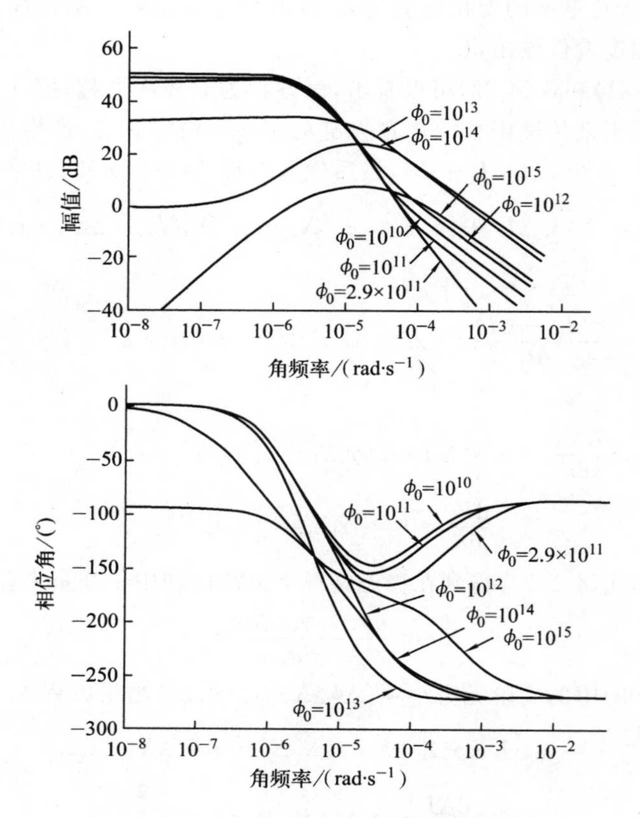

图 4-20　氙毒产生的对数频率特性曲线图

$$\left.\frac{\Delta X(\mathrm{j}\omega)}{\Delta \Phi(\mathrm{j}\omega)}\right|_{\omega\to 0}=\frac{(\gamma_{\mathrm{I}}+\gamma_{\mathrm{x}})\Sigma_{\mathrm{f}}\lambda_{\mathrm{x}}}{(\lambda_{\mathrm{x}}+\sigma_{\mathrm{x}}\phi_0)^2} \tag{4-119}$$

4.7　核反应堆的离散化模型

4.7.1　核反应堆的差分方程

式(4-2)为连续时间的核反应堆点堆动态方程的微分方程描述，如果采用差商代替微商方法对方程进行离散化就可得到核反应堆点堆动态方程的差分方程

$$\begin{cases}\dfrac{n(k+1)-n(k)}{T}=\dfrac{\rho(k)-\beta}{\Lambda}n(k)+\sum\limits_i\lambda_i c_i(k)\\[2ex]\dfrac{c_i(k+1)-c_i(k)}{T}=\dfrac{\beta_i}{\Lambda}n(k)-\lambda_i c_i(k)\end{cases} \tag{4-120}$$

式中，$n(k)$——核反应堆 k 时刻中子密度，cm^{-3}；

$c_i(k)$——第 i 组缓发中子先驱核 k 时刻浓度，cm^{-3}；

T——采样周期，s；

$\rho(k)$——核反应堆 k 时刻的反应性；

Λ——平均中子代时间,s;

λ_i——第 i 组缓发中子先驱核衰变常量,s^{-1};

β_i——第 i 组缓发中子份额;

β——总缓发中子份额,$\beta=\sum_{i=1}^{6}\beta_i$。

整理方程式(4-120),得到

$$\begin{cases} n(k+1) = \left\{1+[\rho(k)-\beta]\dfrac{T}{\Lambda}\right\}n(k)+T\sum_i\lambda_i c_i(k) \\ c_i(k+1) = \dfrac{T\beta_i}{\Lambda}n(k)+(1-T\lambda_i)c_i(k) \end{cases} \tag{4-121}$$

多组缓发中子点堆的差分方程式(4-121),求解计算工作量较大,且在有的场合必要性也不大,因此利用适当参数权重,减少缓发中子的组数(即使差分方程降阶)。最简单的方法是用等效单组缓发中子来近似描述。

将 $\beta=\sum\limits_{i=1}^{6}\beta_i$ 和 $\lambda=\beta/\sum\limits_{i=1}^{6}\dfrac{\beta_i}{\lambda_i}$ 代入式(4-121),多组缓发中子点堆差分方程就被近似表示为如下具有等效单组缓发中子的核反应堆点堆差分方程

$$\begin{cases} n(k+1) = \left\{1+[\rho(k)-\beta]\dfrac{T}{\Lambda}\right\}n(k)+T\lambda c(k) \\ c(k+1) = \dfrac{T\beta}{\Lambda}n(k)+(1-T\lambda)c(k) \end{cases} \tag{4-122}$$

式中,$c(k)$——等效单组缓发中子先驱核 k 时刻浓度,cm^{-3};

λ——等效单组缓发中子先驱核的衰变常量,典型平均值约为 0.1 s^{-1}。

4.7.2 核反应堆的脉冲传递函数

对具有六组缓发中子核反应堆的增量方程式(4-56)进行时间离散,得到增量差分方程为

$$\begin{cases} \Delta n(k+1) = \dfrac{n_0 T}{\Lambda}\Delta\rho(k)+\left[1-\dfrac{(\beta-\rho_0)T}{\Lambda}\right]\Delta n(k)+\sum\limits_{i=1}^{6}\lambda_i T\Delta c_i(k) \\ \Delta c_i(k+1) = \dfrac{\beta_i T}{\Lambda}\Delta n(k)+(1-\lambda_i T)\Delta c_i(k) \end{cases} \tag{4-123}$$

对方程式(4-123)进行 Z 变换,且初始条件为零,有

$$\begin{cases} z\Delta N(z) = \dfrac{n_0 T}{\Lambda}\Delta\rho(z)+\left[1-\dfrac{(\beta-\rho_0)T}{\Lambda}\right]\Delta N(z)+\sum\limits_{i=1}^{6}\lambda_i T\Delta C_i(z) \\ z\Delta C_i(z) = \dfrac{\beta_i T}{\Lambda}\Delta N(z)+(1-\lambda_i T)\Delta C_i(z) \end{cases} \tag{4-124}$$

将式(4-124)整理有

$$z\Delta N(z) = \frac{n_0 T}{\Lambda}\Delta\rho(z)+\left[1-\frac{(\beta-\rho_0)T}{\Lambda}\right]\Delta N(z)+\sum_{i=1}^{6}\frac{\beta_i\lambda_i T^2}{\Lambda(z-1+\lambda_i T)}\Delta N(z) \tag{4-125}$$

于是可得核反应堆脉冲传递函数为

$$K_{\mathrm{R}}G_{\mathrm{R}}(z)=\frac{\Delta N(z)}{\Delta\rho(z)}=\frac{n_0T}{\Lambda}\frac{1}{z-1+\frac{(\beta-\rho_0)T}{\Lambda}-\sum_{i=1}^{6}\frac{\beta_i\lambda_iT^2}{\Lambda(z-1+\lambda_iT)}}$$

$$=\frac{n_0T}{\Lambda(z-1)}\frac{1}{1+\frac{(\beta-\rho_0)T}{\Lambda(z-1)}-\sum_{i=1}^{6}\frac{\beta_i\lambda_iT^2}{\Lambda(z-1)^2\left(1+\frac{\lambda_iT}{z-1}\right)}}\tag{4-126}$$

同理,具有等效单组缓发中子核反应堆的脉冲传递函数为

$$K_{\mathrm{R}}G_{\mathrm{R}}(z)=\frac{\Delta N(z)}{\Delta\rho(z)}=\frac{n_0T}{\Lambda}\frac{1}{z-1+\frac{(\beta-\rho_0)T}{\Lambda}-\frac{\beta\lambda T^2}{\Lambda(z-1+\lambda T)}}\tag{4-127}$$

当核反应堆处于临界状态时,$\rho_0=0$,并整理有

$$K_{\mathrm{R}}G_{\mathrm{R}}(z)=\frac{n_0T}{\Lambda}\frac{(z-1)+\lambda T}{(z-1)\left[(z-1)+\lambda T+\frac{\beta T}{\Lambda}\right]}\tag{4-128}$$

4.8 核反应堆的状态空间表达式

本章 4.2 节已经给出考虑 6 组缓发中子情况下的核反应堆的微分方程描述,同时还采用线性化的方法得到相应增量方程如下

$$\begin{cases}\frac{\mathrm{d}\Delta n}{\mathrm{d}t}=\frac{n_0}{\Lambda}\Delta\rho+\frac{\rho_0-\beta}{\Lambda}\Delta n+\sum_{i=1}^{6}\lambda_i\Delta c_i\\ \frac{\mathrm{d}\Delta c_i}{\mathrm{d}t}=\frac{\beta_i}{\Lambda}\Delta n-\lambda_i\Delta c_i\end{cases}\tag{4-129}$$

式(4-129)为一个具有 7 个方程的一阶微分方程组。改变其形式更容易得到核反应堆的状态空间表达式。

$$\begin{cases}\frac{\mathrm{d}\Delta n}{\mathrm{d}t}=\frac{\rho_0-\beta}{\Lambda}\Delta n+\lambda_1\Delta c_1+\lambda_2\Delta c_2+\cdots+\lambda_6\Delta c_6+\frac{n_0}{\Lambda}\Delta\rho\\ \frac{\mathrm{d}\Delta c_1}{\mathrm{d}t}=\frac{\beta_1}{\Lambda}\Delta n-\lambda_1\Delta c_1\\ \frac{\mathrm{d}\Delta c_2}{\mathrm{d}t}=\frac{\beta_2}{\Lambda}\Delta n-\lambda_2\Delta c_2\\ \vdots\\ \frac{\mathrm{d}\Delta c_6}{\mathrm{d}t}=\frac{\beta_6}{\Lambda}\Delta n-\lambda_6\Delta c_6\end{cases}\tag{4-130}$$

设状态向量 $\boldsymbol{x}^{\mathrm{T}}=[\Delta n\quad\Delta c_1\quad\Delta c_2\quad\cdots\quad\Delta c_6]$,输入为 $u=\Delta\rho$,输出为 $y=\Delta n$。相应矩阵有

$$
\boldsymbol{A}=\begin{bmatrix}
\frac{\rho_0-\beta}{\Lambda} & \lambda_1 & \lambda_2 & \lambda_3 & \lambda_4 & \lambda_5 & \lambda_6 \\
\frac{\beta_1}{\Lambda} & -\lambda_1 & 0 & 0 & 0 & 0 & 0 \\
\frac{\beta_2}{\Lambda} & 0 & -\lambda_2 & 0 & 0 & 0 & 0 \\
\frac{\beta_3}{\Lambda} & 0 & 0 & -\lambda_3 & 0 & 0 & 0 \\
\frac{\beta_4}{\Lambda} & 0 & 0 & 0 & -\lambda_4 & 0 & 0 \\
\frac{\beta_5}{\Lambda} & 0 & 0 & 0 & 0 & -\lambda_5 & 0 \\
\frac{\beta_6}{\Lambda} & 0 & 0 & 0 & 0 & 0 & -\lambda_6
\end{bmatrix},\boldsymbol{B}=\begin{bmatrix}\frac{n_0}{\Lambda}\\0\\0\\0\\0\\0\\0\end{bmatrix}
$$

$$
\boldsymbol{C}=[1\quad 0\quad 0\quad 0\quad 0\quad 0\quad 0]
$$

因此，具有6组缓发中子核反应堆的状态空间表达式为

$$
\dot{\boldsymbol{x}}=\boldsymbol{A}\boldsymbol{x}+\boldsymbol{B}u \tag{4-131}
$$

$$
\boldsymbol{y}=\boldsymbol{C}\boldsymbol{x} \tag{4-132}
$$

同理，可以写出考虑等效单组缓发中子情况下的核反应堆状态空间表达式

$$
\begin{bmatrix}\Delta\dot{n}\\ \Delta\dot{c}\end{bmatrix}=\begin{bmatrix}-\frac{\beta}{\Lambda} & \lambda\\ \frac{\beta}{\Lambda} & -\lambda\end{bmatrix}\begin{bmatrix}\Delta n\\ \Delta c\end{bmatrix}+\begin{bmatrix}\frac{n_0}{\Lambda}\\ 0\end{bmatrix}\Delta\rho \tag{4-133}
$$

$$
\boldsymbol{y}=[1\quad 0]\begin{bmatrix}\Delta n\\ \Delta c\end{bmatrix} \tag{4-134}
$$

根据式(3-34)可由状态空间表达式(4-133)和式(4-134)写出等效单组缓发中子核反应堆的传递函数。

设输入为 $u=\Delta\rho$，输出为 $y=\Delta n$，所以

$$
\frac{\Delta N(s)}{\Delta\rho(s)}=\frac{[1\quad 0]\mathrm{adj}\begin{bmatrix}s+\frac{\beta}{\Lambda} & -\lambda\\ -\frac{\beta}{\Lambda} & s+\lambda\end{bmatrix}\begin{bmatrix}\frac{n_0}{\Lambda}\\ 0\end{bmatrix}}{\det\begin{vmatrix}s+\frac{\beta}{\Lambda} & -\lambda\\ -\frac{\beta}{\Lambda} & s+\lambda\end{vmatrix}}
$$

$$
\frac{\Delta N(s)}{\Delta\rho(s)}=\frac{[1\quad 0]\begin{bmatrix}s+\lambda & \lambda\\ \frac{\beta}{\Lambda} & s+\frac{\beta}{\Lambda}\end{bmatrix}\begin{bmatrix}\frac{n_0}{\Lambda}\\ 0\end{bmatrix}}{s\left(s+\lambda+\frac{\beta}{\Lambda}\right)}=\frac{[1\quad 0]\begin{bmatrix}\frac{n_0(s+\lambda)}{\Lambda}\\ \frac{\beta n_0}{\Lambda^2}\end{bmatrix}}{s\left(s+\lambda+\frac{\beta}{\Lambda}\right)}
$$

因此，传递函数为

$$K_R G_R(s)=\frac{\Delta N(s)}{\Delta\rho(s)}=\frac{n_0(s+\lambda)}{\Lambda s\left(s+\lambda+\dfrac{\beta}{\Lambda}\right)} \tag{4-135}$$

如果设反应性为阶跃变化，且 $\rho=\rho_0$ 为常数，可以直接由状态空间表达式得到核反应堆时域响应的解。状态方程为

$$\begin{bmatrix}\dot{n}\\ \dot{c}\end{bmatrix}=\begin{bmatrix}-\dfrac{\beta-\rho_0}{\Lambda} & \lambda\\ \dfrac{\beta}{\Lambda} & -\lambda\end{bmatrix}\begin{bmatrix}n\\ c\end{bmatrix} \tag{4-136}$$

式(4-136)中，

$$\boldsymbol{A}=\begin{bmatrix}-\dfrac{\beta-\rho_0}{\Lambda} & \lambda\\ \dfrac{\beta}{\Lambda} & -\lambda\end{bmatrix}$$

状态转移矩阵的拉普拉斯变换为

$$\boldsymbol{\Phi}(s)=(s\boldsymbol{I}-\boldsymbol{A})^{-1}=\frac{1}{s^2+\left(\lambda+\dfrac{\beta-\rho_0}{\Lambda}\right)s-\dfrac{\lambda\rho_0}{\Lambda}}\begin{bmatrix}s+\lambda & \lambda\\ \dfrac{\beta}{\Lambda} & s+\dfrac{\beta-\rho_0}{\Lambda}\end{bmatrix}$$

式中的二次多项式可以分解为

$$s^2+\left(\lambda+\frac{\beta-\rho_0}{\Lambda}\right)s-\frac{\lambda\rho_0}{\Lambda}=(s+a_1)(s+a_2)$$

式中，

$$a_1=\frac{(\lambda\Lambda+\beta-\rho_0)-\sqrt{(\lambda\Lambda+\beta-\rho_0)^2+4\lambda\Lambda\rho_0}}{2\Lambda}$$

$$a_2=\frac{(\lambda\Lambda+\beta-\rho_0)+\sqrt{(\lambda\Lambda+\beta-\rho_0)^2+4\lambda\Lambda\rho_0}}{2\Lambda}$$

所以状态转移矩阵的拉普拉斯变换可表示为

$$\boldsymbol{\Phi}(s)=\begin{bmatrix}\dfrac{s+\lambda}{(s+a_1)(s+a_2)} & \dfrac{\lambda}{(s+a_1)(s+a_2)}\\ \dfrac{\beta/\Lambda}{(s+a_1)(s+a_2)} & \dfrac{s+(\beta-\rho_0)/\Lambda}{(s+a_1)(s+a_2)}\end{bmatrix}$$

采用部分分式法将各矩阵元素描述成分式之和，有

$$\boldsymbol{\Phi}(s)=\begin{bmatrix}\dfrac{b_{11}}{s+a_1}+\dfrac{d_{11}}{s+a_2} & \dfrac{b_{12}}{s+a_1}+\dfrac{d_{12}}{s+a_2}\\ \dfrac{b_{21}}{s+a_1}+\dfrac{d_{21}}{s+a_2} & \dfrac{b_{22}}{s+a_1}+\dfrac{d_{22}}{s+a_2}\end{bmatrix}$$

上式中，$b_{11}=\dfrac{\lambda-a_1}{a_2-a_1}$，$d_{11}=-\dfrac{\lambda-a_2}{a_2-a_1}$，$b_{12}=\dfrac{\lambda}{a_2-a_1}$，$d_{12}=-\dfrac{\lambda}{a_2-a_1}$，$b_{21}=\dfrac{\beta/\Lambda}{a_2-a_1}$，$d_{21}=-\dfrac{\beta/\Lambda}{a_2-a_1}$，$b_{22}=\dfrac{(\beta-\rho_0)/\Lambda-a_1}{a_2-a_1}$，$d_{22}=\dfrac{a_2-(\beta-\rho_0)/\Lambda}{a_2-a_1}$。

然后进行拉普拉斯反变换，得到状态转移矩阵为

$$\boldsymbol{\Phi}(t) = \begin{bmatrix} b_{11}\mathrm{e}^{-a_1 t} + d_{11}\mathrm{e}^{-a_2 t} & b_{12}\mathrm{e}^{-a_1 t} + d_{12}\mathrm{e}^{-a_2 t} \\ b_{21}\mathrm{e}^{-a_1 t} + d_{21}\mathrm{e}^{-a_2 t} & b_{22}\mathrm{e}^{-a_1 t} + d_{22}\mathrm{e}^{-a_2 t} \end{bmatrix}$$

因此，状态方程的解为

$$\boldsymbol{x}(t) = \boldsymbol{\Phi}(t)\boldsymbol{x}(0) = \begin{bmatrix} b_{11}\mathrm{e}^{-a_1 t} + d_{11}\mathrm{e}^{-a_2 t} & b_{12}\mathrm{e}^{-a_1 t} + d_{12}\mathrm{e}^{-a_2 t} \\ b_{21}\mathrm{e}^{-a_1 t} + d_{21}\mathrm{e}^{-a_2 t} & b_{22}\mathrm{e}^{-a_1 t} + d_{22}\mathrm{e}^{-a_2 t} \end{bmatrix}\begin{bmatrix} n_0 \\ c_0 \end{bmatrix}$$

进而有

$$n(t) = (b_{11}\mathrm{e}^{-a_1 t} + d_{11}\mathrm{e}^{-a_2 t})n_0 + (b_{12}\mathrm{e}^{-a_1 t} + d_{12}\mathrm{e}^{-a_2 t})c_0 \tag{4-137}$$

$$c(t) = (b_{21}\mathrm{e}^{-a_1 t} + d_{21}\mathrm{e}^{-a_2 t})n_0 + (b_{22}\mathrm{e}^{-a_1 t} + d_{22}\mathrm{e}^{-a_2 t})c_0 \tag{4-138}$$

在 $t = 0$ 时刻，$c(t) = c_0 = \dfrac{\beta}{\lambda\Lambda}n_0$，代入式(4-137)有如下形式

$$n(t) = n_0\left[\left(b_{11} + b_{12}\frac{\beta}{\lambda\Lambda}\right)\mathrm{e}^{-a_1 t} + \left(d_{11} + d_{12}\frac{\beta}{\lambda\Lambda}\right)\mathrm{e}^{-a_2 t}\right]$$

$$n(t) = n_0\left(\frac{\lambda + \beta/\Lambda - a_1}{a_2 - a_1}\mathrm{e}^{-a_1 t} - \frac{\lambda + \beta/\Lambda - a_2}{a_2 - a_1}\mathrm{e}^{-a_2 t}\right)$$

当阶跃输入反应性 $|\rho_0|$ 的值足够小，$\lambda\Lambda \ll \beta - \rho_0$ 和 $(\beta - \rho_0 + \lambda\Lambda)^2 \gg 4\lambda\Lambda\rho_0$ 时，有 $a_1 \approx -\dfrac{\lambda\rho_0}{\beta - \rho_0}$，$a_2 \approx \dfrac{\beta - \rho_0}{\Lambda}$，$a_2 - a_1 \approx \dfrac{\beta - \rho_0}{\Lambda}$。核反应堆在小反应性阶跃输入时的瞬态响应为

$$n(t) \approx \frac{n_0}{\beta - \rho_0}\left[\beta\mathrm{e}^{\frac{\lambda\rho_0}{\beta - \rho_0}t} - \rho_0\mathrm{e}^{-\frac{\beta - \rho_0}{\Lambda}t}\right] \tag{4-139}$$

习 题

4.1 题图 4-1 为某二阶系统方框图，为使 $\xi = 0.5$，试确定 k 值。

4.2 设 $\beta = 0.007$，$\Lambda = 10^{-4}$ s，$\lambda = 0.08\ \mathrm{s}^{-1}$，试求等效单组缓发中子动态方程分别在 $\rho = 0.001$ 和 $\rho = -0.003$ 时的解。

4.3 求题图 4-2 所示网络电路的传递函数，$G(s) = U_\mathrm{o}(s)/U_\mathrm{i}(s)$。

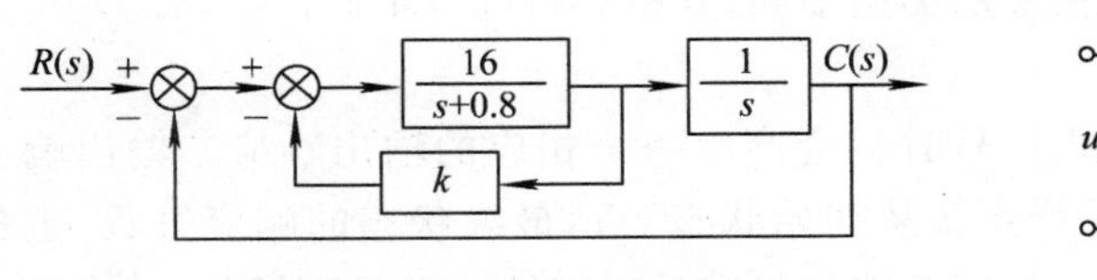

题图 4-1 二阶系统方框图

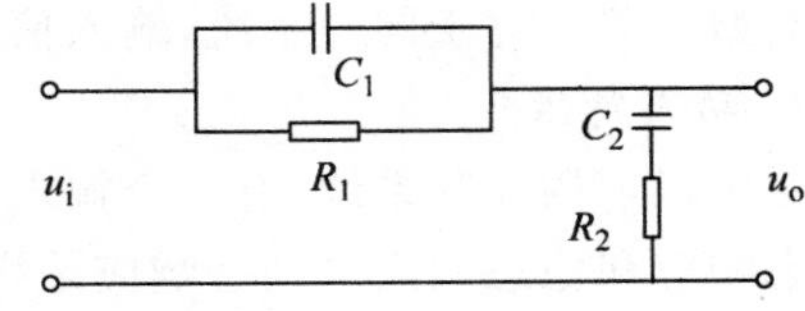

题图 4-2 网络电路图

4.4 根据附录 1 中 ^{235}U 热中子裂变过程数据，试写出具有等效单组缓发中子的零功率反应堆传递函数。已知 $\Lambda=10^{-4}$ s。

4.5 试写出具有等效单组缓发中子核反应堆的脉冲传递函数，设 $T=1$ s。

4.6 已知某等效单组缓发中子核反应堆的 $\beta=0.007$，$\lambda=0.08\ \mathrm{s}^{-1}$，$\Lambda=10^{-4}$ s。试写出其状态空间表达式；试求出当反应性分别为 $\rho=0.001$ 和 $\rho=-0.003$ 时中子密度的瞬态响应解。

第5章　核反应堆控制系统的稳定性分析

5.1　控制系统的性能与分析

5.1.1　控制系统的基本性能

自动控制系统的结构、控制对象和工作方式各不相同，但对系统的基本性能有一个共同的要求，即系统的稳定性、稳态特性和动态特性。

1. 稳定性

所谓系统的稳定性，是指一个系统如果原来处于平衡状态，由于外界扰动信号的作用，使系统偏离了平衡状态，输出产生了一定的偏差。当扰动消除后，经过一段时间，系统能够回到原来状态，则称该系统是稳定的，否则系统是不稳定的。自动控制系统是否稳定是系统能否工作的前提，是所有控制系统的最低要求，因为不稳定系统是无法工作的。在系统设计中，为了防止在工作过程中由于某些参数的变化导致系统出现不稳定状态，自动控制系统必须满足一定的稳定裕度的要求。

2. 稳态特性

稳态特性是描述系统在动态过程结束后，系统的稳定输出量相对于输出期望值的偏离程度，通常用稳态误差表示。稳态误差是在稳定状态下衡量控制系统工作性能的重要指标，是控制系统准确度的一种度量。控制系统的稳态特性与系统的结构和物理参数及其输入信号的类型有关。对于同一系统，输入信号的类型不同，其稳态特性也不同。

3. 动态特性

对于稳定的控制系统，有一个输入信号时就会产生一个相应的输出响应。输出响应包括动态响应和稳态响应。动态响应是指系统从初始状态到达最终状态的响应过程，也称过渡过程。要使控制系统能很好地工作，控制系统仅仅满足稳定性要求是不够的，还必须对其过渡过程的形式和快慢提出要求。控制系统的过渡过程特性称为动态特性。实际应用中，是通过控制系统的动态性能指标来表达控制系统的动态特性的优劣。

控制系统的动态性能指标常以时域指标形式给出，亦称动态响应时域指标。设计一个控制系统，对它的动态响应指标有一定要求，通常要求不仅响应快，而且响应过程要平稳。对于动态特性好的系统受到扰动时，既能很快消除偏差，又能使响应过程不会有太强烈的振荡。

控制系统的动态响应时域性能指标是以系统对单位阶跃信号输入具有衰减振荡响应的情况来定义的。系统对单位阶跃信号的响应与初始条件有关。为了便于比较各种系统的动态特性，通常情况下是采用初始条件全部为零，即系统最初处于平衡状态，而且输入量和输出量对时间的各阶导数也为零。

5.1.2　线性系统的稳定性分析

系统的稳定性是控制系统各种性能指标中最重要的一个。采用稳定性这一概念，可以把控制系统分为稳定系统和不稳定系统两类。

线性系统稳定的充分必要条件是：系统特征方程的根（即闭环传递函数的极点）全部为负实数或具有负实部的共轭复数，或者说系统特征方程的根全部位于 S 平面的左半平面。

实际应用中，不直接求微分方程的解也不求解系统特征方程的根，而是通过间接的方法研究特征方程的根在 S 平面的分布情况进而确定系统的稳定性，如劳斯（Routh）稳定性判据、奈魁斯特（Nyquist）稳定性判据以及根轨迹法等。

劳斯稳定判据是一个代数判据。劳斯稳定判据不求解特征方程的根，而直接运用特征方程的各项系数确定特征方程是否有根在右半 S 平面。如果有根在右半 S 平面，系统不稳定；若没有根在右半 S 平面，则系统是稳定的。

劳斯稳定判据简单叙述如下：

①一阶和二阶系统稳定的充分必要条件是：特征方程的所有系数均为相同符号，且系数无缺项；

②$n(n\geqslant 3)$阶系统稳定的必要条件是：特征方程的所有系数具有相同符号而且系数无缺项；充分条件是：劳斯阵列的第一列系数均有相同符号。

奈魁斯特稳定判据是将开环频率特性 $G(\mathrm{j}\omega)H(\mathrm{j}\omega)$ 和开环传递函数 $G(s)H(s)$ 位于右半 S 平面的极点数与闭环特征方程 $1+G(s)H(s)=0$ 位于右半 S 平面的根联系起来的判据。

开环传递函数在 $\mathrm{j}\omega$ 轴上既无零点又无极点的情况下，奈魁斯特稳定判据可叙述如下：

如果开环传递函数在右半 S 平面上有 k 个极点，且有 $\lim\limits_{s\to\infty}[1+G(s)H(s)]=$ 常数，则该闭环系统稳定的充分必要条件是：当 ω 从 $-\infty$ 变到 $+\infty$ 时，在 GH 平面上 $G(\mathrm{j}\omega)H(\mathrm{j}\omega)$ 的轨迹必须逆时针包围 $(-1,\mathrm{j}0)$ 点 k 次。

根轨迹法是一种求系统特征方程的根（即闭环极点）的图解方法。该方法是基于开环传递函数 $G(s)H(s)$，利用开环极点和零点在 S 平面的分布情况，作出特征方程的根随开环增益 K 值变化（从零到无穷大变化）在 S 平面的轨迹，反映特征方程的根在 S 平面的分布情况，进而确定闭环系统的稳定性。系统特征方程的根在 S 平面的分布情况，不但决定系统的稳定性，而且也影响系统的瞬态特性。

5.2　核反应堆系统的稳定性分析

5.2.1　核反应堆系统的根轨迹与稳定性分析

采用绘制根轨迹图的一般规则可以绘制出核反应堆系统的根轨迹图。对于具有温度反馈的核反应堆系统可用图 5-1 所示的方框图描述。

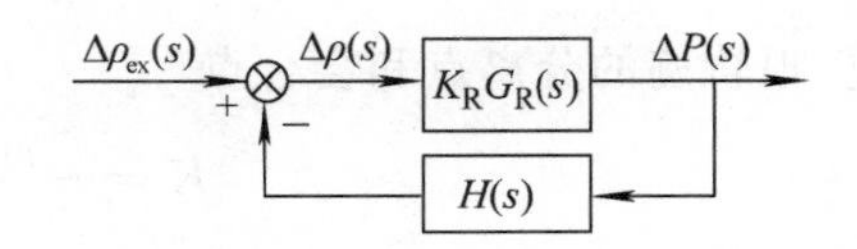

图 5-1　具有温度反馈的核反应堆系统方框图

图 5-1 中 $H(s)$ 为温度反馈回路的传递

函数，有

$$H(s)=\frac{aK_0}{s+\gamma}$$

式中，a——反应性温度系数；K_0——热容量倒数；γ——传热时间常数的倒数。为了便于绘制根轨迹图，在此只讨论具有等效单组缓发中子核反应堆系统和瞬跳近似核反应堆系统的根轨迹图的绘制。

1. 具有等效单组缓发中子核反应堆系统根轨迹图的绘制

等效单组缓发中子的零功率核反应堆传递函数为

$$K_R G_R(s)=\frac{n_0}{\Lambda}\frac{s+\lambda}{s(s+\beta/\Lambda)} \tag{5-1}$$

那么，核反应堆系统的开环传递函数可写为

$$K_R G_R(s)H(s)=\frac{aK_0 n_0(s+\lambda)}{\Lambda s(s+\gamma)(s+\beta/\Lambda)} \tag{5-2}$$

令系统增益 $K=aK_0 n_0/\Lambda$，则有

$$K_R G_R(s)H(s)=\frac{K(s+\lambda)}{s(s+\gamma)(s+\beta/\Lambda)} \tag{5-3}$$

核反应堆系统特征方程为

$$s(s+\gamma)(s+\beta/\Lambda)+K(s+\lambda)=0 \tag{5-4}$$

很明显，K 的值随反应性温度系数 a 可正可负，其他参数只有正值。现在绘制具有负温度反馈情况下($K>0$)的核反应堆系统的根轨迹图。

(1) $K>0,\gamma>\lambda$ 的情况

系统开环传递函数有 3 个极点 0，$-\gamma$ 和 $-\beta/\Lambda(n=3)$，1 个零点 $-\lambda(m=1)$。因此根轨迹图有：

① 根轨迹有 3 个分支；

② 根轨迹有 3 个起始点 0，$-\gamma$ 和 $-\beta/\Lambda$；有 1 个有限终点 $-\lambda$，所以根轨迹 3 个分支中 1 个终止于 $-\lambda$，其余两个终止于无穷远处，即无限终点；

③ 根轨迹对称于实轴；

④ 由于存在 $0<\lambda<\gamma<\beta/\Lambda$ 的关系，因此在实轴上，0 与 $-\lambda$ 之间，$-\gamma$ 与 $-\beta/\Lambda$ 之间存在根轨迹；

⑤ 根轨迹渐近线倾角 θ_a 为

$$\theta_a=\frac{(2l+1)\times180^\circ}{n-m}=\frac{(2l+1)\times180^\circ}{2},l=0,\pm1,\pm2,\cdots$$

$$\theta_a=90^\circ,270^\circ$$

⑥ 渐近线与实轴交点的横坐标为

$$-\sigma_a=-\frac{\gamma+\beta/\Lambda-\lambda}{n-m}=-\frac{\gamma+\beta/\Lambda-\lambda}{2}$$

⑦ 根轨迹的分离点和会合点

$$K=-\frac{s(s+\gamma)(s+\beta/\Lambda)}{s+\lambda}$$

$$\frac{\mathrm{d}K}{\mathrm{d}s}=\frac{[(s+\gamma)(s+\beta/\Lambda)+s(s+\gamma)+s(s+\beta/\Lambda)](s+\lambda)-s(s+\gamma)(s+\beta/\Lambda)}{(s+\lambda)^2}=0$$

解此方程，有一个位于实轴上两个起始点之间的根，并且两个起始点中间为根轨迹部分，因此这个根就是根轨迹的分离点；

⑧ 确定根轨迹是否与虚轴相交

特征方程式(5-4)可进一步写成

$$s^3 + (\gamma + \beta/\Lambda)s^2 + (K + \gamma\beta/\Lambda)s + K\lambda = 0$$

将 $s=\mathrm{j}\omega$ 代入上式有

$$-\mathrm{j}\omega^3 - (\gamma + \beta/\Lambda)\omega^2 + \mathrm{j}(K + \gamma\beta/\Lambda)\omega + K\lambda = 0$$

令特征方程的实部和虚部分别等于零，有

$$\begin{cases}\omega^3 - (K + \gamma\beta/\Lambda)\omega = 0 \\ (\gamma + \beta/\Lambda)\omega^2 - K\lambda = 0\end{cases}$$

解得

$$\omega = 0$$

$$\begin{cases}K = \dfrac{(\gamma + \beta/\Lambda)\gamma\beta/\Lambda}{\lambda - \gamma - \beta/\Lambda} \\ \omega^2 = \dfrac{\lambda\gamma\beta/\Lambda}{\lambda - \gamma - \beta/\Lambda}\end{cases}$$

由于有 $\lambda<\gamma<\beta/\Lambda$ 的关系，所以 $\lambda-\gamma-\beta/\Lambda$ 总是小于零，因此除了 $K=0,\omega=0$ 为该方程的解外再没有其他解，即说明根轨迹只有在起始点与虚轴相交。

具有负温度反馈系数，且 $\gamma>\lambda$，核反应堆系统的根轨迹如图 5-2(a) 所示。

(2) $K>0,\gamma<\lambda$ 的情况

这种情况与上述情况相比，差异仅有 $\gamma<\lambda$。它对根轨迹产生如下影响：

① 在实轴上，0 与 $-\gamma$ 之间，$-\lambda$ 与 $-\beta/\Lambda$ 之间存在根轨迹；

② 渐近线与实轴交点的横坐标 $-\sigma_a$ 发生了变化；

③ 根轨迹增加了一对分离点和会合点；

④ 根轨迹的形状变了，但没有影响系统的基本特性，核反应堆系统根轨迹图如图 5-2(b)所示。

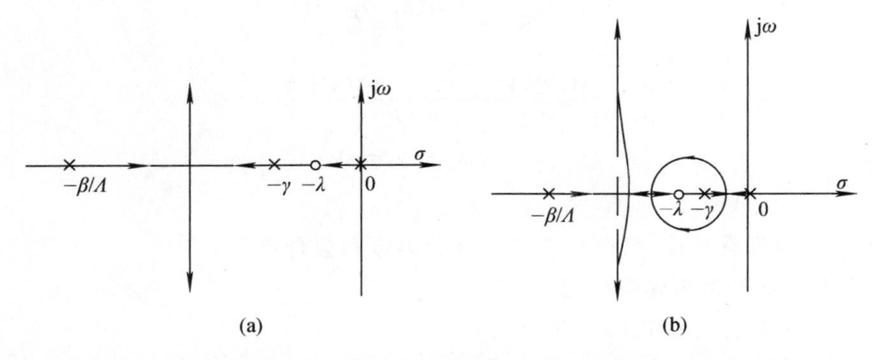

图 5-2　具有简单温度反馈等效单组缓发中子核反应堆系统的根轨迹图

(a) $K>0,\gamma>\lambda$；(b) $K>0,\gamma<\lambda$

2. 瞬跳近似核反应堆系统根轨迹图的绘制

瞬跳近似核反应堆传递函数为

$$K_{\mathrm{R}}G_{\mathrm{R}}(s)=\frac{n_0(s+\lambda)}{\beta s} \tag{5-5}$$

那么，核反应堆系统的开环传递函数可写为

$$K_{\mathrm{R}}G_{\mathrm{R}}(s)H(s)=\frac{aK_0 n_0(s+\lambda)}{\beta s(s+\gamma)} \tag{5-6}$$

令系统增益 $K=aK_0n_0/\beta$，则有

$$K_{\mathrm{R}}G_{\mathrm{R}}(s)H(s)=\frac{K(s+\lambda)}{s(s+\gamma)} \tag{5-7}$$

核反应堆系统的特征方程为

$$s^2+(K+\gamma)s+K\lambda=0 \tag{5-8}$$

很明显，K 的值随反应性温度系数 a 可正可负，其他参数只有正值。现在绘制具有负温度反馈系数情况下($K>0$)核反应堆系统的根轨迹图。

(1) $K>0,\gamma>\lambda$ 的情况

该系统为二阶系统，开环传递函数有 2 个极点 0 和 $-\gamma(n=2)$，1 个零点 $-\lambda(m=1)$。因此根轨迹图有：

① 根轨迹有两个分支；

② 根轨迹有两个起始点 0 和 $-\gamma$；有 1 个有限终点 $-\lambda$，所以根轨迹两个分支中一个终止于 $-\lambda$，另一个终止于无穷远处，即无限终点；

③ 根轨迹对称于实轴；

④ 由于存在 $0<\lambda<\gamma$ 的关系，因此在实轴上，0 与 $-\lambda$ 之间，$-\gamma$ 至 $-\infty$ 存在根轨迹；

⑤ 根轨迹渐近线倾角 θ_{a} 为

$$\theta_{\mathrm{a}}=\frac{(2l+1)\times180^\circ}{n-m}=\frac{(2l+1)\times180^\circ}{1}=180^\circ,\ l=0$$

⑥ 渐近线与实轴无交点；

⑦ 根轨迹的分离点和会合点

$$K=-\frac{s(s+\gamma)}{s+\lambda}$$

$$\frac{\mathrm{d}K}{\mathrm{d}s}=\frac{s(s+\gamma)-(2s+\gamma)(s+\lambda)}{(s+\lambda)^2}=0$$

$$s^2+2\lambda s+\lambda\gamma=0$$

$$s_{1,2}=-\lambda\pm\sqrt{\lambda(\lambda-\gamma)}$$

由于 $\lambda<\gamma$，该方程没有实根，所以根轨迹没有分离点和会合点。

⑧ 确定根轨迹是否与虚轴相交

将 $s=\mathrm{j}\omega$ 代入特征方程式(5-8)有

$$-\omega^2+\mathrm{j}(K+\gamma)\omega+K\lambda=0$$

令特征方程的实部和虚部分别等于零

$$\begin{cases}(K+\gamma)\omega=0\\ \omega^2-K\lambda=0\end{cases}$$

解此联立方程有 $K=0,\omega=0$,即说明根轨迹只有在起始点与虚轴相交。

具有简单温度负反馈情况下，且 $\gamma>\lambda$,瞬跳近似核反应堆系统的根轨迹如图 5-3(a)所示。

(2) $K>0,\gamma<\lambda$ 的情况

这种情况与上述情况相比,差异仅有 $\gamma<\lambda$。它对根轨迹产生如下影响:

① 在实轴上,0 与 $-\gamma$ 之间,$-\lambda$ 至 $-\infty$ 存在根轨迹;

② 由于 $\gamma<\lambda$,所以 $s_{1,2}=-\lambda\pm\sqrt{\lambda(\lambda-\gamma)}$ 为根轨迹的一对分离点和会合点;

③ 根轨迹的形状变了,但没有影响系统的基本特性,核反应堆系统根轨迹图如图 5-3(b)所示。容易证明,图 5-3(b)中根轨迹圆的圆心在$(-\lambda,\ \mathrm{j}0)$点,半径为 $\sqrt{\lambda(\lambda-\gamma)}$。

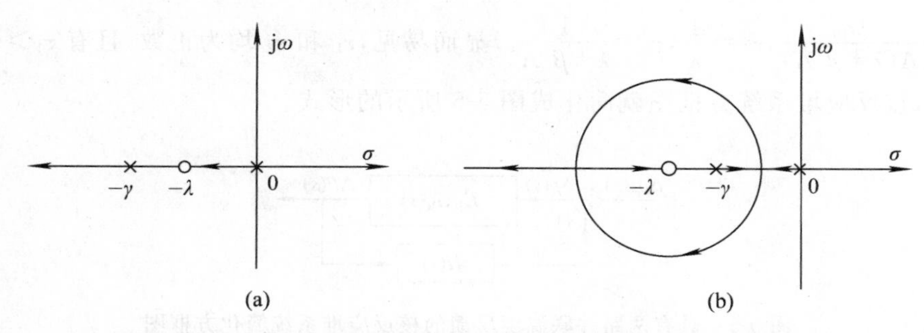

图 5-3　具有简单温度反馈瞬跳近似核反应堆系统的根轨迹图

(a)$K>0,\gamma>\lambda$;(b)$K>0,\gamma>\lambda$

3. 核反应堆系统的稳定性

图 5-2 和图 5-3 分别给出了采用具有负温度反馈情况下两种核反应堆系统的根轨迹图。由图可以看出,当开环增益 K 由 0 变化到∞,根轨迹只在左半 S 平面,表明核反应堆系统始终是稳定的。

5.2.2　两路并联温度反馈核反应堆系统的稳定性分析

将温度反馈考虑成两路并联反馈,核反应堆系统就可被描述为如图 5-4 所示的形式。反馈部分的传递函数为

$$H(s)=\frac{H_{\mathrm{f}}}{\tau_{\mathrm{f}}s+1}+\frac{H_{\mathrm{s}}}{\tau_{\mathrm{s}}s+1}\tag{5-9}$$

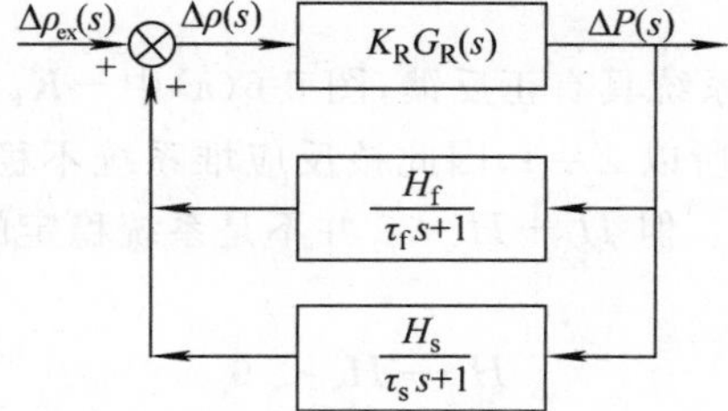

图 5-4　具有两路并联温度反馈的核反应堆系统方框图

式中，H_f 和 H_s 为反馈增益，包含反应性温度系数和温度传递增益；τ_f 和 τ_s 为时间常数，并且为正数，τ_f 比 τ_s 要小些。下标 f 和 s 分别表示快反馈和慢反馈。

$$H(s)=\frac{(H_f\tau_s+H_s\tau_f)s+(H_f+H_s)}{(\tau_f s+1)(\tau_s s+1)}$$
$$=(H_f+H_s)\frac{\tau_0 s+1}{(\tau_f s+1)(\tau_s s+1)} \tag{5-10}$$

式中，$\tau_0=\dfrac{H_f\tau_s+H_s\tau_f}{H_f+H_s}$，可正可负。

当采用等效单组缓发中子近似模型时，核反应堆的传递函数可写为

$$K_R G_R(s)=\frac{n_0}{\Lambda}\frac{s+\lambda}{s(s+\lambda+\beta/\Lambda)}=A\frac{\tau_1 s+1}{s(\tau_2 s+1)} \tag{5-11}$$

式中，$A=\dfrac{\lambda n_0}{\Lambda(\lambda+\beta/\Lambda)}$，$\tau_1=\dfrac{1}{\lambda}$，$\tau_2=\dfrac{1}{\lambda+\beta/\Lambda}$。显而易见，$\tau_1$ 和 τ_2 均为正数，且有 $\tau_1>\tau_2$。

那么，核反应堆系统方框图就简化成图 5-5 所示的形式。

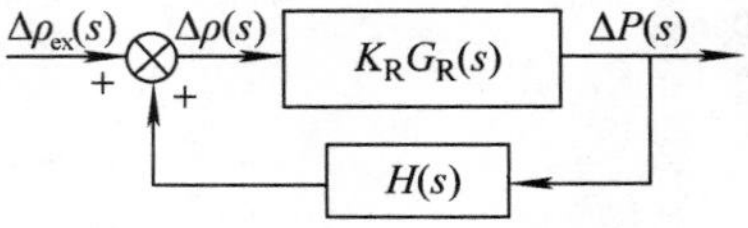

图 5-5　具有两路并联温度反馈的核反应堆系统简化方框图

由式(5-10)和式(5-11)可得到系统开环传递函数为

$$-K_R G_R(s)H(s)=-A\frac{\tau_1 s+1}{s(\tau_2 s+1)}(H_f+H_s)\frac{\tau_0 s+1}{(\tau_f s+1)(\tau_s s+1)}$$
$$=-A(H_f+H_s)\frac{(\tau_0 s+1)(\tau_1 s+1)}{s(\tau_2 s+1)(\tau_f s+1)(\tau_s s+1)} \tag{5-12}$$

式(5-12)中，H_f+H_s 和 τ_0 可正可负，其余 τ_1，τ_2，τ_f，τ_s 和 A 均为正数。系统开环传递函数在右半 S 平面没有任何极点，$P=0$。

核反应堆系统的开环频率特性为

$$-K_R G_R(j\omega)H(j\omega)=-A(H_f+H_s)\frac{(1+j\omega\tau_0)(1+j\omega\tau_1)}{j\omega(1+j\omega\tau_2)(1+j\omega\tau_f)(1+j\omega\tau_s)} \tag{5-13}$$

按照 H_f+H_s 和 τ_0 的符号的不同组合，系统开环频率特性 $-K_R G_R(j\omega)H(j\omega)$ 的奈魁斯特图可相应地分为图 5-6 所示的几种类型。下面我们分析各种不同类型情况下核反应堆系统的稳定性。

(1) 类型 1

$H_f+H_s>0$，显而易见，系统具有正反馈，图 5-6(a)中 $-K_R G_R(j\omega)H(j\omega)$ 的轨迹顺时针包围(−1，j0)点 1 次，$N=1$，所以 $Z=1$，因此核反应堆系统不稳定。由此可见，保证系统稳定的必要条件是 $H_f+H_s<0$。但 $H_f+H_s<0$ 并不是系统稳定的充分条件。

(2) 类型 2

$$H_f+H_s<0$$
$$\frac{H_f}{\tau_f}+\frac{H_s}{\tau_s}>0$$

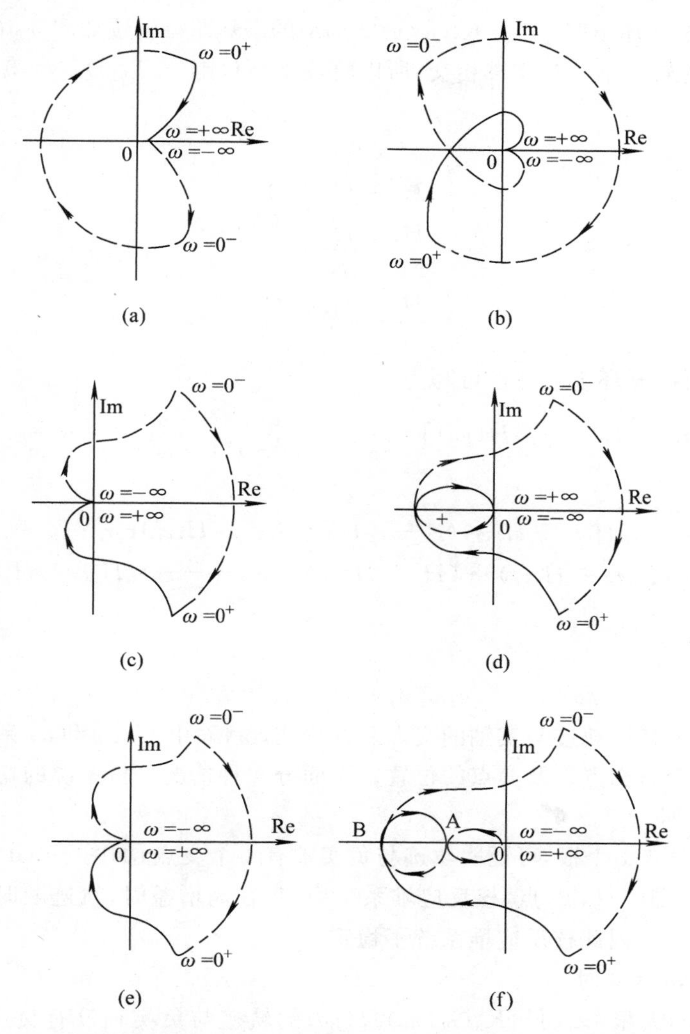

图 5-6　核反应堆系统开环频率特性 $-K_R G_R(j\omega)H(j\omega)$ 的奈魁斯特图

(a)类型 1；(b)类型 2；(c)类型 3；(d)类型 4；(e)类型 4；(f)类型 4

第 2 个条件实际上相当于 $\tau_0<0$。

核反应堆系统开环频率特性 $-K_R G_R(j\omega)H(j\omega)$ 的奈魁斯特轨迹如图 5-6(b)所示。由图可以看出，当系统增益小时，轨迹不包围$(-1,j0)$，$N=0$，$Z=0$，所以核反应堆系统稳定；当增益大时，轨迹顺时针包围$(-1,j0)$，$N=2$，$Z=2$，因此核反应堆系统不稳定。这种情况为条件稳定。

(3) 类型 3

$$H_f+H_s<0$$

$$\frac{H_f}{\tau_f}+\frac{H_s}{\tau_s}<0$$

$$\frac{H_f}{\tau_f^2}+\frac{H_s}{\tau_s^2}<0$$

核反应堆系统开环频率特性$-K_R G_R(j\omega)H(j\omega)$的奈魁斯特轨迹如图5-6(c)所示。由于$-K_R G_R(j\omega)H(j\omega)$的轨迹不与负实轴相交，所以轨迹不会包围$(-1,j0)$，$N=0$，$Z=0$，故核反应堆系统稳定。

(4) 类型4

$$H_f + H_s < 0$$
$$\frac{H_f}{\tau_f} + \frac{H_s}{\tau_s} < 0$$
$$\frac{H_f}{\tau_f^2} + \frac{H_s}{\tau_s^2} > 0$$

满足上述3个条件，开环虚频特性可写为

$$\mathrm{Im}[-K_R G_R(j\omega)H(j\omega)] = \frac{a_1\omega^4 + a_2\omega^2 + a_3}{\omega(1+\omega^2\tau_f^2)(1+\omega^2\tau_s^2)(1+\omega^2\tau_2^2)} \tag{5-14}$$

式中，

$a_1 = \tau_f\tau_s(H_f\tau_s + H_s\tau_f)(\tau_1 - \tau_2) + (H_f\tau_s^2 + H_s\tau_f^2)\tau_1\tau_2$；

$a_2 = (H_f\tau_s^2 + H_s\tau_f^2) + (H_f + H_s)\tau_1\tau_2 + (\tau_1 - \tau_2)(H_f\tau_f + H_s\tau_s)$；

$a_3 = H_f + H_s$。

令虚频特性为零，有

$$a_1\omega^4 + a_2\omega^2 + a_3 = 0 \tag{5-15}$$

可以解出幅相频率特性轨迹与实轴的交点。方程式(5-15)中a_1，a_2和a_3系数取值的不同决定轨迹与实轴是否有交点以及交点的位置。下面分4种情况分析系统的稳定性。

① 当$a_1>0$时

方程式(5-15)有1个根，可证明轨迹与负实轴有1个交点，如图5-6(d)所示。系统在低增益时，轨迹不包围$(-1,j0)$点，核反应堆系统稳定；在高增益时，轨迹顺时针包围$(-1,j0)$点2次，$N=2$，$Z=2$，因此核反应堆系统不稳定。

② 当$a_1<0$，$a_2<0$时

方程式(5-15)无根，表明$-K_R G_R(j\omega)H(j\omega)$的轨迹与负实轴没有交点，如图5-6(e)所示。轨迹不包围$(-1,j0)$点，$N=0$，$Z=0$，故核反应堆系统稳定。

③ 当$a_1<0$，$a_2>0$，$a_2^2-4a_1a_3>0$时

方程式(5-15)有两个根，可证明$-K_R G_R(j\omega)H(j\omega)$的轨迹与负实轴有两个交点，如图5-6(f)所示。如果$(-1,j0)$点落在B点以左或者原点和A点之间，幅相频率特性轨迹不包围$(-1,j0)$点，$N=0$，$Z=0$，故核反应堆系统稳定；如果$(-1,j0)$点落在A点和B点之间，幅相频率特性轨迹顺时针包围$(-1,j0)$点2次，$N=2$，$Z=2$，故核反应堆系统不稳定。所以系统为条件稳定，即低增益和高增益时稳定，中增益时不稳定。

④ 当$a_1<0$，$a_2>0$，$a_2^2-4a_1a_3<0$时

核反应堆系统开环频率特性$-K_R G_R(j\omega)H(j\omega)$的奈魁斯特轨迹如图5-6(e)所示。轨迹与负实轴无交点，不包围$(-1,j0)$点，$N=0$，$Z=0$，故核反应堆系统稳定。

所有上述各种情况归纳列于表5-1中。

表 5-1　具有两路并联反馈核反应堆系统的稳定性

<table>
<tr><th colspan="2">类型</th><th colspan="6">参数取值情况</th><th>系统稳定性</th></tr>
<tr><td colspan="2">1</td><td colspan="6">$H_f+H_s>0$</td><td>不稳定</td></tr>
<tr><td colspan="2">2</td><td rowspan="6">$H_f+H_s<0$</td><td colspan="5">$\frac{H_f}{\tau_f}+\frac{H_s}{\tau_s}>0$</td><td>低增益稳定
高增益不稳定</td></tr>
<tr><td colspan="2">3</td><td rowspan="5">$\frac{H_f}{\tau_f}+\frac{H_s}{\tau_s}<0$</td><td colspan="4">$\frac{H_f}{\tau_f^2}+\frac{H_s}{\tau_s^2}<0$</td><td>稳定</td></tr>
<tr><td rowspan="4">4</td><td>①</td><td rowspan="4">$\frac{H_f}{\tau_f^2}+\frac{H_s}{\tau_s^2}>0$</td><td colspan="3">$a_1>0$</td><td>低增益稳定
高增益不稳定</td></tr>
<tr><td>②</td><td rowspan="3">$a_1<0$</td><td colspan="2">$a_2<0$</td><td>稳定</td></tr>
<tr><td>③</td><td rowspan="2">$a_2>0$</td><td>$a_2^2-4a_1a_3>0$</td><td>低和高增益稳定
中增益不稳定</td></tr>
<tr><td>④</td><td>$a_2^2-4a_1a_3<0$</td><td>稳定</td></tr>
</table>

5.2.3　两路串联温度反馈核反应堆系统的稳定性分析

在轻水冷却轻水慢化的核反应堆中，堆功率的变化，首先是引起燃料的温度发生变化，然后慢化剂的温度相应地发生变化。这两个温度的变化又影响堆内反应性的变化，构成具有两路串联温度反馈的核反应堆系统，如图 5-7 所示。

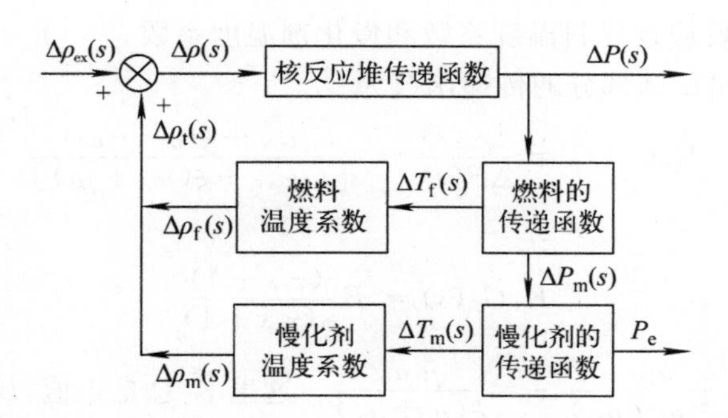

图 5-7　具有两路串联温度反馈的核反应堆系统方框图

核反应堆堆芯传热方程式可简化为

$$P=\mu_f\frac{\mathrm{d}T_f}{\mathrm{d}t}+P_m \tag{5-16}$$

$$P_m=\mu_m\frac{\mathrm{d}T_m}{\mathrm{d}t}+P_e \tag{5-17}$$

$$P_m=\xi(T_f-T_m) \tag{5-18}$$

式中，T_f——燃料温度，℃；

T_m——慢化剂温度，℃；

μ_f——燃料比热容系数（燃料质量×燃料比热容），J·℃$^{-1}$；

μ_m——慢化剂比热容系数(慢化剂质量×慢化剂比热容),J·℃$^{-1}$;

ξ——燃料和慢化剂之间的传热系数和传热面积的乘积,通常为功率水平的一个函数,目前小扰动下假定为常量;

P_e——冷却剂带走的功率,W,为便于分析也假定为常量;

P_m——从燃料传到慢化剂的功率,W;

P——核反应堆功率,W。

写出方程式(5-16)～式(5-18)的增量方程并进行拉普拉斯变换得

$$\Delta P(s) = \mu_f s \Delta T_f(s) + \Delta P_m(s) \tag{5-19}$$

$$\Delta P_m(s) = \mu_m s \Delta T_m(s) \tag{5-20}$$

$$\Delta P_m(s) = \xi[\Delta T_f(s) - \Delta T_m(s)] \tag{5-21}$$

$$\Delta T_f = \frac{\Delta P_m(s)}{\xi} + \Delta T_m(s) \tag{5-22}$$

分别将式(5-19)～式(5-22)进行整理后得

$$\Delta T_m(s) = \frac{\xi \Delta P(s)}{s[\mu_f \mu_m s + \xi(\mu_f + \mu_m)]} \tag{5-23}$$

$$\Delta T_f(s) = \frac{(\mu_m s + \xi)\Delta P(s)}{s[\mu_f \mu_m s + \xi(\mu_f + \mu_m)]} \tag{5-24}$$

温度反馈引起的反应性变化为

$$\begin{aligned}\Delta\rho_t(s) &= \Delta\rho_f(s) + \Delta\rho_m(s) = \alpha_f \Delta T_f(s) + \alpha_m \Delta T_m(s)\\ &= \frac{[\alpha_f \mu_m s + \xi(\alpha_m + a_f)]\Delta P(s)}{s[\mu_f \mu_m s + \xi(\mu_m + \mu_f)]}\end{aligned} \tag{5-25}$$

式中,α_f 和 α_m 分别为反应性燃料温度系数和慢化剂温度系数。

由式(5-25)可写出反馈部分的传递函数为

$$K_F G_F(s) = \frac{\Delta\rho_t(s)}{\Delta P(s)} = \frac{\alpha_f \mu_m s + \xi(\alpha_m + \alpha_f)}{s[\mu_f \mu_m s + \xi(\mu_m + \mu_f)]} \tag{5-26}$$

可简写为

$$K_F G_F(s) = B\frac{(\tau_1 s + 1)}{s(\tau_2 s + 1)} \tag{5-27}$$

式中,$B=\dfrac{\alpha_m+\alpha_f}{\mu_m+\mu_f}$,$\tau_1=\dfrac{\alpha_f\mu_m}{\xi(\alpha_f+a_m)}$,$\tau_2=\dfrac{\mu_f\mu_m}{\xi(\mu_f+\mu_m)}$。这里 τ_2 总是正值,B 与 τ_1 可正可负。

核反应堆采用等效单组缓发中子模型,其传递函数为

$$K_R G_R(s) = \frac{P_0(s+\lambda)}{\Lambda s(s+\bar{\gamma})} = \frac{\lambda P_0(s/\lambda + 1)}{\Lambda\bar{\gamma}s(s/\bar{\gamma} + 1)} \tag{5-28}$$

式中,$\bar{\gamma}=\lambda+\beta/\Lambda$。核反应堆系统方框图可简化为图 5-8 所示的形式。

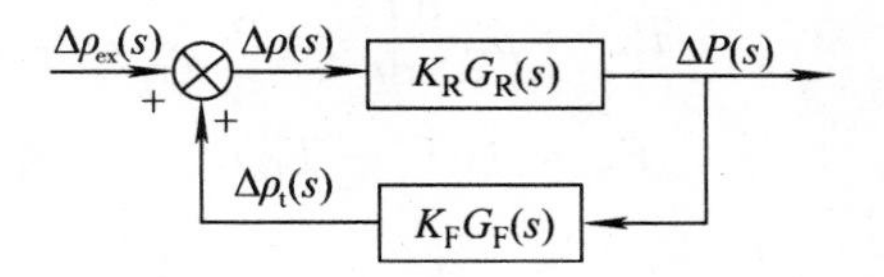

图 5-8　具有两路串联温度反馈的核反应堆系统简化方框图

核反应堆系统的开环传递函数为

$$-K_R G_R(s) K_F G_F(s) = -\frac{\lambda B P_0}{\Lambda \bar{\gamma}} \frac{(\tau_1 s+1)(\tau_3 s+1)}{s^2(\tau_2 s+1)(\tau_4 s+1)} \tag{5-29}$$

式中，$\tau_3=1/\lambda$，$\tau_4=1/\bar{\gamma}$，均为正。

下面应用奈魁斯特准则分析核反应堆系统在各种不同反应性温度系数情况下的稳定性。

从开环传递函数式(5-29)可以看出，没有开环极点在右半 S 平面，$P=0$。核反应堆系统开环频率特性为

$$-K_R G_R(j\omega) K_F G_F(j\omega) = -\frac{\lambda B P_0}{\Lambda \bar{\gamma}} \frac{(1+j\omega\tau_1)(1+j\omega\tau_3)}{(j\omega)^2(1+j\omega\tau_2)(1+j\omega\tau_4)} \tag{5-30}$$

在不同反应性燃料温度系数和慢化剂温度系数情况下，绘制出相应的系统开环幅相频率特性曲线，如图 5-9 所示。

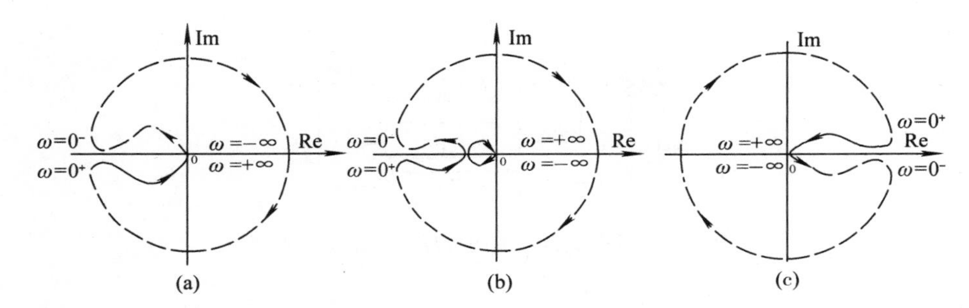

图 5-9　核反应堆系统开环频率特性 $-K_R G_R(j\omega) K_F G_F(j\omega)$ 的奈魁斯特图

反应性温度系数 α_f 和 α_m 分别取不同符号并满足一定条件可有以下 7 种情况：

(1) α_m 为正，α_f 为负，且 $|\alpha_f|>|\alpha_m|$，奈魁斯特轨迹如图 5-9(a)所示。轨迹不包围(−1，j0)点，系统完全稳定，但瞬态特性可能不好。

(2) α_m 为负，α_f 为正，且 $|\alpha_f|<|\alpha_m|$，奈魁斯特轨迹如图 5-9(b)所示。系统稳定性与系统增益有关，增益小，系统稳定，增益大，系统不稳定。

(3) α_m 为负，α_f 为负时，当 $\left|\frac{\alpha_m}{\alpha_f}\right|>\left|\frac{\mu_m}{\xi}(\bar{\gamma}-\lambda)+\frac{\mu_m}{\mu_f}\right|$ 时，奈魁斯特轨迹如图 5-9(b)所示。系统稳定性与增益有关，增益小，系统稳定，增益大，系统不稳定。

(4) α_m 为负，α_f 为负时，当 $\left|\frac{\alpha_m}{\alpha_f}\right|<\left|\frac{\mu_m}{\xi}(\bar{\gamma}-\lambda)+\frac{\mu_m}{\mu_f}\right|$ 时，奈魁斯特轨迹如图 5-9(a)所示。轨迹不包围(−1，j0)点，系统完全稳定。

(5) α_m 为正，α_f 为正，奈魁斯特轨迹如图 5-9(c)所示。轨迹包围(−1，j0)点 1 次，系统不稳定。

(6) α_m 为正，α_f 为负，且 $|\alpha_m|>|\alpha_f|$ 时，奈魁斯特轨迹如图 5-9(c)所示。轨迹包围(−1，j0)点 1 次，系统不稳定。

(7) α_m 为负，α_f 为正，且 $|\alpha_f|>|\alpha_m|$ 时，奈魁斯特轨迹如图 5-9(c)所示。轨迹包围(−1，j0)点 1 次，系统不稳定。

由以上分析可以得出如下结论：

（1）α_m，α_f 两者之代数和为正时，系统不稳定；

（2）α_f 的反馈效应比 α_m 快，其影响较强；

（3）α_f 与 α_m 同时为负值，并不能保证系统任何情况下都能稳定。

对于慢化剂溶硼的压水堆，反应性燃料温度系数一般为负，反应性慢化剂温度系数随含硼浓度大小可正可负，从动态和安全角度分析，希望有一个最佳温度系数，就得有一个最佳含硼浓度。

5.2.4 具有氙毒反馈核反应堆系统的稳定性分析

氙毒的反馈作用是通过毒物对中子的俘获而表现的。为了分析方便，具有氙毒反馈的核反应堆系统可以描述成如图 5-10 所示的方框图。核反应堆系统考虑了温度反馈和氙毒反馈。由于氙振荡频率极低，仅每天 1～2 周，因此只讨论低频范围内核反应堆系统的频率特性。

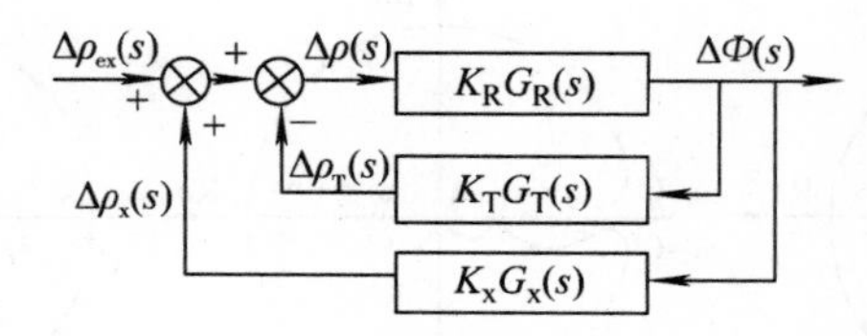

图 5-10 具有氙毒反馈的核反应堆系统方框图

由式(4-106)可知，在低频段，具有温度反馈的核反应堆系统传递函数可近似描述为 $\dfrac{1}{K_{TC}}$。因此系统方框图可以简化为图 5-11 所示的形式。

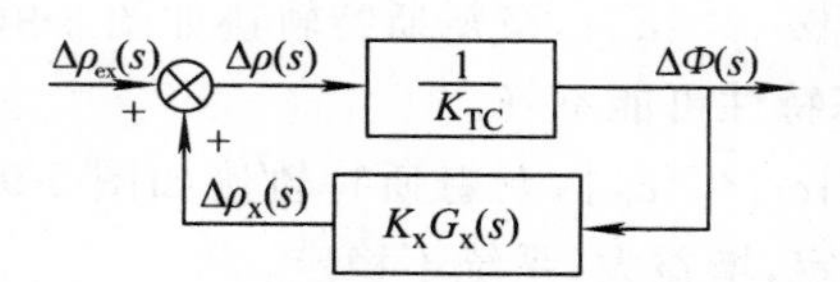

图 5-11 具有氙毒反馈的核反应堆系统简化方框图

反馈部分的传递函数可写为

$$K_x G_x(s) = \frac{\Delta X(s)}{\Delta \Phi(s)} \frac{\Delta \rho_x(s)}{\Delta X(s)} \tag{5-31}$$

式中，$\dfrac{\Delta X(s)}{\Delta \Phi(s)}$见式(4-116)。可以证明氙与反应性之间为比例关系，有

$$\frac{\Delta \rho_x(s)}{\Delta X(s)} = -\frac{\sigma_x}{\Sigma_a + \sigma_x X_0} \tag{5-32}$$

式中，σ_x——氙毒的热中子微观吸收截面，cm^2；

Σ_a——氙毒以外其他物质总的宏观吸收截面，cm^{-1}。因此，反馈部分的传递函数为

$$K_x G_x(s) = -\frac{\sigma_x}{\Sigma_a + \sigma_x X_0} \frac{(\gamma_x \Sigma_f - \sigma_x X_0)\left(s + \dfrac{\lambda_I \gamma_I \Sigma_f}{\gamma_x \Sigma_f - \sigma_x X_0} + \lambda_I\right)}{(s + \lambda_I)(s + \lambda_x + \sigma_x \phi_0)} \tag{5-33}$$

核反应堆系统的开环频传递函数就可写为

$$K_{RT}G_{RT}(s)K_xG_x(s)=\frac{1}{K_{TC}}K_xG_x(s)$$

$$=-\frac{1}{K_{TC}}\frac{\sigma_x}{\Sigma_a+\sigma_xX_0}\frac{(\gamma_x\Sigma_f-\sigma_xX_0)\left(s+\dfrac{\lambda_I\gamma_I\Sigma_f}{\gamma_x\Sigma_f-\sigma_xX_0}+\lambda_I\right)}{(s+\lambda_I)(s+\lambda_x+\sigma_x\phi_0)} \tag{5-34}$$

从式(5-34)可以看出，没有开环极点在右半 S 平面，$P=0$。核反应堆系统的开环频率特性可以表示为

$$K_{RT}G_{RT}(j\omega)K_xG_x(j\omega)=-\frac{1}{K_{TC}}\frac{\sigma_x}{\Sigma_a+\sigma_xX_0}\frac{(\gamma_x\Sigma_f-\sigma_xX_0)\left(\dfrac{\lambda_I\gamma_I\Sigma_f}{\gamma_x\Sigma_f-\sigma_xX_0}+\lambda_I+j\omega\right)}{(\lambda_I+j\omega)(\lambda_x+\sigma_x\phi_0+j\omega)} \tag{5-35}$$

核反应堆系统的开环传递函数没有极点在右半 S 平面，因此，要保证系统稳定，则要求开环幅相频率特性不包围(−1,j0)点。于是对任一中子注量率水平所给定的 $K_xG_x(j\omega)$ 就存在一个负反应性温度系数 K_{TC} 的临界值，高于这个值时系统稳定，低于它则系统不稳定，如图 5-12 所示。

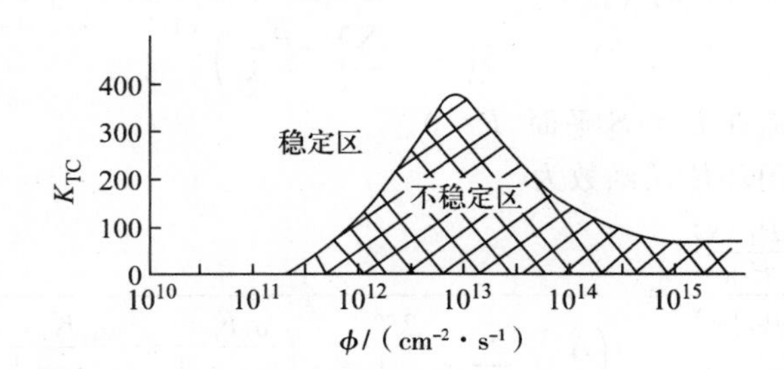

图 5-12　系统稳定 K_{TC} 的临界值随中子注量率的变化规律图

当负反应性温度系数不够大时，可能产生氙致不稳定性。但这个问题并不很严重，因为这种振荡频率极低，每天仅 1～2 周，利用控制棒容易消除。此外，由于氙毒的动态方程的非线性，振荡时幅值不会越来越大。但对于采用负荷跟踪模式运行的大型核反应堆，氙致空间振荡问题，还是一个极为重要的问题，需专门予以研究。

5.2.5　石墨气冷动力堆系统的稳定性分析

石墨气冷动力堆系统可以被看作具有两路并联温度反馈的核反应堆系统，如图 5-13 所示。

图 5-13 中，核反应堆传递函数为

$$K_RG_R(s)=\frac{\Delta P_L(s)/P_{L0}}{\Delta\rho(s)}=\frac{1}{s\left(\Lambda+\sum_{i=1}^{6}\dfrac{\beta_i}{s+\lambda_i}\right)} \tag{5-36}$$

式中，P_{L0}——稳态时核反应堆的线功率，W · cm^{-1}；P_L——核反应堆的瞬时线功率，W · cm^{-1}。

温度反馈传递函数为

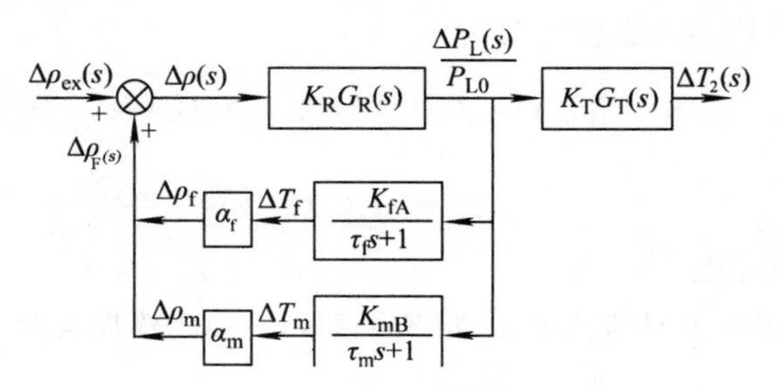

图 5-13 石墨气冷动力堆系统方框图

$$K_FG_F(s)=\frac{\Delta\rho_F(s)}{\Delta P_L(s)/P_{L0}}=\frac{\Delta\rho_f(s)}{\Delta P_L(s)/P_{L0}}+\frac{\Delta\rho_m(s)}{\Delta P_L(s)/P_{L0}}$$
$$=\frac{\alpha_f K_{fA}}{\tau_f s+1}+\frac{\alpha_m K_{mB}}{\tau_m s+1} \tag{5-37}$$

式中，K_{fA} 和 K_{mB} 分别为燃料和慢化剂温度反馈传递系数；α_f 和 α_m 分别为反应性燃料温度系数和慢化剂温度系数；τ_f 和 τ_m 分别为燃料温度时间常数和慢化剂温度时间常数。

石墨气冷堆系统开环传递函数为

$$-K_RG_R(s)K_FG_F(s)=-\frac{1}{s\left(\Lambda+\sum_{i=1}^{6}\frac{\beta_i}{s+\lambda_i}\right)}\left(\frac{\alpha_f K_{fA}}{\tau_f s+1}+\frac{\alpha_m K_{mB}}{\tau_m s+1}\right) \tag{5-38}$$

开环传递函数没有极点在右半 S 平面，$P=0$。

石墨气冷堆系统闭环传递函数为

$$\frac{\frac{\Delta P_L(s)}{P_{L0}}}{\Delta\rho_{ex}(s)}=\frac{1}{s\left(\Lambda+\sum_{i=1}^{6}\frac{\beta_i}{s+\lambda_i}\right)-\left(\frac{\alpha_f K_{fA}}{\tau_f s+1}+\frac{\alpha_m K_{mB}}{\tau_m s+1}\right)} \tag{5-39}$$

石墨气冷堆系统开环频率特性为

$$-K_RG_R(j\omega)K_FG_F(j\omega)=-\frac{1}{j\omega\left(\Lambda+\sum_{i=1}^{6}\frac{\beta_i}{\lambda_i+j\omega}\right)}\left(\frac{\alpha_f K_{fA}}{1+j\omega\tau_f}+\frac{\alpha_m K_{mB}}{1+j\omega\tau_m}\right) \tag{5-40}$$

石墨气冷堆在运行初期，α_f 和 α_m 都是负的。燃料温度系数 α_f 在运行过程中一直是负值，但随着燃料的燃耗加深，α_m 逐渐由负变为正。如果 $\alpha_f K_{fA}+\alpha_m K_{mB}<0$，为负反馈；反之，为正反馈。那么，$\alpha_f K_{fA}+\alpha_m K_{mB}=0$ 为负反馈和正反馈的转换点，满足此条件的反应性慢化剂温度系数记为 α_{mc}，有

$$\alpha_{mc}=-\alpha_f\frac{K_{fA}}{K_{mB}} \tag{5-41}$$

α_{mc} 也可以看作反应性慢化剂温度系数 α_m 的上限值。分别取 $\alpha_m>\alpha_{mc}$ 和 $\alpha_m<\alpha_{mc}$ 两种情况，绘制了石墨气冷堆幅相频率特性曲线如图 5-14 所示。

图 5-14(a)为 $\alpha_m>\alpha_{mc}$ 时，$-K_RG_R(j\omega)K_FG_F(j\omega)$ 的奈魁斯特图。轨迹顺时针包围(−1，j0)点 1 次，$N=1$，$P=0$，故 $Z=1$，核反应堆闭环系统特征方程 $1+K_RG_R(s)K_FG_F(s)=0$ 有 1 个根在右半 S 平面，因此闭环系统不稳定。图 5-14(b)为 $\alpha_m<\alpha_{mc}$ 时，$-K_RG_R(j\omega)K_FG_F(j\omega)$ 的奈魁斯特图。轨迹不包围(−1，j0)点，$N=0$，故 $Z=0$，所以闭环系统稳定。

Im
ω =0⁺
ω =−∞
ω =+∞
0
Re
ω =0⁻
(a)
Im
ω =0⁻
ω =−∞
ω =+∞
0
Re
ω =0⁺
(b)

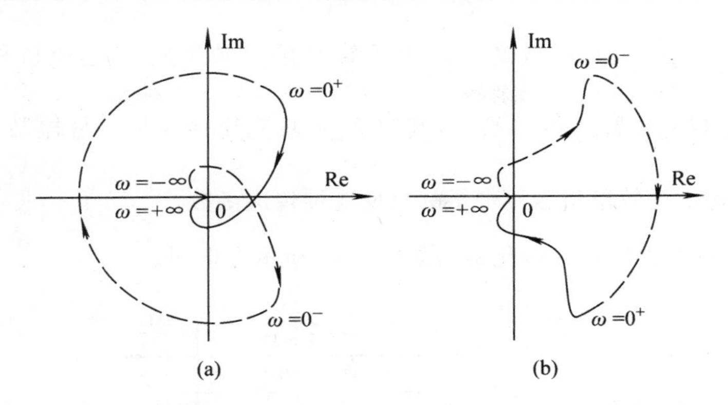

图 5-14　石墨气冷动力堆系统 $-K_RG_R(j\omega)K_FG_F(j\omega)$ 的奈魁斯特图

(a) $\alpha_m>\alpha_{mc}$；(b) $\alpha_m<\alpha_{mc}$

如果核反应堆运行中 α_m 超过了这个上限值，核反应堆系统就不稳定。一般石墨气冷堆在正常运行时，$\alpha_m=1\times10^{-4}$ ℃$^{-1}$，而 $\alpha_{mc}=(3\sim4)\times10^{-5}$ ℃$^{-1}$。可见，在正常运行时，石墨气冷堆作为控制对象，其本身处于不稳定状态。

气体出口温度与核反应堆功率之间的传递函数为

$$K_TG_T(s)=\frac{\Delta T_2(s)}{\Delta P_L(s)/P_{L0}}=\frac{A_1s+A_2}{A_3s^3+A_4s^2+A_5s+A_6} \tag{5-42}$$

式中，$A_1\sim A_6$——与核反应堆功率水平、慢化剂、冷却剂及燃料等参数有关的系数。

若将传递函数 $K_TG_T(s)$ 也考虑到核反应堆系统的传递函数中，那么核反应堆系统传递函数就变为

$$K_PG_P(s)=\frac{1}{s\left(\Lambda+\sum_{i=1}^{6}\frac{\beta_i}{s+\lambda_i}\right)-\left(\frac{\alpha_fK_{fA}}{\tau_fs+1}+\frac{\alpha_mK_{mB}}{\tau_ms+1}\right)}K_TG_T(s) \tag{5-43}$$

这样没有改变系统的稳定性，所以控制对象在 $\alpha_m>\alpha_{mc}$ 时，$K_PG_P(s)$ 仍存在一个右极点，$P=1$，核反应堆系统不稳定；在 $\alpha_m<\alpha_{mc}$ 时，$P=0$，核反应堆系统稳定。

5.3　实验研究型核反应堆控制系统的稳定性分析

5.3.1　实验重水堆功率控制系统的稳定性分析

本节将应用根轨迹法分析某实验重水堆的功率控制系统的稳定性，并且确定减速器传递系数(减速比)K 的临界值。设该系统的简化方框图如图 5-15 所示。

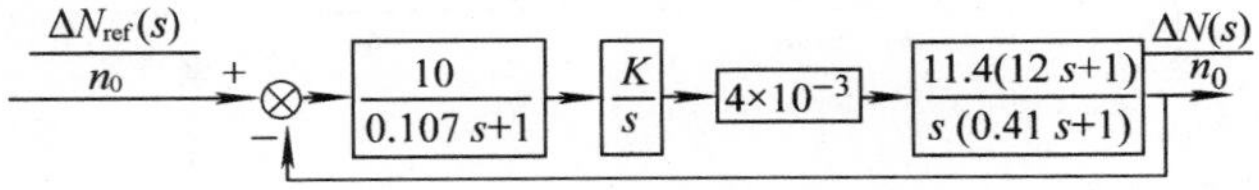

ΔN_ref(s)/n_0
+
−
10/(0.107 s+1)
K/s
4×10⁻³
11.4(12 s+1)/(s (0.41 s+1))
ΔN(s)/n_0

图 5-15　重水堆功率控制系统方框图

图 5-15 中，$\frac{10}{0.107s+1}$是电压放大器、电机放大器、直流电机、测速电桥和反馈网络的简化传递函数；$\frac{K}{s}$是减速装置的传递函数，其中 K 是减速比；4×10^{-3} 是控制棒的传递系数；$\frac{11.4(12s+1)}{s(0.41s+1)}$是考虑等效单组缓发中子的核反应堆传递函数。

将图 5-15 所示方框图进一步化简为如图 5-16 所示方框图。

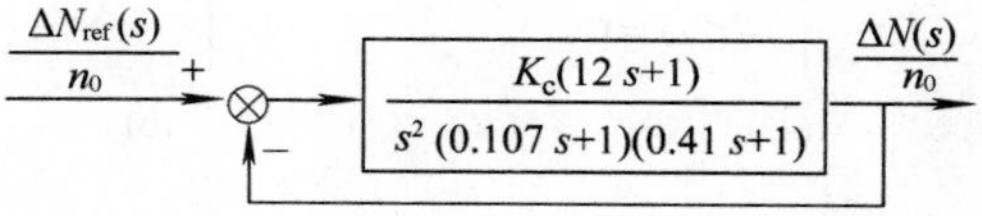

图 5-16　重水堆功率控制系统简化方框图

由图 5-16 可得到重水堆功率控制系统开环传递函数为

$$G(s)H(s) = \frac{K_c(12s+1)}{s^2(0.107s+1)(0.41s+1)}$$

式中，$K_c=10\times4\times10^{-3}\times11.4\times K$。将上式写为标准形式，有

$$G(s)H(s) = \frac{K'_c(s+0.083)}{s^2(s+9.35)(s+2.44)}$$

式中，$K'_c=\frac{12}{0.107\times0.41}K_c$。

重水堆的功率控制系统特征方程为

$$s^2(s+9.35)(s+2.44)+K'_c(s+0.083)=0$$

按照根轨迹图的绘制规则与步骤绘制重水堆功率控制系统的根轨迹图。

(1) 确定开环极点、开环零点

系统共有 4 个开环极点：−9.35，−2.44 和 2 个 0，有 1 个开环零点：−0.083，并分别将其标在图 5-17 中。

(2) 确定根轨迹的分支数、起始点和终点

根轨迹有 4 个分支，起始点分别是−9.35，−2.44 和两个 0 开环极点，终点分别在 1 个开环零点−0.083 和 3 个无限终点。

(3) 确定实轴上的根轨迹

在实轴上零点−0.083 与极点−2.44 之间有根轨迹，极点−9.35 到−∞之间有根轨迹。

(4) 确定根轨迹的渐近线

渐近线的倾角为

$$\theta_a = \frac{\pm(2l+1)\times180^\circ}{n-m} = \frac{\pm(2l+1)\times180^\circ}{4-1}$$

所以，$\theta_a=\pm60^\circ, 180^\circ (l=0,1)$。

渐近线与实轴的交点为

$$-\sigma_a = \frac{-\sum p_j + \sum z_i}{n-m} = \frac{-9.35-2.44-0+0.083}{4-1} = -3.9$$

(5) 确定根轨迹的分离点和会合点

根据根轨迹的绘制规则令

$$\frac{dK'_c}{ds}=\frac{[s^2(s+9.35)(s+2.44)]'(s+0.083)-(s+0.083)'[s^2(s+9.35)(s+2.44)]}{(s+0.083)^2}=0$$

得方程

$$s^4+7.97s^3+8.583s^2+1.262s=0$$

解此方程得：$s_1=0, s_2=-0.175, s_3=-1.075, s_4=-6.73$。

容易看出，$s_1=0$ 既是根轨迹的起始点也是分离点；$s_2=-0.175$ 和 $s_3=-1.075$ 位于根轨迹的起始点和终点之间，又在此区间确有根轨迹的会合和分离，所以这两个点中有一个是会合点，另一个是分离点，因此，s_2 为会合点，s_3 为分离点；$s_4=-6.73$ 不在根轨迹上，舍去。

在系统模型相对比较复杂时，可以采用近似的方法求出根轨迹的分离点和会合点，即在绘制原点附近的根轨迹、求分离点和会合点时，可忽略远离原点零、极点的影响；在绘制远离原点的根轨迹、求分离点和会合点时，可忽略原点附近的零、极点的影响。

由于零点 -0.083 与极点 0.0 相距很近，它们与极点 -2.44 和 -9.35 相距很远。所以绘制原点附近的根轨迹、求分离点和会合点时，可忽略远离原点的 -2.44 和 -9.35 极点的影响，而在绘制远离原点的根轨迹、求分离点和会合点时，可忽略零点 -0.083 和一个 0.0 极点的影响。

① 忽略远离原点极点 -2.44 和 -9.35 的影响

$$\frac{dK'_c}{ds}\approx\frac{2s(s+0.083)-s^2}{(s+0.083)^2}=0$$

有

$$s^2+0.166s=0$$

解方程得

$$s_1=0, s_2=-0.166$$

② 忽略原点附近零点 -0.083 和极点 0.0 的影响

$$\frac{dK'_c}{ds}\approx[s(s+9.35)(s+2.44)]'=0$$

$$(s+9.35)(s+2.44)+s(s+9.35)+s(s+2.44)=0$$

有

$$3s^2+23.58s+22.81=0$$

解此方程得

$$s_3=-1.13, s_4=-6.73 \quad (\text{舍去})$$

因此根轨迹的分离点有 $0, -1.13$；会合点有 -0.166。这样计算简便，得出结果又十分相近，所以工程上常用此种近似方法。

(6) 确定根轨迹与虚轴的交点

① 将 $s=j\omega$ 代入特征方程确定根轨迹与虚轴的交点

将 $s=j\omega$ 代入特征方程后有

$$\omega^4-j11.79\omega^3-22.81\omega^2+jK'_c\omega+0.083K'_c=0$$

令实部和虚部分别为零,有

$$\omega^4 - 22.81\omega^2 + 0.083K'_c = 0$$

$$-11.79\omega^3 + K'_c\omega = 0$$

联立求解,得

$$\begin{cases}\omega = 0 \\ K'_c = 0\end{cases}$$

$$\begin{cases}\omega = \pm 4.67 \\ K'_c = 257.39\end{cases}$$

② 用劳斯阵列的方法确定根轨迹与虚轴的交点

系统特征方程为

$$s^4 + 11.79s^3 + 22.81s^2 + K'_c s + 0.083K'_c = 0$$

列劳斯阵列为

$$\begin{array}{c|cccc} s^4 & 1 & 22.81 & 0.083K'_c & 0 \\ s^3 & 11.79 & K'_c & 0 & 0 \\ s^2 & A_1 & 0.083K'_c & 0 & \\ s^1 & \dfrac{A_1K'_c - 11.79 \times 0.083K'_c}{A_1} & 0 & 0 & \\ s^0 & 0.083K'_c & & & \end{array}$$

在劳斯阵列中

$$A_1 = \frac{268.93 - K'_c}{11.79}$$

令

$$\frac{A_1K'_c - 11.79 \times 0.083K'_c}{A_1} = 0$$

将 A_1 代入有

$$\frac{268.93 - K'_c}{11.79}K'_c - 11.79 \times 0.083K'_c = 0$$

$$(K'_c)^2 - 257.39K'_c = 0$$

解得,$K'_c=0$,$K'_c=257.39$,表示根轨迹与虚轴有两处相交。

$K'_c=0$ 表示根轨迹的起始点(开环极点)在虚轴上,实际上在原点上有二重极点。将 $K'_c=257.39$ 代入辅助方程 $A_1s^2+0.083K'_c=0$,解得 $s_{1,2}=\pm \mathrm{j}4.67$。表明当 $K'_c=257.39$ 时,根轨迹上、下支分别交虚轴于(0,j4.67)和(0,−j4.67)两点。

(7) 本题中无开环复数极点和零点

(8) 确定根轨迹的大致形状

开环传递函数 $G(s)H(s)$的 $n-m=3$,表明有 3 个根轨迹分支终止在无限终点。其中 1 个根轨迹分支从极点 −9.35 出发沿 −180°方向向无穷远延伸。因为在零点 −0.083 和极点 −2.44 之间有会合点 −0.175 和分离点 −1.075,因此有两个根轨迹分支从二重极点(原点)分离分别在第二和第三象限对称延伸,然后在 −0.175 点会合。会合后,其中一个分支向右延伸在零点 −0.083 终止,而另一个分支则向左延伸与从极点 −2.44 出发的一个分支在分离点 −1.075 会合后分离,并随 K'_c 增大两个分支分别沿 ±60°渐近线向无穷远延伸。

(9) 确定虚轴和原点附近的根轨迹

分别给 K'_c 取从 0 开始的值。精确描绘虚轴和原点附近的根轨迹。

图 5-17 绘制出了重水核反应堆功率控制系统的根轨迹图，根轨迹与虚轴的交点为 $K'_c=257.39$，$s_{1,2}=\pm j4.67$，此时为系统的稳定临界点。容易得到

$$K_c=\frac{0.107\times 0.41}{12}K'_c=0.94$$

从而得

$$K=\frac{K_c}{0.04\times 11.4}=2.064$$

因此，该系统减速器的临界传递系数 K 值为 2.064，如果 K 值大于等于 2.064 时，重水核反应堆功率控制系统不稳定，当 K 值小于 2.064 时，该控制系统是稳定的。

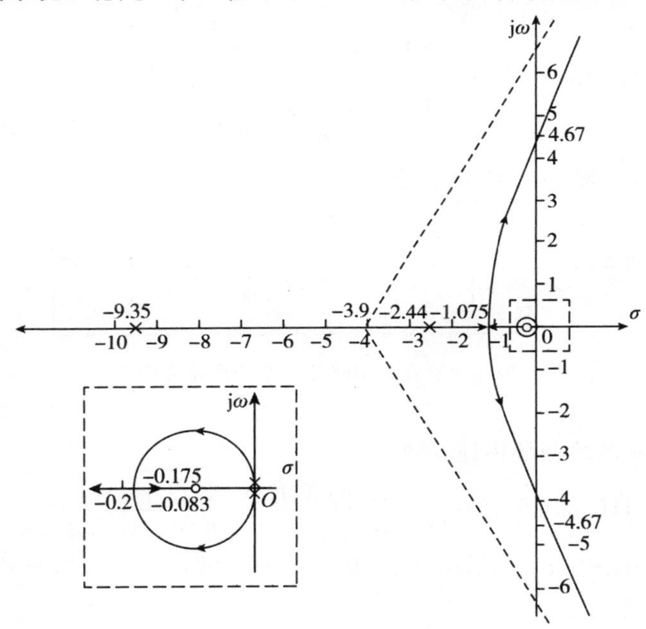

图 5-17　重水核反应堆功率控制系统的根轨迹图

5.3.2　研究堆功率控制系统的稳定性分析

某研究堆功率控制系统由定值放大器、电压放大器、功率放大器、伺服电机、减速器、控制棒及反馈等部件或环节组成，控制对象为核反应堆，系统方框图如图 5-18 所示。定值放大器、电压放大器和功率放大器近似为比例放大器，分别以各自的比例增益 K_d，K_v 和 K_s 表示；伺服电机为直流电机，其传递函数近似为 $G_m(s)=\frac{0.4}{0.4s+1}$；减速器的作用是将电动机的转速降低，同时转变为控制棒的位移变化，传递函数用 $G_i(s)=\frac{K_i}{s}$ 表示；控制棒环节描述了控制棒的反应性价值，近似看作是常数用 K_ρ 表示；位置反馈环节的反馈信号与电机的转速成正比，传递函数为 $H(s)=0.0075$；核反应堆模型取等效单组缓发中子情况的传递函数

$K_R G_R(s) = \dfrac{K_R(s+\lambda)}{s(s+\beta/\Lambda)}, K_R = \dfrac{1}{\Lambda}$。

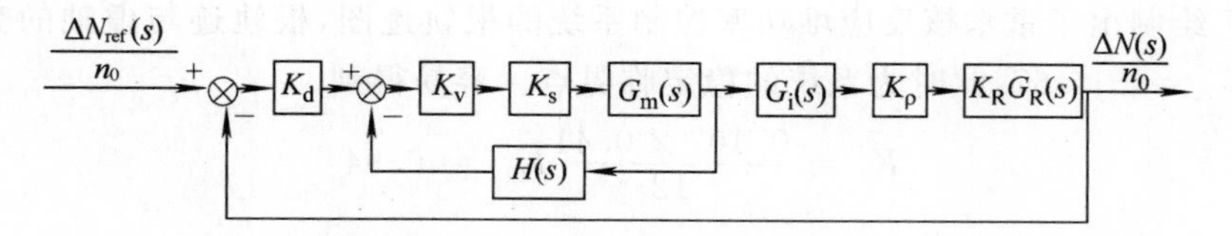

图 5-18 研究堆功率控制系统方框图

图 5-18 中，小闭环部分可以化简为

$$K_1 G_1(s) = \frac{K_v K_s \dfrac{0.4}{0.4s+1}}{1 + 0.0075 K_v K_s \dfrac{0.4}{0.4s+1}}$$

$$= \frac{K_v K_s}{s + 2.5 + 0.0075 K_v K_s}$$

因此，图 5-18 可化简为图 5-19 所示形式。

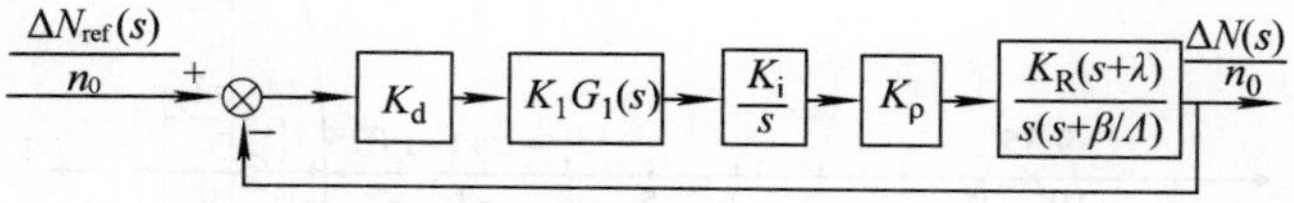

图 5-19 研究堆功率控制系统简化方框图

研究堆功率控制系统开环传递函数为

$$H(s)G(s) = \frac{K_d K_v K_s K_i K_\rho K_R (s+\lambda)}{s^2(s + 2.5 + 0.0075 K_v K_s)(s+\beta/\Lambda)}$$

将 $K_d=3, K_v=1.5, K_s=2, K_i=12, K_\rho=4\times10^{-3}, \beta=0.007, \lambda=0.1\text{s}^{-1}, \Lambda=2.2\times10^{-4}\text{s}, K_R=4545$ 分别代入上式，有

$$H(s)G(s) = \frac{3\times1.5\times2\times12\times4\times10^{-3}\times4545(s+0.1)}{s^2(s+2.5225)(s+31.82)}$$

$$= \frac{1963.44(s+0.1)}{s^2(s+2.5225)(s+31.82)}$$

开环传递函数没有极点在右半 S 平面，$P=0$。下面绘制研究堆功率控制系统的幅相频率特性曲线图。

系统开环频率特性为

$$H(j\omega)G(j\omega) = \frac{1963.44(0.1+j\omega)}{-\omega^2(2.5225+j\omega)(31.82+j\omega)}$$

幅频特性为

$$g(\omega) = \frac{1963.44\sqrt{0.01+\omega^2}}{\omega^2\sqrt{6.363+\omega^2}\sqrt{1012.51+\omega^2}}$$

相频特性为

$$\varphi(\omega) = -180° + \arctan\frac{\omega}{0.1} - \arctan\frac{\omega}{2.5225} - \arctan\frac{\omega}{31.82}$$

幅相频率特性曲线的起点和终点可分别确定：起点，当 $\omega \to 0$ 时，$g(\omega) \to \infty$，$\varphi(\omega) \to -180°$；终点，当 $\omega \to \infty$ 时，$g(\omega) \to 0$，$\varphi(\omega) \to -270°$。

研究幅相频率特性曲线与坐标轴相交的情况。开环频率特性可写为

$$H(j\omega)G(j\omega) = \frac{1963.44(0.1 + j\omega)(2.5225 - j\omega)(31.82 - j\omega)}{-\omega^2(6.363 + \omega^2)(1012.51 + \omega^2)}$$

$$= \frac{1963.44[31.82(0.25225 + \omega^2) + 2.4225\omega^2 + j\omega(76.83 - \omega^2)]}{-\omega^2(6.363 + \omega^2)(1012.51 + \omega^2)}$$

实频特性为

$$\mathrm{Re}(\omega) = -\frac{1963.44[31.82(0.25225 + \omega^2) + 2.4225\omega^2]}{\omega^2(6.363 + \omega^2)(1012.51 + \omega^2)}$$

虚频特性为

$$\mathrm{Im}(\omega) = -\frac{1963.44(76.83 - \omega^2)}{\omega(6.363 + \omega^2)(1012.51 + \omega^2)}$$

$\mathrm{Re}(\omega)=0$，解得 $\omega=\infty$，表明曲线只在 ω 为无穷大时与虚轴相交于原点。$\mathrm{Im}(\omega)=0$，解得 $\omega=\pm 8.765$ 和 $\omega=\infty$，表明曲线与实轴存在两处相交点。$\omega=\pm 8.765$ 在 $\mathrm{Re}(\omega)=-0.692$ 点与实轴相交，$\omega=\infty$ 时与实轴相交于原点。

根据起点、终点以及与坐标轴的交点可绘制出研究堆功率控制系统的幅相频率特性曲线，如图 5-20 所示。

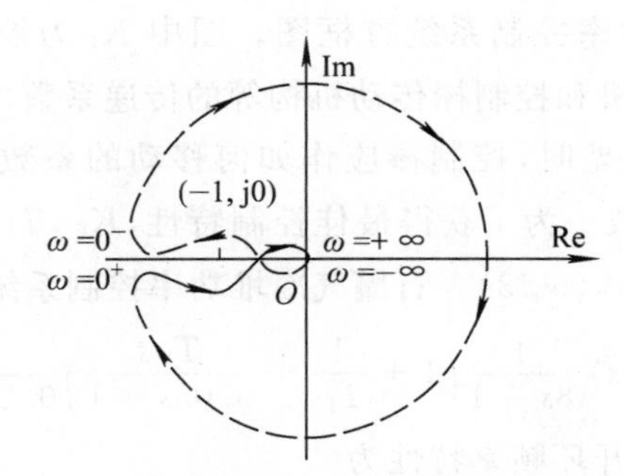

图 5-20　研究堆功率控制系统奈魁斯特图

由于曲线与实轴的交点$(-0.692, j0)$位于$(-1, j0)$点的右侧，所以奈魁斯特轨迹不包围$(-1, j0)$点，$N=0$。$Z=P+N=0$，在右半 S 平面没有闭环极点，故研究堆功率控制系统是稳定的。

5.4　动力堆控制系统的稳定性分析

本节以卡特霍尔(Calder-Hall)型石墨气冷动力堆功率控制系统为例，分析动力堆控制系统的稳定性。由于卡特霍尔石墨气冷堆核电厂核反应堆功率控制和汽轮机控制是相互独立进行的，这为解析法分析提供了方便。卡特霍尔石墨气冷堆核电厂控制系统如图 5-21 所示。

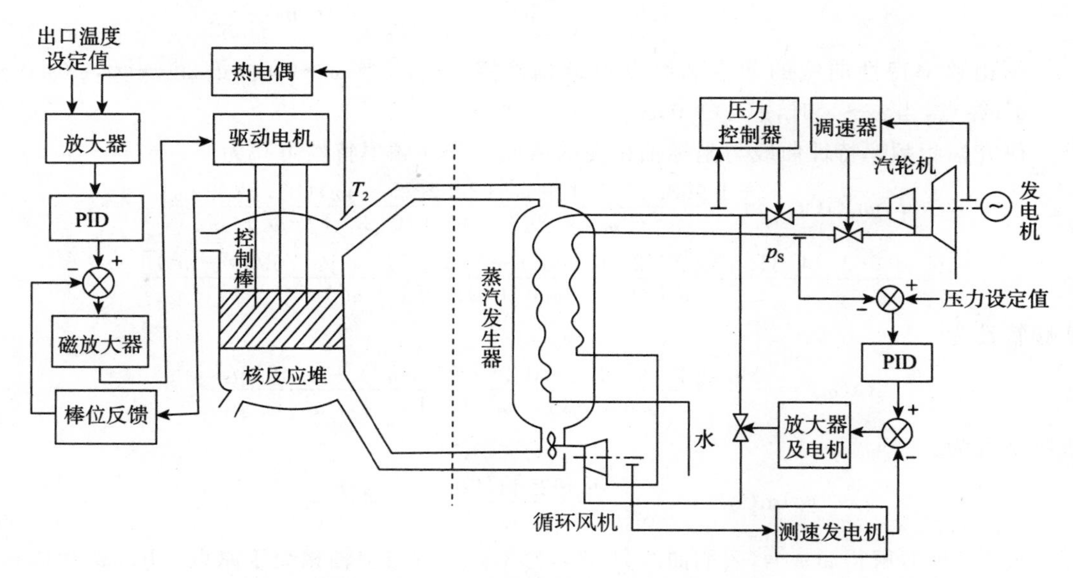

图 5-21　石墨气冷堆核电厂控制系统图

5.4.1　不带位置反馈控制系统的稳定性分析

图 5-22 为石墨气冷堆功率控制系统方框图。图中 K_C 为控制系统增益，它是热电偶、PID 控制器、放大器、执行电机和控制棒传动机构等的传递系数之积。其物理意义是当堆芯出口温度产生 1 ℃的温度偏差时，控制棒应作如何移动的系数。T_I 为控制器积分时间常数，T_D 为控制器微分时间常数。为了获得最佳控制特性，K_C，T_I 和 T_D 为待定系数。核反应堆系统传递函数 $K_PG_P(s)$ 见式(5-43)。石墨气冷堆功率控制系统的开环传递函数可写为

$$K_CG_C(s) = K_PG_P(s)\frac{1}{8s+1}\left(1+\frac{1}{T_Is}+\frac{T_Ds}{0.05s+1}\right)\frac{1}{0.2s+1}\frac{K_C}{s(0.5s+1)} \tag{5-44}$$

石墨气冷堆功率控制系统的开环频率特性为

$$K_CG_C(j\omega) = K_PG_P(j\omega)\frac{1}{1+j8\omega}\left(1+\frac{1}{j\omega T_I}+\frac{j\omega T_D}{1+j0.05\omega}\right)\frac{1}{1+j0.2\omega}\frac{K_C}{j\omega(1+j0.5\omega)} \tag{5-45}$$

式(5-45)中，由于 K_C 是常数，对奈魁斯特轨迹的形状没有影响，而 T_I 和 T_D 分别只对幅相频率特性曲线的低频段和高频段有所影响。尽管 $K_CG_C(j\omega)$ 中尚有这 3 个待定系数，还是可以

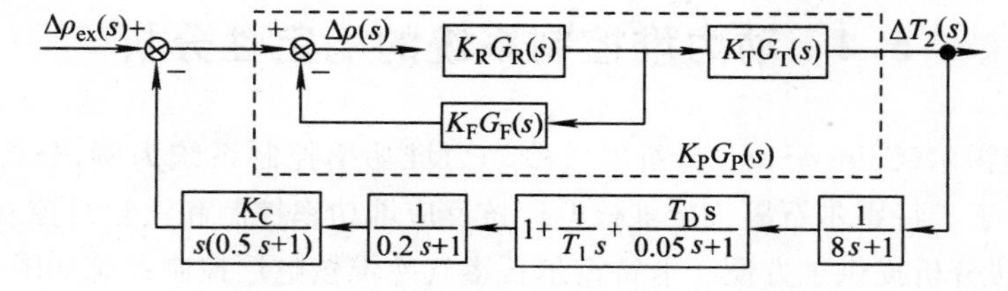

图 5-22　核反应堆功率控制系统方框图

定性地绘制出核反应堆功率控制系统的开环幅相频率特性曲线图。当 α_m 的值大于 α_{mc}时和当 α_m 的值小于 α_{mc}时，分别绘制了系统的开环幅相频率特性曲线，如图 5-23 所示。

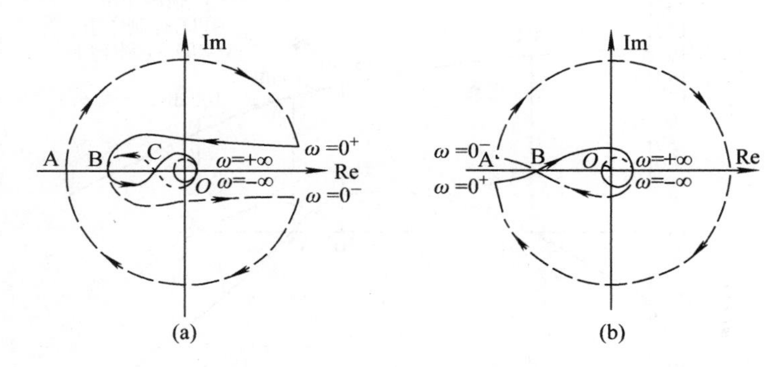

图 5-23　$K_C G_C(j\omega)$的奈魁斯特图

(a)$\alpha_m > \alpha_{mc}$；(b)$\alpha_m < \alpha_{mc}$

由于 $\alpha_m > \alpha_{mc}$，控制对象 $K_P G_P(s)$在右半 S 平面有 1 个极点，因而 $K_C G_C(s)$仍然保持在右半 S 平面有一个极点，$P=1$。为使闭环控制系统稳定，必须满足 $Z=0$，即 $K_C G_C(j\omega)$轨迹必须逆时针包围(−1,j0)点 1 次。在图 5-23(a)中，(−1,j0)点处于 AB 段或 CO 段上时，轨迹顺时针包围(−1,j0)点 1 次，$N=1$，系统不稳定。只有(−1,j0)点处于 BC 段上时，轨迹逆时针包围(−1,j0)点 1 次，$N=-1$，$Z=P+N=0$，系统才稳定。分析表明，K_C 过大或过小，系统都不稳定。为什么 K_C 过小系统也不稳定？这是因为 K_C 过小，无法克服由于核反应堆不稳定而具有的发散性。

在图 5-23(b)中，由于 $\alpha_m < \alpha_{mc}$，控制对象 $K_P G_P(s)$在右半 S 平面没有极点，因而，$K_C G_C(s)$在右半 S 平面也没有极点，$P=0$。为使闭环控制系统稳定，必须满足 $Z=0$，即 $K_C G_C(j\omega)$轨迹必须不包围(−1,j0)点。由图可以看出，(−1,j0)点处于 AB 段上时，轨迹不包围(−1,j0)点，$N=0$，$Z=P+N=0$，系统稳定。当 K_C 变大时，(−1,j0)点处于 BO 段上时，此时 $N=2$，系统不稳定，故增益 K_C 存在一个稳定的上限值。

石墨气冷堆功率运行时，总是 $\alpha_m > \alpha_{mc}$，K_C 有一个稳定区域，因此，在设计功率控制系统时，首先必须确定 K_C 的上限值和下限值。为此，绘制出控制系统开环对数频率特性曲线如图 5-24 所示。为了确定 K_C 的稳定区域，同时研究不同控制器作用对稳定区域的影响，图中先绘制出 $L(\omega)=20\lg|G_C(j\omega)|$，并且分别绘制出控制器具有比例(P)，比例-微分(PD)和比例-积分-微分(PID)3 种作用情况的对数频率特性曲线。

图 5-24 中只有控制器比例作用的对数相频特性曲线与−180°相位线有 2 个交点，低频段为 B 点，高频段为 C 点。由图中可知，$L(\omega_B)=155$ dB，$L(\omega_C)=119$ dB。根据临界稳定的条件

$$K_C \mid G_C(j\omega) \mid = 1 \tag{5-46}$$

或

$$20\lg K_C + L(\omega) = 0$$

分别得出 B 点对应的 K_C 的下限值 $K_{Cmin}=0.16\times10^{-7}\ \mathrm{s^{-1}}\cdot$℃$^{-1}$或−155 dB；C 点对应的 K_C 的上限值 $K_{Cmax}=0.112\times10^{-5}\ \mathrm{s^{-1}}\cdot$℃$^{-1}$或−119 dB。从而得出 K_C 的稳定域为

$$\Delta K_C = K_{Cmax} - K_{Cmin} = 36\ \text{dB}$$

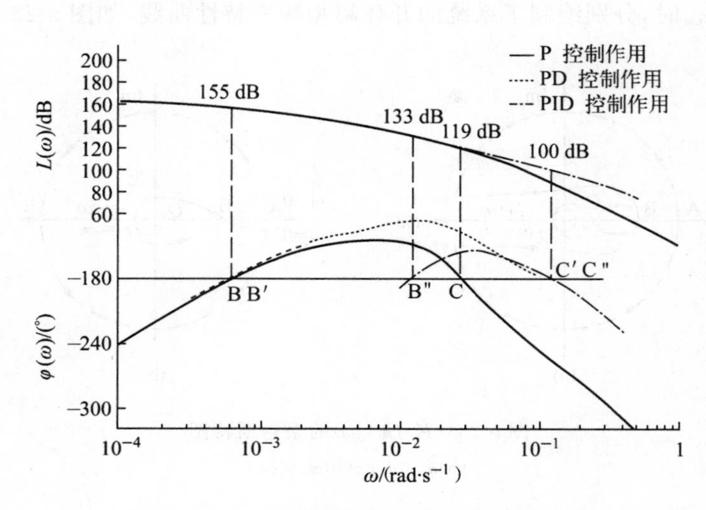

图 5-24　控制系统开环对数频率特性曲线

图 5-24 中有控制器比例-微分作用的相频特性曲线与$-180°$相位线有 2 个交点，低频段为 B′点，高频段为 C′点。由图可知，$L(\omega_{B'})=155$ dB，$L(\omega_{C'})=100$ dB。同理得出 K_C 的下限值 $K_{Cmin}=-155$ dB，上限值 $K_{Cmax}=-100$ dB。从而得出 K_C 的稳定域为 55 dB。

图 5-24 中有控制器比例-积分-微分作用的相频特性曲线与$-180°$相位线有 2 个交点，低频段为 B″点，高频段为 C″点。由图可知，$L(\omega_{B''})=133$ dB，$L(\omega_{C''})=100$ dB。同样可得出 K_C 的下限值 $K_{Cmin}=-133$ dB，上限值 $K_{Cmax}=-100$ dB。从而得出 K_C 的稳定域为33 dB。表 5-2 分别列出了控制器具有 P，PD 和 PID3 种作用情况时 K_C 的结果以便对比。

表 5-2　控制器具有 P，PD 和 PID 3 种作用情况时 K_C的结果

控制器作用	T_I/s	T_D/s	$K_{Cmax}/(10^{-5}\cdot s^{-1}℃^{-1})$	$K_{Cmin}/(10^{-5}\cdot s^{-1}℃^{-1})$	ΔK_C/dB
P	∞	0	0.112	0.001 6	36
PD	∞	30	1.0	0.001 6	55
PID	80	30	1.0	0.024	33

由上述结果可以看出，当控制器只有比例作用时，只要 K_C选择合适，系统可以稳定工作。当 PD 作用时，稳定域扩大了，但当 PID 作用时，稳定域则缩小了。从稳定角度看，似乎不希望加积分作用。众所周知，比例作用有助于系统的稳定性；积分作用力图消除或减小对各种输入响应的稳态误差；微分作用会使误差相位超前，从而引进一个早期补偿作用，有助于增强系统的稳定性。因此，比例、微分和积分作用常常是组合起来使用，以改善系统的控制特性。

5.4.2　具有位置反馈控制系统的稳定性分析

在核反应堆控制系统的设计中，为了提高系统稳定性和改善系统的控制性能，广泛采用局部反馈校正方法。通常对执行电机采用控制棒位置反馈。卡特霍尔型动力堆采用控制棒位置反馈进行系统校正。具有位置反馈的核反应堆功率控制系统如图 5-25 所示。

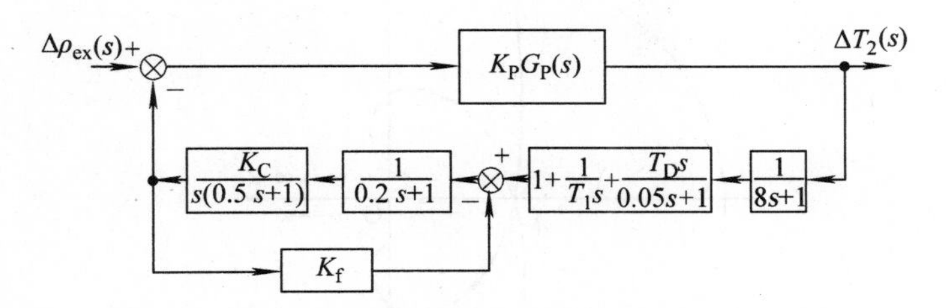

图 5-25　具有位置反馈的核反应堆功率控制系统方框图

图 5-25 中 K_f为位置反馈传递系数。为了方便讨论 K_f的作用，对图 5-25 所描述的形式进行适当的合并和变换，得到图 5-26 所示形式。

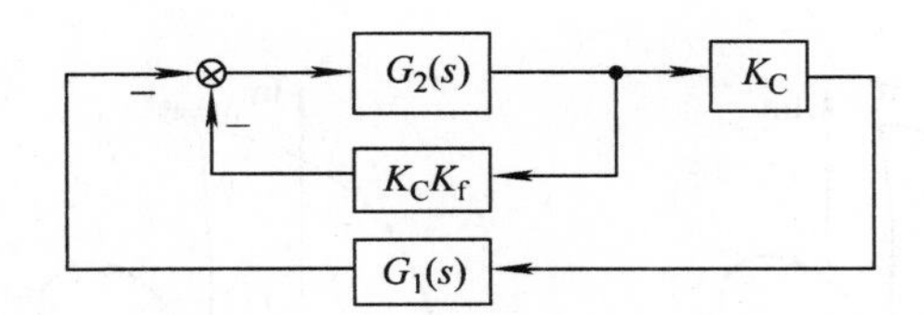

图 5-26　具有位置反馈的核反应堆功率控制系统简化方框图

图 5-26 中 $G_2(s)$为主通道传递函数，由放大器和执行电机组成，并将 K_C 从中分离出另作处理。

$$G_2(s)=\frac{1}{0.2s+1}\frac{1}{s(0.5s+1)} \tag{5-47}$$

$G_1(s)$为反馈通道传递函数，由核反应堆、热电偶和控制器组成。

$$G_1(s)=K_P G_P(s)\frac{1}{8s+1}\left(1+\frac{1}{T_I s}+\frac{T_D s}{0.05s+1}\right) \tag{5-48}$$

所以，核反应堆功率控制系统的闭环传递函数可写为

$$G(s)=\frac{G_2(s)}{1+K_C[K_f+G_1(s)]G_2(s)} \tag{5-49}$$

系统特征方程为

$$1+K_C[K_f+G_1(s)]G_2(s)=0$$

令 $G_C(s)=[K_f+G_1(s)]G_2(s)$，所以，特征方程可写为

$$1+K_C G_C(s)=0 \tag{5-50}$$

为了求得系统的奈魁斯特图，首先绘制出 $G_1(j\omega)$的奈魁斯特轨迹，如图 5-27 所示。然后平移 K_f 再乘以 $G_2(j\omega)$就得到 $G_C(j\omega)$的奈魁斯特图。

图 5-27 中 A 点为轨迹与负实轴的相交点，$G_1(j\omega)$的幅值为$|OA|$，相位角为$-180°$，所以 K_f 的临界值为 $K_{fc}=|OA|$。当 $K_f<K_{fc}$或 $K_f>K_{fc}$时，$K_f+G_1(j\omega)$曲线相应有两种情况，如图 5-28 所示。图 5-28(a)为 $K_f<K_{fc}$时，$K_f+G_1(j\omega)$的奈魁斯特图；图 5-28(b)为 $K_f>K_{fc}$时，$K_f+G_1(j\omega)$的奈魁斯特图。那么，$G_C(j\omega)=G_2(j\omega)[K_f+G_1(j\omega)]$的奈魁斯特轨迹也同样

会有两种情况，如图 5-29 所示。

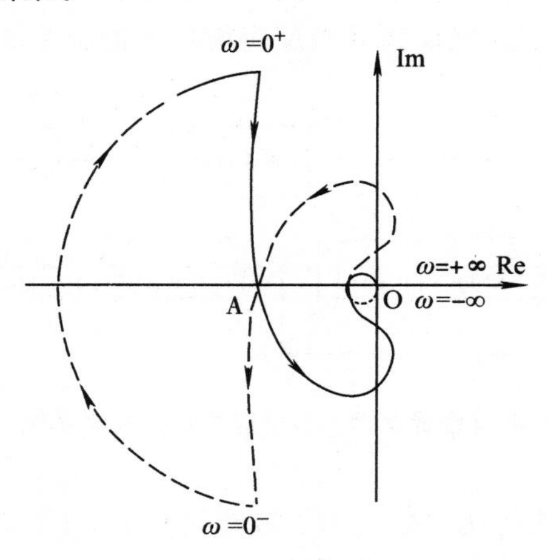

图 5-27　$G_1(j\omega)$的奈魁斯特图

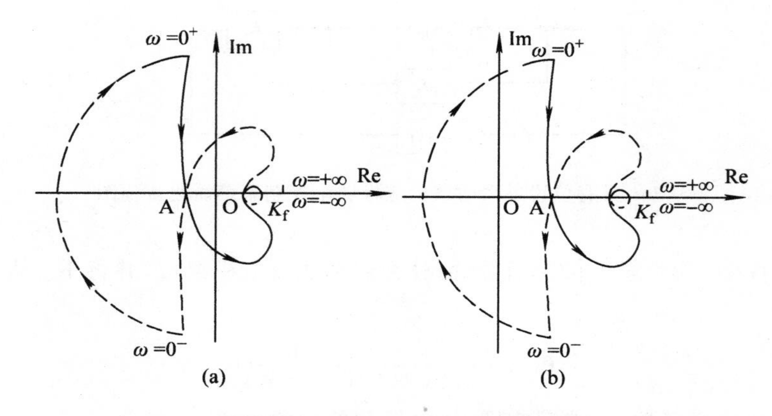

图 5-28　$K_f+G_1(j\omega)$的奈魁斯特图

(a)$K_f<K_{fc}$；(b)$K_f>K_{fc}$

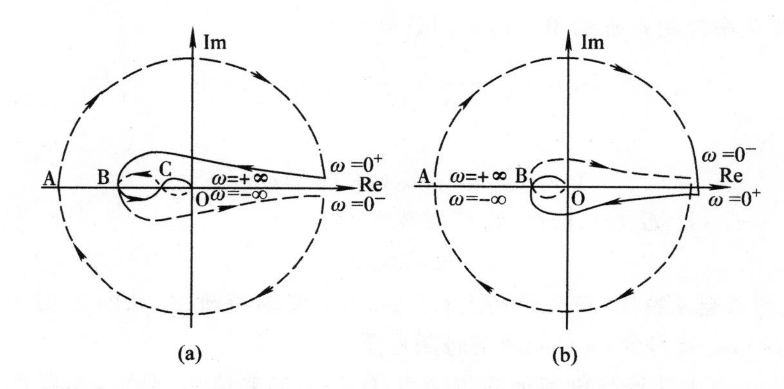

图 5-29　具有位置反馈功率控制系统的 $G_C(j\omega)$的奈魁斯特图

(a)$K_f<K_{fc}$；(b)$K_f>K_{fc}$

因为在正常运行工况有 $\alpha_m > \alpha_{mc}$，所以 $K_P G_P(s)$ 取 $\alpha_m > \alpha_{mc}$ 情况。核反应堆系统不稳定，作为控制对象 $K_P G_P(s)$ 有一个开环极点在右半 S 平面，即 $P=1$。构成核反应堆功率控制系统后，控制系统的其他环节没有改变这一属性，所以控制系统同样有 1 个开环极点位于右半 S 平面，即 $P=1$。

核反应堆功率控制系统开环幅相频率特性 $K_C G_C(j\omega)$ 的奈魁斯特轨迹与图 5-29 的形状完全一样，只是图的大小随 K_C 的取值不同而变化。

(1) 当 $K_f < K_{fc}$ 时，由于 $P=1$，如果 $(-1,j0)$ 点落在 AB 段上，则 $N=1$，控制系统不稳定。如果 $(-1,j0)$ 点落在 BC 段上，则 $N=-1$，控制系统稳定；如果 $(-1,j0)$ 点落在 CO 段上，则 $N=1$，控制系统不稳定。

(2) 当 $K_f > K_{fc}$ 时，同样由于 $P=1$，如果 $(-1,j0)$ 点落在 AB 段上，则 $N=1$，控制系统不稳定。如果 $(-1,j0)$ 点落在 BO 段上，则 $N=3$，控制系统不稳定。这就是说，当位置反馈系数 K_f 过大，会造成控制系统不稳定。

总之，应用奈魁斯特图进行功率控制系统分析与设计时，首先通过 $G_1(j\omega)$ 的奈魁斯特图确定 K_f 的临界值 K_{fc}，取 $K_f < K_{fc}$，然后确定 K_C，使 $K_C G_C(j\omega)$ 能逆时针包围 $(-1,j0)$ 点 1 次，即 $(-1,j0)$ 点落在 BC 段上，控制系统就是稳定的。

如果设 $T_I=80$ s，$T_D=30$ s，可以方便地绘制出 $G_1(j\omega)$ 的对数频率特性曲线，如图 5-30 所示。图中 $G_1(j\omega)$ 的对数相频特性曲线与 $-180°$ 相位线相交于点 A，所对应的对数幅频特性曲线幅值为 $L(\omega_A)=117$ dB，即为 K_f 的临界值 K_{fc}，故 $K_{fc}=117$ dB 或 $K_{fc}=7.1\times10^5$。当 $T_I=80$ s，$T_D=20$ s 时，只影响到中频段的特性，对临界值 K_{fc} 没有影响。

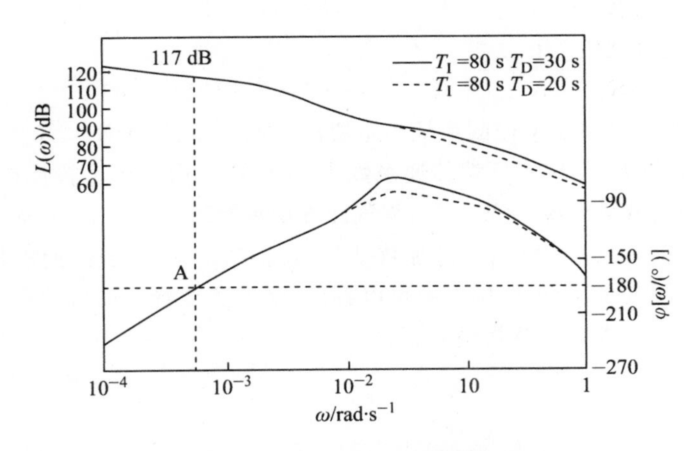

图 5-30　$G_1(j\omega)$ 对数频率特性曲线图

设计位置反馈功率控制系统，分别取 $K_f=10^4$ 和 $K_f=10^5$，满足 $K_f < K_{fc}$。图 5-31 给出了具有位置反馈控制系统 $G_C(j\omega)/K_f$ 对数频率特性曲线图。由图中可见，$K_f=10^4$ 和 $K_f=10^5$ 分别对应的两条曲线在高频段重合在一起，所以 K_f 只影响低频段的特性。在高频段，对数相频特性曲线与 $-180°$ 相位线的交点只有一个，对应幅值为 -17 dB，即 $20\lg|G_C(j\omega)/K_f|=-17$ dB。由幅值条件知，$K_C|G_C(j\omega)|=1$，得 $K_C K_f=17$ dB。这点所对应的值是 K_C 的最大值，记为 K_{Cmax}，$K_{Cmax}=17-20\lg K_f$ dB。当 $K_f=10^5$ 时，$K_{Cmax}=17-20\lg10^5=-83$ dB；当 $K_f=10^4$ 时，$K_{Cmax}=17-20\lg10^4=-63$ dB。在低频段，$K_f=10^5$ 时，对数相频特性曲线

与$-180°$相位线的交点，对应幅值为 53 dB，$K_{Cmin}=-53-20\lg10^5=-153$ dB。当 $K_f=10^4$ 时，对数相频特性曲线与$-180°$相位线的交点，对应幅值为 51 dB，$K_{Cmin}=-51-20\lg10^4=-131$ dB。

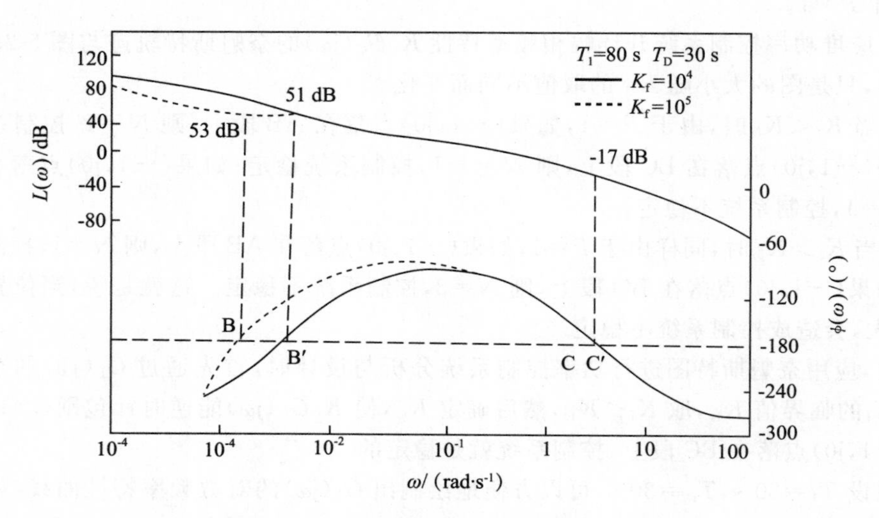

图 5-31 $G_C(j\omega)/K_f$ 对数频率特性曲线图

当 $K_f=10^5$ 时，稳定域 ΔK_C 为

$$\Delta K_C=K_{Cmax}-K_{Cmin}=-83-(-153)=70\ \text{dB}$$

当 $K_f=10^4$ 时，稳定域 ΔK_C 为

$$\Delta K_C=K_{Cmax}-K_{Cmin}=-63-(-131)=68\ \text{dB}$$

综上所述，石墨气冷堆功率控制系统稳定要满足两个条件：①$K_f<K_{fc}$。②$K_{Cmin}<K_C<K_{Cmax}$。系统开环增益 K_C 与位置反馈传递系数 K_f 成反比。增加了位置反馈后，比没有位置反馈控制系统的稳定域增大约一倍。若石墨气冷堆功率控制系统的 $K_C=3\times10^{-5}\,s^{-1}\cdot℃^{-1}$，$K_f=10^4℃^{-1}$，$T_I=80$ s，$T_D=20$ s，当外加扰动为 $\Delta\rho_{ex}=2\times10^{-4}$ 的脉冲信号时，冷却剂出口温度的响应曲线如图 5-32 所示。从图中可以看出，增加了位置反馈后功率控制系统的瞬态响应特性比没有位置反馈时的特性要好得多。

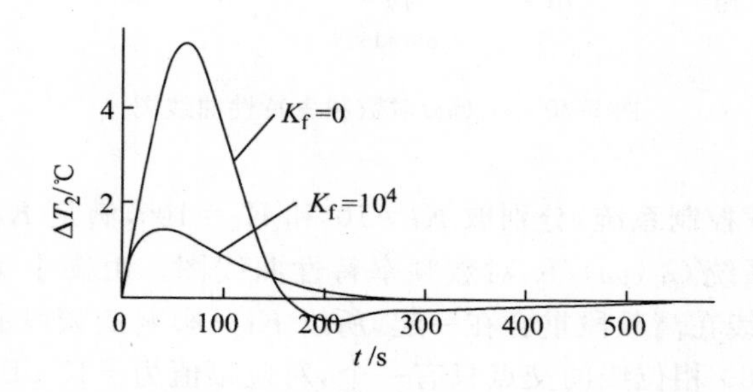

图 5-32 石墨气冷堆功率控制系统脉冲响应曲线图

5.5 核反应堆数字控制系统的稳定性分析

数字控制系统正常工作的首要条件是,它必须是一个稳定系统。只有在满足稳定性条件后,系统才能被应用于工程实践中,所以数字控制系统稳定性分析是一个重要问题。数字控制系统的分析和连续系统基本类似,可以从描述系统离散特性的差分方程出发,或从脉冲传递函数出发进行分析,这种方法被称为数字控制系统的Z变换分析法。研究系统的稳定性,实际上就是研究描述系统的齐次运动方程在初始条件下解的性质。

5.5.1 S平面与Z平面的映射关系

线性定常连续闭环控制系统的稳定性取决于特征方程的根(闭环极点)在S平面的位置。当闭环系统特征方程的根全部位于左半S平面时,系统是稳定的,否则系统就是不稳定的。因为在定义Z变换时,令$z=\mathrm{e}^{Ts}$,所以离散系统的零、极点在Z平面的位置与相应连续系统的零、极点在S平面的位置存在一定关系,同时也与采样周期T有关。

当控制系统中引入采样时,复变量s和z的关系为

$$z = \mathrm{e}^{Ts} \tag{5-51}$$

式中,T——采样周期。因为复变量$s=\sigma+\mathrm{j}\omega$,所以复变量$z$为

$$z = \mathrm{e}^{(\sigma+\mathrm{j}\omega)T} = \mathrm{e}^{\sigma T}\mathrm{e}^{\mathrm{j}\omega T} = \mathrm{e}^{\sigma T}\mathrm{e}^{\mathrm{j}(\omega T-2k\pi)}, k = 0, \pm 1, \pm 2, \cdots \tag{5-52}$$

从式(5-51)中可见,对S平面上一切有限点,$\frac{\mathrm{d}z}{\mathrm{d}s}$存在,而且不等于零。因此,从S平面到Z平面的映射在全平面内是保角的。式(5-52)表明S平面中频率相差采样角频率$2\pi/T$整倍数的零、极点都被映射到Z平面中同一位置。这表示每一个z值对应着无限多个s值。

复变数z的模$|z|=\mathrm{e}^{\sigma T}$,相位角$\angle z=\omega T$。由于左半S平面上任一点的$\sigma\leqslant 0$,所以左半S平面对应于Z平面上

$$|z| = \mathrm{e}^{\sigma T} < 1 \tag{5-53}$$

因此左半S平面映射到Z平面单位圆内。

对于S平面上的虚轴,$s=\mathrm{j}\omega$,$-\infty<\omega<+\infty$,它映射到Z平面上的轨迹,将由$z=\mathrm{e}^{\mathrm{j}\omega T}$描述。可见,当$\omega$从$-\infty$至$+\infty$时,$|z|$总等于1,因此$z=\mathrm{e}^{\mathrm{j}\omega T}$在Z平面上的轨迹是一个圆心在原点的单位圆。不过,当ω在S平面虚轴上从$-\infty$变化至$+\infty$时,Z平面的轨迹已经沿着单位圆转过了无数多圈。在S平面上,当ω从$-\omega_s/2$增大到$\omega_s/2$时,在Z平面上,对应点沿单位圆走过一周,即圆心角θ从$-\pi$变化到π,如图5-33所示。

在S平面上,$-\mathrm{j}\omega_s/2$到$\mathrm{j}\omega_s/2$区间所对应左半S平面为主要带,而$-\mathrm{j}3\omega_s/2$到$-\mathrm{j}\omega_s/2$,$\mathrm{j}\omega_s/2$到$\mathrm{j}3\omega_s/2$等区间所对应左半S平面为次要带。所有次要带上的点在Z平面上的映射与主要带上相应的点在Z平面上的映射是重叠的。

在右半S平面上任一点,因$\sigma>0$,所以有$|z|=\mathrm{e}^{\sigma T}>1$,因此映射到Z平面上在单位圆外。

根据上述S平面与Z平面的映射关系,可以得出线性数字控制系统稳定的充分必要条件是:线性数字控制系统特征方程的根都必须在Z平面的单位圆内,或者说该系统闭环脉

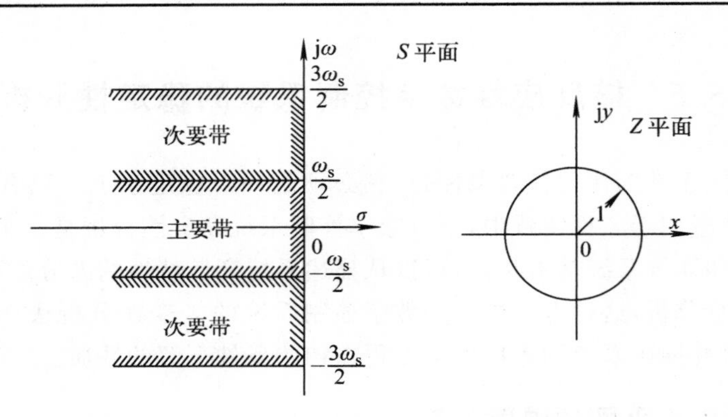

图 5-33 S 平面虚轴在 Z 平面上的映射关系图

冲传递函数的极点全部都落在 Z 平面的单位圆内。

根据上述充分必要条件，在特征根中，只要有一个根在 Z 平面的单位圆外，或者有重根位于单位圆上，线性数字系统就不稳定。

当有一个根在 Z 平面单位圆上时，系统处于临界稳定状态。工程上通常把临界状态归于不稳定情况。

5.5.2 稳定性判据

由线性数字系统稳定充分必要条件可知，如能求出闭环系统脉冲传递函数的全部极点，系统的稳定性就能确定。当数字控制系统的阶数较低时可以直接求出系统的特征根，对高阶系统，尽管求解过程可以依赖计算机，但用来进行稳定性分析依然是不方便的。尤其在控制系统综合与设计中需要研究结构与参数对稳定性的影响时，问题变得更为复杂，因此需要寻求不必求系统特征根就能确定线性数字控制系统是否稳定的判据。

在线性离散系统稳定性分析中，有朱利（Jury），劳斯（Routh）和舒尔（Schour）-柯恩（Cohn）3 种稳定性判据可直接用于由特征方程确定系统的稳定性，而不必求解它的根。朱利和舒尔-柯恩判据用以判定是否存在不稳定的根（即位于 Z 平面单位圆外的根），不给出不稳定根的位置。这两个稳定性判据适用于实系数或复系数的多项式方程。当多项式方程只含有实系数时，朱利判据所需的计算要比舒尔-柯恩判据所需的计算简单得多。一般物理上可实现的系统对应的特征方程的系数总是实数，所以朱利判据较舒尔-柯恩判据更常用一些。本节将介绍朱利稳定性判据和劳斯稳定性判据的应用。

1. 朱利稳定性判据

对于给定数字控制系统的特征方程 $P(z)=0$ 应用朱利判据进行稳定性检验时，要根据 $P(z)$ 的系数建一个表，称为朱利稳定性表。假设特征方程为

$$P(z) = a_0 z^n + a_1 z^{n-1} + \cdots + a_{n-1} z + a_n = 0 \tag{5-54}$$

则由表 5-3 给出朱利稳定性表的一般形式。

第一行元素由 $P(z)$ 按 z 的升幂排列的系数组成。第二行元素由 $P(z)$ 按 z 的降幂排列的系数组成。第三行至第 $2n-3$ 行元素，则按下列各式确定

表 5-3　朱利稳定性表的一般形式

行	z^0	z^1	z^2	…	z^{n-1}	z^n
1	a_n	a_{n-1}	a_{n-2}	…	a_1	a_0
2	a_0	a_1	a_2	…	a_{n-1}	a_n
3	b_{n-1}	b_{n-2}	b_{n-3}	…	b_0	
4	b_0	b_1	b_2	…	b_{n-1}	
5	c_{n-2}	c_{n-3}	c_{n-4}	…		
6	c_0	c_1	c_2	…		
⋮	⋮					
$2n-5$	p_3	p_2	p_1	p_0		
$2n-4$	p_0	p_1	p_2	p_3		
$2n-3$	q_2	q_1	q_0			

$$b_k = \begin{vmatrix} a_n & a_{n-1-k} \\ a_0 & a_{k+1} \end{vmatrix}, k = 0,1,2,\cdots,n-1$$

$$c_k = \begin{vmatrix} b_{n-1} & b_{n-2-k} \\ b_0 & b_{k+1} \end{vmatrix}, k = 0,1,2,\cdots,n-2$$

$$\vdots$$

$$q_k = \begin{vmatrix} p_3 & p_{2-k} \\ p_0 & p_{k+1} \end{vmatrix}, k = 0,1,2$$

注意,表中最后一行由 3 个元素组成(对于二阶系统,最后一行有 1 个元素)。朱利表中只有一行是 3 个元素。任一偶数行只要将前一奇数行元素逆序排列即可。

朱利稳定性判据　满足下列全部条件,则特征方程 $P(z)=0$ 所表示的系统是稳定的。

(1) $|a_n|<|a_0|$

(2) $P(z)|_{z=1}>0$

(3) $P(z)|_{z=-1}\begin{cases}>0, n \text{ 为偶数} \\ <0, n \text{ 为奇数}\end{cases}$

(4) $|b_{n-1}|>|b_0|$

$|c_{n-2}|>|c_0|$

$\vdots$

$|q_2|>|q_0|$

例 5-1　试确定下列特征方程所描述线性数字控制系统的稳定性。

$$P(z) = z^4 - 1.2z^3 + 0.07z^2 + 0.3z - 0.08 = 0$$

解　该特征方程各项的系数分别为

$a_0=1, a_1=-1.2, a_2=0.07, a_3=0.3, a_4=-0.08$。

(1) 显然 $|a_n|<|a_0|$ 条件满足;

(2) $P(z)|_{z=1}=1-1.2+0.07+0.3-0.08=0.09>0$,条件满足;

(3) 因为 $n=4$ 为偶数,所以

$P(z)|_{z=-1}=1+1.2+0.07-0.3-0.08=1.89>0$,条件满足;

(4) 建立朱利稳定性表

行	z^0	z^1	z^2	z^3	z^4
1	−0.08	0.3	0.07	−1.2	1
2	1	−1.2	0.07	0.3	−0.08
3	−0.994	1.176	−0.075 6	−0.204	
4	−0.204	−0.075 6	1.176	−0.994	
5	0.946	−1.184	0.315		

上表中，$b_3=-0.994$，$b_0=-0.204$，$c_2=0.946$，$c_0=0.315$。因此

$$|b_3|>|b_0|,\quad |c_2|>|c_0|$$

两个条件都满足。由于特征方程满足朱利稳定性判据的所有条件，故它所描述的线性数字控制系统是稳定的。

2. 劳斯稳定性判据

在线性数字控制系统中广泛使用的稳定性判据是基于双线性变换的劳斯稳定性判据。该方法引入一种线性变换，把 Z 平面映射到另一个复平面 W 平面，而 Z 平面上的单位圆内部映射到 W 平面的左半平面，如图 5-34 所示。经过双线性变换以后，对于 W 平面就可以应用劳斯稳定性判据了。

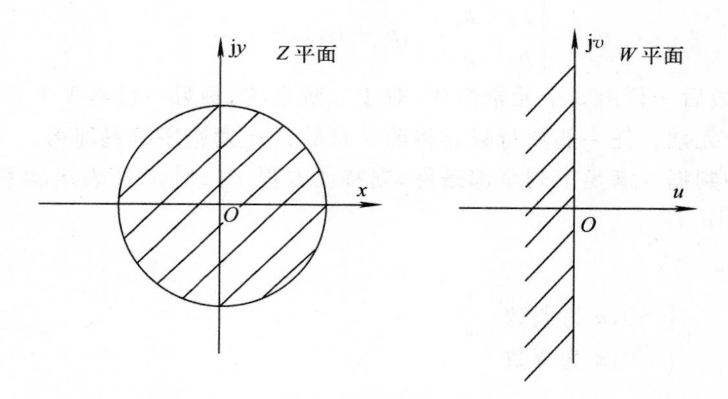

图 5-34 Z 平面与 W 平面的映射关系图

双线性变换由下式定义

$$w=\frac{z+1}{z-1} \tag{5-55}$$

或

$$z=\frac{w+1}{w-1}$$

式中，z 和 w 均为复变量，可分别写成

$$z=x+\mathrm{j}y \tag{5-56}$$

$$w=u+\mathrm{j}v \tag{5-57}$$

将式(5-56)和式(5-57)代入式(5-55)，经有理化后可得

$$u + \mathrm{j}v = \frac{x^2 + y^2 - 1}{(x-1)^2 + y^2} - \mathrm{j}\,\frac{2y}{(x-1)^2 + y^2} \tag{5-58}$$

在 W 平面的虚轴上，$u=0$，因此

$$x^2 + y^2 - 1 = 0 \tag{5-59}$$

为 Z 平面上的单位圆。而 Z 平面单位圆内区域，满足 $x^2+y^2-1<0$，与式(5-58)对照，可得到 $u<0$，表示 W 平面的左半平面。同样，Z 平面单位圆外区域 $x^2+y^2-1>0$，即 $u>0$，对应于 W 平面的右半平面。

上述分析表明，经双线性变换可将 Z 平面上的单位圆内部映射到 W 平面的左半平面。这样，就可以在 W 域使用连续系统的劳斯稳定性判据。下面举例说明，通过 W 变换应用劳斯稳定性判据分析线性数字控制系统稳定性的方法。

例 5-2　在图 5-35 所示系统中，已知 $D(z)=K$，$G_0(s)=\dfrac{1}{s(s+1)}$，

(1) 判断 $T=1$ s，$K=10$ 时系统的稳定性；

(2) 若 $T=1$ s，求系统稳定的临界开环增益 K。

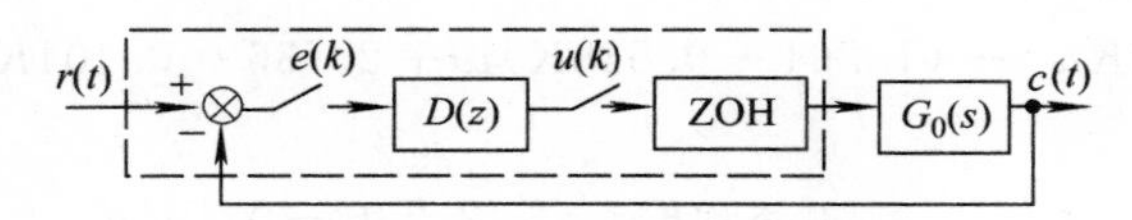

图 5-35　线性数字控制系统方框图

解

求出系统广义对象的 Z 传递函数

$$\begin{aligned}
G(z) &= \mathscr{Z}\left[\frac{1-\mathrm{e}^{-Ts}}{s}\,\frac{1}{s(s+1)}\right] \\
&= (1-z^{-1})\mathscr{Z}\left[\frac{1}{s^2(s+1)}\right] \\
&= (1-z^{-1})\mathscr{Z}\left[\frac{1}{s^2} - \frac{1}{s} + \frac{1}{s+1}\right] \\
&= (1-z^{-1})\left[\frac{z^{-1}}{(1-z^{-1})^2} - \frac{1}{1-z^{-1}} + \frac{1}{1-\mathrm{e}^{-1}z^{-1}}\right] \\
&= \frac{\mathrm{e}^{-1}z^{-1} - 2\mathrm{e}^{-1}z^{-2} + z^{-2}}{(1-z^{-1})(1-\mathrm{e}^{-1}z^{-1})} = \frac{0.368z + 0.264}{z^2 - 1.368z + 0.368}
\end{aligned}$$

数字控制系统的 Z 传递函数为

$$\frac{C(z)}{R(z)} = \frac{D(z)G(z)}{1 + D(z)G(z)}$$

故，特征方程为

$$1 + \frac{K(0.368z + 0.264)}{z^2 - 1.368z + 0.368} = 0$$

或

$$z^2 - (1.368 - 0.368K)z + 0.368 + 0.264K = 0$$

(1) 将 $K=10$ 代入上式可得

$$z^2+2.312z+3=0$$

作 W 变换，以 $z=\frac{w+1}{w-1}$ 代入得

$$\left(\frac{w+1}{w-1}\right)^2+2.312\left(\frac{w+1}{w-1}\right)+3=0$$

$$(w+1)^2+2.312(w+1)(w-1)+3(w-1)^2=0$$

$$6.312w^2-4w+1.688=0$$

可见，特征方程系数异号，故系统是不稳定的。为分析有几个根在 Z 平面单位圆外，列写出劳斯阵列为

$$\begin{array}{lll} w^2 & 6.312 & 1.688 \\ w^1 & -4 & 0 \\ w^0 & 1.688 & \end{array}$$

由于第一列两次改变符号，故特征方程有两个根在 Z 平面单位圆外。

(2) 为求 K 临界值，对特征方程式作 W 变换，可得

$$0.632Kw^2+(1.264-0.528K)w+2.736-0.104K=0$$

列出劳斯阵列

$$\begin{array}{lll} w^2 & 0.632K & 2.736-0.104K \\ w^1 & 1.264-0.528K & 0 \\ w^0 & 2.736-0.104K & \end{array}$$

欲使系统稳定，保证阵列第一列各元素具有相同符号，即必须有

$$0.632K>0$$

$$1.264-0.528K>0$$

$$2.736-0.104K>0$$

由以上三个不等式，求出能同时满足上述条件的 K 值为

$$0<K<2.4$$

可见，临界开环增益为 2.4。

5.5.3　核反应堆功率数字控制系统的稳定性分析

实验核反应堆功率数字控制系统如图 5-36 所示。数字控制器包括定值器、放大器、伺服电机、减速器以及控制棒等。核反应堆的脉冲传递函数为零阶保持器和核反应堆传递函数的 Z 变换有

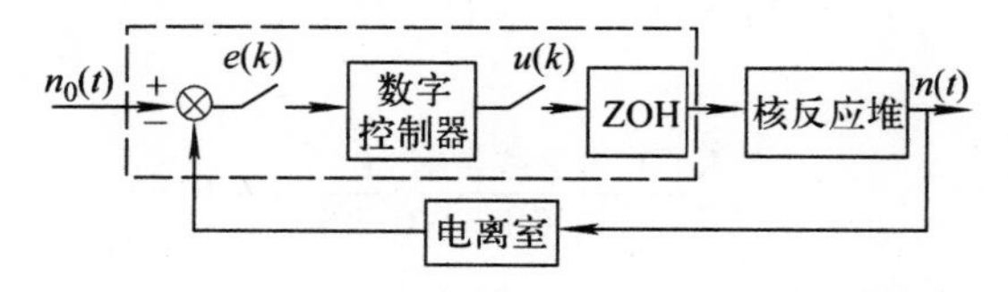

图 5-36　实验核反应堆功率数字控制系统方框图

$$K_{R}G_{R}(z)=\mathscr{Z}\left[\frac{1-e^{-Ts}}{s}\frac{n_{0}(s+\lambda)}{\Lambda s\left(s+\dfrac{\beta}{\Lambda}\right)}\right]$$

$$=(1-z^{-1})\mathscr{Z}\left[\frac{n_{0}(s+\lambda)}{\Lambda s^{2}\left(s+\dfrac{\beta}{\Lambda}\right)}\right]$$

$$=(1-z^{-1})\frac{n_{0}}{\beta}\mathscr{Z}\left[\frac{\lambda}{s^{2}}+\frac{1}{s}-\frac{1}{s+\dfrac{\beta}{\Lambda}}\right]$$

$$=(1-z^{-1})\frac{n_{0}}{\beta}\left[\frac{\lambda Tz^{-1}}{(1-z^{-1})^{2}}+\frac{1}{1-z^{-1}}-\frac{1}{1-e^{-T\beta/\Lambda}z^{-1}}\right]$$

$$=\frac{n_{0}}{\beta}\left(\frac{\lambda Tz^{-1}}{1-z^{-1}}+1-\frac{1-z^{-1}}{1-e^{-T\beta/\Lambda}z^{-1}}\right)$$

$$=\frac{n_{0}}{\beta}\left(\frac{\lambda T}{z-1}+1-\frac{z-1}{z-e^{-T\beta/\Lambda}}\right)$$

进一步整理，得到核反应堆的脉冲传递函数为

$$K_{R}G_{R}(z)=\frac{n_{0}}{\beta}\left[\frac{(1+\lambda T-e^{-T\beta/\Lambda})z-1+(1-\lambda T)e^{-T\beta/\Lambda}}{z^{2}-(1+e^{-T\beta/\Lambda})z+e^{-T\beta/\Lambda}}\right] \tag{5-60}$$

已知核反应堆的缓发中子份额 $\beta=0.0064$，缓发中子先驱核衰变常量 $\lambda=0.077\ s^{-1}$，中子寿命为 0.001 s，额定功率水平时的中子密度 $n_{0}=0.8\times10^{10}\ cm^{-3}\cdot s^{-1}$，控制棒微分价值 $1.28\times10^{-6}\ cm^{-1}$。当采样周期为 10 ms，核反应堆的数字功率控制系统如图 5-37 所示。

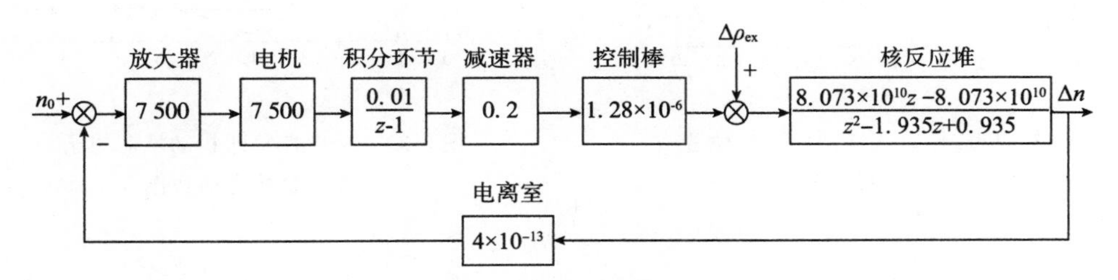

图 5-37　核反应堆的数字功率控制系统方框图

图 5-37 中，核反应堆脉冲传递函数为

$$K_{R}G_{R}(z)=\frac{8.073\times10^{10}(z-1)}{z^{2}-1.935z+0.935}$$

控制系统的脉冲传递函数为

$$G_{C}(z)=\frac{7\,500\times7\,500\times0.01\times0.2\times1.28\times10^{-6}}{z-1}=\frac{0.144}{z-1}$$

反馈部分的脉冲传递函数为

$$H(z)=4.0\times10^{-13}$$

所以，核反应堆数字功率控制系统闭环脉冲传递函数为

$$G(z)=\frac{\dfrac{0.144}{z-1}\dfrac{8.073\times10^{10}(z-1)}{z^{2}-1.935z+0.935}}{1+4.0\times10^{-13}\dfrac{0.144}{z-1}\dfrac{8.073\times10^{10}(z-1)}{z^{2}-1.935z+0.935}}=\frac{1.162\,5\times10^{10}}{z^{2}-1.935z+0.939\,65}$$

其特征方程为

$$z^2 - 1.935z + 0.93965 = 0$$

进行 W 变换，以 $z=\dfrac{w+1}{w-1}$代入得

$$0.0465w^2 + 0.1207w + 3.87465 = 0$$

应用劳斯稳定性判据可知核反应堆功率数字控制系统特征方程的两个根均在 Z 平面单位圆内，所以在 $T=10$ ms 时该系统是稳定的。同理，可以得到当 $T=40$ ms 时系统也是稳定的。

系统输入为反应性扰动，$\Delta\rho_{ex}=0.0003$ 的阶跃扰动，输出为堆芯中子密度的增量 Δn。图 5-38 和图 5-39 给出了采样周期分别为 10 ms 和 40 ms 情况下，控制棒位置和核反应堆堆芯中子密度的增量在阶跃扰动下的响应曲线。

由图 5-39 可以看出，当采样周期为 10 ms 时，中子密度增量响应没有出现超调。在这种情况下应该是更接近相应模拟控制系统的特性，如图 4-13 所示。

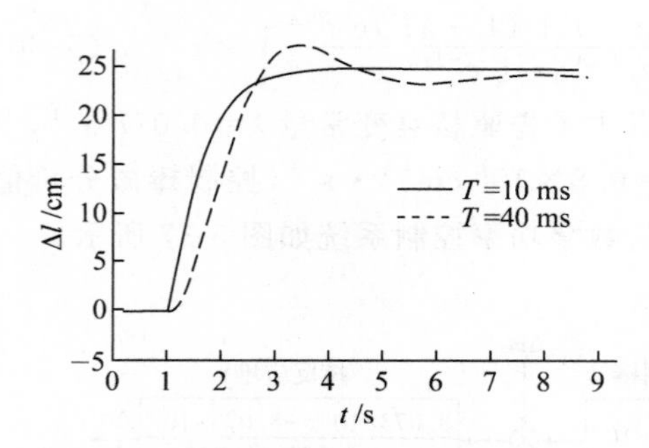

图 5-38　反应性阶跃扰动控制棒位置变化响应曲线图

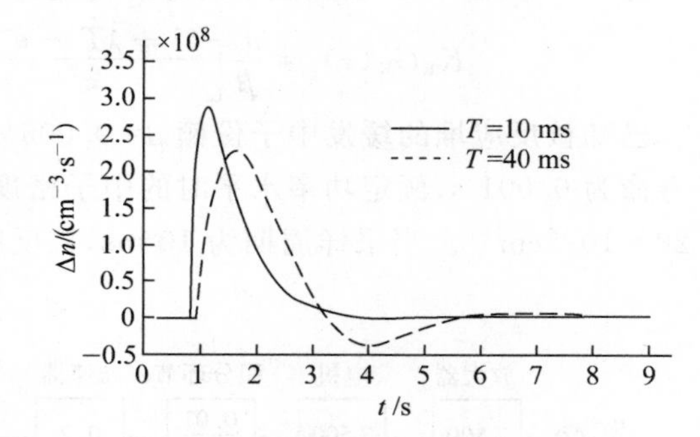

图 5-39　反应性阶跃扰动堆芯中子密度增量响应曲线图

5.6　核反应堆稳定性的状态空间分析

5.6.1　李亚普诺夫第二法基本概念

李亚普诺夫(Lyapunov)第二法是建立在更为普遍情况之上的，即：如果系统有一个渐近稳定的平衡状态，那么随着系统的运动，其储存的能量随着时间的增长而衰减，直到趋于平衡状态而能量趋于极小值。然而对系统而言，并没有这样的直观性，因此，李亚普诺夫引出了一个虚构的能量函数，称为李亚普诺夫函数。李亚普诺夫函数与 $x_1, x_2, \cdots, x_n$ 和时间 t 有关，可以用 $V(x_1, x_2, \cdots, x_n, t)$表示，也可以简单表示为 $V(\boldsymbol{x}, t)$。对于定常系统李亚普诺夫函数可用 $V(x_1, x_2, \cdots, x_n)$或 $V(\boldsymbol{x})$表示。

如果考察的系统是稳定的，则仅当存在依赖于状态变量的李亚普诺夫函数 $V(x_1, x_2, \cdots, x_n)$对任意非平衡状态时，$V(\boldsymbol{x})>0$ 和其对时间的导数 $\dot{V}(\boldsymbol{x})=\mathrm{d}V(\boldsymbol{x})/\mathrm{d}t<0$ 成立，且在平衡状态($\boldsymbol{x}=\boldsymbol{x}_0$)时，才有 $V(\boldsymbol{x})=\dot{V}(\boldsymbol{x})=0$。所以利用李亚普诺夫稳定性第二法就是通过

李亚普诺夫函数 $V(\boldsymbol{x})$ 及其 $\dot{V}(\boldsymbol{x})$ 的定号性，就可以给出系统平衡状态稳定性的信息。很多情况下李亚普诺夫函数可取为二次型。

n 个变量 $x_1, x_2, \cdots, x_n$ 的二次多项式可表示为

$$V(x_1, x_2, \cdots, x_n) = p_{11}x_1^2 + p_{12}x_1x_2 + \cdots + p_{1n}x_1x_n + p_{21}x_1x_2 + p_{22}x_2^2 + \cdots + p_{2n}x_2x_n + \cdots + p_{n1}x_1x_n + p_{2n}x_2x_n + \cdots + p_{nn}x_n^2$$

称为二次型。$p_{ij}(i=1,2,\cdots,n, j=1,2,\cdots,n)$ 是二次型系数，且 $p_{ij}=p_{ji}$，既对称且均为实数。表示成矩阵形式有

$$V(x) = \boldsymbol{x}^{\mathrm{T}}\boldsymbol{P}\boldsymbol{x} = [x_1\ x_2 \cdots x_n]\begin{bmatrix} p_{11} & p_{12} & \cdots & p_{1n} \\ p_{21} & p_{22} & \cdots & p_{2n} \\ \vdots & \vdots & & \vdots \\ p_{n1} & p_{n2} & \cdots & p_{nn} \end{bmatrix}\begin{bmatrix} x_1 \\ x_2 \\ \vdots \\ x_n \end{bmatrix} \tag{5-61}$$

注意，这里的 $\boldsymbol{x}$ 为实向量，$\boldsymbol{P}$ 为实对称矩阵。二次型是一个标量，最基本的特性就是它的定号性，也就是 $V(\boldsymbol{x})$ 在坐标原点附近的特性。如果 $\boldsymbol{x}$ 是 $\boldsymbol{n}$ 维复向量，$\boldsymbol{P}$ 为赫米特（Hermite）矩阵，则该复二次型函数称为赫米特型函数。

二次型 $V(\boldsymbol{x})=\boldsymbol{x}^{\mathrm{T}}\boldsymbol{P}\boldsymbol{x}$ 或实对称矩阵 $\boldsymbol{P}$ 为正定的充要条件是矩阵 $\boldsymbol{P}$ 的所有主子行列式均为正值，即赛尔维斯特（Sylvester）准则。

$$\Delta_1 = p_{11} > 0, \Delta_2 = \begin{vmatrix} p_{11} & p_{12} \\ p_{21} & p_{22} \end{vmatrix} > 0, \cdots, \Delta_n = \begin{vmatrix} p_{11} & p_{12} & \cdots & p_{1n} \\ p_{21} & p_{22} & \cdots & p_{2n} \\ \vdots & \vdots & & \vdots \\ p_{n1} & p_{n2} & \cdots & p_{nn} \end{vmatrix} > 0$$

二次型 $V(\boldsymbol{x})=\boldsymbol{x}^{\mathrm{T}}\boldsymbol{P}\boldsymbol{x}$ 或实对称矩阵 $\boldsymbol{P}$ 为负定的充要条件是矩阵 $\boldsymbol{P}$ 的所有主子行列式满足奇数主子行列式小于 0，偶数主子行列式大于 0。

对任意非零状态 $\boldsymbol{x}\neq 0$，恒有 $V(\boldsymbol{x})>0$，且只有在 $\boldsymbol{x}=0$ 时才有 $V(\boldsymbol{x})=0$，则李亚普诺夫函数 $V(\boldsymbol{x})$ 称为正定函数。

如果 $V(\boldsymbol{x})$ 是正定函数，或仅当 $\boldsymbol{x}=0$ 时才有 $V(\boldsymbol{x})=0$，对任意非零状态 $\boldsymbol{x}\neq 0$，恒有 $V(\boldsymbol{x})<0$，则李亚普诺夫函数 $V(\boldsymbol{x})$ 称为负定函数。

如果对任意非零状态 $\boldsymbol{x}\neq 0$，恒有 $V(\boldsymbol{x})\geqslant 0$，则 $V(\boldsymbol{x})$ 为正半定函数。

如果对任意非零状态 $\boldsymbol{x}\neq 0$，恒有 $V(\boldsymbol{x})\leqslant 0$，则 $V(\boldsymbol{x})$ 为负半定函数。

如果在域 Ω 内，不论域 Ω 多么小，$V(\boldsymbol{x})$ 既可为正值，也可为负值时，则 $V(x)$ 为不定函数。

李亚普诺夫第二法提供了判断平衡状态处的稳定性、渐近稳定性或不稳定性的准则，而不必直接求出方程的解（这种方法既适用于线性系统，也适用于非线性系统）。

5.6.2　线性定常连续系统的李亚普诺夫稳定性分析

众所周知，对于线性定常连续系统渐近稳定性的判别方法很多，都是避开特征值计算而确定系统稳定性的方法。李亚普诺夫稳定性分析方法也是其中之一，也是一种代数方法。

由于判定系统稳定性主要取决于自由响应（控制作用 $\boldsymbol{u}=0$），所以考虑如下线性定常系统

$$\dot{\boldsymbol{x}} = \boldsymbol{A}\boldsymbol{x} \tag{5-62}$$

式中，$\boldsymbol{x}$——n 维状态向量；

$\boldsymbol{A}$——$n\times n$ 维常系数矩阵。

假设 $\boldsymbol{A}$ 为非奇异矩阵，则有唯一的平衡状态 $\boldsymbol{x}=0$，选取如下二次型李亚普诺夫函数，即

$$V(\boldsymbol{x}) = \boldsymbol{x}^{\mathrm{T}}\boldsymbol{P}\boldsymbol{x} \tag{5-63}$$

式中，$\boldsymbol{P}$——正定的赫米特矩阵(如果 $\boldsymbol{x}$ 是实向量，且 $\boldsymbol{A}$ 是实矩阵，则 $\boldsymbol{P}$ 可取为正定的实对称矩阵)。

$V(\boldsymbol{x})$对时间的导数可表示为

$$\begin{aligned}\dot{V}(\boldsymbol{x}) &= \dot{\boldsymbol{x}}^{\mathrm{T}}\boldsymbol{P}\boldsymbol{x} + \boldsymbol{x}^{\mathrm{T}}\boldsymbol{P}\dot{\boldsymbol{x}} \\ &= (\boldsymbol{A}\boldsymbol{x})^{\mathrm{T}}\boldsymbol{P}\boldsymbol{x} + \boldsymbol{x}^{\mathrm{T}}\boldsymbol{P}\boldsymbol{A}\boldsymbol{x} \\ &= \boldsymbol{x}^{\mathrm{T}}\boldsymbol{A}^{\mathrm{T}}\boldsymbol{P}\boldsymbol{x} + \boldsymbol{x}^{\mathrm{T}}\boldsymbol{P}\boldsymbol{A}\boldsymbol{x} \\ &= \boldsymbol{x}^{\mathrm{T}}(\boldsymbol{A}^{\mathrm{T}}\boldsymbol{P} + \boldsymbol{P}\boldsymbol{A})\boldsymbol{x}\end{aligned}$$

由于 $V(\boldsymbol{x})$取为正定，对于渐近稳定性，要求 $\dot{V}(x)$为负定，因此必须有

$$\dot{V}(\boldsymbol{x}) = -\boldsymbol{x}^{\mathrm{T}}\boldsymbol{Q}\boldsymbol{x} \tag{5-64}$$

为负定。式中，

$$\boldsymbol{Q} = -(\boldsymbol{A}^{\mathrm{T}}\boldsymbol{P} + \boldsymbol{P}\boldsymbol{A}) \tag{5-65}$$

为正定矩阵。

对于式(5-62)的系统，其渐近稳定的充分条件是 $\boldsymbol{Q}$ 正定。为了判断 $n\times n$ 维矩阵的正定性，可采用赛尔维斯特准则。

在判别 $\dot{V}(\boldsymbol{x})$时，方便的方法是先指定一个正定的矩阵 $\boldsymbol{Q}$，然后检查由李亚普诺夫矩阵方程式(5-65)确定的 $\boldsymbol{P}$ 是否也是正定的。这可归纳为如下定理。

定理 1 设线性定常系统状态方程为 $\dot{\boldsymbol{x}}=\boldsymbol{A}\boldsymbol{x}$ 在平衡点 $\boldsymbol{x}=0$ 处渐近稳定的充要条件是：若给定一个正定赫米特矩阵(包括实对称矩阵)$\boldsymbol{Q}$(通常取 $\boldsymbol{Q}=\boldsymbol{I}$ 较为方便)，能找到一个正定赫米特矩阵(包括实对称矩阵)$\boldsymbol{P}$，使得满足如下李亚普诺夫方程

$$\boldsymbol{A}^{\mathrm{T}}\boldsymbol{P} + \boldsymbol{P}\boldsymbol{A} = -\boldsymbol{Q}$$

利用李亚普诺夫第二法对线性系统稳定性进行分析，有如下几个特点：

(1) 都是充要条件，而非仅充分条件；

(2) 渐近稳定性等价于李亚普诺夫方程的存在性；

(3) 渐近稳定时，必存在二次型李亚普诺夫函数 $V(\boldsymbol{x})=\boldsymbol{x}^{\mathrm{T}}\boldsymbol{P}\boldsymbol{x}$ 及 $\dot{V}(\boldsymbol{x})=-\boldsymbol{x}^{\mathrm{T}}\boldsymbol{Q}\boldsymbol{x}$；

(4) 对于线性自由系统，当系统矩阵 $\boldsymbol{A}$ 非奇异时，仅有唯一平衡点，即原点 $\boldsymbol{x}=0$；

(5) 渐近稳定就是大范围渐近稳定，两者完全等价。

例 5-3 设二阶线性定常系统的状态方程为

$$\begin{bmatrix}\dot{x}_1\\ \dot{x}_2\end{bmatrix}=\begin{bmatrix}0 & 1\\ -1 & -1\end{bmatrix}\begin{bmatrix}x_1\\ x_2\end{bmatrix}$$

显然，平衡状态是原点。试确定该系统的稳定性。

解　取李亚普诺夫函数为

$$V(\boldsymbol{x}) = \boldsymbol{x}^{\mathrm{T}}\boldsymbol{P}\boldsymbol{x}$$

此时实对称矩阵 $\boldsymbol{P}$ 可由下式确定

$$\boldsymbol{A}^{\mathrm{T}}\boldsymbol{P} + \boldsymbol{P}\boldsymbol{A} = -\boldsymbol{I}$$

上式可写为

$$\begin{bmatrix}0 & -1\\1 & -1\end{bmatrix}\begin{bmatrix}p_{11} & p_{12}\\p_{12} & p_{22}\end{bmatrix}+\begin{bmatrix}p_{11} & p_{12}\\p_{12} & p_{22}\end{bmatrix}\begin{bmatrix}0 & 1\\-1 & -1\end{bmatrix}=\begin{bmatrix}-1 & 0\\0 & -1\end{bmatrix}$$

将矩阵方程展开，可得联立方程组为

$$-2p_{12}=-1$$
$$p_{11}-p_{12}-p_{22}=0$$
$$2p_{12}-2p_{22}=-1$$

从方程组中解出 p_{11}，p_{12}和 p_{22}，所以有

$$\begin{bmatrix}p_{11} & p_{12}\\p_{12} & p_{22}\end{bmatrix}=\begin{bmatrix}\frac{3}{2} & \frac{1}{2}\\\frac{1}{2} & 1\end{bmatrix}$$

为了确定 $\boldsymbol{P}$ 的正定性，须检验各主子行列式的值是否大于0。因为有

$$\frac{3}{2}>0,\begin{vmatrix}\frac{3}{2} & \frac{1}{2}\\\frac{1}{2} & 1\end{vmatrix}>0$$

表明 $\boldsymbol{P}$ 是正定的，因此，该系统在原点处的平衡状态是大范围渐近稳定的。李亚普诺夫函数为

$$V(\boldsymbol{x})=\boldsymbol{x}^{\mathrm{T}}\boldsymbol{P}\boldsymbol{x}=\frac{1}{2}(3x_1^2+2x_1x_2+2x_2^2)$$

且

$$\dot{V}(\boldsymbol{x})=-(x_1^2+x_2^2)$$

5.6.3 线性定常离散系统的李亚普诺夫稳定性分析

设线性定常离散系统的状态方程为

$$\boldsymbol{x}(k+1)=\boldsymbol{A}_{\mathrm{k}}\boldsymbol{x}(k) \tag{5-66}$$

式中，$\boldsymbol{x}(k)$——n 维状态向量；

$\boldsymbol{A}_{\mathrm{k}}$——$n\times n$ 维常系数矩阵。

假设$\boldsymbol{A}_{\mathrm{k}}$为非奇异矩阵，则有唯一的平衡状态 $\boldsymbol{x}=0$，下面将采用李亚普诺夫第二法研究离散系统原点的稳定性。选取如下二次型李亚普诺夫函数，即

$$V[\boldsymbol{x}(k)]=\boldsymbol{x}^{\mathrm{T}}(k)\boldsymbol{P}\boldsymbol{x}(k) \tag{5-67}$$

式中，$\boldsymbol{P}$ 为正定的赫米特(或实对称)矩阵。李亚普诺夫函数的导数 $\dot{V}(\boldsymbol{x})$可用 $V[\boldsymbol{x}(k+1)]$ 和 $V[\boldsymbol{x}(k)]$之差代替，有

$$\begin{aligned}\Delta V[\boldsymbol{x}(k)]&=V[\boldsymbol{x}(k+1)]-V[\boldsymbol{x}(k)]\\&=\boldsymbol{x}^{\mathrm{T}}(k+1)\boldsymbol{P}\boldsymbol{x}(k+1)-\boldsymbol{x}^{\mathrm{T}}(k)\boldsymbol{P}\boldsymbol{x}(k)\\&=[\boldsymbol{A}_{\mathrm{k}}\boldsymbol{x}(k)]^{\mathrm{T}}\boldsymbol{P}[\boldsymbol{A}_{\mathrm{k}}\boldsymbol{x}(k)]-\boldsymbol{x}^{\mathrm{T}}(k)\boldsymbol{P}\boldsymbol{x}(k)\\&=\boldsymbol{x}^{\mathrm{T}}(k)\boldsymbol{A}_{\mathrm{k}}^{\mathrm{T}}\boldsymbol{P}\boldsymbol{A}_{\mathrm{k}}\boldsymbol{x}(k)-\boldsymbol{x}^{\mathrm{T}}(k)\boldsymbol{P}\boldsymbol{x}(k)\\&=\boldsymbol{x}^{\mathrm{T}}(k)[\boldsymbol{A}_{\mathrm{k}}^{\mathrm{T}}\boldsymbol{P}\boldsymbol{A}_{\mathrm{k}}-\boldsymbol{P}]\boldsymbol{x}(k)\end{aligned}$$

由于 $V[\boldsymbol{x}(k)]$取为正定，对于渐近稳定性，要求 $\Delta V[\boldsymbol{x}(k)]$为负定，因此必须有

$$\Delta V[\boldsymbol{x}(k)]=-\boldsymbol{x}^{\mathrm{T}}(k)\boldsymbol{Q}\boldsymbol{x}(k) \tag{5-68}$$

为负定。式中，

$$Q = -(A_k^T P A_k - P) \tag{5-69}$$

为正定矩阵。

对于式(5-66)的离散系统，其渐近稳定的充分条件是 Q 正定。为了判断 $n \times n$ 维矩阵的正定性，可采用赛尔维斯特准则。

在判别 $\Delta V[x(k)]$时，方便的方法是先指定一个正定的矩阵 Q，然后检查由李亚普诺夫矩阵方程式(5-69)确定的 P 是否也是正定的。这可归纳为如下定理。

定理 2 设线性定常离散系统状态方程为 $x(k+1)=A_k x(k)$ 在平衡点 $x=0$ 处渐近稳定的充要条件是：若给定一个正定赫米特矩阵（包括实对称矩阵）Q（通常取 $Q=I$ 较为方便），能找到一个正定赫米特矩阵（包括实对称矩阵）P，使得满足如下李亚普诺夫方程

$$A_k^T P A_k - P = -Q$$

5.6.4 核反应堆系统的李亚普诺夫稳定性分析

考虑具有温度反馈的等效单组缓发中子核反应堆系统如图 5-40 所示。系统增量方程可描述为一阶微分方程组，有

$$\begin{cases} \Delta \dot{n} = -\dfrac{\beta}{\Lambda}\Delta n + \lambda \Delta c + \dfrac{n_0}{\Lambda}\Delta\rho \\ \Delta \dot{c} = \dfrac{\beta}{\Lambda}\Delta n - \lambda\Delta c \\ \Delta \dot{T} = K\Delta n - a\Delta T \\ \Delta\rho = \Delta\rho_i - \alpha_m \Delta T \end{cases} \tag{5-70}$$

式中，K——慢化剂温度传递系数，℃ · W^{-1}；

a——慢化剂温度衰减常量，s^{-1}；

α_m——反应性慢化剂温度系数，$℃^{-1}$。式(5-70)进一步写成

$$\begin{cases} \Delta \dot{n} = -\dfrac{\beta}{\Lambda}\Delta n + \lambda \Delta c - \dfrac{n_0\alpha_m}{\Lambda}\Delta T + \dfrac{n_0}{\Lambda}\Delta\rho_i \\ \Delta \dot{c} = \dfrac{\beta}{\Lambda}\Delta n - \lambda\Delta c \\ \Delta \dot{T} = K\Delta n - a\Delta T \end{cases} \tag{5-71}$$

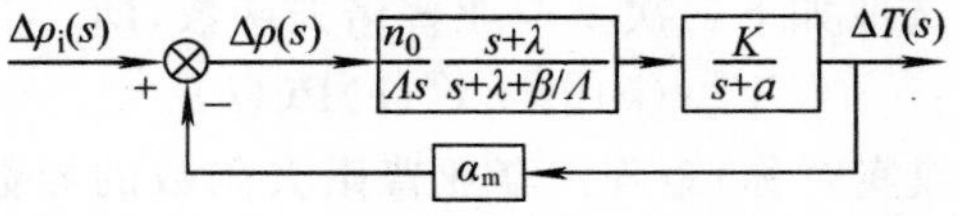

图 5-40 具有温度反馈的核反应堆系统简化方框图

写成矩阵形式，得到核反应堆系统的状态空间表达式，有

$$\begin{bmatrix} \Delta\dot{n} \\ \Delta\dot{c} \\ \Delta\dot{T} \end{bmatrix} = \begin{bmatrix} -\dfrac{\beta}{\Lambda} & \lambda & -\dfrac{n_0\alpha_m}{\Lambda} \\ \dfrac{\beta}{\Lambda} & -\lambda & 0 \\ K & 0 & -a \end{bmatrix} \begin{bmatrix} \Delta n \\ \Delta c \\ \Delta T \end{bmatrix} + \begin{bmatrix} \dfrac{n_0}{\Lambda} \\ 0 \\ 0 \end{bmatrix} \Delta\rho_i \tag{5-72}$$

已知某核反应堆稳定功率状态的各参数为：$n_0=10^6$ W，$\beta=0.006\,4$，$\Lambda=10^{-3}$ s，$\lambda=$

$0.1\ s^{-1}$，$a=2s^{-1}$，$K=1.0\times10^{-6}$℃·W^{-1}，$\alpha_m=5.0\times10^{-4}$℃$^{-1}$。因为研究系统稳定性时，输入作用为零，所以有如下标准形式

$$\dot{\boldsymbol{x}}=\boldsymbol{A}\boldsymbol{x}$$

$$\boldsymbol{A}=\begin{bmatrix}-6.4 & 0.1 & -5\times10^5\\ 6.4 & -0.1 & 0\\ 10^{-6} & 0 & -2\end{bmatrix}$$

李亚普诺夫函数为

$$V(\boldsymbol{x})=\boldsymbol{x}^{\mathrm{T}}\boldsymbol{P}\boldsymbol{x}$$

实对称矩阵 $\boldsymbol{P}$ 可由下式确定

$$\boldsymbol{A}^{\mathrm{T}}\boldsymbol{P}+\boldsymbol{P}\boldsymbol{A}=-\boldsymbol{I}$$

具体可写为

$$\begin{bmatrix}-6.4 & 6.4 & 10^{-6}\\ 0.1 & -0.1 & 0\\ -5\times10^5 & 0 & -2\end{bmatrix}\begin{bmatrix}p_{11} & p_{12} & p_{13}\\ p_{12} & p_{22} & p_{23}\\ p_{13} & p_{23} & p_{33}\end{bmatrix}+$$

$$\begin{bmatrix}p_{11} & p_{12} & p_{13}\\ p_{12} & p_{22} & p_{23}\\ p_{13} & p_{23} & p_{33}\end{bmatrix}\begin{bmatrix}-6.4 & 0.1 & -5\times10^5\\ 6.4 & -0.1 & 0\\ 10^{-6} & 0 & -2\end{bmatrix}=\begin{bmatrix}-1 & 0 & 0\\ 0 & -1 & 0\\ 0 & 0 & -1\end{bmatrix}$$

求解此方程可得 $\boldsymbol{P}$ 矩阵的各元素值，有

$$\boldsymbol{P}=\begin{bmatrix}0.06 & -0.018 & 0\\ -0.018 & 4.922 & 0.043\times10^{-5}\\ 0 & 0.043\times10^{-5} & 0.25\end{bmatrix}$$

由于，$p_{11}=0.06>0$，$\begin{vmatrix}0.06 & -0.018\\ -0.018 & 4.922\end{vmatrix}=0.2967>0$ 和

$$\begin{vmatrix}0.06 & -0.018 & 0\\ -0.018 & 4.922 & 0.043\times10^{-5}\\ 0 & 0.043\times10^{-5} & 0.25\end{vmatrix}=0.07375>0$$

所以，$\boldsymbol{P}$ 为正定矩阵。因此，具有温度反馈的核反应堆在临界点的平衡状态是大范围渐近稳定的。

习　题

5.1　设单位反馈控制系统的开环传递函数为

$$G(s)H(s)=\frac{K(1-s)}{s+1}$$

试应用奈魁斯特稳定性判据确定闭环系统的稳定性。

5.2　已知线性离散系统的特征方程，试确定系统的稳定性。

(1) $z^2-z+0.632=0$

(2) $z^3-1.5z^2-0.25z+0.4=0$

(3) $z^4-2z^3+1.75z^2-0.75z+0.125=0$

5.3　设线性数字控制系统如题图 5-1 所示，$T=1$ s，试确定该系统的稳定性。

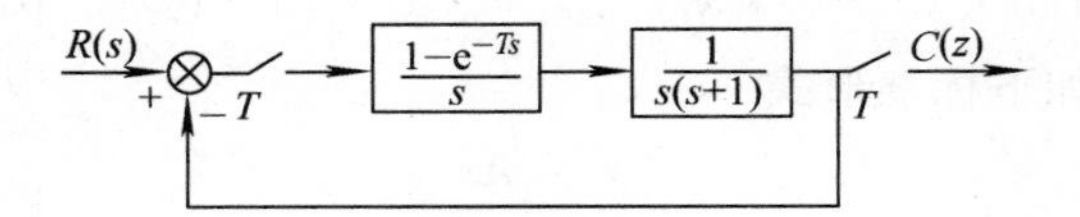

题图 5-1　线性数字控制系统方框图

5.4　设系统的状态方程为 $\dot{\boldsymbol{x}}=\boldsymbol{A}\boldsymbol{x}$，

$$\boldsymbol{A}=\begin{bmatrix}0 & 1 & 1\\ -6 & -11 & 6\\ -6 & -11 & 9\end{bmatrix}$$

试确定系统的稳定性。

5.5　线性定常离散系统在零输入下的状态方程为

$$\begin{bmatrix}x_1(k+1)\\ x_2(k+1)\end{bmatrix}=\begin{bmatrix}0 & 1\\ \frac{1}{2} & 0\end{bmatrix}\begin{bmatrix}x_1(k)\\ x_2(k)\end{bmatrix}$$

设

$$\boldsymbol{Q}=\begin{bmatrix}a & c\\ c & b\end{bmatrix},a>0,b>0,ab>c^2$$

试确定平衡状态($\boldsymbol{x}=0$)的稳定性。

5.6　已知某核反应堆功率控制系统如题图 5-2 所示，其中 $\Delta\rho_{ex}(s)$ 为引入反应性的拉普拉斯变换，$\Delta I(s)$ 为电离室输出电流的拉普拉斯变换。分别应用劳斯稳定性准则和奈魁斯特稳定性准则确定该系统的稳定性。

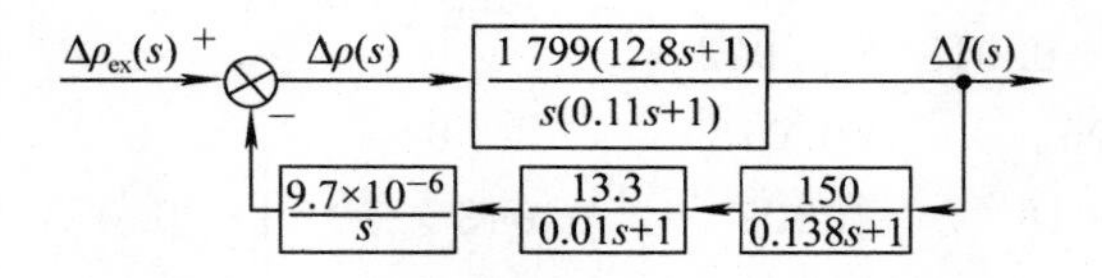

题图 5-2　核反应堆功率控制系统简化方框图

5.7　实验性核反应堆功率控制系统如题图 5-3 所示，试确定使系统稳定的传递系数 K_7 的取值范围。

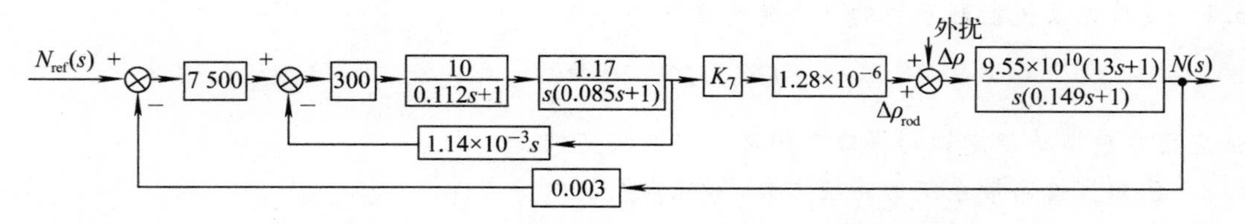

题图 5-3　实验性核反应堆功率控制系统方框图

5.8　已知 $K_R G_R(s)H(s)=\dfrac{K(s+0.1)}{s(s+\gamma)(s+10^2)}$，试分别绘制出 $\gamma=0.01\ \mathrm{s}^{-1}$ 和 $\gamma=1\ \mathrm{s}^{-1}$ 时，具有等效单组缓发中子的反应堆系统的根轨迹图。

5.9　试用根轨迹方法研究图5-7所示具有温度串联反馈核反应堆系统的稳定性。

5.10　已知沸水核反应堆的物理参数为 $\Lambda=6\times10^{-5}\ \mathrm{s}$，$\beta=0.007\,55$，$\beta_1=0.000\,257$，$\beta_2=0.001\,661$，$\beta_3=0.002\,129$，$\beta_4=0.002\,408$，$\beta_5=0.000\,846$，$\beta_6=0.000\,249$，$\lambda_1=0.012\,46\ \mathrm{s}^{-1}$，$\lambda_2=0.031\,5\ \mathrm{s}^{-1}$，$\lambda_3=0.153\,5\ \mathrm{s}^{-1}$，$\lambda_4=0.456\ \mathrm{s}^{-1}$，$\lambda_5=1.612\ \mathrm{s}^{-1}$，$\lambda_6=14.3\ \mathrm{s}^{-1}$，稳态功率为 $P_0=6\,000\ \mathrm{W}$。建立该系统的状态空间表达式，并采用状态空间分析法研究系统的稳定性。

5.11　已知某核反应堆的物理参数为 $\beta=0.006\,4$，$\Lambda=6\times10^{-3}\ \mathrm{s}$，$\lambda=0.1\ \mathrm{s}^{-1}$，稳态功率为 $P_0=10\,000\ \mathrm{W}$。建立该系统的微分方程，线性化得到系统增量方程以及状态空间表达式，并采用状态空间分析法研究系统的稳定性。如果考虑系统具有反应性功率系数为 $\alpha_P=10^{-5}\ \mathrm{kW}^{-1}$ 的功率负反馈时，研究系统的稳定性。

第6章 压水堆核电厂控制

6.1 概 述

6.1.1 压水堆核电厂

压水堆核电厂主要由核反应堆、一回路系统、二回路系统及其他辅助系统和设备组成，通常又把压水堆核电厂分为核岛和常规岛两大部分。核岛是指核的系统和设备部分；常规岛是指那些与常规火电厂相似的系统和设备部分，如图6-1所示。

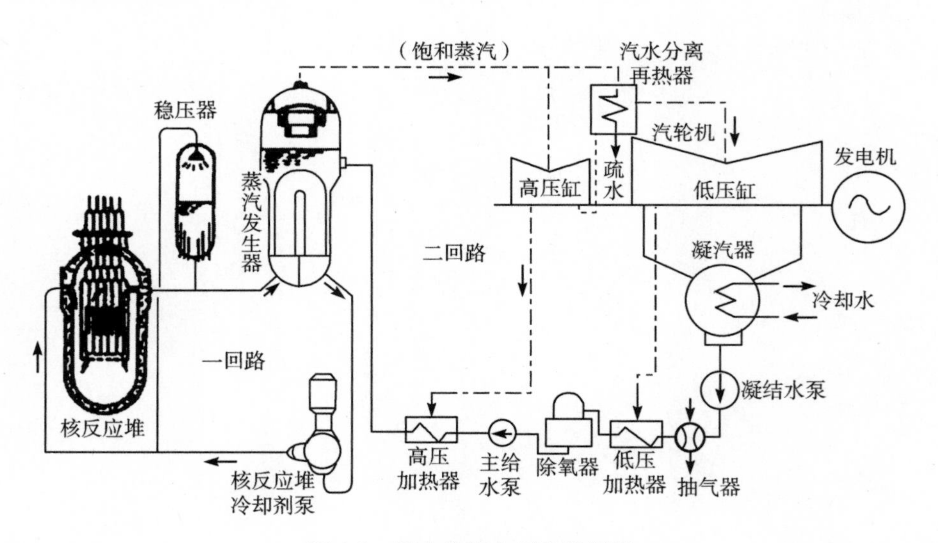

图6-1 压水堆核电厂流程框图

在一回路中循环的冷却剂将堆芯的热量带到蒸汽发生器。冷却剂的循环靠核反应堆冷却剂泵（主循环泵）驱动。一台稳压器使一回路的压力维持恒定。

在蒸汽发生器中，热量是通过蒸汽发生器传热管管壁从一次侧传到二次侧，使进入蒸汽发生器的水在二回路压力下汽化，产生的饱和蒸汽送到汽轮机使其转动，将热能转化为机械能，汽轮机带动同轴的发电机组发电，最终把核能转化为电能。

从汽轮机排出的乏蒸汽经过凝汽器冷凝生成凝结水，凝结水被加热后，由主给水泵送入蒸汽发生器二次侧再被一次侧冷却剂加热完成一次循环。

6.1.2 压水堆核电厂的控制系统

压水堆核电厂的控制系统如图6-2所示。主要包括：核反应堆冷却剂平均温度(R棒组)控制系统、核反应堆功率(由G_1,G_2,N_1和N_2组成的功率补偿棒组)控制系统、硼浓度控制系统(属核反应堆辅助系统——化学与容积控制系统)、稳压器压力和液位控制系统、蒸汽发生器液位控制系统、给水流量控制系统、凝汽器蒸汽排放控制系统、大气蒸汽排放控制系统、汽轮机控制(负荷控制)系统和发电机电压控制系统等。

压水堆核电厂控制系统的主要功能是：

(1) 监测核电厂所有核参数及过程参数，为控制系统和保护系统提供信号与显示；

(2) 用于核反应堆的启动、停闭、升功率、降功率以及维持核反应堆稳态运行功率水平等功率控制；

(3) 实现功率分布的控制，使核反应堆处于良好的安全性和经济性状态下运行；

(4) 抵消剩余反应性，补偿在运行中由于温度变化、中毒和燃耗等所引起的反应性变化；

(5) 实现对核电厂过程参数的自动控制。

核反应堆控制系统设计的一般要求有：

(1) 在满足运行要求的前提下，应尽量使控制系统简单可靠；

(2) 控制系统的设计应尽量减少运行参数的瞬态变化量，并使稳态运行参数更接近设计给定值，尽可能增加核电厂的输出功率；

(3) 控制系统的设计应考虑到最坏的工作条件，即在各种条件下，系统仍有一定的稳定裕度，不大的超调量和合理的调整时间。例如，要考虑到最小的慢化剂系数和最小的多普勒系数情况下的稳定性和良好的控制特性；

(4) 当负荷低于15%FP时，可用手动控制；当负荷高于15%FP时投入自动控制；

(5) 允许负荷最大可有±10%FP阶跃变化，但负荷阶跃变化+10%FP时，负荷不得超过100%FP；

(6) 允许负荷以$5\%FP \cdot min^{-1}$的速率连续变化；

(7) 甩负荷50%FP～80%FP不引起大气蒸汽排放阀开启、停堆或主蒸汽安全阀(MSSV)开启；

(8) 核反应堆紧急停堆、汽轮机脱扣不引起主蒸汽安全阀开启；

(9) 接到紧急停堆信号后，能在约1.5 s的时间内快速落下控制棒。

正常运行时功率控制的超调量应小于3%FP。冷却剂平均温度的超调量不应大于2.5 ℃。压水堆核电厂控制系统的设定值大部分是由核功率由90%FP阶跃上升到100%FP的响应来决定的。

在压水堆核电厂中，通过改变控制棒在堆内的位置和调整慢化剂中硼浓度来控制堆芯反应性，达到启动、停闭核反应堆以及改变堆功率的目的。核反应堆从次临界到满功率，相应地核裂变中子数将由每秒几个到每秒几十亿个，即核反应堆的运行中子注量率水平要越过十来个数量级，如果没有有效的监测、控制和安全保护措施，就容易导致核反应堆事故。此外，由于核裂变反应释放能量大，要求控制的变量多、速度快和准确性高，因此，核功率控制系统的设计必须确保核电厂的安全和高效运行。

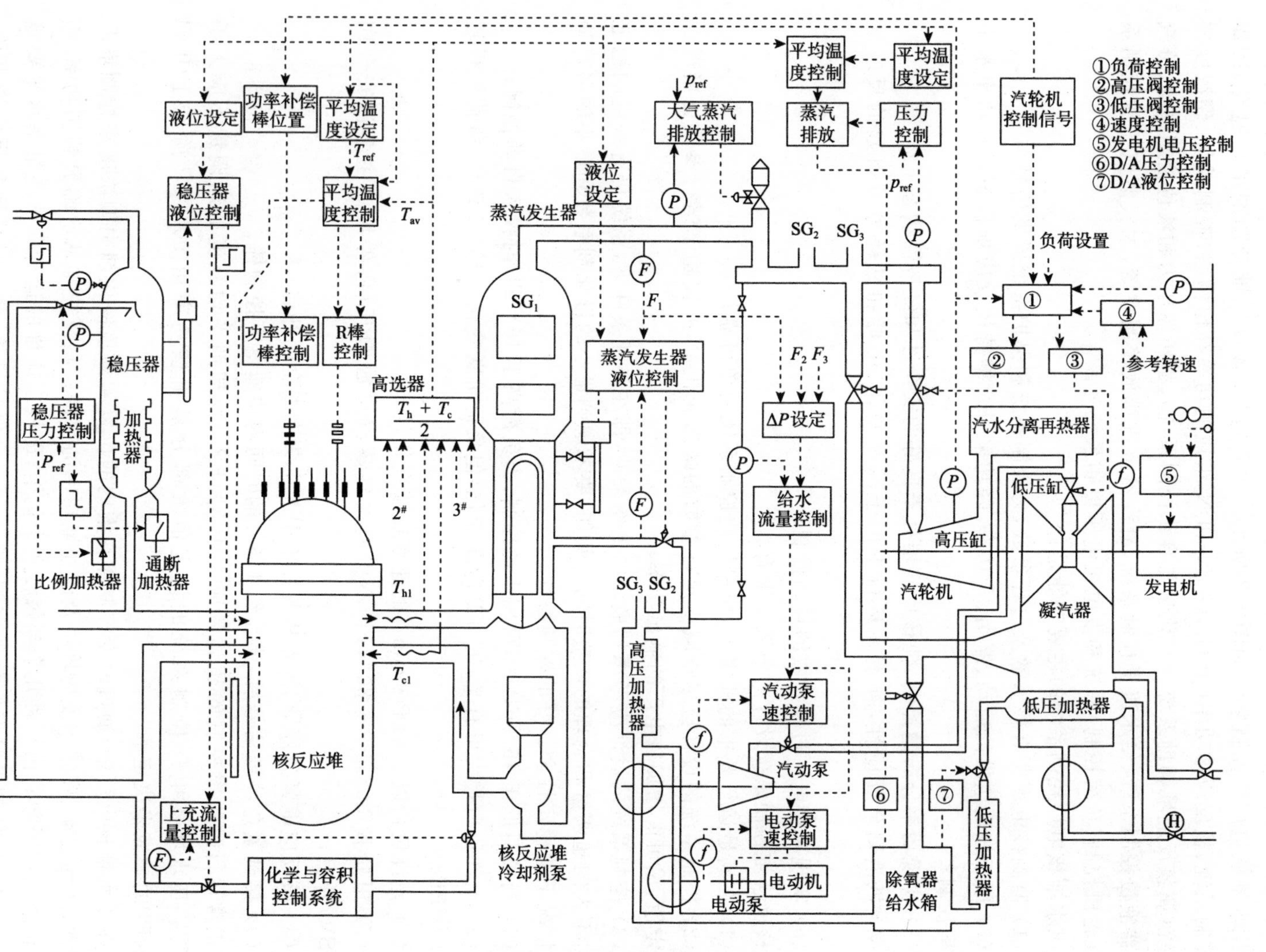

图 6-2 压水堆核电厂控制系统框图

实际上,凡是能改变核反应堆有效增殖因子的任一方法均可作为反应性控制手段。其中可移动中子吸收体是最常用的一种方法。压水堆可移动中子吸收体有控制棒、慢化剂中可溶性毒物和可燃毒物棒等。

1. 控制棒

控制棒是由中子吸收材料制成的棒状控制元件。它主要用于控制核反应堆快速的反应性变化。控制棒组件的作用主要是:

(1) 启动、停闭核反应堆、升降功率及维持稳态功率水平运行;

(2) 调节核反应堆功率使之与负荷要求相一致;

(3) 控制核反应堆轴向功率分布;

(4) 补偿在功率范围内由于冷却剂温度变化引起的反应性变化以及补偿与功率系数有关的反应性变化。

2. 慢化剂中可溶性毒物

慢化剂中可溶性毒物主要用来抵消大的剩余反应性并保证有足够的停堆深度。其方法是在慢化剂中加入一定浓度的可溶性中子吸收材料硼-10(^{10}B)。通过调节溶液中硼浓度或溶液总容积来补偿反应性。硼浓度控制有自动补给、手动补给、稀释和硼化等4种方式。控制方式根据如下原则选择:

(1) 伴随着核反应堆的启动运行,由于从冷态到热态运行中的温度变化以及燃耗、中毒等引起的比较缓慢的反应性下降,采用稀释方法调节硼浓度进行反应性补偿;

(2) 停堆、换料及补偿氙的衰变引起的反应性增加,需要硼化。硼浓度增加引入负反应性。

在额定功率运行状态,硼反应性价值的数量级约为$-10^{-4}(\mu g/g)^{-1}$。

3. 可燃毒物棒

在首次燃料循环中,压水堆采用可燃毒物棒(含硼玻璃棒)作为固定不移动的控制棒装入堆芯,用以补偿堆芯寿命初期的剩余反应性。这样在功率运行时,硼浓度可控制在1 300～1 400 $\mu g/g$范围内。

此外,当反应堆采用低泄漏燃料布置方式时,在后续燃料循环中也使用可燃毒物棒以展平堆芯径向中子注量率分布。

6.1.3 核反应堆自稳自调特性

影响核反应堆特性的内部效应主要因素有:反应性燃料温度系数、反应性慢化剂温度系数、中毒效应、反应性慢化剂压力系数和空泡系数等。

反应性温度效应是核反应堆温度变化引起反应性变化的效应,用反应性温度系数度量。反应性燃料温度效应主要是由^{238}U的共振吸收的多普勒效应随温度变化引起的。燃料温度上升导致^{238}U吸收共振峰展宽,燃料有效吸收增加,多普勒效应中子有效共振吸收增加,所以,^{238}U的反应性燃料温度系数总是负的。响应时间仅零点几秒。对压水堆来说,燃料温度系数α_f一般为$-2\sim-3.4$ pcm·℃$^{-1}$。

慢化剂温度升高时,水膨胀、密度减小、慢化能力减弱,使反应性变小,故反应性温度系数是负的。但由于压水堆慢化剂是载硼运行,温度升高时,硼浓度减小,硼毒作用将随之下降,使反应性增加,所以硼的反应性温度系数是正的。如果硼浓度足够大,反应性慢化剂温度系数将变为正的。压水堆功率运行时，要求慢化剂温度系数必须是负的。该温度效应响应时间较长（约几秒），因此，它在核反应堆温度效应反馈中起决定性的作用。

在核裂变过程中，可产生能吸收大量热中子的裂变碎片如氙和钐等。它们吸收大量热中子而引起反应性的变化，称为中毒效应。其中氙的中毒过程较复杂，但它可引起功率的低频振荡（也称为氙振荡）。由于振荡频率低，约为 0.2～2 周/天，可手动控制消除。

在寿期初，反应性慢化剂压力系数在慢化剂温度部分范围内是负的，但在功率运行下常是正的。由于压水堆允许压力波动范围很小，且压力变化 0.332 MPa 所引起的反应性变化仅相当于慢化剂温度变化 0.5 ℃所引起的变化，故可忽略其影响。

反应性慢化剂空泡系数反映了慢化剂空泡份额变化引起的反应性变化。在局部沸腾时，该系数在从低功率时的 50 pcm/%到满功率运行时的 250 pcm/%范围内变化。由于压水堆不允许沸腾，因此这个系数实际上不起作用。

综上所述，影响核反应堆动态特性的主要因素是反应性燃料温度系数和慢化剂温度系数。压水堆反应性温度系数总是设计成负的。这个内部负反馈作用使核反应堆具有自稳自调特性。这个固有稳定性是核电厂固有安全性的基础，也有利于堆芯外部控制系统的设计。

所谓自稳特性是指核反应堆出现内、外反应性扰动时，核反应堆能依靠自身内部温度反馈而维持稳定状态的特性。例如，当核反应堆引入一个正的反应性扰动 ρ_{ex}时，核反应堆中子密度将突然增加 Δn，燃料温度增加 ΔT_f，慢化剂平均温度跟着增加 ΔT_{av}，由于温度效应产生一个负反应性，抵消了正反应性扰动的作用，使反应堆达到另一个稳定状态。

所谓自调特性是指核电厂负荷变化时，核反应堆靠自身内部温度反馈功能使其功率达到与负荷一致的水平，产生新的热平衡。例如，压水堆核电厂汽轮机的负荷突然增加 ΔP_H，则汽轮机转速降低 Δf，控制器使汽轮机阀门开度增加 ΔK，蒸汽流量增加 ΔF_s，于是蒸汽压力降低 Δp_s，蒸汽饱和温度降低 ΔT_s，蒸汽发生器一次侧与二次侧的温差增大，换热增强，使核反应堆冷却剂平均温度降低 ΔT_{av}，燃料温度降低 ΔT_f，由于负温度系数而引入一个正反应性，使中子密度上升 Δn，从而核反应堆功率上升 ΔP_n。由于核反应堆功率上升而导致燃料温度上升，慢化剂温度上升，引入一个负反应性，抵消了由于冷却剂平均温度降低而引入的正反应性。最后，核反应堆中子注量率稳定在一个新的水平，使核反应堆功率与负荷需求一致。压水反应堆自调特性响应曲线如图 6-3 所示。图 6-3 描述了负荷阶跃增加后，核反应堆的反应性、核功率和冷却剂平均温度随时间变化的响应曲线。

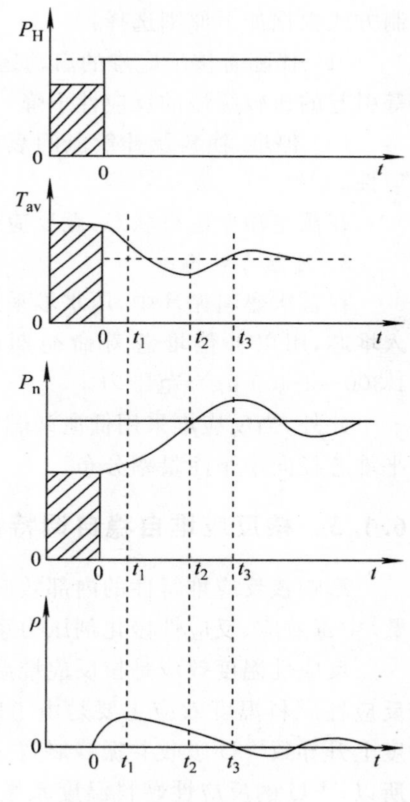

图 6-3　压水反应堆自调特性响应曲线图

6.2 压水堆功率分布控制

理论分析表明,圆柱形均匀裸堆轴向功率呈余弦分布,径向功率呈贝塞尔函数分布。实际压水堆的在无棒条件下,压水堆径向功率分布如图 6-4(a)所示。它可以通过燃料的不同浓度分区布置、可燃毒物棒和控制棒的径向对称布置、最佳控制棒分组以及控制棒提升和插入程序设计等措施来展平,在运行中变化不大,并可以精确地预测。压水堆轴向功率呈近似余弦分布如图6-4(b)所示。慢化剂温度效应、可燃毒物效应、多普勒效应、功率水平效应、裂变产物(氙和钐)效应、控制棒组件移动和燃耗变化都对轴向功率分布产生影响,使其在运行过程中变化,因此,研究核反应堆功率分布控制的主要任务是研究核反应堆的轴向功率分布控制。

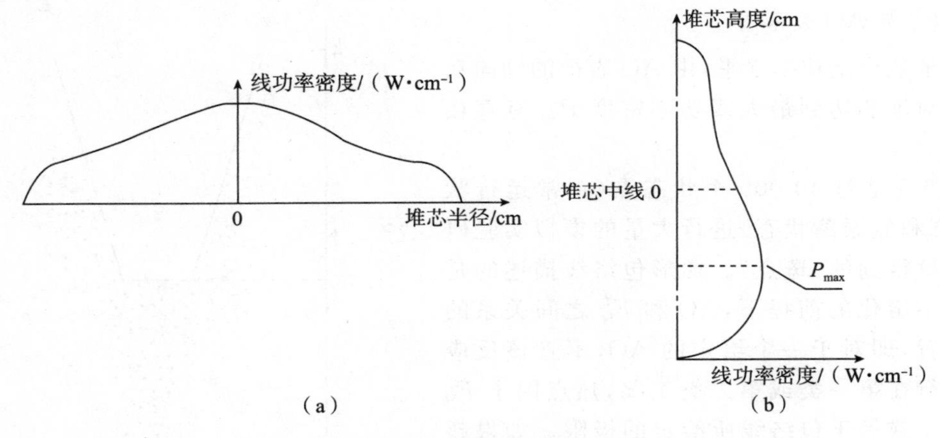

图 6-4　压水堆功率分布图

(a)径向功率分布;(b)轴向功率分布

从经济性角度考虑,燃料的平均燃耗越深,燃料利用越充分。从安全性角度考虑,为防止燃料包壳烧毁或芯块熔化,堆芯最大线功率密度 P_{max} 是受限制的。在正常运行中,线功率密度过高,即使未达到燃料芯块熔化或包壳烧毁,一旦发生失水事故,也可能超过燃料元件安全容许极限。核反应堆功率分布控制已成为核电厂安全和经济运行的重要课题。

早期的压水堆一般采用短棒来控制轴向功率分布与抑制可能出现的氙振荡。但存在的问题是:(1)当短棒靠近底部时,有时可能在堆芯半高度处造成挤压功率峰,难以用上、下长电离室监测出来;(2)短棒长期滞留在堆内某处会使该处燃耗受到屏蔽,而短棒抽出时,又会引起大的功率峰。故 20 世纪 70 年代后期,停止使用短棒,采用"常轴向偏移控制"法控制轴向功率分布,满足了安全运行的要求,改善了核反应堆的运行性能。

6.2.1 轴向功率分布的描述

1. *热点因子、轴向偏移和轴向功率偏差*

堆芯功率分布的均匀程度可以用热点因子 F_Q^T 来描述

$$F_Q^T = \frac{P_{max}}{P_{av}} \tag{6-1}$$

式中，P_{max}——堆芯最大线功率密度，$W \cdot cm^{-1}$；P_{av}——堆芯平均线功率密度，$W \cdot cm^{-1}$。F_Q^T 是一个不可测量的量。为适应核反应堆功率轴向分布监控的需要，避免出现热点，对于 F_Q^T 所规定的限值，通过一个可以有效测量的中间量，即轴向偏移 AO 来监测。

$$AO = \frac{P_T - P_B}{P_T + P_B} \times 100\% \tag{6-2}$$

式中，P_T——堆芯上部功率，%FP；P_B——堆芯下部功率，%FP。

轴向偏移 AO 是轴向中子注量率或轴向功率分布的形状因子。它还不能精确地反映燃料热应力情况，因为对不同功率水平，尽管 AO 相同，但由于堆芯上部功率与下部功率的差异而产生的热应力和机械应力将不相同，所以，还必须引进另一个量——轴向功率偏差 ΔI，用以反映在给定功率水平下中子注量率不对称的情况。

$$\Delta I = P_T - P_B = AO(P_T + P_B)(\%FP) \tag{6-3}$$

2. F_Q^T 与 AO 关系图

对于某给定功率水平，由 AO 表征的轴向功率分布对堆芯达到最大线功率密度 P_{max} 有直接影响。

图 6-5 是对 40 000 个状态点（正常运行状态、瞬态和氙振荡状态）进行大量的模拟实验研究和计算得到的“斑点”。梯形包络线描述的是在堆芯不熔化的前提下，AO 和 F_Q^T 之间关系的极限位置，即对于一个给定的 AO，不管核反应堆是运行在第一类或第二类工况，热点因子 F_Q^T 总是小于或等于包络线所给定的极限。如果超越这条包络线堆芯性能就要恶化。梯形包络线由式(6-4)确定。

$$\begin{cases} F_Q^T = 2.76, & -18\% \leqslant AO \leqslant +14\% \\ F_Q^T = 0.0376\,|\,AO\,| + 2.08, & AO < -18\% \\ F_Q^T = 0.0376AO + 2.23, & AO > +14\% \end{cases} \tag{6-4}$$

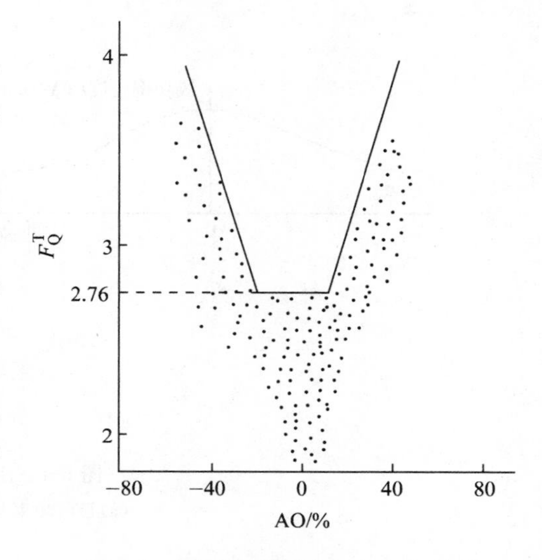

图 6-5　F_Q^T-AO 关系斑点与包络线图

6.2.2　限制功率分布的有关准则

1. 偏离泡核沸腾(DNB)准则

偏离泡核沸腾(DNB)定义为这样的一个点，从这点开始脱离泡核沸腾状态，而过渡到膜态对流换热方式。偏离泡核沸腾比率(DNBR)或烧毁比为燃料元件包壳上给定点的偏离泡核沸腾热流密度与实际热流密度之比

$$DNBR = \frac{DNB\text{热流密度}}{\text{实际热流密度}} \tag{6-5}$$

核反应堆在正常运行工况下，不应达到泡核沸腾传热方式向膜态传热方式的转化点。在额定功率水平时，核反应堆的 DNB 热流密度、实际热流密度以及 DNBR 随堆内位置变化特性曲线如图 6-6 所示。DNBR 随堆内位置由低到高变化先减少，一直减少到出现最小值，

然后增加。该最小值与实际热流密度最大值没有对应关系。在额定功率水平下，DNBR 约大于 1.9。

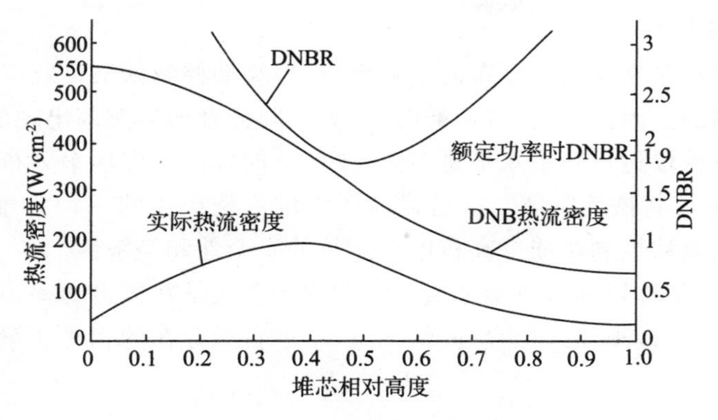

图 6-6　额定功率水平偏离泡核沸腾比的变化曲线图

在瞬态过程中，DNBR 不应低于 1.30。这就是说，堆芯的任何一点热流密度都不应超过这点的 DNB 热流密度的 77%(1/1.3)。这相当于不会发生偏离泡核沸腾的可靠性概率为 95%。DNBR>1.30 通常被选择为核反应堆各种运行条件的偏离泡核沸腾比率的适当界限。但在功率突变或出现事故(如控制棒组件弹出)期间，在 DNBR≥1.30 的情况下，燃料芯部也可能达到熔化温度。

2. *燃料不熔化准则*

二氧化铀燃料芯块熔化温度，对新燃料是 2 800 ℃，对应的线功率密度是 755 $W \cdot cm^{-1}$，考虑到不确定的因素、可能的瞬态负荷变化和测量误差之后，将二氧化铀燃料芯块不熔化极限温度定为 2 260 ℃，燃料包壳温度极限应小于 1 240 ℃，也就是说，堆芯线功率密度应小于 590 $W \cdot cm^{-1}$。

3. *失水事故准则*

在发生失水事故(LOCA)的情况下，应避免燃料包壳熔化。试验结果表明，燃料包壳不能超过的最高温度是 1 204 ℃，核反应堆线功率密度极限值约为 480 $W \cdot cm^{-1}$。实用值选为 418 $W \cdot cm^{-1}$，对应包壳最高温度为 1 060 ℃。

对于 900 MW 级压水堆核电厂，核反应堆额定热功率 $P_0 = 2\ 775$ MW 时，其中，97.4% 为燃料产生的功率份额，其余的 2.6% 是中子在慢化过程中和水吸收 γ 射线所产生的能量。因此，核反应堆额定功率的平均线功率密度 P_{av0} 为

$$P_{av0} = \frac{2\ 775 \times 10^6 \times 0.974}{157 \times 264 \times 366} = 178\ W \cdot cm^{-1}$$

式中，157 为燃料组件数；264 为每个组件的燃料棒数；366 为燃料棒高度，cm。

如果最大线功率密度取 $P_{max} = 418\ W \cdot cm^{-1}$，额定功率水平下失水事故准则由下式表示

$$\frac{P_{max}}{P_{av0}} = \frac{418}{178} = 2.35$$

综上所述，偏离泡核沸腾准则、燃料不熔化准则和失水事故准则限制 AO 变化，其中以失水事故准则制约性最强，成为建立安全运行区域的基本设计依据。

6.2.3 保护梯形与运行梯形

1. 常轴向偏移控制

控制棒组件是控制轴向功率分布的主要手段，但移动控制棒又可能引起氙振荡，这个寄生效应是很难控制的。因此，在正常运行时，应力求降低轴向氙振荡出现的概率。常轴向偏移控制法就在于不管堆运行功率水平是多少，要保持同样的轴向功率分布形状，用轴向偏移AO为恒值AO_{ref}来控制核反应堆。这是目前压水堆广泛应用的一种常轴向偏移功率分布控制方法。常轴向偏移控制法能提高核电厂运行的安全性和经济性。

这个恒值AO_{ref}又称目标值或参考值。它的物理含义是在额定功率、平衡氙及控制棒全部抽出（或控制棒处于最小插入位置）的情况下，堆芯自然存在的相对功率差额，即

$$AO_{ref} = \frac{P_T - P_B}{P_0} \times 100\% \tag{6-6}$$

式中，P_0——额定功率，100%FP。

目标值AO_{ref}伴随燃耗而在−7%～+2%（在第一循环期间）之间变化。寿期初，AO_{ref}值一般在−7%～−5%之间变化。当相对运行功率为P_r（P_r=0～100%），AO_{ref}恒定时，轴向功率偏差ΔI的目标值ΔI_{ref}为

$$\Delta I_{ref} = AO_{ref} P_r (\%FP) \tag{6-7}$$

AO_{ref}或ΔI_{ref}值随着燃耗的加深需要通过实验方法定期进行修正。P_r-AO和P_r-ΔI关系如图6-7所示。

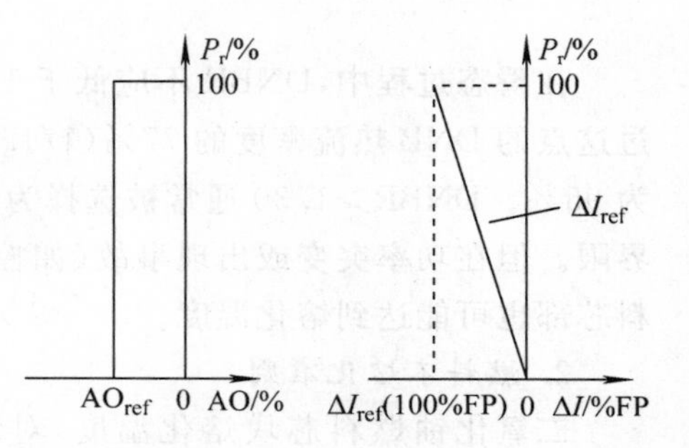

图 6-7 P_r-AO和P_r-ΔI关系图

在实际运行中，保持AO=AO_{ref}=常数，并非绝对不容许有丝毫的变化，而是允许在目标值AO_{ref}附近的一个称之为目标带，也称为运行带的小范围内变动。轴向功率偏差ΔI相应在$\Delta I_{ref}\pm 5\%$FP的区域之内变动。

2. P_r-ΔI保护和运行梯形

(1) P_r-ΔI关系式

设P_r为相对功率（P_r=0～100%），则$P_{av}=P_{av0}P_r$，因此热点因子可写为

$$F_Q^T = \frac{P_{max}}{P_{av0} P_r} = \frac{P_{max}}{178 P_r} \tag{6-8}$$

为了满足运行控制的需要，应将F_Q^T-AO关系转换成P_r-ΔI关系，令$K = P_{max}/P_{av0} \times 100\%$，由式(6-8)得到

$$F_Q^T = \frac{K}{P_r} \tag{6-9}$$

又因为

$$AO = \Delta I / P_r (\%) \tag{6-10}$$

将式(6-9)和式(6-10)代入式(6-4)就得到P_r-ΔI关系式

$$\begin{cases} P_r = \dfrac{K}{2.76}(\%), & -\dfrac{K}{2.76}\times 0.18\%\text{FP} < \Delta I < \dfrac{K}{2.76}\times 0.14\%\text{FP} \\ P_r = 0.0181\Delta I + \dfrac{K}{2.08}(\%), & \Delta I < -\dfrac{K}{2.76}\times 0.18\%\text{FP} \\ P_r = -0.0169\Delta I + \dfrac{K}{2.23}(\%), & \Delta I > \dfrac{K}{2.76}\times 0.14\%\text{FP} \end{cases} \tag{6-11}$$

在这个梯形内所有可能预料的状态点都具有低于 P_{max} 的性质。

(2) P_r-ΔI 保护梯形

如前所述，遵守燃料不熔化准则，$P_{max}<590\ \text{W}\cdot\text{cm}^{-1}$。将 $K=590/178=331\%$ 代入式(6-11)中，则得到满足燃料不熔化准则的保护梯形关系式

$$\begin{cases} P_r = 120(\%), & -22\%\text{FP} < \Delta I < +17\%\text{FP} \\ P_r = 1.81\Delta I + 159(\%), & \Delta I < -22\%\text{FP} \\ P_r = -1.69\Delta I + 149(\%), & \Delta I > +17\%\text{FP} \end{cases} \tag{6-12}$$

考虑到 2% 的设计裕量，实际允许最大功率水平是 118%，相应保护梯形为图 6-8 中 ABCDO 梯形。

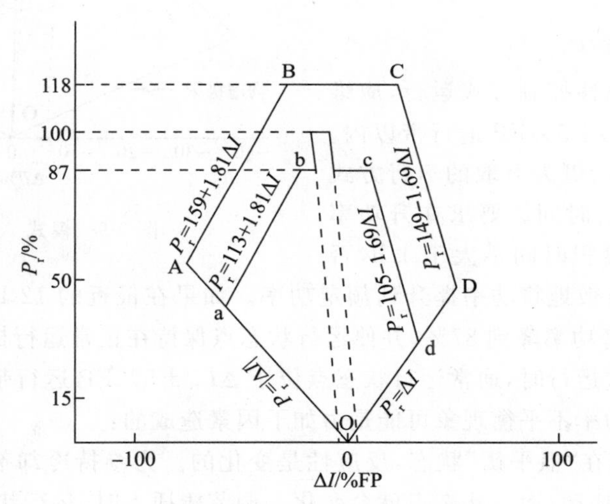

图 6-8　保护梯形和运行梯形图

(3) P_r-ΔI 运行梯形

在失水事故情况下，为确保燃料包壳不熔化，P_{max} 实际值取为 $418\ \text{W}\cdot\text{cm}^{-1}$。因此 $K=235\%$。如果进一步考察图 6-5 F_Q^T-AO 包络梯形"底"的数值，当不考虑出现燃料芯块密实性能恶化时，$F_Q^T=2.76$；如果考虑燃料芯块密实性恶化时，$F_Q^T=2.69$。从安全上考虑，应取 $F_Q^T=2.69$。将该值与 K 代入式(6-11)就得到遵守失水事故准则下的运行梯形关系式(6-13)，梯形图为图 6-8 中 abcdO 梯形。

$$\begin{cases} P_r = 87(\%), & -16\%\text{FP} < \Delta I < +12\%\text{FP} \\ P_r = 1.81\Delta I + 113(\%), & \Delta I < -16\%\text{FP} \\ P_r = -1.69\Delta I + 105(\%), & \Delta I > +12\%\text{FP} \end{cases} \tag{6-13}$$

式(6-13)表明，为满足失水事故准则，核反应堆只能在 87% 功率以下运行，即所有运行

状态点都将位于该运行梯形之内。研究表明，如果运行状态点保持在 $\Delta I_{ref}\pm5\%$FP 带状区域内时，都能遵守失水事故准则。也就是说当功率大于 87%但小于或等于 100%FP 时，运行状态点必须保持在 $\Delta I_{ref}\pm5\%$FP 范围之内。

在图 6-8 中，$P_r\leqslant|\Delta I|$ 区域是物理上不可能运行的区域。根据定义有：$P_r=\frac{P_T-P_B}{P_0}\times100\%$ 和 $\Delta I=P_T-P_B$。当 $\Delta I>0$ 时，如果 $P_r<\Delta I$，就意味着 $P_T+P_B<P_T-P_B$，得 $2P_B<0$，这是不可能的。当 $\Delta I<0$ 时，对于 $P_r<-\Delta I$，结论相同。因此，$P_r=|\Delta I|$ 和 $P_r=\Delta I$ 为物理极限线。

6.2.4 模式 A 运行梯形

根据前面叙述的理论可建立起模式 A 的运行梯形，如图 6-9 所示。一个实际的运行梯形图既要考虑失水事故下的安全性，又要考虑正常运行的经济性，两者需要恰当地结合起来。

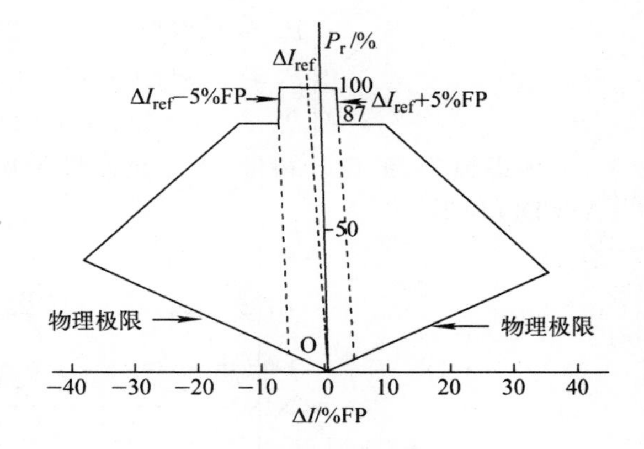

图 6-9 模式 A 运行梯形图

1. *相对运行功率 $P_r>87\%$*

采用在常轴向偏移控制方式运行，应维持运行状态点在 $\Delta I_{ref}\pm5\%$FP 运行带以内。如果超出这个运行带，更为可取的运行方式是限制超出运行带的时间。要求在升功率之前12 h内超出的累积时间不大于 1 h，否则因氙振荡不可能有效地将功率提升到额定功率。如果在最近的 12 h 内超出运行带累积时间大于 1 h，则应将功率降到 87%，并使运行状态点保持在正常运行梯形之内。

在额定功率正常运行时，通常运行状态点位于 $\Delta I_{ref}\pm5\%$FP 运行带区域之内。运行状态点超出运行带的功率不平衡现象可能是由如下因素造成的：

(1) 核反应堆不在“氙平衡”状态，反应性是变化的。为维持冷却剂平均温度程序设定值，调节棒将在堆内移动，运行状态点就会变化。调节棒插入时，运行状态点向负方向移动；调节棒提升时，运行状态点向正方向移动。

(2) 当出现一个小的氙振荡，运行状态点缓慢地变化。如果运行状态点向左移动，应提升调节棒，再进行硼化操作；如果运行状态点向右移动，应下插调节棒，再进行硼稀释操作，以使运行状态点既保持在运行带范围内，又确保核反应堆在额定功率水平稳定运行。

2. *相对运行功率 $15\%<P_r<87\%$*

ΔI 对应的功率运行状态点应落在运行梯形之内。若运行状态点接近于梯形腰边界，应降低功率运行。

3. *相对运行功率 $P_r<15\%$*

由于没有任何氙峰出现的危险，不限制轴向功率偏差值，运行状态点可以不在运行区域内。

6.2.5　模式 G 运行梯形

模式 G 运行梯形图是依据与模式 A 同样的原理并结合模式 G 的运行特点而确定的。根据 F_Q^T-AO 关系，为了遵守失水事故准则，不得不限制负端的 AO，这个限制条件在 F_Q^T-AO 关系转换成 P_r-ΔI 关系后就确定了 P_r-ΔI 运行梯形图上运行状态点的运行区域的左端边界。考虑到 AO 右端是严重的轴向氙振荡的潜在根源，为限制右端 AO，在 P_r-ΔI 运行梯形图上把 $\Delta I_{ref}+5\%$FP 作为运行状态点区域的右端边界，如图 6-10 所示。

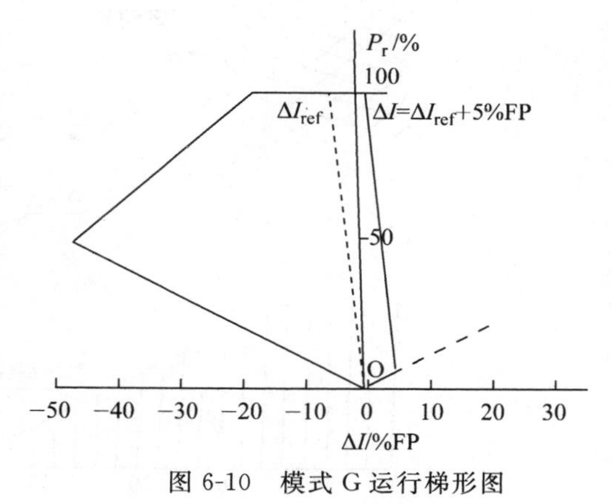

图 6-10　模式 G 运行梯形图

6.2.6　运行梯形实例

作为一个运行梯形图应用的实例，下面介绍某核电厂模式 G 运行梯形图的确定和使用。

模式 G 运行梯形图的设计仍然遵循以下 3 个准则：

(1) 偏离泡核沸腾准则

DNBR＞1.22。

(2) 燃料不熔化准则

$P_{max}<590\ \text{W}\cdot\text{cm}^{-1}$，或 $T_{芯块}<2\ 260$ ℃。

(3) 失水事故准则

$P_{max}<480\ \text{W}\cdot\text{cm}^{-1}$，实用值 $P_{max}<418\ \text{W}\cdot\text{cm}^{-1}$ 或 $T_{包壳}<1\ 204$ ℃。

一个实际运行梯形图的确定，除了遵循上述准则外，还要考虑运行的经济性以及核反应堆运行寿期中可能出现的各种现象。因此实际运行梯形图的限值与上节讨论的梯形图的限值不完全相同。

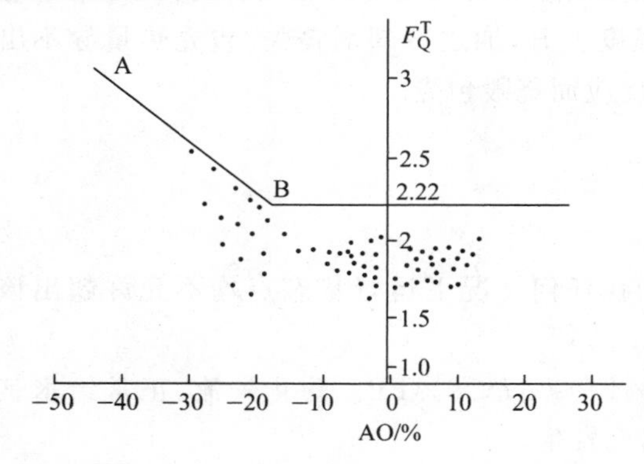

图 6-11　F_Q^T-AO 关系斑点与包络线图

图 6-11 为该核电厂模式 G 运行模式下 F_Q^T-AO 关系斑点图。该 F_Q^T-AO 关系斑点图表示在模式 G 运行工况 I 的各种可能的瞬态时，热点因子 F_Q^T 与轴向偏移 AO 的关系。斑点图是由模拟实验并通过大量计算得到的。根据各种可能的控制棒位置、硼浓度、燃耗和负荷变化给出大量的运行状态点，每个状态点均可在 F_Q^T-AO 图上得到一个斑点。作这些斑点的包络线，使在包络线上的值总比实验得到的 F_Q^T 值大。

根据上述准则与图 6-11 可得到如图 6-12 所示的模式 G 运行梯形图。运行梯形图由下列限制线包围的区域组成。

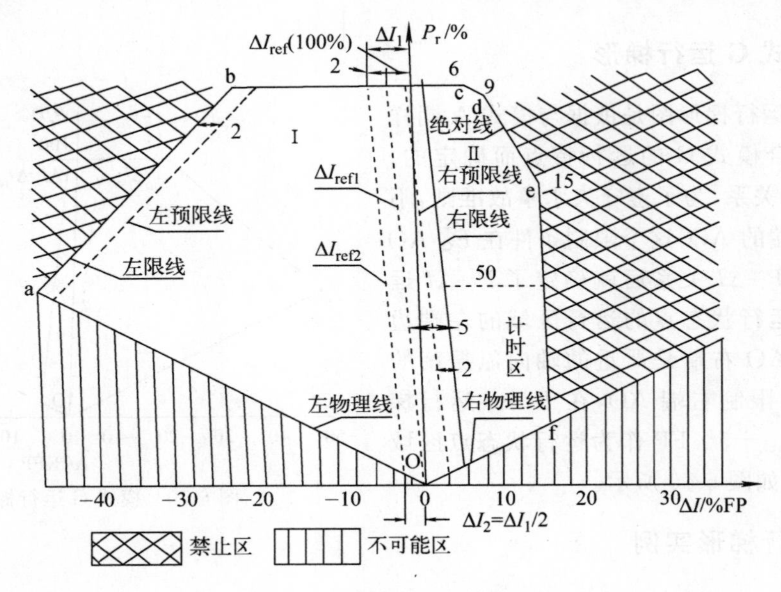

图 6-12 模式 G 运行梯形图

(1) $\overline{Oa}$——左物理线，$P_r=-\Delta I$

该线以下的区域为物理上不可能区域。

(2) $\overline{fO}$——右物理线，$P_r=\Delta I$

该线以下的区域为物理上不可能区域。

(3) $\overline{ab}$——左限线，$P_r=3.92\Delta I+156.1(\%)$

左限线是由 F_Q^T-AO 斑点图换算得到的。

根据式(6-9)和式(6-10)可以求出斑点图 6-11 上直线$\overline{AB}$在运行梯形图上的映象直线$\overline{ab}$。

把轴向功率偏差限制在左限线以内的目的是为了防止大破口失水事故时烧毁燃料包壳。因为大破口失水事故时，堆芯下部也可能裸露出来并且可能持续相当长时间，如果堆芯下部裂变产物大量积累，热传导会使下部包壳温度上升，加之冷却剂丧失，包壳热量导不出去，其结果是包壳温度超过 1 204 ℃，发生锆水反应而烧毁包壳。

(4) $\overline{bc}$线——$P_r=100\%$

运行功率不超过 100%FP。

(5) 绝对限制线

折线$\overline{cdef}$为绝对限制线，“绝对”的意思是指在任何情况下运行状态点均不允许超出该线。它由 3 条直线组成：

① $\overline{cd}$线——$P_r=-1.0\Delta I+106.0(\%)$，$6\%FP\leqslant\Delta I\leqslant 9\%FP$。防止失流、正常给水丧失第二类工况事故发生时导致 DNBR<1.22 情况发生。

② $\overline{de}$线——$P_r=-3.57\Delta I+128.6(\%)$，$9\%FP\leqslant\Delta I\leqslant 15\%FP$。堆芯上部功率大于下部功率，裂变产物也是上部多于下部。如果此时发生中小破口失水事故，由于堆芯上部先失水，后重新淹没，裸露时间长于堆芯下部，所以可能导致包壳温度上升到 1 204 ℃，使包壳烧毁。

③ $\overline{ef}$线——$\Delta I=15\%FP$，$15\%\leqslant P_r\leqslant 75\%$。它称为偏离泡核沸腾限制线，它保证DNBR>1.22。

图6-12所示运行梯形图的区域划分是正常功率运行状态点的位置区域划分。梯形由梯形内部限制线划分为Ⅰ，Ⅱ和计时区。下面说明各梯形内部限制线。

(1) 轴向功率偏差参考线ΔI_{ref1}

参考线ΔI_{ref1}是$\Delta I_{ref}(100\%)$（100%FP功率下的参考ΔI）与坐标原点O的连线。$\Delta I_{ref}(100\%)$是试验得到的，试验条件为：①核反应堆在100%FP功率运行；②功率补偿棒组G_1，G_2，N_1和N_2全部抽出堆芯；③已经建立了氙平衡；④冷却剂平均温度调节棒（R棒组）位于调节区中点。

(2) 运行参考线ΔI_{ref2}

运行参考线ΔI_{ref2}由两点的连线构成，即在100%时$\Delta I_1=\Delta I_{ref}(100\%)-2\%$和在0%时的$\Delta I_2=\Delta I_1/2$两点连线。

(3) 右限线

右限线由参考线$\Delta I_{ref1}+5\%FP$构成。运行状态点应限制在它的左边，其目的是：

① 抑制氙振荡 限制过大的正向功率偏差，以避免产生不可控的氙振荡；否则，若产生过大的氙振荡，当氙谷出现在堆芯下部时，工作点会超出左限线。

② 限制中、小破口失水事故后果 ΔI为正，表示裂变产物积累在堆芯上部的多于下部，当出现中小破口失水事故时，堆芯上部裸露达一定时间后，会使包壳温度高于1 204 ℃。之所以取这条比绝对限制线更严格的限制线的原因是此时功率补偿棒位于堆内，使径向功率峰值因子更大。

③ 抑制偏离泡核沸腾。

④ 上述对失水事故的限制主要指功率大于50%FP时。当功率小于50%FP时，右限线主要限制偏离泡核沸腾。若正向功率偏差过大，当氙毒不平衡时发生掉棒或失控稀释等事故就会导致偏离泡核沸腾。

(4) 左预限线

左限线加2%FP为左预限线。当运行状态点触到左预限线时，发出预警信号，以提示操纵员运行状态点已接近左限线，所以也称该线为左预警线。

(5) 右预限线

右限线减2%FP为右预限线。当ΔI触到右预限线时，发出预警信号，以提示操纵员运行点已接近右限线，所以也称该线为右预警线。

梯形图划分成区域Ⅰ和区域Ⅱ。整个梯形图包络线围成的区域为区域Ⅱ。左限线、右限线、左物理线及100%功率线所围成的区域为区域Ⅰ。区域Ⅱ包括了区域Ⅰ。在正常运行过程中运行状态点被控制在运行区域Ⅰ内。右限线和左限线与运行区域控制闭锁C_{21}信号（启动汽轮机降负荷）相连，当运行状态点触到左限线或右限线时，闭锁信号C_{21}出现，发出警报，汽轮机以$200\%FP\cdot min^{-1}$的速率降负荷，由于核反应堆功率自动跟踪二回路负荷，所以也以同样速率自动降功率。

在区域Ⅰ内，运行参考线$\Delta I_{ref2}\pm 3\%FP$的区域为推荐的运行区域。在正常运行工况下，运行状态点应尽量控制在推荐运行区域内。把运行状态点控制在这个区域内，能保证堆芯上、下部功率分布处于较为理想的状态，燃耗分布也较为均匀。

运行状态点的控制与功率水平有关：

(1) 当 $P_r<15\%$时，对运行状态点不作任何限制；

(2) 当 $P_r>15\%$时，运行状态点维持在运行区域Ⅰ内；

(3)在一些特殊情况下如寿期末停堆后再启动时，运行状态点可能需要超出运行区域Ⅰ。为此在升功率过程中当 $P_r<15\%$时，闭锁 C_{21}信号，以避免核反应堆自动降功率。

右限线、绝对线、右物理线及 50%功率线所围成的区域为计时区。当 $P_r<50\%$时，寿期末紧急停堆后氙峰下再启动时，由于硼稀释能力的限制，必须强行抽出功率补偿棒，而不遵守其刻度线规定。这时允许运行状态点落在此计时区内，但为了减少出现不可控氙振荡的风险，必须计时。由 4 个功率量程核仪表测量数据，并经计算出来的运行状态点只要有一个进入此区域立即进行计时，12 h 内累积计时时间不得超过 1 h。大约在累积计时达 40 min 后，就应采取降负荷措施。只要不超过 1 h，就应该闭锁 C_{21}信号。

当功率上升到 $P_r\geqslant50\%$时，运行状态点必须回到区域Ⅰ内。

右限线、绝对线、100%功率线及 50%功率线所围成的区域为区域Ⅱ。正常运行工况下，运行状态点不能落在区域Ⅱ。

在任何工况下，运行状态点均不允许超出区域Ⅱ。

6.2.7 轴向功率分布的监测与控制

轴向功率分布监测是通过 4 个通道的堆芯外功率量程长电离室测量中子注量率信号实现的。轴向功率分布监测与报警原理如图 6-13 所示。核反应堆的功率量程测量有 4 个通道，每个通道由上电离室和下电离室组成，分别测得堆芯上部中子注量率和下部中子注量率，即堆芯上部功率 P_T 和下部功率 P_B。通过计算可以得到运行相对功率 P_r 和轴向功率偏差 $\Delta I=P_T-P_B$。根据相对运行功率 P_r 可以得到对应的轴向功率偏差参考值 ΔI_{ref}。进一步通过比较器可以求得当前轴向功率偏差与轴向功率偏差参考值之差 $\Delta I-\Delta I_{ref}$。由图中可以看出报警分为两级报警，当 $\Delta I-\Delta I_{ref}$超过±3%FP 产生报警信号，当 $\Delta I-\Delta I_{ref}$超过±5%FP 产生报警信号。产生报警的条件是运行功率水平高于 15%FP，运行功率水平低于 15%FP 时，不产生报警信号。$\Delta I-\Delta I_{ref}$超过±3%FP 和超过±5%FP 产生报警信号的符合逻辑为四取三，即 4 个测量通道有 3 个测量通道的 ΔI 超出限定的范围就产生报警信号。在 $\Delta I-\Delta I_{ref}$超过±5%FP 报警的同时，通过计时器可得到 $\Delta I-\Delta I_{ref}$超过±5%FP(即运行状态点离开推荐运行带)的累计时间，当累计时间超过 1 h 时产生报警信号。该系统还具有显示和记录功能。

核反应堆轴向功率分布控制是采用常轴向偏移控制方法进行控制，控制原理如图 6-14 所示。图 6-14(a)为常轴向偏移控制中限值参数的定义与运行梯形图的关系。CNRT 描述了 AO 控制对应于推荐运行带不进行调硼的区域，CNRT 高限是运行带的右限值，CNRT 低限是运行带的左限值。MIVB 描述了 AO 控制对应于运行梯形可以不调节控制棒的运行区域，MIVB 高限是运行区域的右限值，MIVB 低限是运行区域的左限值。

图 6-14(b)是常轴向偏移控制原理方框图。图中 AO_{max}为 4 个通道的堆芯外功率量程长电离室测量到的 AO 值中的最大值。它与 CNRT 高限、CNRT 低限、MIVB 高限和 MIVB 低限进行比较，当偏差值超过相应阈值时传输门(S)被接通，偏差值作为控制信号使控制棒系统或调硼系统动作实现核反应堆功率分布控制。

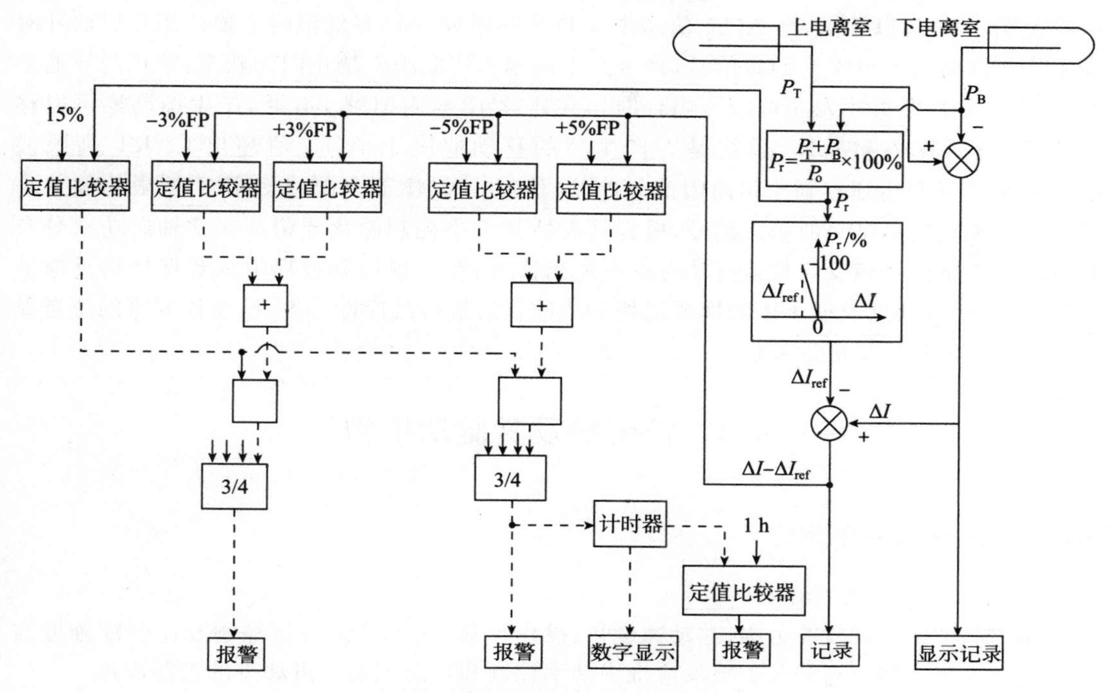

图 6-13 轴向功率分布监测与报警原理方框图

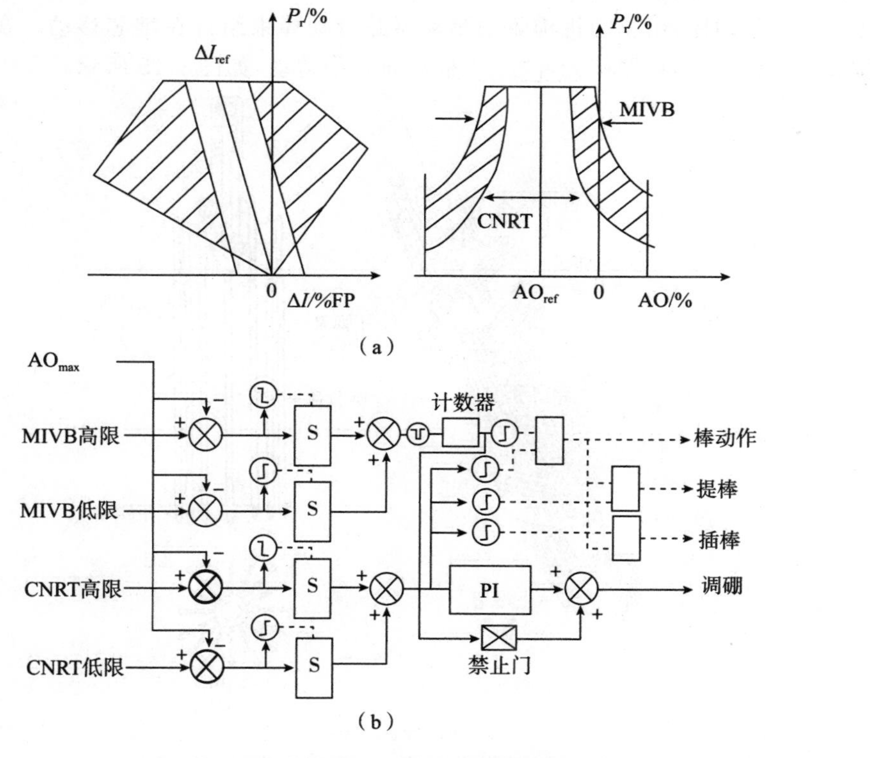

图 6-14 核反应堆功率分布控制原理方框图

(a)常轴向偏移控制关系图;(b)控制原理图

由图 6-14 可以看出，当 AO_{max} 值超出 MIVB 高限或 MIVB 低限时主要作用是启动计时器工作。计时信号可作为调硼信号，是否产生调硼作用取决于禁止门的状态，禁止门导通参与调硼，禁止门断开不参与调硼。当计时器在连续 12 h 内记满 1 h 时，产生控制棒可以移动信号，包括提棒和插棒，最终是否产生棒的移动取决于 AO_{max} 值超出 CNRT 高限或 CNRT 低限是否达到控制棒移动阈值。AO_{max} 值超出 CNRT 高限或 CNRT 低限的偏差信号作为调硼控制器(PI)的输入信号，根据其极性和大小控制硼化或稀释。常轴向功率分布控制的目的是保持核反应堆运行状态点在适当位置，在实现控制过程中也要保持核反应堆功率不变，所以如果改变了硼浓度要以控制棒的移动进行反应性补偿，改变控制棒的位置要以调节硼浓度进行反应性补偿。

6.3 控制棒及其驱动机构

6.3.1 控制棒棒束组件

1. 控制棒棒束组件描述

控制棒是中子吸收能力强、移动速度快、操作可靠、使用灵活并且控制反应性准确度高的反应性控制装置。它是各类核反应堆中功率控制和应急控制不可缺少的控制部件。

不同类型的核反应堆，其控制棒的形状与尺寸以及吸收材料也不同。在压水堆中，一般都采用棒束形式的控制棒。控制棒棒束组件，由 24 根吸收中子的控制棒元件组成。每个棒束组件有一根驱动棒，由驱动机构驱动驱动棒并带动棒束组件在堆芯移动。在棒束组件移动过程中，吸收中子的控制棒元件在 24 根导向管中滑动，如图 6-15 所示。

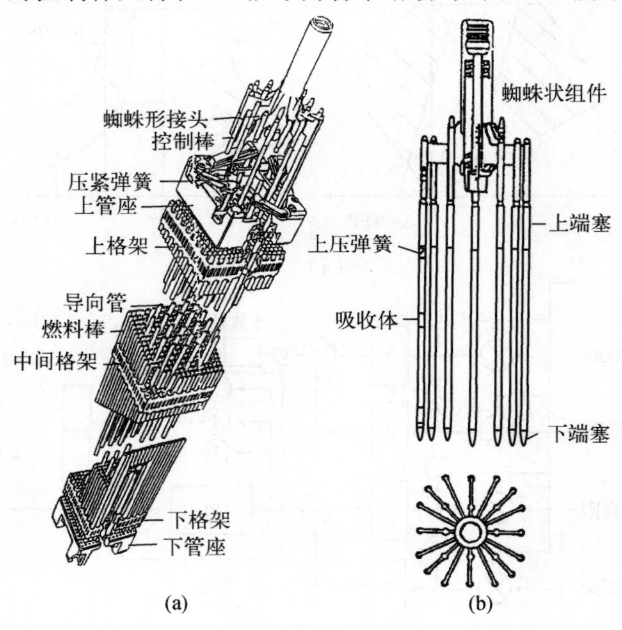

图 6-15 控制棒棒束组件

(a)燃料组件；(b)控制棒组件

一般 900 MW 级压水堆控制棒额定行程为 3.619 m，最大行程为 3.664 m，移动步数为 228 步，步距为 15.875 mm。控制棒平均运行压力为 15.5 MPa，设计温度为 343 ℃。线圈最高温度为 200 ℃，寿命 20 年，供电直流电压为 125 V±10%。机械寿命为 40 年，相当于移动 13×10^6 步。

模式 G 是通过调节功率补偿棒组和冷却剂平均温度调节棒（R 棒）组在堆芯的位置以及调节慢化剂中硼浓度实现对反应性控制的。功率补偿棒组是由 G 棒和 N 棒组成。R 棒和 N 棒是“黑体棒”；G 棒是“灰体棒”。

所谓“黑体棒”和“灰体棒”是指反应性价值不同的控制棒。黑体棒反应性价值高些，灰体棒反应性价值低些。例如，某压水堆核电厂黑体棒反应性价值取 1.0%～1.1%；灰体棒的反应性价值取 0.4%～0.7%。灰体棒由部分 Ag-In-Cd 吸收元件和部分不锈钢棒组成。图 6-16(a)所示为 8 根 Ag-In-Cd 吸收元件和 16 根钢棒组成的灰体棒的元件布置图。黑体棒由 24 根 Ag-In-Cd 吸收元件组成，如图 6-16(b)所示。

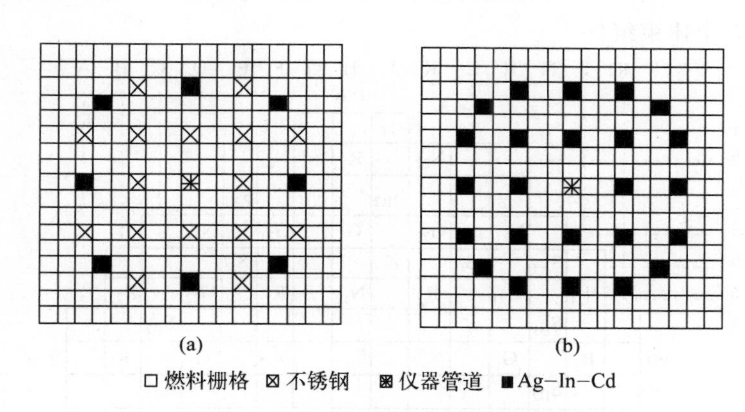

图 6-16　黑体棒和灰体棒吸收元件布置图

(a)灰体棒棒束组件；(b)黑体棒棒束组件

2. 控制棒棒束组件的分组和布置

(1) 模式 A 控制棒棒束组件的分组

模式 A 共有 53 个控制棒棒束组件，分组如表 6-1 所示。32 个调节棒棒束组件，被分成 A，B，C 和 D 四组，每组分为两个子组，每个子组有 4 个棒束组件。21 个停堆棒束组件，被分成 S_A，S_B 和 S_C 三组，每组分为两个子组。S_A 和 S_B 两组棒束组件的每个子组有 4 个棒束组件。S_C 组分为 S_{C1} 和 S_{C2} 两个子组，其中 S_{C1} 子组有 4 个棒束组件（第一循环无），S_{C2} 子组只有一个棒束组件，置于堆芯中央。

(2) 模式 G 控制棒棒束组件的分组和布置

模式 G 共有 53 个棒束组件，其中 28 个功率补偿棒棒束组件、8 个核反应堆冷却剂平均温度调节棒（R 棒）棒束组件和 17 个停堆棒棒束组件。功率补偿棒组由 N_1，N_2，G_1 和 G_2 四组重叠工作的棒束组件组成，其中，N_1，N_2 和 G_2 组各有 8 个棒束组件，各自分为两个子组，G_1 组有 4 个棒束组件。R 棒组 8 个棒束组件分为两个子组。停堆棒组分为 S_A，S_B 和 S_C 三组，S_A 和 S_B 各自分为两个子组 S_{A1}，S_{A2} 和 S_{B1}，S_{B2}，而 S_C 组为一组。除了 S_{A2} 子组只有 1 个棒束组件外，其余子组均有 4 个棒束组件。控制棒分组如表 6-2 所示。

表 6-1　模式 A 控制棒棒束组件分组

类别	组	子组	棒束数目	总吸收棒数
调节棒	A	A_1，A_2	4，4	24×53
	B	B_1，B_2	4，4	
	C	C_1，C_2	4，4	
	D	D_1，D_2	4，4	
停堆棒	S_A	S_{A1}，S_{A2}	4，4	
	S_B	S_{B1}，S_{B2}	4，4	
	S_C	S_{C1}，S_{C2}	4，1	

表 6-2　模式 G 控制棒棒束组件分组

类别		组	子组	棒束数目	总吸收棒数
调节棒	功率补偿棒	G_1		4	24×49（第一循环）
		G_2	G_{21}，G_{22}	4，4	
		N_1	N_{11}，N_{12}	4，4	
		N_2	N_{21}，N_{22}	4，4	
	R 棒	R	R_1，R_2	4，4	24×53（后续循环）
停堆棒		S_A	S_{A1}，S_{A2}	4，1	
		S_B	S_{B1}，S_{B2}	4，4	
		S_C		4	

图 6-17 所示为模式 G 运行的后续燃料循环控制棒棒束组件在堆芯的布置图。由图可以看出，后续燃料循环有 53 个棒束组件，S_{A2}子组位于堆芯中央。在第一燃料循环去掉子组S_{A1}，因而只有 49 个棒束组件。

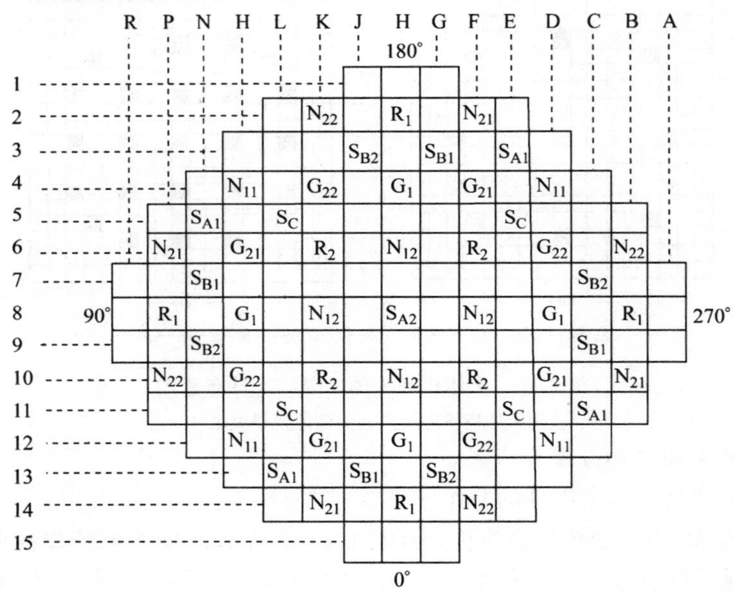

图 6-17　模式 G 后续循环堆芯控制棒布置图

在模式 G 运行控制中，由负荷确定的功率设定值变化引起的堆芯反应性变化首先是通过功率补偿棒组 G_1，G_2，N_1 和 N_2 来调整反应性的，它所引起的轴向和径向功率分布扰动比黑体棒组小。功率补偿棒组在堆芯的位置是功率的函数，功率升高控制棒位置也提高。

用独立控制核反应堆冷却剂温度的 R 棒组来实现反应性的精确调整。在功率的快速变化过程中，R 棒组可以辅助功率补偿棒组进行控制，这是因为功率补偿棒组的反应性效果受到最大控制棒移动速度的限制。对大范围的反应性改变，其补偿不是靠功率补偿棒组（功率亏损）就是靠调节慢化剂硼浓度补偿（氙反应性），而不用 R 棒组补偿。

6.3.2　控制棒的性能

控制棒控制反应性的性能用微分价值和积分价值描述。在核反应堆设计和运行中，不仅需要知道控制棒全部插入时引入的总反应性价值，而且还需要知道控制棒在不同位置上每移动单位长度所引入的反应性价值以及不同位置时引入的总的反应性价值。通常把控制棒移动单位长度所引起的反应性变化的量定义为控制棒的“微分价值”；“积分价值”则是指控制棒插入或提升到某一位置所引起的总的反应性变化量。控制棒的插入深度不仅影响控制棒的价值，而且影响堆芯功率的分布，即中子注量率的分布。控制棒的移动根据其价值的不同，引起功率分布产生畸变的程度也不同。

图 6-18 给出了 R 棒组的微分价值和积分价值随控制棒在堆芯的位置的变化曲线。这些曲线是在热态满功率和氙平衡情况下测量并通过计算得到的。其中图 6-18(a)为 R 棒组在寿期初的反应性价值曲线图；图 6-18(b)为 R 棒组在寿期末的反应性价值曲线图。从图中可以看到 R 棒组的微分价值在寿期初和寿期末时的差别很大。

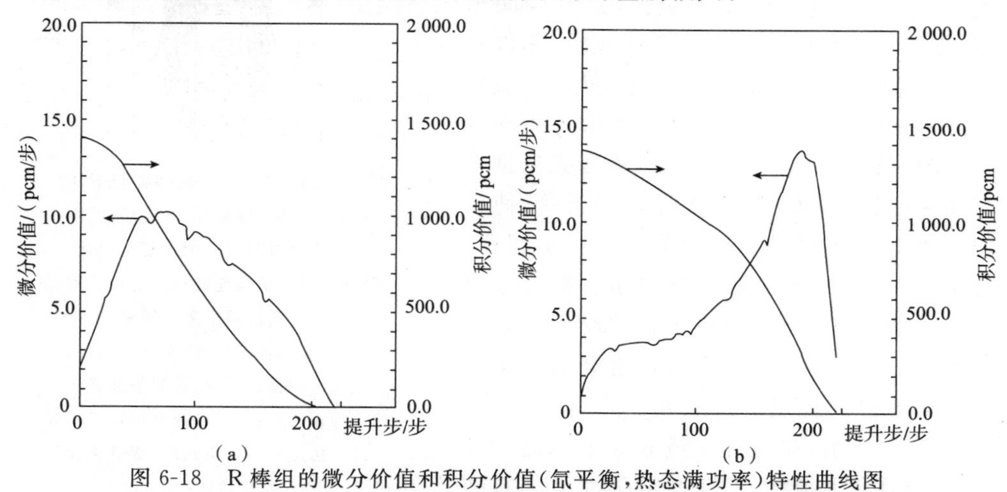

图 6-18　R 棒组的微分价值和积分价值(氙平衡，热态满功率)特性曲线图

(a)寿期初；(b)寿期末

图 6-19 给出了功率补偿棒组在 90 步重叠移动时分别在寿期初和寿期末的微分价值和积分价值。

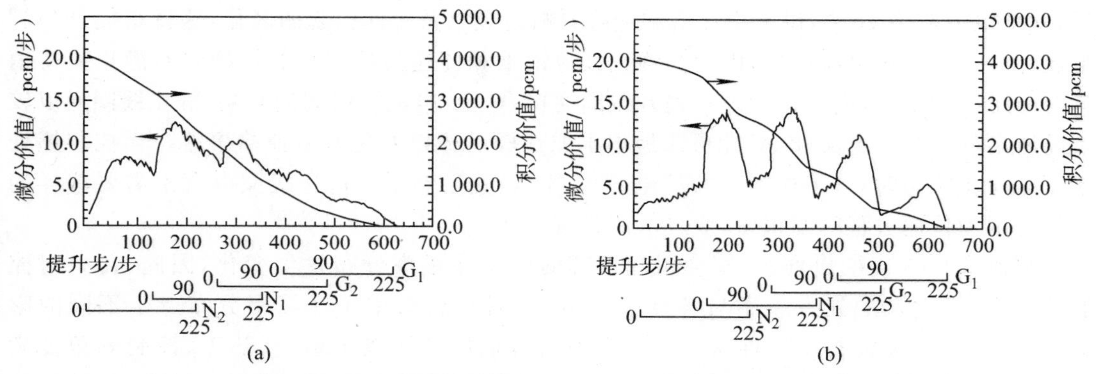

图 6-19　功率补偿棒组的微分价值和积分价值(氙平衡，热态满功率)特性曲线图

(a)寿期初；(b)寿期末

6.3.3 控制棒驱动机构与移动程序

控制棒驱动机构由机械传动部分、电磁线圈、衔铁、销爪和密封套件等组成，如图 6-20 所示。通过对电磁线圈按一定程序通以由大功率可控硅整流器产生的脉冲电流，使得驱动棒上下移动，实现与驱动棒相连的控制棒一步步上下移动。

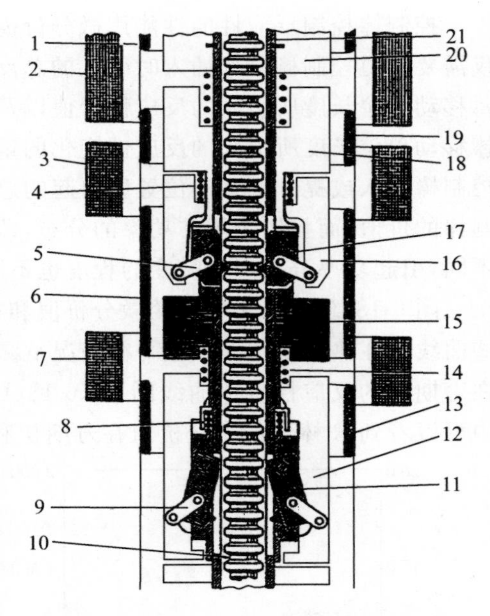

图 6-20　控制棒驱动机构

1,6,13,19—磁通环；2—提升线圈；3—传递线圈；4—衔铁复位弹簧；5,9—夹持销爪连杆；7—静止线圈；8—夹持销爪复位弹簧；10—驱动轴；11—静止夹持销爪；12—衔铁；14—衔铁复位弹簧；15—静止磁极；16—传递夹持销爪衔铁；17—传递夹持销爪；18—提升衔铁；20—提升磁极；21—导管

假如控制棒被静止夹持销爪夹持在某一静止位置上，处于静止状态。控制棒提升程序如下：传递线圈通电，使传递夹持衔铁吸合，传递夹持销爪将驱动棒夹持在可上下移动的传递件上；静止线圈断电，静止夹持销爪松开驱动棒；提升线圈通电，提升磁极将提升衔铁向上吸合，带动传递件及驱动棒向上移动一步；静止线圈通电，静止磁极将静止夹持衔铁吸合，带动静止夹持销爪将驱动棒保持在新的位置上；传递线圈断电，传递夹持销爪松开驱动棒；提升线圈断电，提升衔铁下落，使传递件回落到它原来的位置，完成提升一步程序。如此每循环一次，控制棒被提升一步。提升通电电流脉冲时序如图 6-21(a)所示。控制棒插入是控制棒提升的逆过程，控制棒插入通电电流脉冲时序图如图 6-21(b)所示。

如图 6-21 所示，在控制棒线圈通电电流脉冲波形中，提升线圈和静止线圈电流脉冲大小有变化，通常把大电流部分称为“全”电流；相对较小的电流部分称为“减”电流。对于提升线圈的电流脉冲，欲将控制棒提升，而可动系统最大质量约为 145 kg，所需驱动力很大，应通以 40 A 电流，即提升“全”电流；当控制棒提升一步到位后，就把电流减为 16 A，以减少耗电和绝缘材料过热以及由此引起的老化，这就是提升“减”电流。静止线圈的电流脉冲，因为当静止夹持销爪和传递夹持销爪交接棒时对静止夹持销爪有一定的冲击力，同时也考虑在提升线圈通提升“全”电流所引起的影响，静止线圈通以较大的所谓静止“全”电流(8 A)能可靠地牢牢抓住驱动棒以避免发生掉棒事故。当控制棒处于正常静止状态时，只需通静止“减”电流(4.4 A)就足够了。传递线圈电流不需要这样的安排是因为传递过程时间很短，而且电流只有 8 A。

控制棒插入或抽出堆芯，都会引起堆芯的中子注量率分布发生变化，因此，几十组控制棒束上、下移动的先后顺序与各棒插入量的不同，会对中子注量率分布产生不同的影响。于是，为了保证核反应堆功率分布在整个寿期内都比较平坦，从热工、控制等角度满足安全、经济等各方面的要求，必须有一个最佳控制棒移动程序。一个好的控制棒移动程序应满足如下热工安全准则：① 燃料元件芯块温度都应低于熔化温度；② 燃料元件表

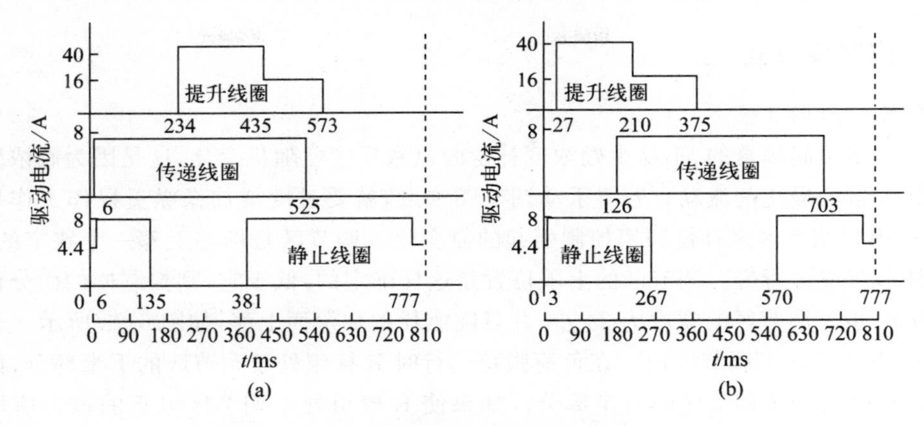

图 6-21 控制棒驱动线圈通电电流脉冲时序图

(a)控制棒提升一步；(b)控制棒插入一步

面不允许烧毁，即偏离泡核沸腾比 DNBR 必须大于 1.30；③ 在稳态额定工况及常见事故工况下，不出现水力不稳定性。此外，还必须使核反应堆在整个工作寿期内有尽可能平坦的功率分布，即有较小的功率分布不均匀因子。一个好的控制棒移动程序还应满足另外一些要求，例如，无论何时发生任何事故都能立即实现紧急停堆；功率控制系统具有较好的控制性能等。

对于 900 MW 级压水堆，功率补偿棒组在第一燃料循环重叠步数均为 90 步，在第二燃料循环及以后循环的重叠步数均为 100 步。棒组之间的重叠使在整个堆芯高度获得基本不变的微分价值。棒束组件移动时，可以获得更有规律的轴向和径向中子注量率的变化，更便于控制堆芯上部与下部之间的功率不平衡。通过重叠移动不同价值的棒组来避免轴向功率分布形状大的扰动。功率补偿棒棒束组件移动重叠程序如图 6-22 所示。功率补偿棒组件插入顺序是：

$$G_1 \to G_1 + G_2 \to G_2 \to G_2 + N_1 \to N_1 \to N_1 + N_2 \to N_2$$

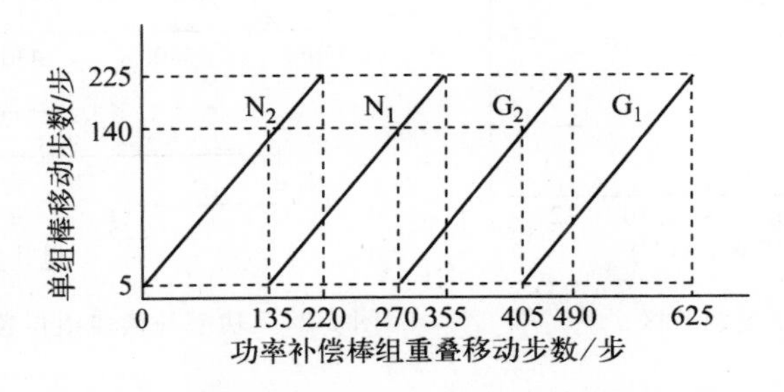

图 6-22 功率补偿棒组第一燃料循环的叠步移动程序图

插棒的原则是先插反应性价值较小的棒组，后插反应性价值较大的棒组。同理，反之就是功率补偿棒组提升的顺序。

6.3.4 控制棒位置

1. R 棒组的调节区

频率控制引起频繁的、不易由硼浓度补偿的氙致反应性随机变化，这是因为硼浓度控制往往引起大量的慢化剂流动。若要手动调节硼浓度，就要过度增加操纵员操作工作量。因此选择 R 棒组调节区来补偿频率控制引起的氙变化。调节区是堆芯上部一个狭窄的范围，也称为调节带或运行带。调节区的上限位置是这样确定的，低于它，则控制棒的微分价值大于2.5 pcm/步。调节区的宽度为 24 步，并且随燃耗的加深而上移，如图 6-23 所示。通常情况下 R 棒组位于这个调节区内。在负荷跟踪运行时 R 棒组处于调节区的下半部分，而在基本负荷运行时它处于调节区的上半部分。如果使 R 棒组处于调节区以下的核反应堆运行工况过多，作为一种长期效应，将产生不正确的燃料燃耗。如果 R 棒组为自动控制，当 R 棒组处于调节区下限以下或上限以上位置时，可以通过手动硼化或稀释的方法使 R 棒组回到调节区内。

2. 功率补偿棒组的位置

功率补偿棒组用于补偿与功率变化相关的反应性变化。功率补偿棒插入堆芯的位置是功率的函数。在一定燃耗下，对应每个功率水平有一个控制棒位置，如图 6-24 所示。功率水平与功率补偿棒位置之间的关系曲线叫做有效标定曲线。该曲线是根据实测的标定曲线推算出来的。在有效标定曲线上，功率补偿棒组按叠步顺序插入，开始插入的功率称为有效插入功率。

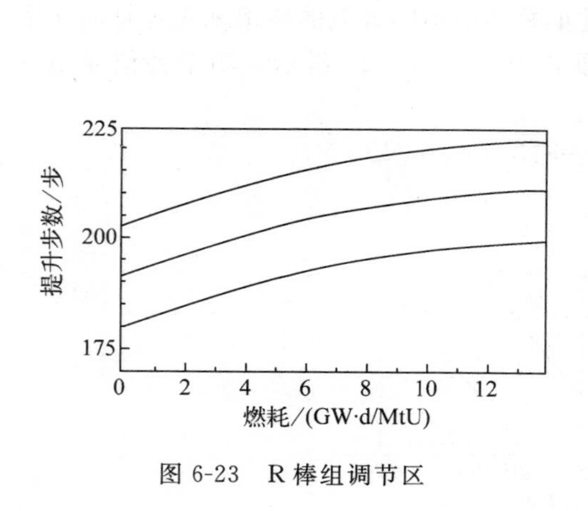

图 6-23　R 棒组调节区

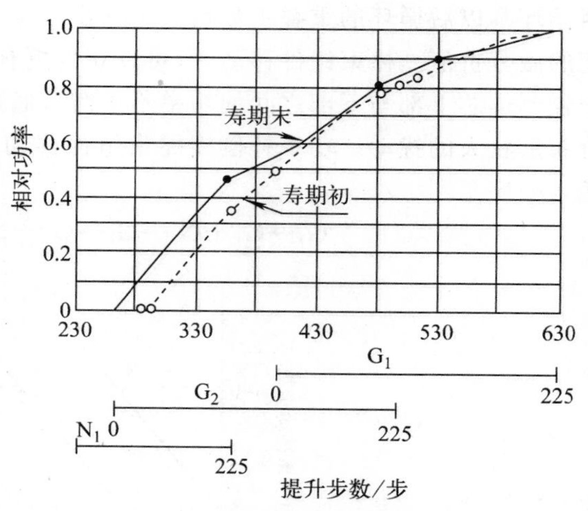

图 6-24　功率补偿棒组位置的有效标定曲线图

6.4 压水堆功率控制

压水堆核电厂有基本负荷运行模式和负荷跟踪运行模式两种运行模式，目前大型压水堆都多采用负荷跟踪运行模式。在负荷跟踪运行模式，核反应堆功率控制由功率控制系统(功率补偿棒组控制系统)和核反应堆冷却剂平均温度控制系统(R 棒组控制系统)来实现。

6.4.1 功率控制系统

功率控制系统的主要功能是根据负荷需求调节功率补偿棒组的位置，所以也称为功率补偿棒组控制系统。其最终目标是使功率补偿棒组的位置与功率相对应，对应关系如图6-24所示。功率补偿棒组控制系统如图 6-25 所示。

功率控制系统采用了数字技术，主要由作为中央处理单元的微处理器、存储器和转换器等组成。该系统接收 7 个模拟控制信号和 6 个逻辑信号。模拟信号经由模-数(A/D)转换器处理后输入。

功率控制系统输入的 7 个模拟信号有：

(1) 最终功率设定值④ 是在蒸汽排放系统(汽轮机旁路系统)工作时自动生成的二回路功率设定值；

(2) 操纵员蒸汽流量限值⑨ 是操纵员设置的汽轮机进汽流量最高值；

(3) 汽轮机进汽压力设定值⑩ 是操纵员设置的汽轮机进汽压力最高值；

(4) 汽轮机负荷参考值⑪ 是操纵员在汽轮机控制系统投入自动模式时设置的电功率；

(5) 频率控制信号⑫ 是汽轮机控制系统投入自动模式时对电网频率的补偿信号；

(6) 频率贡献信号⑭ 是汽轮机控制系统投入手动模式时对电网频率的补偿信号；

(7) 汽轮机调节阀开度参考值⑮ 是操纵员在汽轮机控制系统投入手动模式时设置的汽轮机进汽流量。

最终功率设定值是由核反应堆冷却剂平均温度控制系统提供的。它被用作蒸汽排放系统投入工作时的运行功率、在厂用负荷运行时或在低负荷下运行时的运行功率。

蒸汽排放系统运行时，汽轮机进汽压力信号不能再代表二回路总负荷。在这种情况下，人为设置一个功率数值，它就称为最终功率设定值。设置了最终功率设定值之后，核反应堆即产生大于汽轮机负荷的功率，以便汽轮机负荷增加时快速跟踪。

当超高压断路器断开或汽轮机脱扣之前，汽轮机负荷大于等于 30%FP 时，最终功率设定值设置为 30%FP；当超高压断路器断开或汽轮机脱扣之前，汽轮机负荷小于 30%FP 时，最终功率设定值设置为当前功率；当蒸汽排放系统设置压力控制模式时，最终功率设定值即为排放压力设定值所对应的功率。

(2)～(7)模拟信号由汽轮机负荷控制系统提供或由操纵员设置。

功率控制系统输入的 6 个逻辑信号(其中 4 个由汽轮机负荷控制系统提供)用于信息管理和控制方式的选择。

(1) 蒸汽排放系统设置压力控制模式⑤；

(2) 汽轮机脱扣信号⑥ 是在压力控制模式下蒸汽排放阀开启信号；

(3) 超高压断路器断开信号⑦ 代表在厂用负荷下运行。在这种情况下，核反应堆功率不用汽轮机负荷控制，而使用最终功率设定值控制；

(4) 汽轮机控制方式(A/B)⑧ A 控制汽轮机负荷限制方式，使用操纵员蒸汽流量限值和汽轮机进汽压力设定值限制控制信号；B 为正常控制方式，限值信号“悬空”对控制信号没有限制作用；

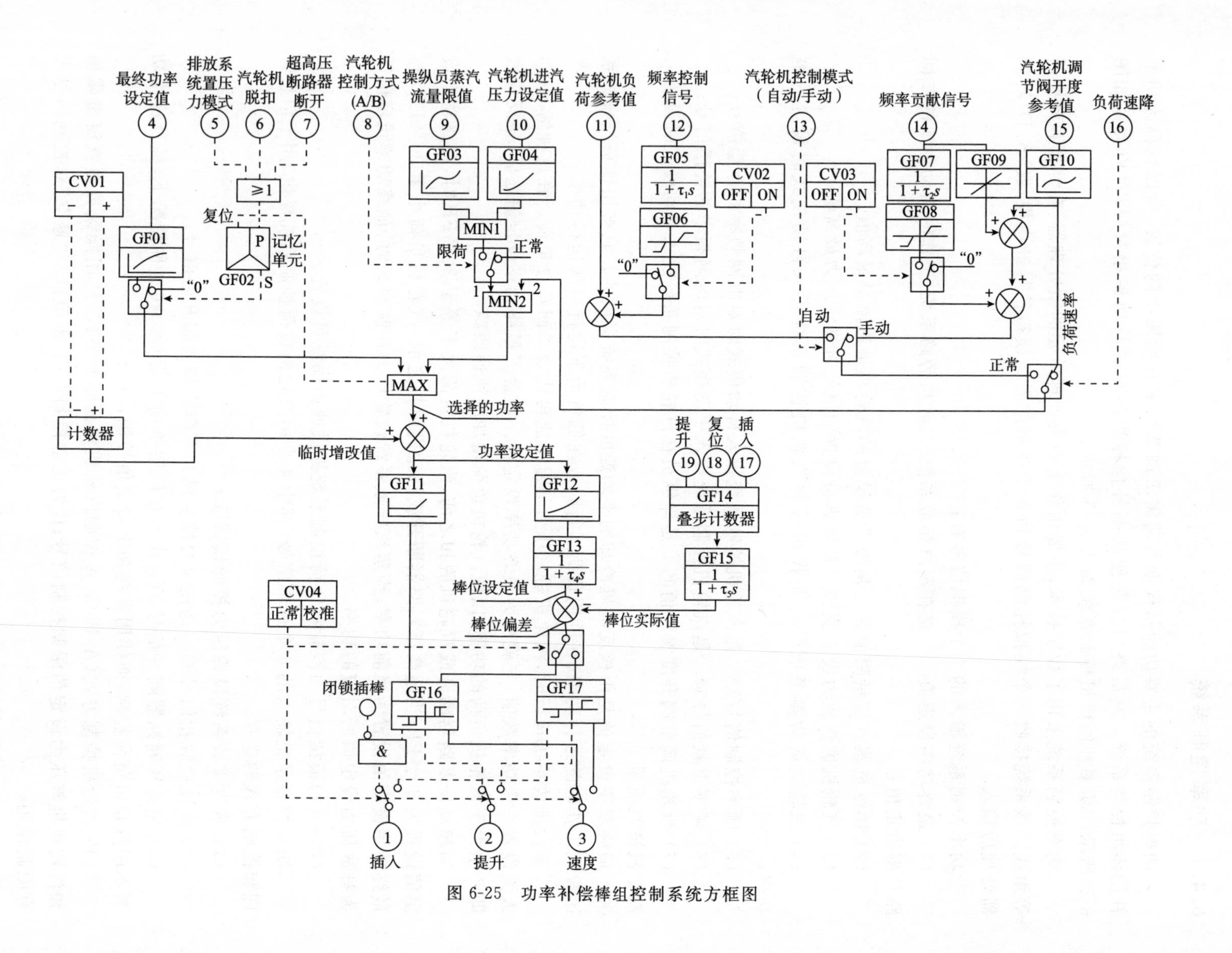

图 6-25　功率补偿棒组控制系统方框图

(5) 汽轮机控制模式(自动/手动)⑬ 自动模式使用汽轮机负荷参考值信号和频率控制信号(核反应堆控制和汽轮机控制均使用该信号);手动模式使用汽轮机开度参考值信号和频率贡献信号。当运行在限制条件下时不使用该信号。

(6) 汽轮机负荷速降⑯ 表示汽轮机是否正在负荷速降。汽轮机负荷以 200%FP·min^{-1}的速率减少为汽轮机负荷速降。

当汽轮机接到负荷速降⑯信号时,立即以 200%FP·min^{-1}速率降负荷,核反应堆也从当前功率水平开始降功率。核反应堆当前功率与汽轮机开度参考值(进汽流量信号)经转换的电功率相对应。在汽轮机负荷以 200%FP·min^{-1}(汽轮机快速降负荷所要求的)或 5% FP·min^{-1}(核反应堆功率速降所要求的)速率下降两种情况下,汽轮机调节阀开度参考值信号都代表汽轮机负荷。

功率控制系统的输出信号包括:控制棒插入信号①、控制棒提升信号②和控制棒移动速度信号③。

功率控制系统中有如下控制单元:

(1) GF01 信号转换单元,把最终功率设定值转换为电功率信号;

(2) GF02 记忆单元,双稳态触发器;

(3) GF03 信号转换单元,把操纵员蒸汽流量限值转换为电功率信号;

(4) GF04 信号转换单元,把汽轮机进汽压力设定值转换为电功率信号;

(5) GF05 滤波单元,惯性环节;

(6) GF06 非线性单元,对频率控制信号引入衰减系数、死区和限值。死区设置可避免功率补偿棒组的频繁动作;

(7) GF07 滤波单元,惯性环节;

(8) GF08 非线性单元,对频率贡献信号引入衰减系数、死区和限值。死区设置可避免功率补偿棒组的频繁动作;

(9) GF09 信号转换单元,把频率贡献信号转换为电功率信号;

(10) GF10 信号转换单元,把由汽轮机开度参考值所代表的蒸汽流量信号转换为电功率信号;

(11) GF11 非线性单元,按功率设定值产生 GF16 非线性单元的死区宽度(步数),即动态给定功率补偿棒组的控制死区,功率大时死区大,功率小时死区小;

(12) GF12 棒位定值单元,根据功率设定值信号由标定曲线产生功率补偿棒位置设定值信号;

(13) GF13 滤波单元,惯性环节;

(14) GF14 叠步计数器,可逆计数器通过插入和提升步数的统计得到功率补偿棒的实际位置;

(15) GF15 滤波单元,惯性环节;

(16) GF16 棒速程序控制单元,将功率补偿棒位置偏差信号转换为棒速信号和棒移动方向信号,包括插入和提升信号。功率补偿棒的移动速度为 60 步·min^{-1}。它具有功率补偿棒提升和插入死区和迟滞宽度的设置,这样可以避免功率补偿棒因频繁动作而磨损;

(17) GF17 校准棒速程序控制单元,将功率补偿棒位置偏差信号转换为棒速信号和棒向信号,此单元用于功率补偿棒位置校准;

(18) MIN1 低选单元，从操纵员蒸汽流量限值信号和汽轮机进汽压力设定值中选出一个较低的值；

(19) MIN2 低选单元，从限荷方式 A 决定的功率值和正常方式决定的功率值中选出最低值，以进行负荷跟踪；

(20) MAX 高选单元，在汽轮机负荷控制信号和最终功率设定值信号两个之中选择高值作为选择功率信号。

系统中选择开关及其功能如下：

(1) CV01 选择开关，可选择增加按钮或减少按钮；

(2) CV02 选择开关，置于"ON"位时，将频率控制信号接入；

(3) CV03 选择开关，置于"ON"位时，将频率贡献信号接入；

(4) CV04 选择开关，置于"正常"位置时，将功率补偿棒位置偏差信号接入 GF16 棒速程序控制单元，并将输出信号接出；置于"校准"位置时，将功率补偿棒位置偏差信号接入 GF17 校准棒速程序控制单元，并将输出信号接出。

当汽轮机控制系统投入自动模式时，核反应堆跟踪的功率是以电功率代表的汽轮机负荷参考值⑪，并纳入自动频率补偿信号，即频率控制信号⑫，经处理和转换为电功率信号。当汽轮机控制系统投入手动模式时，核反应堆跟踪的功率为以进汽流量代表的汽轮机调节阀开度参考值⑮和此时的频率补偿信号，即频率贡献信号⑭，经处理和转换为电功率的合成的功率信号。如果存在负荷速降信号，汽轮机调节阀开度参考值将作为功率信号。

如果选择了限荷方式 A，将选择功率信号和限值信号中的低值作为跟踪负荷的信号。该信号再与最终功率设定值信号进行比较，大者作为核反应堆功率选择值。操纵员可以通过控制室的选择开关 CV01 的"＋"和"－"按钮产生选择功率的临时增改值，得到功率设定值。这个增改值可变，但不能小于 0，以防止功率补偿棒过度插入。

GF12 棒位定值单元依据功率补偿棒位置有效标定曲线将功率设定值信号转换成功率补偿棒位置设定值。功率补偿棒位置设定值经 GF13 滤波单元滤波后，与 GF14 叠步计数器统计的功率补偿棒位置实际值经 GF15 滤波单元滤波后的值进行比较产生功率补偿棒位置偏差信号。GF16 棒速程序控制单元依据功率补偿棒位置偏差信号产生功率补偿棒组移动信号，即控制棒提升和插入信号以及移动速度信号。该信号输出给功率补偿棒组逻辑处理和电源设备，将产生移动功率补偿棒组的时序电流脉冲信号，使之按叠步程序移动，以跟踪负荷变化。

闭锁控制棒插入信号来自冷却剂平均温度过低的闭锁信号 C_{22}。当核反应堆冷却剂平均温度比参考值低过 0.56～1.67℃时，核反应堆冷却剂平均温度控制系统经过阈值继电器向本系统发出禁止功率补偿棒插入命令，闭锁 GF16 单元输出的控制棒插入信号，使功率补偿棒不能插入。

6.4.2　冷却剂平均温度控制系统

核反应堆冷却剂平均温度控制系统的功能是通过调节冷却剂平均温度实现核反应堆功率与负荷的精确匹配。由于它是通过调节 R 棒组实现的，所以又称为 R 棒组控制系统。冷却剂平均温度是压水核反应堆功率控制的主要被控制量，它的变化反映了核反应堆功率与负荷的失配情况，例如当负荷小于核反应堆功率时冷却剂平均温度就上升，反之亦然。用调节冷却剂平均温度配合功率补偿棒的控制实现最终的核反应堆功率控制是压水堆功率控制的突出特点之一。

R棒组控制系统是一个闭环系统。它由三通道非线性控制器、棒速程序控制单元和控制棒逻辑控制装置及驱动机构等设备组成，如图6-26所示。R棒组控制系统的输入量有反映堆芯功率的中子注量率信号、反映汽轮机负荷和最终功率设定值中最大值信号以及核反应堆冷却剂平均温度测量信号。在核反应堆功率运行工况下，当负荷需求与核反应堆功率出现不平衡时，就会产生冷却剂平均温度偏差信号，该偏差信号经棒速程序控制单元产生R棒组移动速度和方向(提升或插入)信号，然后通过逻辑控制装置和可控硅电源按一定程序输出控制棒的驱动电流脉冲序列使其在堆芯移动以改变堆芯反应性，达到改变核反应堆功率的目的。

1. 三通道非线性控制器

三通道非线性控制器是由核反应堆冷却剂平均温度定值通道、测量通道和功率失配通道(亦称偏差微分通道)组成，如图6-26所示。

(1) 冷却剂平均温度定值通道

核反应堆冷却剂平均温度定值通道由冷却剂平均温度程序定值单元和滤波器(滤波器1和滤波器2)组成。它的输入为汽轮机负荷和最终功率设定值中较大的值，然后根据这个值按冷却剂平均温度程序定值单元的特性曲线确定冷却剂平均温度参考值 T_{ref}。在0～100%FP功率范围内冷却剂平均温度参考值随负荷线性变化，即 $T_{\text{ref}}=291.4+KP_2$(℃)。当核反应堆运行功率超过100%FP时，为了限制冷却剂平均温度采用了冷却剂平均温度恒定的运行方案，冷却剂平均温度参考值恒定为 $T_{\text{ref}}=310$℃。该通道的滤波器为一阶惯性环节滤波器，在测量传感器之后加入该环节，其作用是拟制传感器的以及相位滞后等。两个滤波器的传递函数分别为$\frac{1}{1+\tau_2 s}$和$\frac{1}{1+\tau_6 s}$($\tau_2=60$ s，$\tau_6=1$ s)，其作用是对微小的但又是急剧的负荷扰动信号，能够依靠动力设备的热容消除掉，以避免不必要的核反应堆功率跟踪和控制棒的频繁动作。冷却剂平均温度参考值除了用于功率控制，也用于稳压器液位控制和冷却剂平均温度过高或过低的报警判别。

(2) 冷却剂平均温度测量通道

核反应堆冷却剂环路热管段和冷管段的温度是由分别安装在热管段的旁路管线上和核反应堆冷却剂泵旁路管线上的热电阻温度计测量的。每一环路冷却剂平均温度 T_{av} 是热管段(核反应堆出口)温度 T_{h} 和冷管段(核反应堆入口)温度 T_{c} 的算术平均值$\frac{T_{\text{h}}+T_{\text{c}}}{2}$。从核反应堆安全上考虑，用高选器选取3条热工环路中 T_{av} 最大者参与控制。超前/滞后单元用来补偿测量通道的热惯性引起的响应滞后，提供一个超前信号。该环节在选取时间常数 τ_3 和 τ_4 时，必须使 $\tau_3>\tau_4$(如 $\tau_3=50$ s，$\tau_4=6.67$ s)才能起到超前的作用；反之为滞后的作用。滤波器主要是为了滤掉温度传感器带来的热噪声。滤波器时间常数 $\tau_5=1$ s。核反应堆冷却剂平均温度测量通道实际上是冷却剂平均温度控制系统的反馈通道。

(3) 功率失配通道

功率失配通道的作用是当出现一个动态功率失配而冷却剂平均温度尚无明显变化时，产生一个超前的控制信号对R棒组进行控制，加速核反应堆对汽轮机负荷需求的响应。因为核电厂从核反应堆到发电机组要经过一回路、蒸汽发生器、二回路和汽轮机等大的惯性环

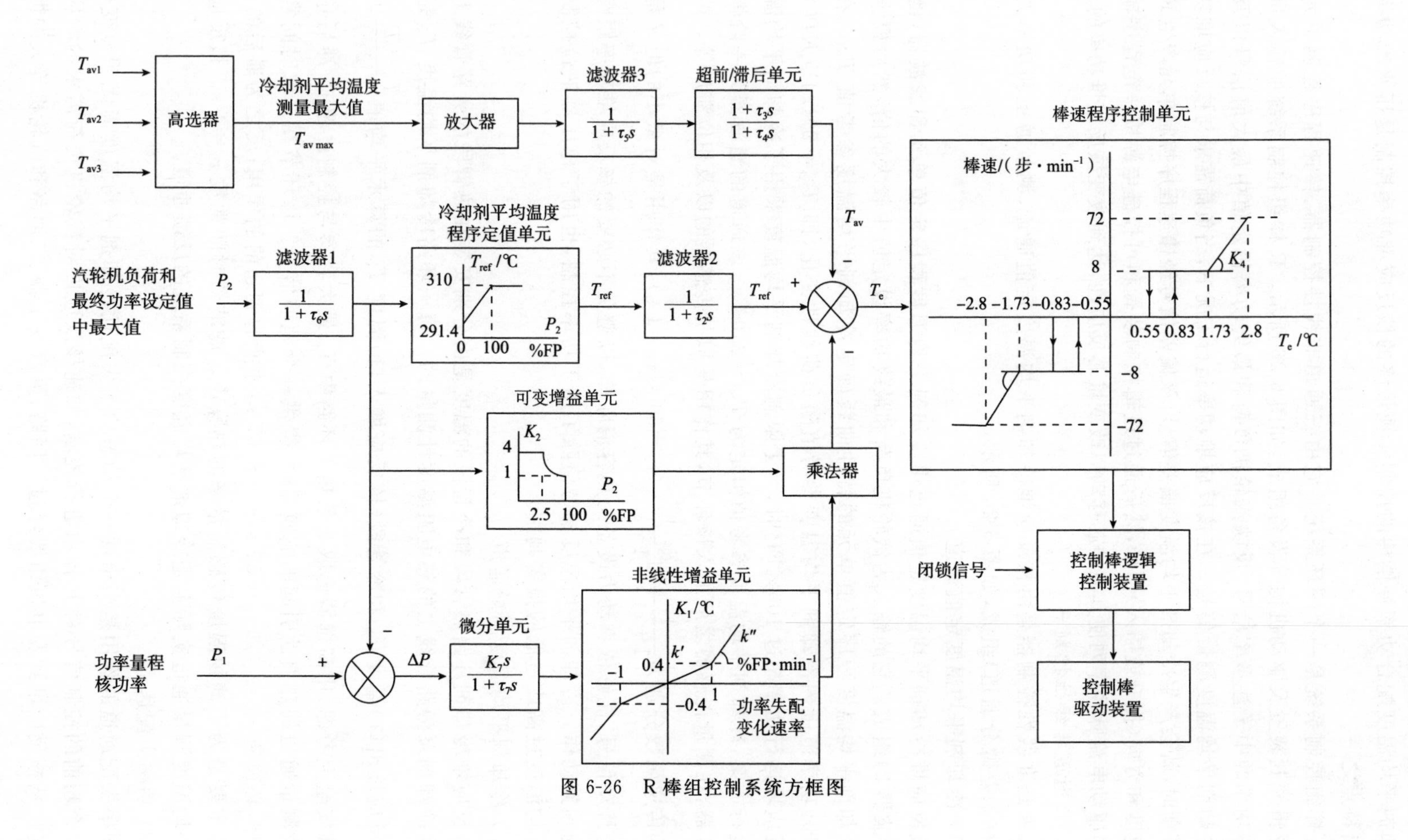

图 6-26 R 棒组控制系统方框图

节，当负荷突变或某设备出现了扰动时，冷却剂平均温度控制系统的过渡过程拖得很长，控制品质差。引入适当的功率失配信号能加快控制系统的响应速度和提高系统的稳定性。它主要由偏差微分、非线性增益和可变增益等单元组成。当负荷变化时，汽轮机负荷和最终功率设定值中的最大值 P_2 与功率量程核功率 P_1 之间出现偏差 $\Delta P=P_1-P_2$，由偏差微分单元对功率偏差 ΔP 进行微分运算产生微分信号，该信号再经非线性增益 K_1 和可变增益 K_2 进行增益校正后加到加法器里参与控制。由于偏差微分单元的作用，使该通道在过渡过程中根据偏差的变化速度提供快速响应信号，若偏差变化很慢，该通道作用很弱，如果没有偏差或偏差不改变，该通道将不起作用。功率失配通道也被看作前馈通道，即核反应堆功率控制中直接考虑了负荷的变化对其的影响。

非线性增益单元的作用是当功率失配变化速率大时增大增益，当功率失配变化速率小时减少增益。当功率失配变化速率在 $-1\%\mathrm{FP}\cdot\mathrm{min}^{-1}\sim1\%\mathrm{FP}\cdot\mathrm{min}^{-1}$ 之内，K_1 的变化斜率为 $k'=0.4℃\cdot(\%\mathrm{FP})^{-1}\cdot\mathrm{min}$；当功率失配变化速率在 $-1\%\mathrm{FP}\cdot\mathrm{min}^{-1}\sim1\%\mathrm{FP}\cdot\mathrm{min}^{-1}$ 之外，K_1 的变化斜率为 $k''=0.75\ ℃\cdot(\%\mathrm{FP})^{-1}\cdot\mathrm{min}$。

可变增益单元的作用是为了补偿核反应堆传递系数随功率变化的非线性，以便在不同的工况下，使功率失配通道的开环增益基本相同，从而获得比较理想的动态响应特性。图 6-27 中给出了 3 种类型的可变增益单元特性曲线，其中图 6-27(a)为双曲线型增益，图 6-27(b)为阶梯型增益，图 6-27(c)为线性型增益。可根据核反应堆的实际选取可变增益特性的类型。图中 A，B，C，D，E 和 F 为确定可变增益特性曲线的相关参数。图 6-26 冷却剂平均温度控制系统的可变增益单元采用了图 6-27(a)所示双曲线型特性曲线，其中 A＝4，D＝25％FP；C＝1，F＝100％FP。它表明当汽轮机负荷与最终功率设定值中的最大值 P_2 在0～25％FP 之间，K_2 是常数，等于 4；P_2 超过 25％FP，K_2 随 P_2 的增加而以双曲线规律减少，直到功率水平为 100％时 K_2 等于 1。这就加强了该通道对低功率水平的影响，以保证控制系统在高功率和低功率水平都具有较好的控制系统动态性能。

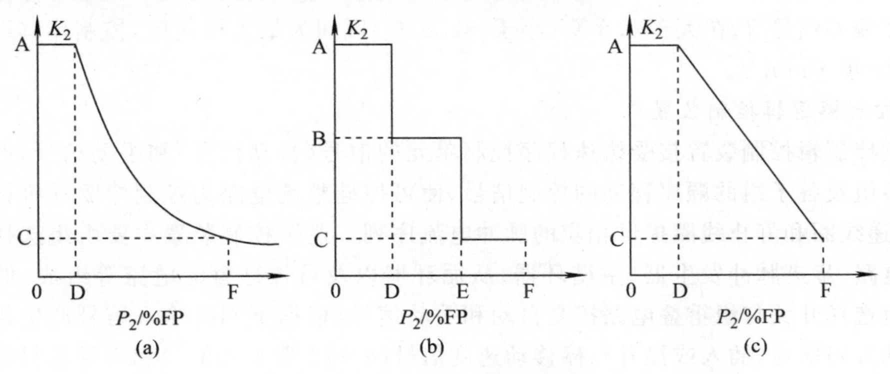

图 6-27　可变增益单元特性曲线图

(a)双曲线型；(b)阶梯型；(c)线性型

(4) 温度偏差信号 T_e

由加法器能得到 3 个通道的综合温度偏差信号，其拉普拉斯变换为

$$T_e(s)=\frac{T_{\mathrm{ref}}(s)}{1+\tau_2 s}-\frac{1+\tau_3 s}{(1+\tau_4 s)(1+\tau_5 s)}T_{\mathrm{av\,max}}(s)-\frac{K_1K_2\tau_7 s}{1+\tau_7 s}\left(P_1(s)-\frac{P_2(s)}{1+\tau_6 s}\right)$$

该信号送至棒速程序控制单元产生控制棒移动速度和方向信号。

2. 棒速程序控制单元

棒速程序控制单元输入/输出特性如图 6-26 所示。图中特性曲线是由控制棒移动的方向和速度信号合成的。温度偏差 T_e为该单元的输入信号。当 $T_e>0$ 时,表示冷却剂平均温度参考值大于测量值,需要提高核反应堆功率,因此,$T_e>0$ 时输出为控制棒提升信号。当 $T_e<0$时,则为控制棒插入信号。该单元输出的控制棒移动速度信号与温度偏差 T_e信号的大小和相应设定值有关。

棒速程序控制单元的特性是一个非线性曲线,它可分为五个区域:

(1) 死区

温度偏差信号 T_e在－0. 83～0. 83 ℃之间的区域为死区。在死区不产生任何控制棒提升或插入指令。设置死区的目的是为了减少控制棒的频繁动作,避免 T_{av}微小的变化而引起控制棒频繁动作而造成严重的机械疲劳,每天控制棒动作 1 500 步亦属正常。

(2) 磁滞回环

设置磁滞回环是为了消除控制棒驱动机构接通-脱开时产生的振动。磁滞回环的大小要通过系统调整确定。0. 55～0. 83 ℃(－0. 83～－0. 55 ℃)为磁滞回环宽度,该磁滞回环宽度为 0. 28 ℃。过大的磁滞回环宽度往往增加由程序引入的相移,它可能引起控制系统的不稳定性和产生极限环。这是非线性控制系统消除极限环的理论问题。

(3) 最小棒速区

温度偏差信号 T_e 在 0. 55～1. 73 ℃(－1. 73～－0. 55 ℃)为最小棒速区,控制棒移动的最小速度是 8 步 · min^{-1}。

(4) 线性棒速区

温度偏差信号 T_e在 1. 73～2. 8 ℃(－2. 8～－1. 73 ℃)区间为线性棒速区,在该区间内棒速随温度偏差信号线性变化,控制棒移动速度的变化速率为 $k_4=60$(步 · min^{-1}) · $℃^{-1}$。

(5) 最大棒速区

温度偏差信号 T_e在大于 2. 8 ℃(小于－2. 8 ℃)区间为最大棒速区,控制棒移动的最大速度是 72 步 · min^{-1}。

3. 控制棒逻辑控制装置

控制棒逻辑控制装置接受棒速程序控制单元的信号(自动信号)和手动信号,产生控制棒组件各组及各子组的顺序移动的控制信号,使可控硅整流电路为控制棒驱动机构的提升线圈、传递线圈和静止线圈提供相应的脉冲电流序列。逻辑控制装置主要由组选择开关与组重叠电路、步进脉冲发生器、主循环器、从循环器以及可控硅整流电路等组成,如图 6-28 所示。组选择开关与组重叠电路接受自动和手动信号,根据不同的输入信号产生相应的控制棒移动方向信号(插入或提升)、棒移动速度信号(8～72 步 · min^{-1})和引导信号等。步进脉冲发生器接到控制棒移动速度信号后,每分钟输出 32～288 个步进脉冲信号。主循环器在步进脉冲作用下,产生控制棒相应移动一步的启动脉冲,7. 5 s～833. 3 ms 产生一个启动脉冲(对应 8～72 步 · min^{-1}控制棒移动速度)。从循环器在启动脉冲和插入或提升方向鉴别信号的作用下,在 777 ms 内按提升或插入要求产生不同程序的静止“全”、静止“减”、传递、提升“全”和提升“减”指令信号。可控硅整流电路在指令信号和组重叠引导信号的控制下,使指定棒组的线圈得到按一定程序的电流脉冲序列信号。在 777 ms 内完成控制棒提升或插入一步的动作,每步间歇为 6. 72 s～56. 33 ms。

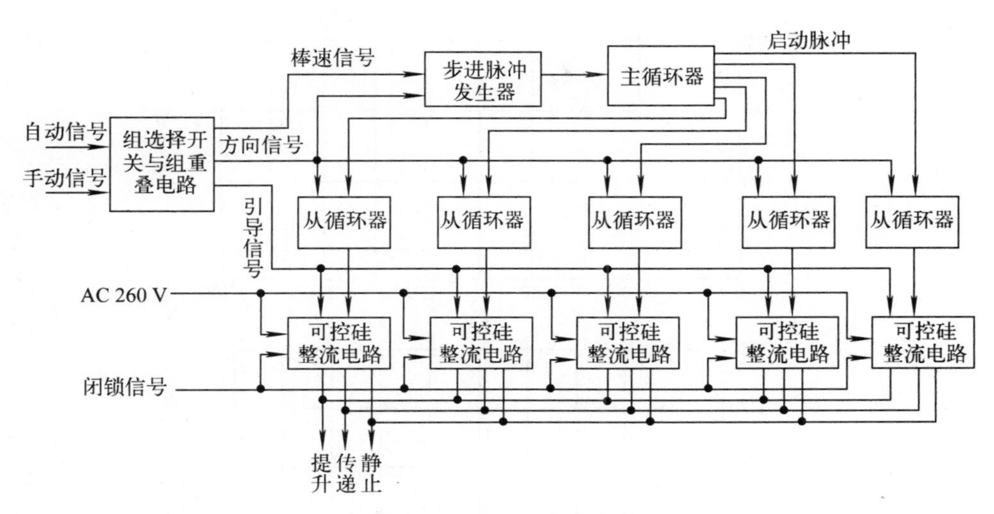

图 6-28　控制棒逻辑控制装置结构方框图

6.4.3　功率控制特性分析

本节以 900 MW 级压水堆核电厂负荷从 90%FP 稳态运行工况阶跃变化到 100%FP 工况时控制系统的控制过程为例说明功率补偿棒组和 R 棒组的控制棒位置变化以及主要参数的动态响应过程。

核反应堆功率在 90%FP 稳定运行，功率补偿棒的 G_1 棒组的位置为 135 步，G_2，N_1，和 N_2 棒组的位置均为 225 步(即在堆芯外)；R 棒的位置为 190 步。用汽轮机蒸汽流量从额定值的 90%阶跃变化到 100%表示负荷由 90%FP 上升到 100%FP 的阶跃变化，核反应堆要跟踪负荷的变化。在时间为 10 s 时负荷阶跃变化，补偿棒棒位定值单元给出对应功率为 100%FP 的棒位置为 225 步，功率控制系统将功率补偿棒 G_1 棒组以 60 步 · min^{-1} 恒定速率从 135 步提升到 225 步，用时约 90 s，如图 6-29(a)所示。与此同时，由于负荷的阶跃变化引起冷却剂平均温度控制系统功率失配通道的输入端产生功率失配信号，使温度偏差 T_e 增加；另一方面，负荷发生变化，冷却剂平均温度参考值随之作相应变化，也使温度偏差 T_e 增加，导致 R 棒快速响应而提升，如图 6-29(b)所示。在功率补偿棒与 R 棒同时提升过程中，堆内正反应性快速增加，核反应堆功率提高，冷却剂平均温度 T_{av} 就随之上升，温度偏差 T_e 减少，当 T_e 值落入棒速程序控制单元死区内时 R 棒停止提升。由于此时功率补偿棒还在继续提升，核反应堆功率继续增加，冷却剂平均温度 T_{av} 也继续上升，温度偏差 T_e 减小，当 T_e 减小到超出死区时 R 棒开始下插。这时 R 棒下插引入负反应性将抵消功率补偿棒提升引入的正反应性，由图 6-29(b)可以看出，当功率补偿棒提升到 225 步停止提升时，R 棒还在继续插入。当过了一段时间以后，R 棒约在 110 s 时停止插入处于一个稳定位置，这时表明堆内反应性达到平衡。从图 6-29(c)和图 6-29(d)可以看出，控制过程约在 120 s 时结束。

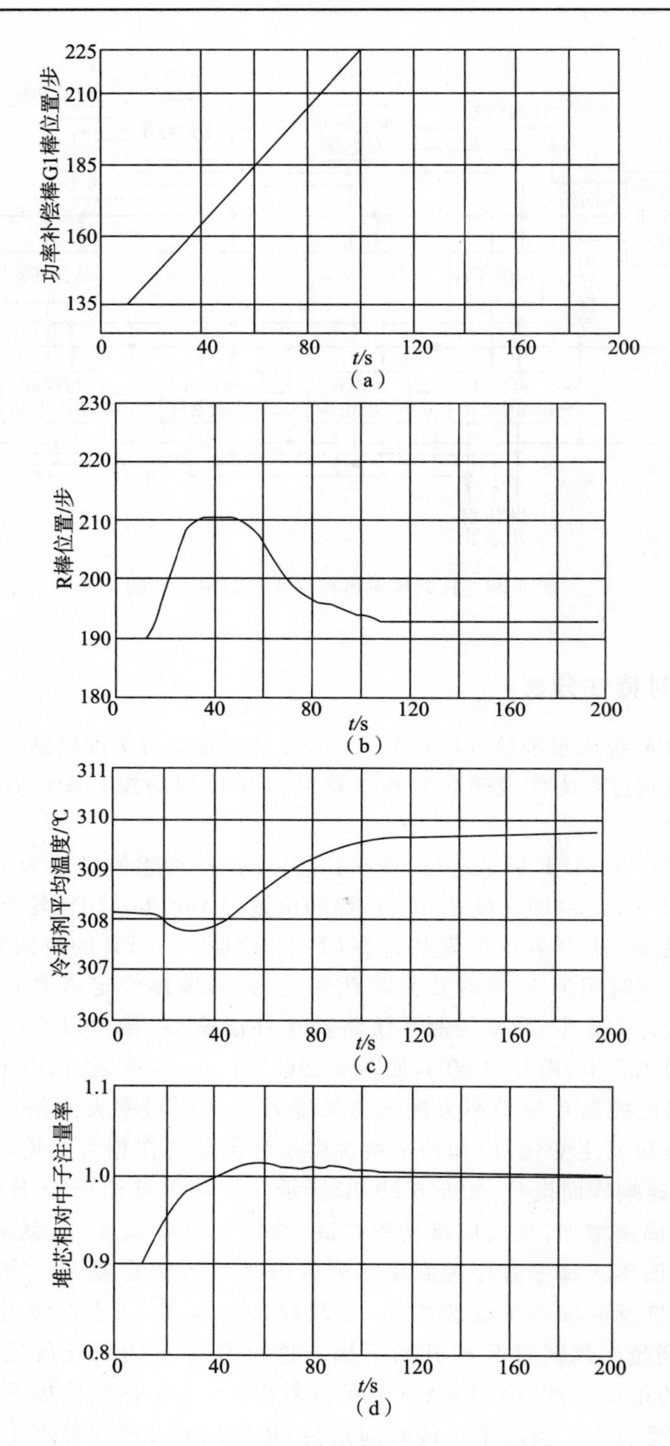

图 6-29　负荷阶跃上升控制特性曲线图

(a)功率补偿棒位置变化曲线;(b)R 棒位置变化曲线

(c)核反应堆冷却剂平均温度响应曲线;(d)核反应堆中子注量率响应曲线

6.4.4　硼浓度控制

一回路慢化剂(冷却剂)硼浓度控制是反应性控制的主要手段之一。硼浓度控制是通过核反应堆化学与容积控制系统实现的。

通过调节慢化剂中可溶性中子吸收剂^{10}B的浓度的方法补偿和调节堆芯的反应性和负荷跟踪过程中氙毒引起的慢变化反应性。调硼的好处有:① 减少了控制棒的数量;② 改善了轴向功率分布;③ 可增大核反应堆后备反应性,使核反应堆寿期延长,燃耗增加;④ 简化堆芯结构。

1. 化学与容积控制系统

化学与容积控制系统的主要功能是:

(1) 容积控制　向核反应堆冷却剂系统补充冷却剂,在冷态时,提供将核反应堆冷却剂系统加压的高压水源;在热态时,保持稳压器中的液位;

(2) 化学控制　通过过滤、除盐、加入联氨和氢氧化钾以减少核反应堆冷却剂(慢化剂)中腐蚀产物及裂变产物的浓度;

(3) 反应性控制　通过调整核反应堆冷却剂(慢化剂)中的硼浓度以补偿燃耗、中毒以及功率变化所导致的反应性变化;

(4) 辅助功能　为核反应堆冷却剂泵轴封提供轴封水、稳压器辅助喷淋水等。

图6-30是一个用于900 MW级压水堆核电厂的化学与容积控制系统流程图。该系统的补充水来自除盐水源。

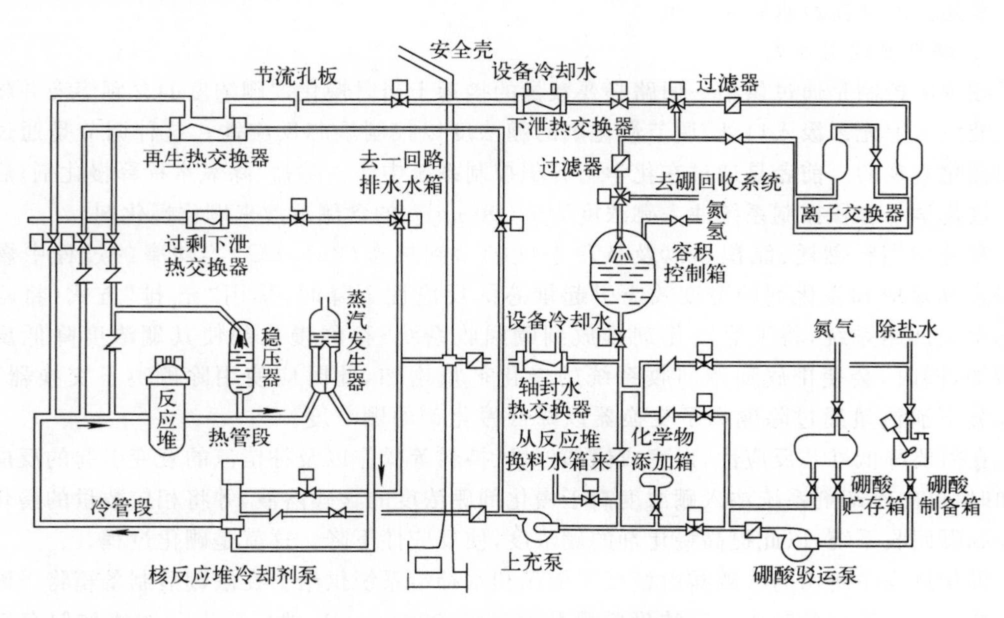

图6-30　化学与容积控制系统流程图

当核反应堆在稳定功率运行时,一回路系统某个环路的核反应堆冷却剂泵的出口即核反应堆入口处,连续不断地有高温高压冷却剂下泄至本系统。下泄的冷却剂先进入再生热交换器壳侧和三组下泄节流孔板中的一组减温减压,之后离开安全壳,再通过下泄热交换器管侧冷却到树脂床允许的工作温度,又经低压下泄控制阀再减压后,经过滤器除去颗粒状杂质，进入混合床离子交换器，除去以离子状态存在于冷却剂中的裂变产物和腐蚀产物。由离子交换器出来的下泄流，经过滤器后，喷淋到容积控制箱内。在喷淋过程中，除去其中的气体裂变产物氪和氙，以降低冷却剂的放射性水平，容积控制箱底部与上充泵汲入口相接，这样，经过过滤、离子交换和喷淋除气的冷却剂，由上充泵加压后，其大部分经再生热交换器加热后上充到一回路系统，少部分送到核反应堆冷却剂泵轴封水系统用作轴封水。

轴封水系统的回路和正常的上充、下泄回路相平行，从上充泵出来进入轴封水系统的冷却剂先经过滤器过滤，然后进入核反应堆冷却剂泵的轴封室，其中一部分成为轴封的泄漏，经过泄漏引出管、轴封水过滤器和热交换器回到容积控制箱；另一部分经泵的轴封进入泵体与冷却剂汇合。为了在正常下泄不通时，能泄出这部分进入泵体的冷却剂，还设有过剩下泄管及其热交换器，使主冷却剂通过过剩下泄热交换器下泄至轴封水热交换器。

容积控制箱上部气空间充有氢气，以保证冷却剂中溶解有足够的氢气来抑制水的辐照分解，控制冷却剂中的氧在允许水平以下，以减少设备和系统的腐蚀速率。

当核反应堆功率变化，冷却剂发生膨胀或收缩时，化学与容积控制系统可用调节上充和下泄流量的方法来控制稳压器过高或过低的液位。上充和下泄的流量发生不平衡时，可由容积控制箱予以补偿。

当容积控制箱液位也过高时，化学与容积控制系统可将下泄冷却剂排至硼回收系统进行处理。当容积控制箱液位过低时，化学与容积控制系统的硼和水补给控制系统能将按一定比例混合的浓硼酸和除盐水自动补给至容积控制箱内，如果容积控制箱液位仍继续下降，上充泵还能改从换料水箱中汲水。

2. 硼浓度控制方式

硼浓度控制是通过供给一回路必要数量的接近于当时慢化剂硼浓度的含硼溶液并将此补充液注入上充泵汲入口处，调节慢化剂的硼浓度以控制堆芯反应性。这种调节是通过稀释和硼化实现的。前者是通过在化学与容积控制系统中注入除盐、除氧水稀释慢化剂；后者是通过化学与容积控制系统注入硼浓度为7 000 μg/g的含硼溶液来硼化慢化剂。

在补偿燃料燃耗、氙积累以及从冷态(60℃)到热态(291.4℃)零功率的过程中燃料的多普勒效应和慢化剂的温度效应引起堆芯的反应性下降时，采用“充-排”方式(将除盐水充至一回路系统，将下泄慢化剂排放到硼回收系统)稀释慢化剂使其硼浓度降低反应性增加，同时，会使排放到硼回收系统的慢化剂量增加，此时应使用除硼离子交换器，使一部分下泄流量通过除硼离子交换器以降低慢化剂的硼浓度。

在需要降低堆芯反应性，以完成诸如停堆、换料等操作以及补偿氙的衰变引起的反应性增加时，可向冷却剂系统注入硼浓度高于慢化剂硼浓度的含硼溶液，并将相应数量的慢化剂排放到硼回收系统，以此提高慢化剂的硼浓度，使反应性下降。这就是硼化过程。

硼化过程中所用的浓硼酸由核反应堆硼和水补给系统供给。在浓硼酸制备箱将干硼酸与除盐水混合搅拌配制成一定浓度的硼酸溶液(7 000 μg/g)，然后输送到浓硼酸储存箱储存，以供使用。

硼浓度控制有4种操作方式：稀释、硼化、自动补给和手动补给方式。控制方式是根据核反应堆运行工况选择的。从冷态到热态过程中温度变化以及燃耗、中毒等引起的比较缓慢的反应性下降，采用稀释方法调节；停堆、换料以及补偿氙衰变引起的反应性增长，采用硼化调节；在额定功率运行时，如轴向功率偏差 ΔI 变负，应提升控制棒，硼化操作；ΔI 变正，应插入控制棒，稀释操作。

（1）稀释方式

为降低慢化剂的硼浓度，以增加堆芯反应性，用等量的纯水（除盐、除氧水）代替慢化剂，这就是稀释。稀释有慢稀释和快稀释两种可能的方法：①将纯水补充到容积控制箱中，这是慢稀释；②如果将纯水直接补充到上充泵汲入口，以获得尽可能快的稀释效果，这就是快稀释。操纵员根据当时慢化剂的硼浓度和需要降低的量，计算出需要注入纯水的总量。根据稀释速率的要求，计算出注入纯水的流量，然后启动稀释。慢稀释和快稀释的运行基本操作是一样的，只是注入点不同而已。在使用快稀释方式时，应密切监视慢化剂中的氢浓度，因为未经过容积控制箱的那部分水不含有溶解氢，会使慢化剂的氢浓度逐渐降低。

（2）硼化方式

如果将除盐、除氧水管线隔离，而只让浓度为 7 000 μg/g 的含硼溶液注入上充泵汲入口处，以增加慢化剂的硼浓度，这就是硼化方式。根据慢化剂原有的硼浓度和硼化后预期的硼浓度以及含硼溶液的硼浓度计算出需要注入冷却剂系统的含硼溶液的总量。根据硼化速率的要求，计算出注入流量，然后启动硼化。

（3）自动补给方式

若容积控制箱液位低，要求补给与慢化剂具有相同浓度的含硼溶液，而且补给的启动和停止由一个来自容积控制箱液位控制信号来控制，这就是自动补给方式。这是一种正常补给方式，被运用在冷却剂系统升温期间和核反应堆功率运行期间。当容积控制箱液位低于 23%时，它投入运行。当液位达到 35.5%时，运行停止。

在自动补给方式时，除盐、除氧水的流量是恒定的。当慢化剂的硼浓度高于500 μg/g 时，补给水的流量为 20 $m^3 \cdot h^{-1}$，而慢化剂的硼浓度低于 500 μg/g 时，补给水的流量为 27.2 $m^3 \cdot h^{-1}$。

（4）手动补给方式

为了给换料水贮存箱补水或最初的充水，或者提高容积控制箱的液位以便排出箱内的气体，由操纵员手动设定纯水和含硼溶液的流量以及总的容量，然后由操纵员发出启动指令，当补给达到预期的容积时，自动停止或手动停止，这就是手动补给方式。通过手动补给方式可在混合器出口处得到预定浓度的含硼溶液。

在硼浓度控制操作过程中应注意：

（1）当负荷正在变化时，要完全防止硼化或稀释，因为所有硼浓度的变化要引起控制棒棒束组件的移动；

（2）改变硼浓度（稀释或硼化）时要注意监测，以便掌握当前硼浓度；

（3）稀释或硼化时，要时刻监视所引起的控制棒棒束的移动和核反应堆冷却剂平均温度的变化，并保证 R 棒组处于调节区内；

（4）如果“手动”补给方式是在核电厂带功率运行时使用，这时对容积控制箱的液位已不起控制作用，应注意监督容积控制箱的液位，当发现有液位显著降低的危险时，应重新切换到“自动”方式。

3. 稀释和硼化速率的计算

对于一个已知的反应性变化 $\Delta\rho$，最终硼浓度和调节速率可以通过下式计算得到。已知初始硼浓度 C_i 和硼浓度的反应性微分价值为 $d\rho/dC_B = 10$ pcm·(μg/g)$^{-1}$，则可计算出最终

硼浓度 C_f：

稀释时最终硼浓度为

$$C_f = C_i - (\Delta\rho/10) \quad (\mu g/g) \tag{6-14}$$

稀释速率为

$$\frac{dC_B}{dt} = \frac{C_i - C_f}{t} \tag{6-15}$$

硼化时最终硼浓度为

$$C_f = C_i + (\Delta\rho/10) \quad (\mu g/g) \tag{6-16}$$

硼化速率为

$$\frac{dC_B}{dt} = \frac{C_f - C_i}{t} \tag{6-17}$$

C_f和 dC_B/dt 确定之后，通过预先确定的计算曲线就可求出要实施的含硼溶液的容积和流量。

6.4.5　硼浓度调节的应用

1. 功率亏损的硼浓度调节

所谓功率亏损，是指当核反应堆功率升高时，向堆芯引入了负的反应性，指反应性“亏损”了。在功率水平升高过程中的功率亏损，需要通过调节硼浓度的方法进行补偿。功率亏损特性曲线如图 6-31 所示，当功率水平增加时负反应性增加，反之亦然。例如，功率水平为 75%FP 时，硼的浓度为 1 000 μg/g，慢化剂功率亏损为−1 100 pcm，当功率水平为 100%FP 时，慢化剂功率亏损为−1 460 pcm，$\Delta\rho=360$ pcm。为了补偿功率增加过程中的负反应性增加，需要对慢化剂的硼进行稀释以引入相应量值的正反应性。如果慢化剂硼的反应性微分价值为$\frac{d\rho}{dC_B}=10\ \text{pcm}\cdot(\mu g/g)^{-1}$，那么，稀释后最终的慢化剂硼浓度可由式(6-14)得到

$$C_f = 1\,000 - \frac{360}{10} = 964(\mu g/g)$$

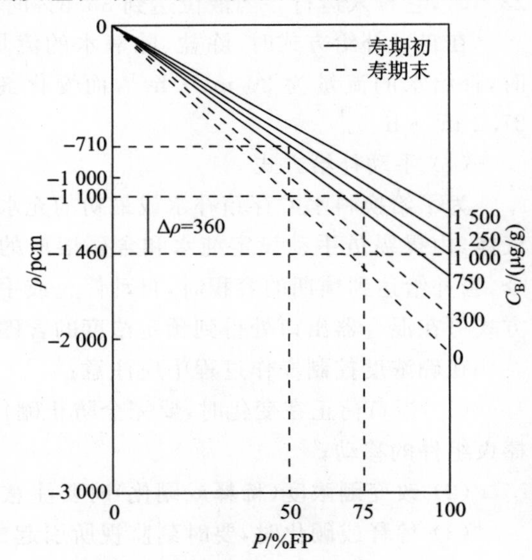

图 6-31　功率亏损特性曲线图

已知慢化剂的起始硼浓度 C_i，C_f 也已经求得。若给出核反应堆功率由 75%FP 增加到 100%FP 的变化速率，就可知道需要多长时间完成功率的变化，相应地，这段时间就是慢化剂硼浓度调节所需要的时间，进而由式(6-15)可以得到稀释速率。

2. 依据 R 棒位置和运行状态点位置的硼浓度调节

根据运行状态点在运行梯形图中的位置和 R 棒的位置情况共同决定对硼的浓度进行调节。一般有两种情况需要进行硼的稀释操作：① R 棒位置超出调节区上限，为了将 R 棒下插到调节区内，进行慢化剂的硼稀释操作，使 R 棒自动进入调节区完成冷却剂平均温度

控制；② 运行状态点到达运行梯形图的右预限线（轴向功率偏差 ΔI 变正），通过慢化剂的硼稀释操作使 R 棒自动下插，减少堆芯上部的中子注量率，使运行状态点左移。

需要进行的慢化剂硼化操作一般有三种情况：① R 棒位置超出调节区下限，为了将 R 棒提升到调节区内，进行硼化操作使 R 棒自动进入调节区完成冷却剂平均温度控制；② 当运行状态点到达运行梯形图的左预限线（轴向功率偏差 ΔI 变负）时，为了防止到达左限线引起汽轮机负荷速降发生，进行硼化操作可使 R 棒自动提升，增加堆芯上部的中子注量率，使运行状态点右移；③ 当 R 棒到达低-低插入限值时，直接进行硼化操作使 R 棒提升，以防止堆芯中子注量率分布发生畸变，同时保证 R 棒具有 500 pcm 的负反应性价值。

当 R 棒到达调节区上限，同时运行状态点到达运行梯形图的左预限线，前者要求慢化剂的硼稀释操作，后者则要求硼化操作，在这种情况下，必须等待，暂停提升功率；同理，当 R 棒到达位置低-低限，同时运行状态点也到达运行梯形图的右预限线，前者需要硼化操作，后者则需要稀释操作，在这种情况下，同样必须等待，暂停提升功率。为了在实际中方便应用，硼浓度调节条件可用 ΔI 相对左预限线和右预限线的位置与 R 棒的位置相对调节区上限、调节区下限以及低-低限的位置共同确定，如表 6-3 所示。

表 6-3　硼浓度调节参考表

ΔI 位置 / R 棒位置	左预限线	运行梯形中运行区域	右预限线
调节区上限	暂停提升功率等待	稀释	稀释
调节区下限	硼化	不调硼	稀释
低一低限	硼化	硼化	暂停提升功率等待，监视 R 棒位置

3. 升负荷过程的硼浓度调节

在负荷变化过程中，核反应堆功率随负荷变化，但功率运行状态点应保持在它的目标带内，所以，R 棒组也应该保持在它的调节区内。在寿期初，当核反应堆功率从 15%FP 升到 100%FP 时，R 棒组调节区位置在 180～205 步之间。

在随负荷上升而提高核反应堆功率时，由氙的负反应性效应引起堆芯的反应性变化曲线，如图6-32所示。图中给出了核反应堆功率分别从 0%FP，25%FP，50%FP 和 75%FP 提升到 100%FP 时氙的负反应性效应。为保持运行状态点在目标带内，必须在氙谷到来前进行慢化剂硼的稀释操作，在氙谷过后进行硼化操作。

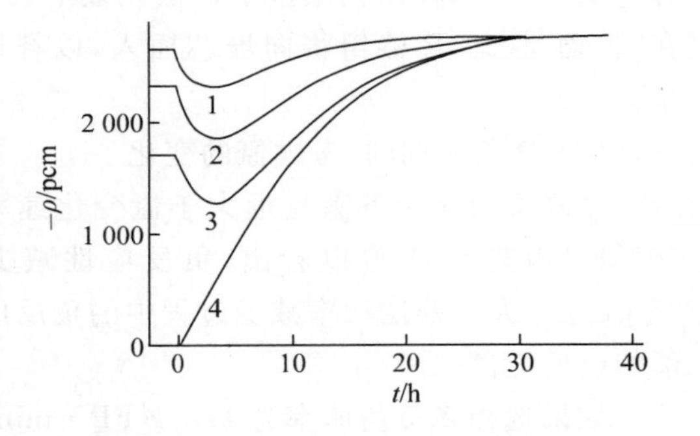

图 6-32　功率由不同水平提升到额定功率时氙的负反应性变化曲线图

1—P=75%FP→100%FP；

2—P=50%FP→100%FP；

3—P=25%FP→100%FP；

4—P=0→100%FP

当核反应堆功率由 50%FP 提升到 100%FP 由图 6-31 可以看出，负反应性增加了 750 pcm，就相当于硼浓度增加了 $\Delta C_B = 75(\mu g/g)$。为了补偿功率增加过程中的负反应性增加，需要对慢化剂的硼进行稀释以引入相应量值的正反应性。

考虑氙浓度变化对调硼的影响。核反应堆功率从50%FP提升到100%FP过程中,氙变化引起的反应性变化曲线(见图6-32)表明:在3.5 h内(氙谷到来之前)氙引起的反应性变化(负反应性减少)量 $\Delta\rho = 2\ 300 - 1\ 850 = 450$ pcm。若硼的微分价值为10 pcm·$(\mu g/g)^{-1}$,则相当于在3.5 h内使硼浓度减少 $C_i - C_f = 45\ \mu g/g$。所以,考虑氙效应的贡献,实际稀释的硼浓度减少值为

$$\Delta C_B = 75 - 45 = 30\ (\mu g/g)$$

如果要补偿该效应,硼的稀释速率约为 $9(\mu g/g)\cdot h^{-1}$。应该指出,若以恒定流量稀释时,减低稀释速率可自然地跟踪氙变化。

4. 降负荷过程的硼浓度调节

对于降负荷时的调硼过程可以考虑两种情况:一是当降负荷速率远大于氙变化速率时,可以忽略氙效应对反应性变化的影响;二是考虑氙效应对反应性变化的影响。

(1) 降负荷期间,忽略氙的变化

当忽略氙效应的影响后,只考虑功率效应。例如在寿期初,功率水平从100%FP以5%FP·min^{-1}的速率降至50%FP。设此时的硼浓度 $C_B = 910\ \mu g/g$,功率由100%FP降至50%FP就相当于引入了750 pcm的正反应性,其调硼过程如下:

① 为了补偿功率效应,R棒组从205步下插到105步。大约引入750 pcm负反应性;

② 以 $100(\mu g/g)\cdot h^{-1}$ 的速率进行硼化操作,以便将R棒组提升到它的调节区内,即燃耗寿命初期功率为50%FP时的185步处;

③ 硼化结束以后,需进行一次稀释操作,以补偿氙效应。

应该注意:一旦R棒组回升到它的调节区内,轴向偏移AO的扰动就产生一个初期氙振荡。为了将功率运行状态点保持在目标带内,应该产生一个负的AO变化,因此进行一次稀释操作,其稀释量稍微多于补偿氙效应(约大于5%)所需要的量。由于核反应堆的控制在"自动"状态,R棒组将向堆芯插入,以补偿剩余的反应性,于是运行状态点就回到目标带内。

(2) 降负荷期间,考虑氙的变化

当降负荷速率不满足远大于氙变化速率时,应考虑氙效应。当功率由100%FP降到50%FP由图6-31可以看出,负反应性减少了750 pcm,就相当于硼浓度减少了 $\Delta C_B = 75\ \mu g/g$。为了补偿功率减少过程中的负反应性减少,需要对慢化剂进行硼化以引入相应量值的负反应性。

如果选择降负荷速率为1.5 %FP·min^{-1},为了完成这次降负荷大约需要0.5 h,在这期间内,氙浓度变化引入的负反应性(即负反应性增加)为190 pcm,所以,氙变化所产生的效应可视为等价于在0.5 h内硼化使慢化剂硼浓度增加19 $\mu g/g$。由此得到,在以速率为1.5 %FP·min^{-1}降功率工况下,考虑氙效应的贡献,实际硼化的硼浓度增加值为

$$\Delta C_B = 75 - 19 = 56\ \mu g/g$$

对于一个以固定速率的降负荷过程,ΔC_B 随着燃耗率加深而增大,因此,功率效应所释放的反应性增加。

综上所述,在缓慢升负荷过程中,氙效应相当于对慢化剂硼的稀释作用;在缓慢降负荷过程中,氙效应相当于对慢化剂的硼化作用。由于氙效应的影响,可以在预计的功率变化过程中减少为了调节硼浓度所需要排出待处理液体的容积。

6.5　控制棒位置监测

控制棒位置监测是测量堆芯内每个控制棒棒束组件的位置，并在主控制室提供永久的位置指示，监视控制棒位置以便发现运行故障。

6.5.1　控制棒位置探测器

控制棒位置探测器主要有如下三种类型。

(1) 可变变压器型

可变变压器型是一种线性变换器，它安装在棒驱动机构承压外罩的外边并与之同心。在控制棒的全行程范围内均匀地绕有初、次级线圈，而驱动棒是作为变压器的可移动铁芯。初级线圈通以 220 V 交流电流(50 Hz)，次级线圈作为控制棒位置探测线圈。当控制棒移动时，可改变初级和次级线圈之间的磁耦合强度，导致次级线圈的感应电势随控制棒的位置成正比例变化。当控制棒全部插入堆芯时，初级和次级线圈之间的磁耦合是微小的，因此，输出信号很小；当控制棒抽出堆芯时，初级和次级线圈之间的磁耦合增加，因此，输出信号变大，且信号大小与实际控制棒位置成正比。这种方法的测量精度为±5％。

(2) 舌簧开关型

舌簧开关型由装在保护套管内的一系列舌簧开关和精密电阻网络组成。控制棒移动时装在驱动棒上端的永久磁铁接近某一舌簧开关时，该舌簧开关即闭合。分压网络便输出与控制棒位置成正比的模拟电压。这种方法的测量精度为±2.5％。

(3) 差分变压器型

差分变压器型是普遍用于大型压水堆上的控制棒位置指示系统的葛莱(GRAY)码探测方法。

差分变压器型控制棒位置探测器基本工作原理如图 6-33 所示。初级线圈通以 220 V 交流电流(50 Hz)，次级线圈是分别安装在不同位置的一组线圈。当驱动棒通过某个次级线圈时，磁通变强，在次级线圈上的感应电势变高。若将相邻两个次级线圈反向相接，即电势相减，形成电流脉冲，再经过整形成为逻辑信号，表明驱动棒的顶部在两个线圈中能获得“1”状态，反之为“0”状态。根据这个原理，将 31 个次级线圈按图6-34所示的方式差分连接，这些次级线圈产生的信号为数字形式。当驱动棒通过某个次级线圈时，该次级线圈产生的信号为“1”，反之为“0”。将这 31 个线圈的输出信号组合起来形成 5 个数码通道 A，B，C，D 和 E。能够得到二进制的控制棒位置测量葛莱码数字信号。当驱动棒的端头位于两

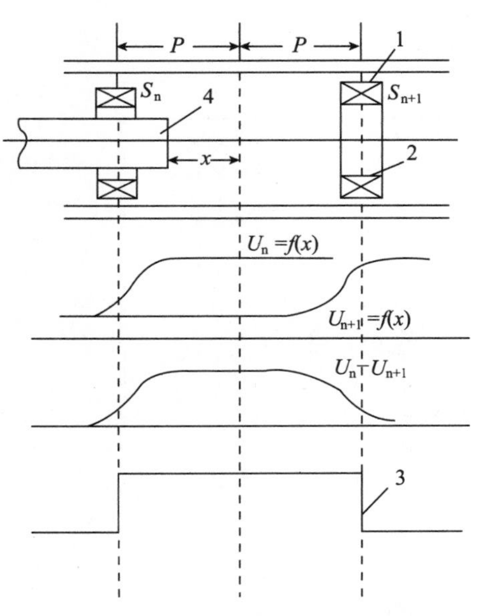

图 6-33　控制棒位置探测器原理图

1—次级线圈；2—初级线圈；3—逻辑信号；4—驱动棒

个探测线圈之间时，葛莱码提供一个位置信号。对应于 30 个间隔共有 30 个位置测点，所对应的葛莱码真值表如表 6-4 所示。按规定两探测线圈之间间隔为 127 mm，控制棒移动一步的行程是 15.875 mm。因此，每个间隔是 8 步，每个位置的测量精度为 4 步。测量范围内控制棒的移动是 240 步(8 步×30＝240 步)。在控制棒驱动机构操作系统模拟盘上集中了 53 个控制棒位置显示装置，每个装置有 30 个发光二极管显示控制棒的 30 个位置。

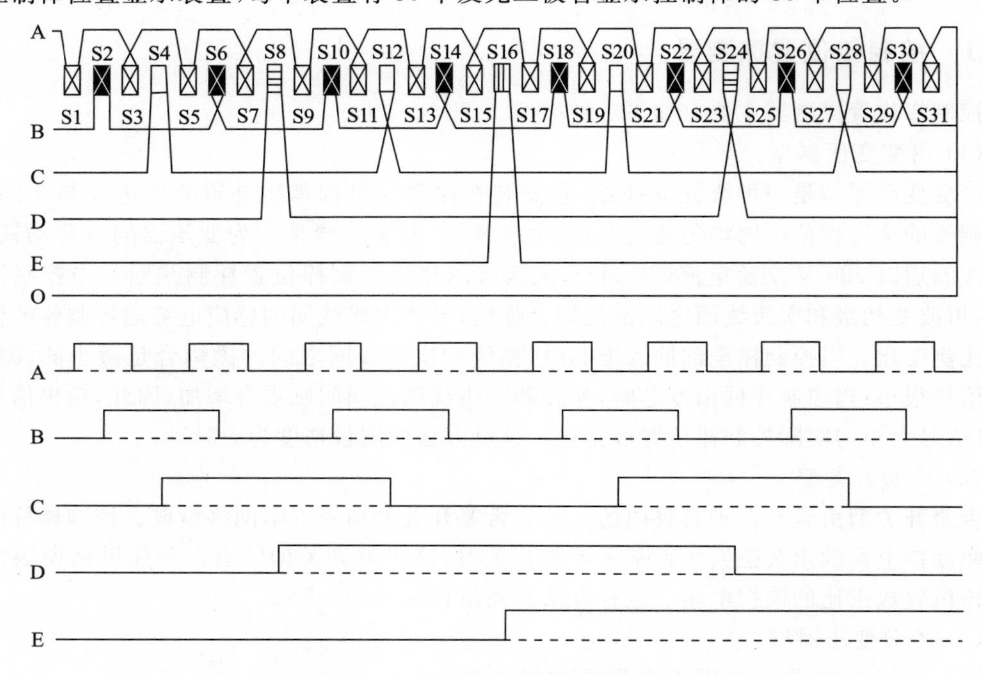

图 6-34　传感器次级线圈与葛莱码

表 6-4　葛莱码真值表

控制棒位置	葛莱码 EDCBA	控制棒位置	葛莱码 EDCBA	控制棒位置	葛莱码 EDCBA
1	00001	11	01110	21	11111
2	00011	12	01010	22	11101
3	00010	13	01011	23	11100
4	00110	14	01001	24	10100
5	00111	15	01000	25	10101
6	00101	16	11000	26	10111
7	00100	17	11001	27	10110
8	01100	18	11011	28	10010
9	01101	19	11010	29	10011
10	01111	20	11110	30	10001

6.5.2 控制棒位置监测系统

控制棒位置监测系统是由两个独立的控制棒位置模拟显示系统和控制棒位置数字显示系统组成，如图 6-35 所示。

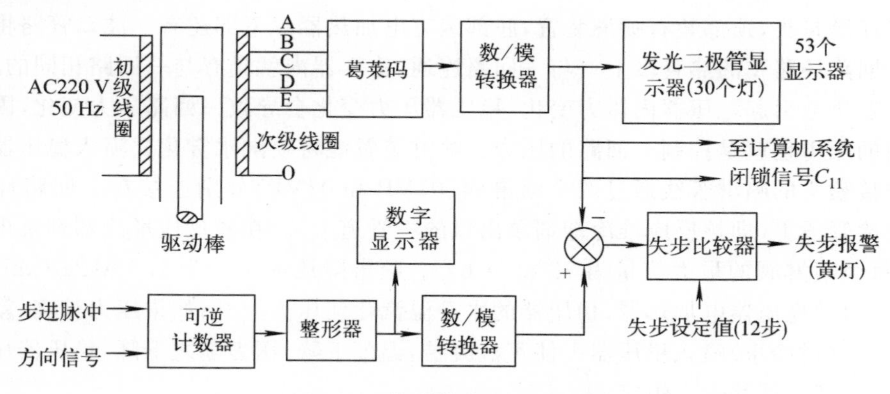

图 6-35 控制棒位置监测系统

(1) 模拟显示系统 每个控制棒位置探测器测量到的对应控制棒位置的葛莱码，经整形和数-模转换得到一个模拟信号。模拟信号用于控制棒位置显示、产生闭锁信号和送往计算机系统等。每个控制棒棒束组件的位置都有单独的仪表指示(共 53 个)，操作人员可以连续地直接读出控制棒位置而不需要用选择或切换的方法来显示控制棒的位置。

(2) 数字显示系统 是对控制棒驱动机构逻辑控制装置中产生的步进脉冲进行计数，并以数字形式显示控制棒棒束组件的位置。还经过数-模转换器，变换为模拟信号。

(3) 控制棒上、下极限位置监测 在葛莱码探测器的上、下端点各设置一个与其他次级线圈不相连的独立线圈，作为每个控制棒极限位置探测器。

模拟显示系统和数字显示系统是相互独立的系统，互为监督，运行程序要求核电厂运行操作人员在判别其明显的故障时，应比较模拟显示系统与数字显示系统的读数。由模拟显示系统给出的是控制棒的测量位置或实际位置，由数字显示系统给出的是根据要求应该具有的位置即“指定位置”或“理论位置”。当两者出现不一致且相差超过 12 步时，称为控制棒失步，发出控制棒失步报警信号。

此外，控制棒位置监测系统还在最后提升的一组棒束组件提升到极限位置后产生一个闭锁信号 C_{11}，它将闭锁所有控制棒棒束组件的自动提升。

6.6 稳压器压力和液位控制

由于负荷的变化或堆芯反应性扰动等，都可能导致冷却剂平均温度 T_{av} 发生变化，引起冷却剂容积发生变化，一回路压力也随之而变。一回路压力过高，就会使整个回路处于危险的应力工况下，易发生设备疲劳和管道破裂等事故。压力过低，就有水汽化的危险，引起堆芯局部沸腾，燃料元件与冷却剂传热恶化，有可能出现燃料元件熔化的危险。可见一回路压力影响核电厂安全运行。对稳压器压力进行控制的目的是使一回路压力维持在参考值上。

稳压器的液位控制使稳压器液位维持在一个适宜的参考值上。液位过高会使压力控制效果变差，也有可能出现安全阀进水的危险；液位过低有可能暴露加热元件而出现被烧毁的危险。

稳压系统工作原理如图 6-36 所示。稳压器是一直立密封容积式平衡罐。它的顶部和底部为半球形封头，顶部装有喷淋装置，底部装有电加热器。下部还有一波动管路将稳压器连接到一回路环路 1 的热管段上。与一回路连通，稳压器内就具有与一回路相同的压力，一回路压力变化会引起稳压器内压力变化，稳压器压力变化会导致一回路压力变化，因而控制稳压器内的压力也就是控制一回路的压力。喷淋装置能将喷淋水雾化并喷入稳压器的蒸汽空间。连接喷头的喷淋管线通过两个喷淋阀（01VP 和 02VP）分别连接在一回路环路 1 和环路 2 的冷管段上（即核反应堆冷却剂泵出口的主管道上）。在核反应堆冷却剂泵出口压头驱动下，每个喷淋阀的最大流量为 72 $m^3 \cdot h^{-1}$。喷淋降压速率约为 1.3 $MPa \cdot min^{-1}$。压力偏低时，启动稳压器电加热器，稳压器的水升温汽化使压力上升；如果压力偏高，就开启喷淋阀，喷雾水（过冷水）喷入稳压器内使蒸汽凝结，温度下降，压力随之下降，稳压器压力维持恒定，进而维持一回路压力恒定。

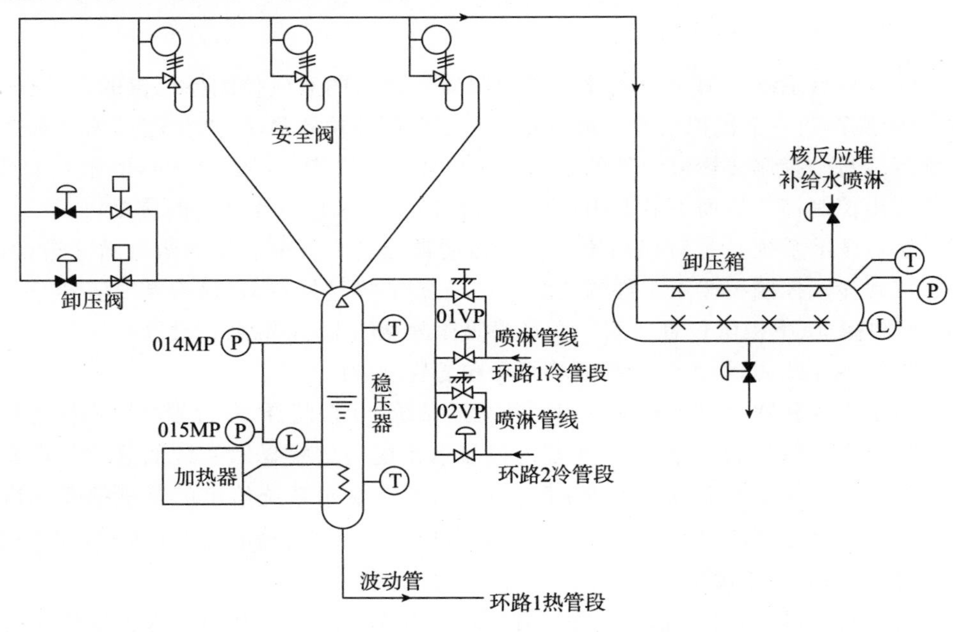

图 6-36　稳压系统原理图

喷淋流量的选择原则是当负荷以 10%FP 阶跃下降时，稳压器压力不能达到第一个安全阀组开启的整定值。

喷淋阀 01VP 和 02VP 设有下限位器，当阀门处于关闭位置时，下限位器使阀门处于微开状态，形成一定的漏泄流量作为连续喷淋流量（也称极化运行喷淋流量），连续喷淋流量为 230 $L \cdot h^{-1}$。连续喷淋的作用为：

（1）降低喷淋阀开启时稳压器喷淋贯穿件和管嘴的热应力和热冲击；

（2）保持稳压器内化学物质和温度的均匀性；

(3) 均衡稳压器和一回路工质中的硼浓度。

稳压器的电加热器共有 60 根电加热棒，每根功率为 24 kW，分成 01RS，02RS，03RS，04RS，05RS 和 06RS 六组。加热器全部通电时，在稳压器未建立汽腔之前（单相阶段）能以最大 56 ℃ · h^{-1} 的梯度升温；在建立汽腔之后，稳压器内的压力能以最大约 0.2 MPa · min^{-1} 的梯度上升。

电加热器的功能如下：

(1) 01RS，02RS，05RS 和 06RS 四组是通/断式加热器，当压力过低时投入。01RS 和 02RS 每组由 9 根电加热棒组成，其功率为216 kW。05RS 和 06RS 每组由 12 根电加热棒组成，其功率为 288 kW。01RS 和 02RS 还可用于极化加热运行。05RS 和 06RS 分别可由两台应急柴油发电机供电，并可在厂外电源断电后 1 h 内恢复稳压器的压力。

(2) 03RS 和 04RS 两组是比例式加热器，每组由 9 根加热器组成，其功率为 216 kW，通过压力控制器控制加热功率的大小。

6.6.1　稳压器压力控制系统

稳压器压力控制系统的功能主要是维持稳压器压力为其参考值 15.5 MPa，保证在正常瞬态下不致引起紧急停堆，也不会使稳压器安全阀开启。广义地说，稳压器压力的显示、记录、压力异常产生的报警和允许紧急停堆信号以及将模拟信号输出到有关系统等都属于稳压器压力控制系统的功能。另外，稳压器压力控制系统还对稳压器实行所谓的“极化”运行控制。

稳压器压力控制系统如图 6-37 所示。控制系统完成稳压器压力控制、报警及保护功能。信号分别来自差压计 014MP 和 015 MP 所在的两个压力测量通道。

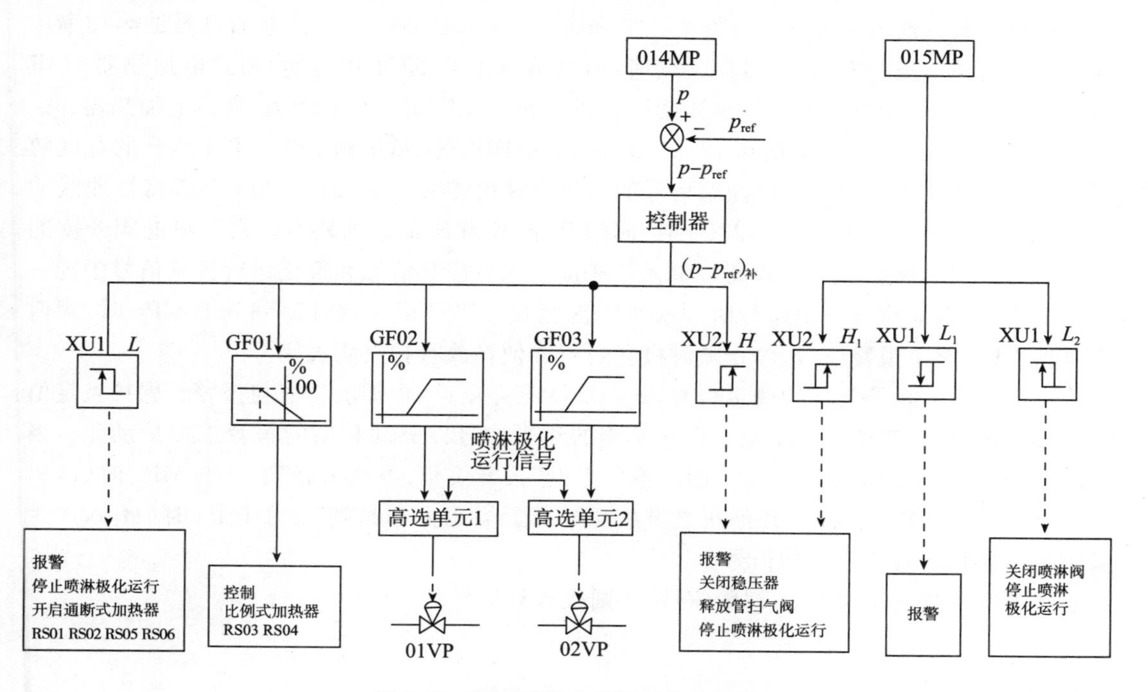

图 6-37　稳压器压力控制系统方框图

控制系统是由比较器、PID控制器、控制特性单元以及驱动装置等组成。比较器将由差压计014MP测量得到的稳压器压力 p 与压力参考值 p_{ref}(15.5 MPa)相比较，产生压力偏差信号 $p-p_{ref}$。PID控制器的传递函数为

$$G(s)=K_1\left(1+\frac{1}{\tau_1 s}\right)+\frac{K_1\tau_2 s}{1+\frac{1}{\lambda}\tau_2 s} \tag{6-18}$$

式中，K_1——比例增益；τ_1——积分时间常数；τ_2——微分时间常数；λ——常数。整定值分别为 $K_1=1$，$\tau_1=600$ s，$\tau_2=6.67$ s，$\lambda=1.67$。控制器的输入为压力偏差信号 $p-p_{ref}$，经PID控制器运算，输出信号被称为补偿压差信号，记作 $(p-p_{ref})_{补}$。

控制特性单元分为连续控制单元和阈值继电控制单元两类。GF01，GF02和GF03为连续控制单元，分别控制比例加热器的加热功率和喷淋流量。阈值继电控制单元由XU1和XU2组成，其中XU1为低定值触发单元，XU2为高定值触发单元。补偿压差的低定值 $L=-0.6$ MPa和高定值 $H=0.6$ MPa。L_1 和 L_2 为压力的低定值，$L_1=15.2$ MPa，$L_2=14.9$ MPa。H_1 为压力的高定值，$H_1=16.1$ MPa。

稳压器压力控制特性曲线如图6-38所示。由图中可以看出，压力控制系统通过对喷淋阀和比例式电加热器实施连续控制，对通/断式电加热器实施断续控制最终实现稳压器压力的控制。

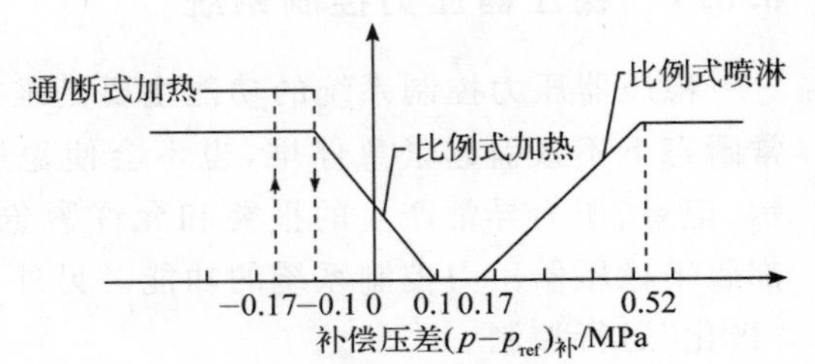

图6-38　稳压器压力控制特性曲线图

当功率为0～100%FP时，如果对应的补偿压差 $(p-p_{ref})_{补}$ 在0.1～−0.1 MPa范围内，控制比例式电加热器进行比例式加热，其功率由控制特性单元决定。当补偿压差降到−0.1 MPa时，比例式电加热器加热功率达到最大。当补偿压差降到−0.17 MPa时，由阈值继电器XU1接通通/断式电加热器(4组同时开启)，停止喷淋极化运行；当补偿压差回升到−0.1 MPa时关闭通/断式电加热器。

当补偿压差 $(p-p_{ref})_{补}$ 在0.17～0.52 MPa范围内时，喷淋阀01VP和02VP的开度随补偿压差线性改变。阀门开度控制信号的变化特性由控制单元GF02和GF03特性曲线的斜率决定。当补偿压差≥0.52 MPa时，阀门全开，喷淋流量达到最大。实际喷淋阀开度的控制信号分别由高选单元1和高选单元2从正常压力控制信号和极化运行控制信号中选一个最大值，以保证喷淋极化运行时的最小喷淋流量。当补偿压差升高到0.6 MPa时，阈值继电器XU2产生报警信号、停止喷淋极化运行并使释放管扫气阀关闭。

稳压器压力报警与保护测量信号来自015MP差压计，根据测量值与报警和保护整定值的比较结果，由逻辑电路和继电器产生适当的逻辑信号以驱动相应的报警或保护动作。当压力降到15.2 MPa时(L_1)产生“稳压器压力低”报警信号；当压力降到14.9 MPa时(L_2)，关闭喷淋阀01VP和02VP并停止喷淋极化运行。当压力升高到16.1 MPa时(H_1)，产生关闭稳压器释放管扫气阀的信号。

喷淋阀极化运行时输入22%信号，否则接入0信号。

6.6.2　稳压器液位控制系统

稳压器液位控制系统通过调节上充流量将稳压器液位维持在由负荷确定的参考值上，从而使稳压器能很好地完成控制一回路压力的主要功能，其原理如图 6-39 所示。稳压器液位控制系统是由液位控制器和上充流量控制器串联在一起组成的串级控制系统。其中液位控制器为主控制器，处理液位偏差信号，输出信号为上充流量参考值与下泄流量之间的差值，然后根据下泄流量计算出上充流量的参考值。上充流量控制器为副控制器，处理流量偏差信号，计算出上充流量调节阀的阀门开度，通过调节化学与容积控制系统的上充流量调节阀以改变上充流量，上充流量与下泄流量的差值将影响稳压器液位的变化。上充流量与下泄流量差值为正时液位上升，为负时则液位下降；差值绝对值的大小会影响液位变化的快慢。在正常运行工况，下泄流量是不变化的。

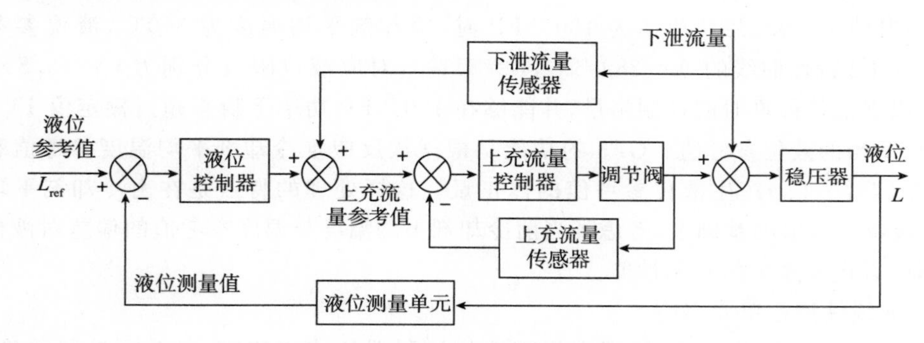

图 6-39　稳压器液位控制原理方框图

稳压器液位控制系统如图 6-40 所示，主要功能是液位、流量、汽轮机负荷以及核反应堆冷却剂平均温度的测量，通过各控制单元的功能处理和计算，产生改变上充流量的控制信号，实现液位的控制。下面简单介绍主要控制单元的功能和特性。

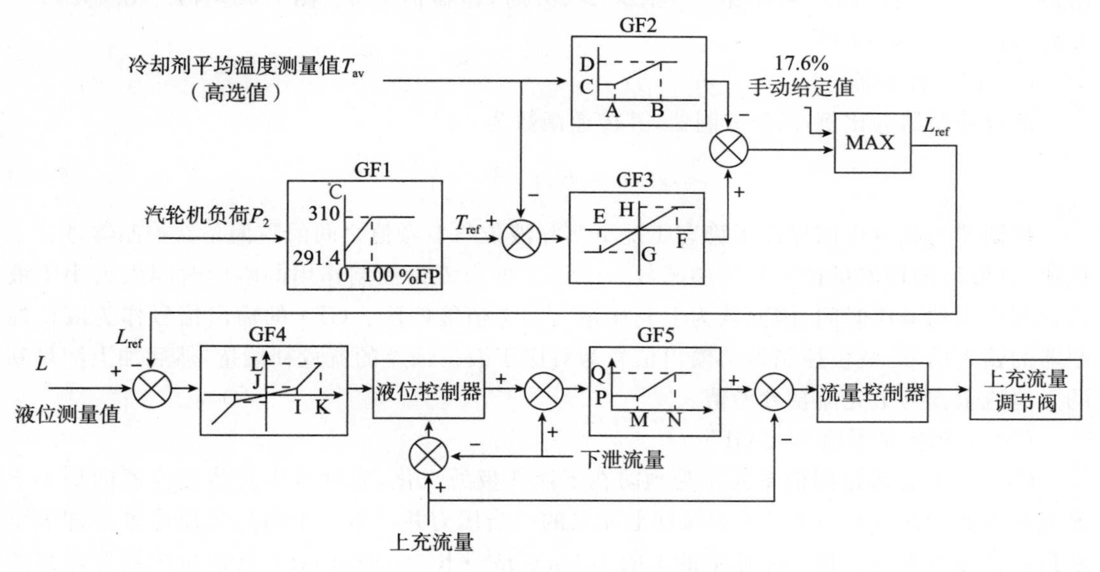

图 6-40　稳压器液位控制系统方框图

（1）冷却剂平均温度程序定值单元 GF1

依据冷却剂平均温度程序定值特性曲线，由汽轮机负荷 P_2 产生冷却剂平均温度参考值 T_{ref}。

（2）液位定值单元 GF2 和液位修正单元 GF3

核反应堆在功率变化时，核反应堆冷却剂平均温度变化会引起冷却剂容积发生相应变化，从而导致稳压器液位变化。为了尽可能地减少由核反应堆冷却剂系统排放出去的流体容积，稳压器液位参考值的设置必须考虑到核反应堆冷却剂的温度变化。GF2 和 GF3 共同作用产生液位参考值 L_{ref}。液位参考值为核反应堆冷却剂平均温度参考值和测量值的函数，液位参考值可由下式计算

$$L_{ref}=L_{ref0}+2.28(T_{av}-T_{av0})-0.43(T_{ref}-T_{av})(\%) \tag{6-19}$$

式中，L_{ref0} 为对应核反应堆零功率时冷却剂平均温度 T_{av0}（291.4℃）的液位参考值（热停堆参考值），其值为 20.2%。功率为 100%FP 时，冷却剂平均温度为 310℃，液位参考值为 62.7%。GF2 特性曲线的 A＝289.5℃，B＝311℃，对应液位限值分别为 C＝15.8%，D＝65.0%，以保证热停堆时的控制裕量，并能够在 100%FP 功率下瞬态超过额定值 1℃时，仍可计算出适当的液位参考值。GF3 的功能是根据核反应堆冷却剂平均温度参考值和测量值的偏差（$T_{ref}-T_{av}$）产生液位参考值的修正量。这样处理的特点是在由冷却剂平均温度 T_{av} 确定液位参考值的基础上，考虑了当前冷却剂平均温度与温度参考值的偏差对液位参考值的贡献，以提高系统的控制性能。

（3）非线性增益单元 GF4

GF4 为非线性增益单元，被用来提高液位控制器的响应速度，又兼顾控制的稳定性。在小液位偏差时，降低增益，减少上充流量调节阀的频繁动作，又提高控制的稳定性；在大液位偏差时，保持增益不变，加快响应速度。输入为液位测量值与液位参考值之间的偏差 $L-L_{ref}$，输出为校正后的液位偏差值。该单元的特性为液位偏差绝对值 $|L-L_{ref}|<2\%$ 范围内，增益值为 0.2；液位偏差绝对值 $|L-L_{ref}|>2\%$ 时，增益值为 1。图 6-40 中 $L=8.4\%$，$J=0.4\%$，$I=2\%$，$K=10\%$。

（4）液位控制器

液位控制器为比例-积分控制器，其传递函数为

$$G(s)=K_1\left(1+\frac{1}{\tau_1 s}\right) \tag{6-20}$$

控制器的积分作用保证了稳态工况下实际液位与参考值之间的零偏差。控制器进行了优化，它假设闭环流量控制器传递函数 $G(s)=1$，即由流量控制作用的响应时间大大小于液位控制作用的响应时间，因而认为上充流量与参考值能匹配。GF4 的输出信号作为液位控制器的输入信号，液位控制器的输出信号为对应于液位偏差的流量补偿量，然后加上测量到的下泄流量作为上充流量参考值。

（5）上充流量限值单元 GF5

GF5 为上充流量限值单元。为预防在下泄孔板处汽化，通过再生式热交换器的最小下泄流量不低于 6.0 $m^3\cdot h^{-1}$。为保证上充泵的适当压力并产生一个通过核反应堆冷却剂泵密封的适当流量而设置上充流量的上限为 25.6 $m^3\cdot h^{-1}$。通过 GF5 将液位控制器输出的上充流量限制在 6.0～25.6 $m^3\cdot h^{-1}$ 之间。

(6) 流量控制器

上充流量控制器也是一个 PI 控制器，其传递函数为

$$G(s) = K_2\left(1 + \frac{1}{\tau_2 s}\right) \tag{6-21}$$

该控制器控制上充流量调节阀的阀门开度。该阀的特性可用一个具有 1 s 滞后的二阶传递函数表示。

6.6.3 稳压器控制的瞬态特性

在没有压力控制系统的情况下，当液位发生变化时，压力也随之变化，如图 6-41 所示。稳压器稳态运行时，汽液两相平衡在饱和曲线上为点 1，压力为 p_1，液位为 L_1。当液位阶跃下降变化时，由 L_1 下降到 L_2，液位下降→蒸汽空间扩大→压力下降到点 1′，汽液两相暂时偏离饱和线→水闪蒸，产生蒸汽→压力回升，由于水闪蒸时要消耗一部分热量，所以在升压的同时水温降低，最后汽液两相在较低温度和压力 p_2 下建立了饱和状态点 2，如图 6-41(a) 所示。当液位阶跃上升变化时，由 L_1 上升到 L_2，液位上升→蒸汽空间减小→压力上升到点 1′，升压后汽液两相暂时偏离饱和线→水过冷，使部分蒸汽凝结→压力下降，同时蒸汽凝结放出的热量使水的温度升高，导致汽水两相回归到饱和线点 2′上。由于液位上升是由一回路过冷水进入到稳压器内所导致的，因此过冷水使蒸汽降温，蒸汽降温所释放的热量使过冷水升温，最终蒸汽和水的饱和温度沿饱和线下降至饱和状态点 2，汽液两相在较低温度和压力 p_2 下建立了新的平衡，如图 6-41(b)所示。

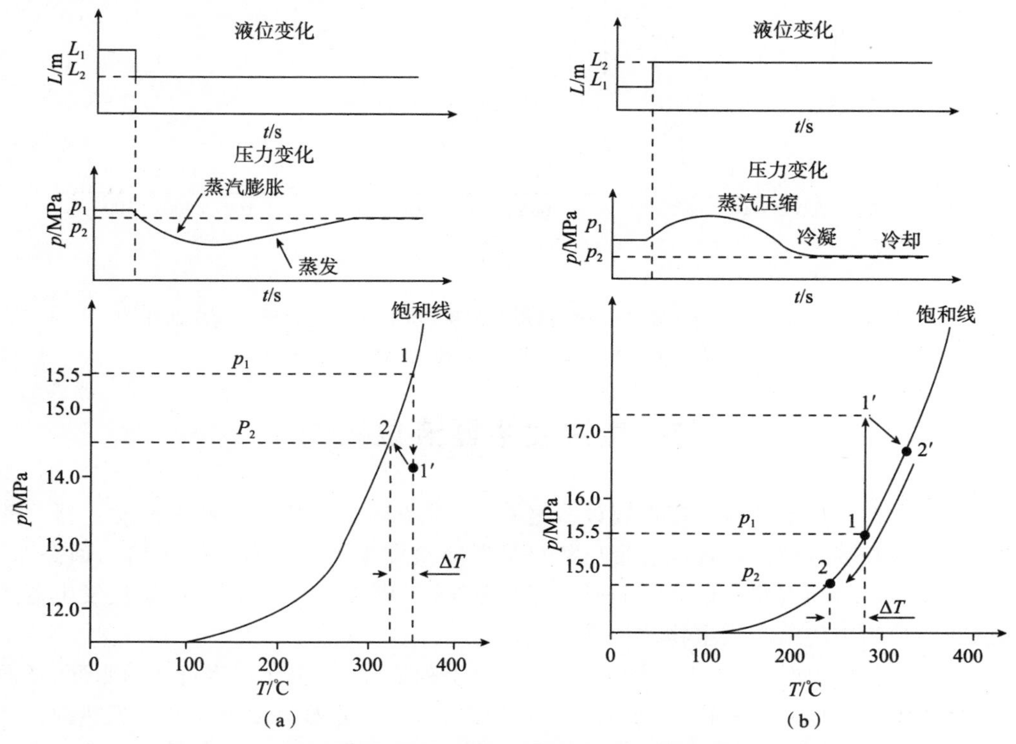

图 6-41　稳压器液位阶跃变化时，温度和压力的瞬态响应曲线图

(a)液位阶跃下降；(b)液位阶跃上升

总而言之,无论稳压器液位上升还是下降,在没有喷淋和加热器投入的情况下,稳压器的压力和温度都是下降的。

在有压力控制系统工作的情况下,如果汽轮机负荷阶跃增加 10%FP,稳压器的温度、压力和液位的瞬态过程如图 6-42(a)所示;若汽轮机负荷阶跃减少 10%FP,稳压器的温度、压力和液位的瞬态过程如图 6-42(b)所示。

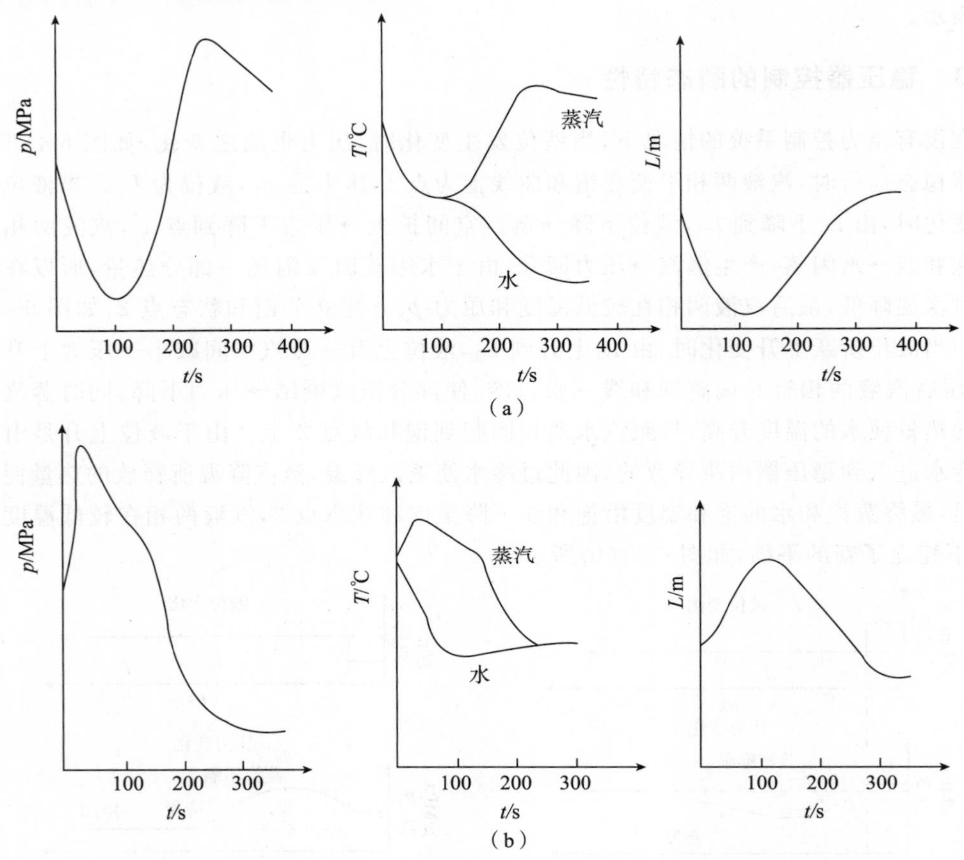

图 6-42　汽轮机负荷阶跃变化时,稳压器温度、压力和液位的瞬态响应曲线图

(a)负荷阶跃增加 10%FP;(b)负荷阶跃减少 10%FP

6.7　蒸汽发生器液位控制

蒸汽发生器是压水堆核电厂主要设备之一,在每条环路上都有一台蒸汽发生器。其主要功能是把冷却剂从核反应堆堆芯带出的热量经蒸汽发生器传热管管壁传给二回路水,使之汽化产生蒸汽带动汽轮机做功。同时,冷却剂因流经堆芯而具有放射性,蒸汽发生器还是防止二回路被污染的第二道生物防护屏障。

在运行过程中,如果蒸汽发生器液位低,会有下列危险:①引起蒸汽进入给水环,从而将在给水管道中产生危险的汽锤;②引起管束传热恶化;③引起蒸汽发生器的管板热冲击。如果液位高,会有淹没人字干燥器的危险,使蒸汽干度降低而危害汽轮机叶片。由此可见控制蒸汽发生器液位的重要性。

蒸汽发生器液位控制系统的任务是在正常运行的各种工况下能维持液位在参考值的某一偏差范围内；在汽轮机脱扣的情况下，通过自动或手动调整汽水流量使液位恢复到参考值。

蒸汽发生器液位控制系统的一般技术要求：

(1) 在稳态功率运行工况下能维持蒸汽发生器液位在程序参考值上，稳态偏差要小；

(2) 在热态零功率到满功率范围内，负荷以 5%FP·min^{-1}线性变化时，能自动跟踪负荷的变化并维持液位在预定的范围之内；

(3) 液位控制系统能承受给水流量和蒸汽流量±10%的阶跃变化或冷却剂平均温度±3 ℃的阶跃变化。液位最大超调量在±300 mm 之内，衰减率应大于 0.7；

(4) 在满功率运行时，系统能承受－50%FP 负荷的阶跃变化(在蒸汽排放控制系统协助下)，保证系统稳定运行。

蒸汽发生器液位是在蒸汽发生器筒体和管束外套之间的环形部分，即冷柱中测得的液位。每台蒸汽发生器都有 1 台“宽量程”液位变送器和 4 台“窄量程”液位变送器测量蒸汽发生器液位。宽量程液位测量用于低负荷和手动控制给水流量调节阀时，显示蒸汽发生器液位的变化趋势。窄量程液位测量用于蒸汽发生器液位的显示和保护，其中 2 台变送器还用于液位控制。

蒸汽发生器的液位取决于给水流量、给水温度、核反应堆冷却剂温度和蒸汽流量。每台蒸汽发生器的液位控制都是通过调节进入蒸汽发生器的给水流量来实现的。给水流量是由调节主给水调节阀和旁路给水调节阀的阀门开度以及调节主给水泵转速实现的，二者相辅相成。控制系统由蒸汽发生器液位控制系统和主给水泵转速控制系统组成。

6.7.1　蒸汽发生器液位控制系统

蒸汽发生器液位控制系统是由蒸汽流量、液位偏差和给水流量组成三参量的控制系统。通过调节并联安装在每条给水管路上的(蒸汽发生器入口侧)两个调节阀的阀门开度控制给水流量，从而实现液位的控制。两个调节阀中一个是主给水调节阀，也称“高流量阀”，用于负荷在 18%FP 以上的液位控制；另一个是旁路给水调节阀，也称“低流量阀”，用于启动与低负荷时的液位控制，在高负荷时，保持全开。蒸汽发生器液位控制系统如图 6-43 所示。

在蒸汽发生器中，由于蒸汽流量随负荷变化，使沸腾部分的汽泡量因局部压力变化而变化，液位呈现所谓瞬时“虚假液位”现象。虚假液位现象的出现使得单参量控制不能获得良好的控制性能。通过引进蒸汽流量和给水流量的失配信号，就能够抑制调节阀受虚假液位的影响。当该失配信号被加到液位偏差信号上时，改善了控制系统的动态响应特性。

(1) 蒸汽发生器液位程序定值单元

蒸汽发生器液位程序定值单元根据负荷给出液位参考值如图 6-43 所示。负荷在 20%FP 以下，负荷从 0%FP 变化到 20%FP，蒸汽发生器的液位参考值从“窄量程”的 34%线性增加到 50%；负荷高于 20%FP 时，液位参考值为 50%。负荷是指蒸汽发生器总的蒸汽负荷，即汽轮机进汽流量(汽轮机高压缸进汽压力表示)、进入除氧器的蒸汽流量(ADG 信号表示)和排往凝汽器的蒸汽流量(GCTc 信号表示)之和。

在低负荷工况，蒸汽发生器蒸汽压力高，水的密度大，为了防止发生二回路管道断裂事件时，向安全壳释放更多的能量，造成安全壳破坏，确定较低的液位参考值以保持蒸汽发生器中的水装量较少。

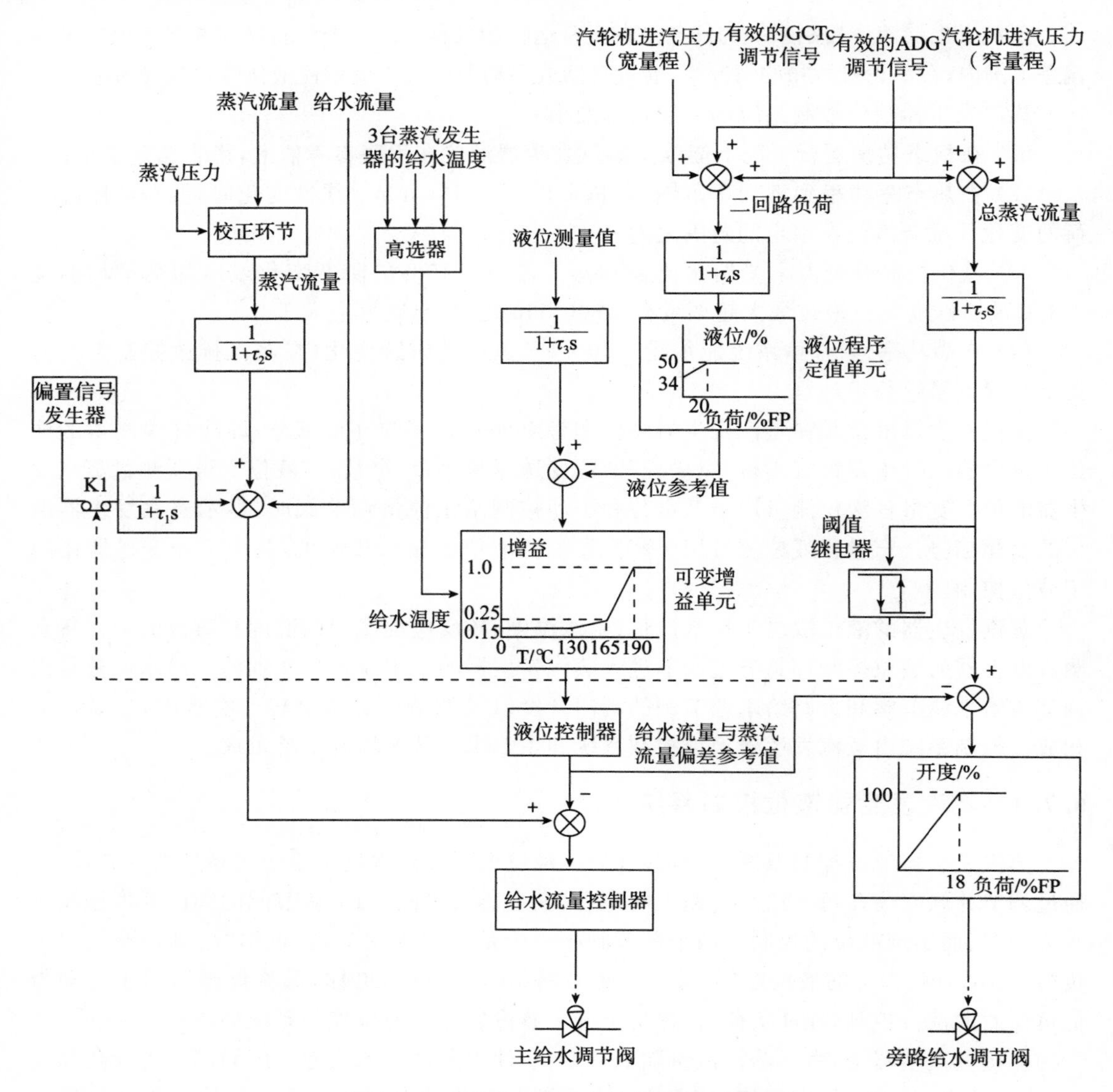

图 6-43　蒸汽发生器液位控制系统方框图

(2) 可变增益单元

可变增益单元的输入为由高选器从 3 台蒸汽发生器的给水温度中选出的最大的一个温度信号。由图 6-43 可看出，增益随给水温度的上升而增大，且变化速率也增大，当给水温度大于或等于 190 ℃时，增益值为 1。由于给水温度随负荷同向变化，所以该曲线反映了增益值随负荷变化的关系。该增益用来修正液位偏差信号。在低负荷时，给水温度低，增益小，可使液位控制过程稳定，从而避免驱动机构的频繁动作。高负荷时，给水温度高，增益大，使液位控制过程更为灵敏。

(3) 液位控制器

液位控制器为由比例-积分环节和一个与之串联的微分环节组成 PID 控制器，其传递函数为

$$G(s) = K_1\left(1 + \frac{1}{\tau_6 s}\right)\frac{\tau_7 s + 1}{0.1\tau_7 s + 1} \tag{6-22}$$

（4）给水流量控制器

给水流量控制器是一个 PI 控制器，其传递函数为

$$G(s) = K_2\left(1 + \frac{1}{\tau_8 s}\right) \tag{6-23}$$

蒸汽发生器液位控制系统是由主通道、旁路通道和前馈通道组成。主通道液位程序定值单元根据二回路负荷产生一个相应的蒸汽发生器液位参考值，然后将液位参考值与测量值进行比较产生液位偏差值，液位偏差值经可变增益单元的增益修正后由液位控制器进行运算产生给水流量信号。给水流量信号与前馈信号叠加后由流量控制器运算产生主给水流量调节阀的阀门开度信号。该信号控制驱动机构以改变主给水流量调节阀门的阀门开度，从而改变主给水流量以控制蒸汽发生器的液位。

前馈通道将实际测量的给水流量与经过校正的蒸汽流量相比较，给出汽/水失配信号。该信号与液位控制器输出信号求和，并参与主给水流量调节阀阀门开度的控制。由于汽/水失配信号反映液位变化的趋势比液位偏差信号灵敏，因此它是一种前馈作用。

当负荷高于 18%FP 时，旁路给水调节阀保持全开状态。

当负荷低于 18%FP 时，即经过滤波后的总蒸汽流量信号低于阈值继电器的整定值时，继电器状态翻转，开关 K1 闭合，将偏置信号发生器与前馈通道接通。偏置信号发生器发出一个负的偏置信号与给水流量信号相加，并与蒸汽流量信号相比较后作用到给水流量控制器，这就相当于实际的给水流量大于给水流量参考值，从而关闭主给水调节阀。偏置的作用是为了避免在低负荷时两个控制通道同时工作。当负荷增加到高于阈值继电器的整定值时，继电器恢复到初始状态，开关 K1 断开，偏置信号从给水流量控制器上消失，从而使主给水调节阀恢复流量控制功能，此时，旁路给水调节阀处于全开状态。

在低负荷（即负荷小于 18%FP）情况下，旁路通道根据蒸汽流量信号与液位控制器输出的给水流量和蒸汽流量偏差值信号调节旁路给水调节阀的阀门开度以控制蒸汽发生器的液位。这时，不再有给水流量的闭环控制，也没有汽/水的失配信号参与控制，如图 6-43 所示。

6.7.2　主给水泵转速控制系统

主给水泵转速控制系统的功能是要尽可能快地将给水集管和蒸汽集管间的压差 Δp 维持在参考值上。由于给水泵出口压头是流量的减函数，当给水流量控制要求给水阀动作时，阀门上游的水压存在着相反的变化，这与控制回路所要求的正好相反，其结果会破坏控制回路的稳定性；另外阀门上游的水压变化也影响到三台蒸汽发生器之间的耦合，当流入某一台蒸汽发生器的流量增加，那么由于阀门上游的压力下降，流入其他两台蒸汽发生器的流量将会减少。特别是在大流量时，主给水泵压力-流量特性变化很陡，影响更为明显，所以必须保持调节阀上游水压稳定。主给水泵转速控制系统的作用就是稳定调节阀上游的水压。

主给水泵转速控制系统由比较器、压差程序定值单元、转速控制器以及信号滤波器等组成，如图 6-44 所示。由压差程序定值单元的特性曲线可以看出压差参考值 Δp_{ref} 为蒸汽流量的增函数，即主给水泵转速是负荷的增函数。转速控制器为 PI 控制器，其传递函数为

$$G(s)=K_3\left(1+\frac{1}{\tau_{10} s}\right) \tag{6-24}$$

三台蒸汽发生器蒸汽流量测量值相加得到总的蒸汽流量以表征总负荷，并通过滤波器进行滤波。根据这一信号，压差程序定值单元可得到给水集管和蒸汽集管之间的压差参考值 Δp_{ref}。比较器产生压差参考值 Δp_{ref} 与给水集管和蒸汽集管压差测量值 Δp 之间的偏差信号。该偏差信号送至转速控制器(PI)。控制器的输出信号即为速度参考值，最终实现给主水泵转速的控制。

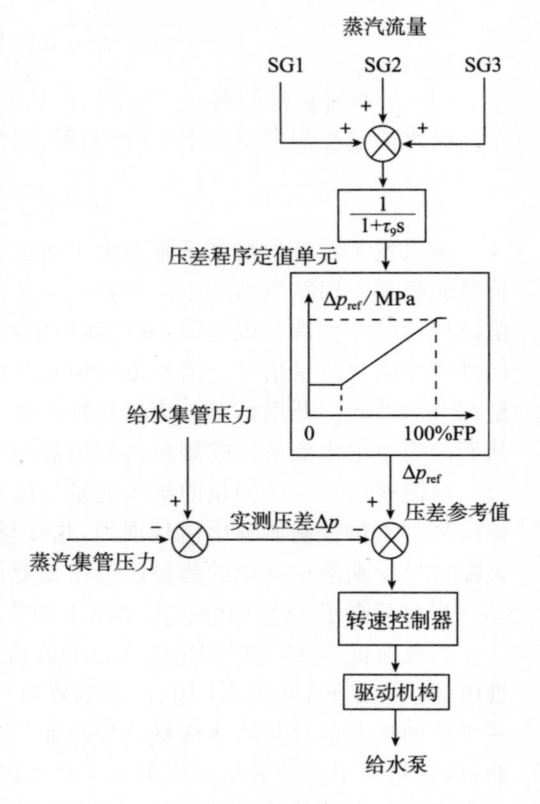

图 6-44 给水泵转速控制系统方框图

6.8 蒸汽排放控制

在汽轮机快速降负荷时，由于核反应堆功率不能像汽轮机负荷那样快速地变化，采用直接向凝汽器和除氧器或向大气排放蒸汽的方法，提供一个“人为”的负荷。通过排放蒸汽减缓核蒸汽供应系统温度与压力的瞬态变化幅度。蒸汽排放包括向凝汽器和除氧器的蒸汽排放以及向大气的蒸汽排放，是由蒸汽排放控制系统实现蒸汽排放控制的。它是功率控制系统的辅助系统，根据核反应堆冷却剂平均温度和二回路压力的变化控制相应的蒸汽排放阀。

6.8.1 向凝汽器和除氧器的蒸汽排放控制

向凝汽器的蒸汽排放允许核电厂承受突然的负荷减小(最多可达 100%FP 的外部甩负荷)，而不致引起核反应堆紧急停堆或主蒸汽安全阀 MSSVs 开启。还可在将机组手动切换到厂用电负荷运行工况时，防止开启稳压器卸压阀。在某些条件下，允许汽轮机脱扣而核反应堆不停堆。在核反应堆紧急停堆时，它可防止蒸汽发生器超压和阻止蒸汽发生器安全阀和卸压阀开启；可以从核反应堆冷却剂系统中排出蓄存的能量和余热，使核反应堆冷却剂系统的平均温度达到零负荷温度。它允许将核电厂从热停堆手动冷却到能将余热排出系统投入使用的程度。它允许在启动汽轮机之前启动核反应堆和二回路系统。

对于大的甩负荷，即在厂用电负荷运行工况、不停堆的汽轮机脱扣和伴有停堆的汽轮机脱扣工况下，向除氧器的蒸汽排放是必要的。

凝汽器和除氧器蒸汽排放不是安全功能，设置了闭锁装置以避免可能对核电厂安全有不利结果的运行模式。

凝汽器和除氧器蒸汽排放阀由 14 个相同流通能力的阀和 1 个流通能力较低的阀组成。这些阀按开启方式又分为 4 组，即：

第 1 组包括 3 个阀，通常称作“核反应堆冷却阀”；第 2 组由 3 个阀组成；第 3 组由 6 个阀组成；第 4 组包括 3 个可使蒸汽排放到除氧器去的阀(含低流通能力的阀)。

前 3 组有调节开启和快速开启方式；第 4 组则只有快速开启方式。

阀或阀组开启的顺序依次为：第 1 组阀 1，第 1 组阀 2，第 1 组阀 3；第 2 组所有阀同时开启；第 3 组所有阀同时开启。

凝汽器和除氧器蒸汽排放的总容量为可接纳在 6.63 MPa 的蒸汽压力下计算的最大蒸汽流量（相当于 105%FP）的 85%，亦即 1 371.4 $kg \cdot s^{-1}$的蒸汽流量。

为了限制阀门误开启的影响，要求单个阀门在压力为 8.6 MPa 时的流量不超过 135 $kg \cdot s^{-1}$。为此，凝汽器和除氧器蒸汽排放阀，在 6.63 MPa 时，有 14 个阀门的流通能力为 98 $kg \cdot s^{-1}$，有 1 个阀门的流通能力为 6 $kg \cdot s^{-1}$。

蒸汽排放阀可由二回路蒸汽压力控制（即压力控制模式）和核反应堆冷却剂温度控制（即温度控制模式），后者与前者总是密切相连的。在低负荷时，压力控制模式是更为可取的模式。因为在低功率时，蒸汽发生器的动态特性有所改变，且核反应堆冷却剂温度对蒸汽流量的响应更慢，所以，温度模式的蒸汽排放控制可能引起稳定性的问题。其次，在低功率时，运行压力和大气蒸汽排放阀开启的整定值之间的裕量小，因此采用压力控制模式更好。

1. *温度控制模式*

温度控制模式的原理及功能如图 6-45 所示。图中超前/滞后单元的传递函数为 $\frac{1+\tau_1 s}{1+\tau_2 s}$，主要作用是对冷却剂平均温度测量信号 T_{av}进行补偿。GF1 为冷却剂平均温度程序定值单元，GF2 为温度偏差修正量定值单元，GF3 为阀门开度修正量定值单元，GF4 为阀门开度定值（非线性）单元，GF5 为阀门开度定值单元。GF6～GF10 分别为第 1 组到第 3 组阀门的开度控制定值单元。

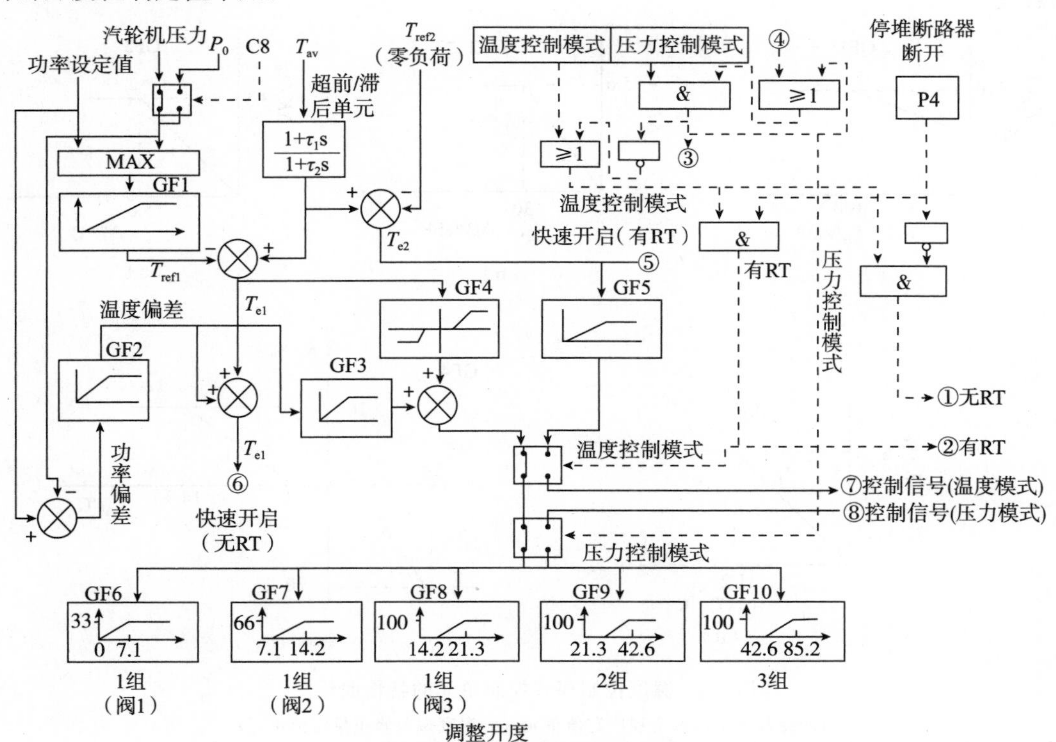

图 6-45　温度控制模式原理及功能框图

如图 6-45 所示，“汽轮机压力”信号是反映汽轮机负荷的“宽量程”压力信号，在汽轮机脱扣的情况下（C8 信号）该测量值由零负荷 P_0 代替；“功率设定值”为转换到厂用电负荷运行或汽轮机脱扣的最终功率设定值。对两个值中较高的一个，经过 GF1 的运算产生冷却剂平均温度参考值 T_{ref1}；第二个冷却剂平均温度参考值 T_{ref2} 为零负荷核反应堆冷却剂平均温度（291.4℃）。经高选器得到的测量值 T_{av}，再经超前/滞后单元补偿后，分别与参考值 T_{ref1} 和 T_{ref2} 相比较产生两个偏差信号 T_{e1}（与所研究的负荷参考值有关）和 T_{e2}（与零负荷参考值有关）。

图 6-46 给出了 GF1～GF5 的特性曲线。GF1 输入为负荷 P_H（%FP），输出为冷却剂平均温度参考值 T_{ref1}（℃）。GF2 产生温度修正值，输入为功率偏差 ΔP（%FP），输出为温度偏差 ΔT（℃）。GF3 根据温度偏差值产生蒸汽排放阀门开度修正值，输入为温度偏差 ΔT（℃），输出为蒸汽排放阀门开度修正值 ΔK（%）。GF4 为阀门开度定值单元具有非线性特性，产生蒸汽排放阀门开度值，输入为温度偏差 T_{e1}（℃），输出为蒸汽排放阀门总开度 K（%）。GF4 的死区范围为－3～3℃。死区的作用是为了避免用控制棒就很容易控制的瞬态而启动蒸汽排放阀，特性曲线斜率为 8.4%·℃$^{-1}$，输出最大信号为总的阀门开度全开。GF5 为紧急停堆（有 RT）时确定蒸汽排放阀的开度，通过温度偏差决定蒸汽排放阀门总开度，输入为温度偏差 T_{e2}（℃），输出为蒸汽排放阀门总开度 K（%）。

GF6～GF10 分别产生第 1 组到第 3 组阀门的开度，纵坐标为组阀门开度 K（%），横坐标为总的阀门开度 K（%）。阀门开启顺序是通过设置 5 个不同死区实现程序开启的，即只有在前一个阀或一组阀全开时，后一个阀或一组阀才能开启。关闭次序则采用相反的程序。

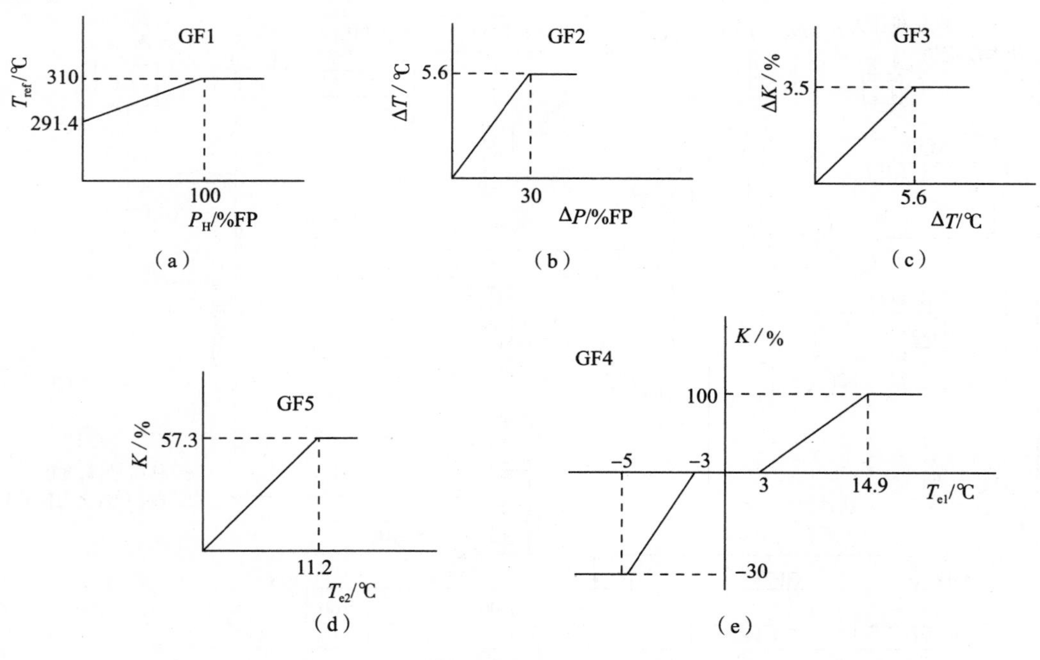

图 6-46 温度控制模式控制单元的特性曲线图

(a)冷却剂平均温度程序定值单元；(b)温度偏差修正量定值单元；

(c)阀门开度修正量定值单元；(d)阀门开度定值单元；(e)阀门开度定值单元

蒸汽排放阀的开启控制包括调节开启和快速开启两种控制方法。

(1)调节开启控制

阀门开度定值(非线性)单元 GF4 根据温度偏差 T_{e1} 产生总的阀门开度值,利用 GF3 输出的修正量对其进行修正得到控制蒸汽排放阀的总阀门开度,然后提供给组蒸汽排放阀。组蒸汽排放阀阀门开度定值单元 GF6～GF10 根据总阀门开度信号产生相应的组阀门的开度,使得能按顺序开启蒸汽排放阀。

T_{e2} 温度偏差信号作用于阀门开度定值单元 GF5,输出为蒸汽排放阀门开度(%)。紧急停堆时,一旦控制棒下落仅用蒸汽排放系统来控制温度。特性曲线的饱和值对应于 57.3% 的蒸汽排放阀的总开度。

(2) 快速开启控制

在无核反应堆紧急停堆(无 RT)情况下(逻辑信号 P4 为“0”),T_{e1} 偏差信号经 GF2 输出的温度偏差信号补偿后产生温度控制模式阀门快速开启信号⑥,通过四个阈值继电器按下列顺序控制蒸汽排放阀快速开启。当温度偏差 T_{e1} 大于 5.5 ℃,开启第 1 组;大于 8.1 ℃,开启第 2 组;大于 13.1 ℃,开启第 3 组;大于 14.9 ℃,开启第 4 组,如图 6-47 所示。但开启第 1 组、第 2 组和第 4 组阀门时还必须有电网故障隔离信号。

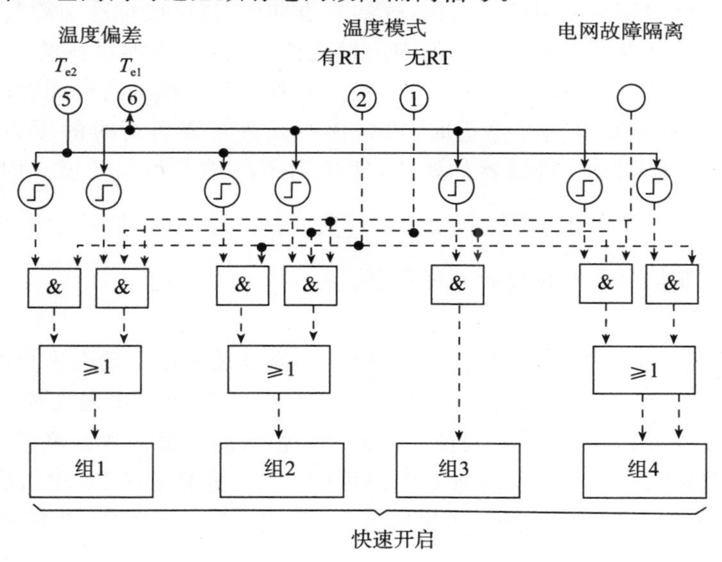

图 6-47　GCT 快速开启阀门逻辑图

在有核反应堆紧急停堆(有 RT)情况下(逻辑信号 P4 为“1”),核反应堆紧急停堆又引起汽轮机脱扣。在这种情况下,前述的控制通道停止使用,且凝汽器排放由温度偏差信号 T_{e2}⑤控制。温度偏差信号 T_{e2} 通过三个整定值分别为5.5 ℃,8.1 ℃和20 ℃的阈值继电器,使第 1,第 2 和第 4 组的阀门快速开启。当 P4 信号为“1”时,第 3 组蒸汽排放阀不开启。

2. 压力控制模式

压力控制模式用于维持蒸汽集管压力接近于压力设定值。在低功率水平运行及核反应堆的启动和停闭过程中代替温度控制模式。压力控制模式原理及功能如图 6-48 所示。压力控制模式控制器为 PI 控制器。

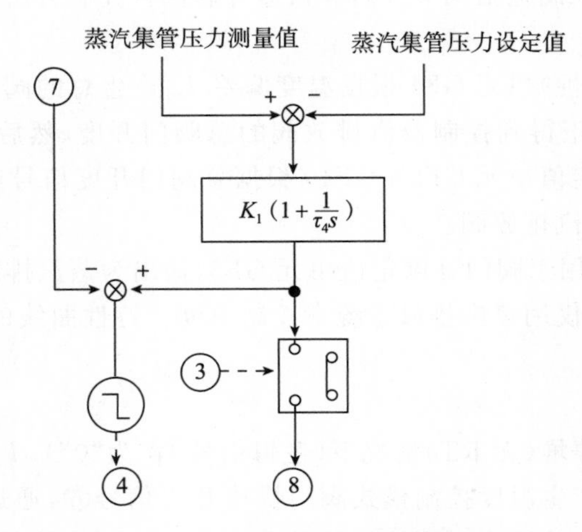

图 6-48　压力控制模式原理及功能图

在核反应堆按计划冷却过程中，操纵员逐步降低压力设定值，以冷却二回路蒸汽系统。在这一阶段，第 1 组阀是足够用的。所以，这些阀也称作"核反应堆冷却阀"。

压力设定值，既可以是控制器内部的固定设定值，即为对应零负荷的压力 7.6 MPa，也可以是在控制室显示的可调设定值。压力偏差信号等于在蒸汽集管所测的压力与该设定值之差。当汽轮发电机脱离电网并停机时，设定值必须等于零负荷时的压力值，其值为 7.6 MPa。压力偏差信号作为 PI 控制器的输入，输出为蒸汽排放阀的开度。PI 控制器的传递函数为 $K_1(1+\frac{1}{\tau_4 s})$。当采用压力控制模式进行蒸汽排放控制时，信号③为"1"，继电器通路闭合，压力模式控制信号⑧对排放阀开度控制。

3. 控制模式转换

温度控制模式与压力控制模式的相互转换是由操纵员通过手动来进行的。一般情况是在蒸汽排放阀没有开度情况下进行，可以实现平稳转换。如果要由温度模式转换到压力模式，蒸汽排放阀有开度，一定要手动调整使压力设定值与测量值一致方可进行转换。当蒸汽排放为自动控制模式时，在有核反应堆紧急停堆(有 RT)情况下，GF5 输出的阀门开度信号⑦与压力模式的阀门开度信号比较，如果两者之间的偏差大于 2%产生闭锁信号④禁止转换为压力控制模式。

6.8.2　向大气的蒸汽排放控制

每台蒸汽发生器都装有一个大气蒸汽排放阀。大气蒸汽排放阀是常闭的，当凝汽器蒸汽排放不能使用时，替代三个"核反应堆冷却阀"，提供了"人为"的负荷。允许将核反应堆冷却剂系统冷却到能将余热排出系统投入使用的程度；从核反应堆冷却剂系统中排出蓄存的能量和余热，以控制蒸汽发生器的压力为对应零负荷的压力值和维持 T_{av} 接近其热停堆值。

大气蒸汽排放阀配有继电器和气动定位器，还配有应急备用气源。它们在失去气源或电源时关闭。大气蒸汽排放能力为额定蒸汽流量的 10%左右。在大气蒸汽排放阀控制中，未使用闭锁功能。

向大气的蒸汽排放是用压力控制器控制，正常运行控制器的压力设定值为 7.85 MPa，比凝汽器蒸汽排放的最高压力整定值高，压力控制原理如图6-49所示。压力控制器为 PI 控制器，其传递函数为$K_2(1+\frac{1}{\tau_3 s})$。

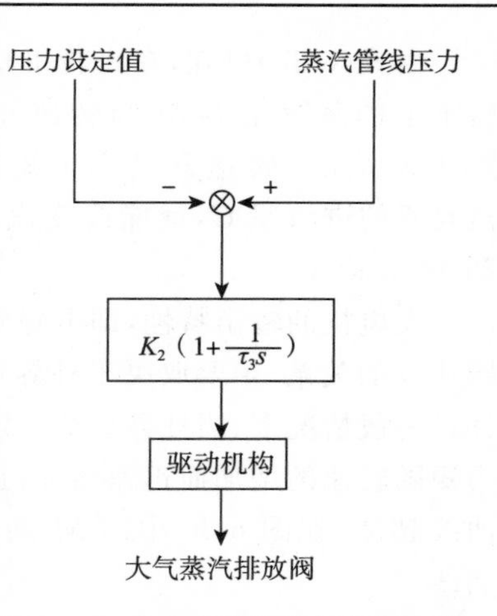

图 6-49　大气蒸汽排放控制原理图

6.9　汽轮机控制

汽轮机是一种将热能转换成动能的旋转机械，当它驱动交流同步发电机时，就进一步将动能转换成电能。由于电能不易大量储存，而电力用户的用电量又随时在变化，因此，汽轮机都配置有控制系统随时对发电机组的功率进行控制，使之提供足够的电力以满足用户的用电需求。

电力生产除了要保证一定的数量外，还需保证一定的质量。供电质量标准主要有两个，一是频率，二是电压。由同步发电机的运行特性可知：发电机的端电压取决于无功功率，而无功功率则由发电机的励磁强弱决定；电网的频率（或周波）取决于有功功率，即决定于原动机的驱动功率。因此，电网的电压控制归发电机的励磁控制系统，频率控制归汽轮机的功率控制系统。机组并网运行时，根据转速偏差改变调节阀的开度，控制汽轮机的进汽量及比焓降，改变发电机的有功功率，满足外界电负荷的变化。由于汽轮机控制系统是以机组转速为被控制量的，故也将汽轮机控制系统称为调速系统。所以汽轮机控制功能是由汽轮机控制系统完成的。它是一种功率-频率电液控制系统，能自动控制汽轮发电机组的功率和频率，以适应各种运行工况。汽轮机控制也称为负荷控制。

6.9.1　汽轮发电机组的负荷特性

汽轮发电机组工作时，作用在汽轮发电机转子上的力矩有三个：蒸汽作用在转子上的主力矩、发电机的电磁阻力矩以及摩擦力矩。相对于主力矩和发电机的电磁阻力矩而言，摩擦力矩很小，可以忽略不计。所以转子的运动方程可以写为

$$I\frac{d\omega}{dt}=M_t-M_e \tag{6-25}$$

式中，I——汽轮发电机转子的转动惯量，kg · m^2；

ω——转子的角速度，$\omega=\frac{2\pi n}{60}$（n 为转子的转速），rad · s^{-1}；

M_t和 M_e——分别为主力矩和发电机电磁阻力矩，N · m。主力矩 M_t 与转速 n 存在如下关系

$$M_t=9\ 555\Delta H\eta\frac{G}{n} \tag{6-26}$$

式中，ΔH——汽轮机的理想比焓降，kJ · kg^{-1}；

η——汽轮机的内效率；

G——汽轮机的进汽量，kg · s^{-1}。

由式(6-26)可知,在汽轮机功率一定时,转子上的蒸汽主力 M_t 与转速 n 成反比,如图 6-50所示。转速升高主力矩减小。改变汽轮机的进汽量 G,就能改变汽轮机的功率和 M_t-n 特性。

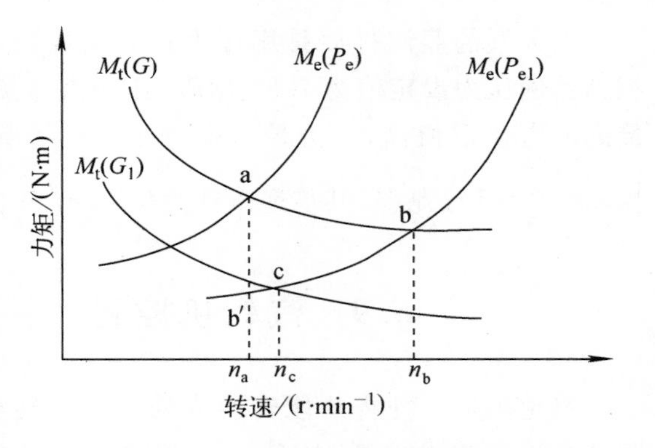

图 6-50 汽轮发电机组的特性曲线图

发电机的输出特性,即电磁阻力矩 M_e 与转速 n 的关系,主要取决于外界负载 P_e 的特性。一般情况下,当外界负荷一定时,电磁阻力矩随转速的增加而迅速增加,且负荷越大,曲线越陡,如图 6-50 中的 M_e 随转速的变化曲线。

在额定参数下,汽轮发电机组的工作点稳定于图 6-50 中汽轮机的进汽量为 G 的特性线与发电机负荷为 P_e 的特性线的交点 a。当外界负荷减小为 P_{e1} 时,这一刻的电磁阻力矩将减小为 $M_e = M_{b'}$,此时若不调整汽轮机进汽量,则主力矩 $M_t = M_e$ 仍为原值。故 $M_t > M_e$,转速将升高。由于发电机阻力矩随着转速的增大而增大,而汽轮机的主力矩随转速的升高而变小,当转速升至 n_b 时,$M_t = M_e$,两者又重新平衡,汽轮发电机组稳定工作于 b 点。由此可见,当外界负荷改变时,即使不调节汽轮机功率,理论上它也可以从一个稳定工况过渡到另一稳定工况。这种特性称为汽轮发电机组的自调节特性或自平衡特性。但这种特性使汽轮发电机组的转速将会产生很大变化。例如负荷变化 10%时,转速的变化将达 20%~30%后才能重新平衡。这不仅不能满足电力生产的需要,对汽轮发电机组的安全运行也是不利的。因此,必须依靠汽轮机控制系统,当外界负荷改变时,能自动调节进汽量,使主力矩随之改变。

例如图 6-50 中所示的情况,可在外界负荷降低后将汽轮机的进汽量减小至 G_1,使汽轮发电机组稳定在 c 点工作,新的转速 n_c 与原转速 n_a 相比,其变化是很小的。这种控制称为有差控制,即外界负荷改变,控制系统动作使汽轮发电机组达到新的平衡。转速与原转速存在一定差异,差异大小取决于 G_1 的量值。这个差值越小,控制系统的控制性能越好。

6.9.2 汽轮机控制系统的工作原理

汽轮发电机组在稳定工况运行时,当负荷发生变化,转子的转速将随之而变化,控制系统立即探测到转速变化信号,并将其转换放大,产生控制信号并驱动调节阀使阀门开度变化以改变进入汽轮机的进汽量,从而使转子的转速基本维持不变。实际应用的汽轮机控制系统通过调节汽轮机进汽量对汽轮发电机组实施功率控制、频率控制、压力控制和应力控制,并对机组的负荷和转速实施超速限制、超加速限制、负荷速降限制和蒸汽流量限制,使发电机组安全和经济地运行于各种工况,满足供电的质量要求。汽轮机控制功能主要包括:

(1) 功率控制是指根据电网功率需求自动或手动调节进汽阀门开度,以控制发电机有功功率;

(2) 频率控制是指对电网频率偏离额定值进行补偿;

(3) 压力控制是指限定汽轮机进汽压力或限定汽轮机进汽压力的增长速率;

(4) 应力控制是指限制升速和升负荷速率，使高压转子和高压汽室的热应力不超过允许值；

(5) 超速限制和超加速限制是指当汽轮机转速或转速加速度达到限值以后按超过的比例关小汽轮机进汽阀门，以保护汽轮机；

(6) 负荷速降限制是指在发生某些异常工况时，将汽轮机负荷由现有负荷开始以200%FP・min^{-1}速率迅速下降，以保护发电机并防止反应堆保护系统动作；

(7) 蒸汽流量限制是指操纵员可以在必要时限制汽轮机进汽流量，以保证汽轮机功率不超过相应的水平。

汽轮机控制系统如图6-51所示，主要完成转速测量、蒸汽需求计算、蒸汽需求限制、阀门位置计算和控制、倾斜度调整以及死区选择等功能。

1. 功率(负荷)控制

操纵员可以手动设置目标负荷和升负荷速率。升负荷速率受到应力控制系统计算出来的升负荷速率和汽轮机监测系统的暂停升负荷信号的限制。斜坡函数单元依据受限制的升负荷速率计算出随时间变化的负荷参考值，达到目标负荷时停止负荷增加。在负荷参考值的基础上考虑了频率补偿后就形成负荷设定值。负荷测量值与负荷设定值比较产生负荷偏差。增量计算单元根据负荷偏差计算蒸汽需求增量，增量值或加或减以改变蒸汽需求增量。蒸汽需求增量加到原蒸汽需求量中产生总的蒸汽需求量。总的蒸汽需求量受到超速限制、超加速度限制、负荷速降限制和操纵员蒸汽需求量限制形成有效蒸汽需求量。有效蒸汽需求量用以计算调节阀位置，通过电-液驱动机构开启阀门，直到负荷升至目标负荷。在手动方式，自动信号的蒸汽需求增量不产生作用，而是通过升/降按钮实现蒸汽需求量的增加或减少。

2. 汽轮机进汽压力控制

汽轮机进汽压力控制的目的是用限制汽轮机进汽压力的方法来限制蒸汽需求，以限制汽轮机负荷。压力控制也可由核反应堆测量系统发出的一个逻辑信号启动，以防核反应堆功率超调。所以进汽压力控制有正常模式和核反应堆模式两种控制模式。

(1) 正常模式

操纵员设定进汽压力参考值。高压环管上三个压力表测得的压力经平均以后与参考压力相比较。若不超过参考压力，则压力控制不起作用。若超过参考压力，压力控制系统则产生一个蒸汽需求限值，该限值随压力偏差和压力偏差随时间的积分而下降，从而逐渐减少蒸汽需求，直到使实际压力小于等于参考压力为止。

(2) 核反应堆模式

当核反应堆功率达到96%FP时，核功率测量系统向汽轮机控制系统发出启动压力控制请求。汽轮机控制系统立即将压力参考值设定为当时汽轮机进汽压力，以限制进一步升负荷，从而防止核反应堆功率继续增加。当反应堆功率稳定后操纵员再按操作屏上的一个“释放”按钮，汽轮机参考压力按0.3%・min^{-1}的速率缓慢上升到满功率时汽轮机进汽压力参考值(一般设置为105%)，汽轮机负荷和反应堆功率也缓慢上升，以防止反应堆在接近满功率时产生超调。

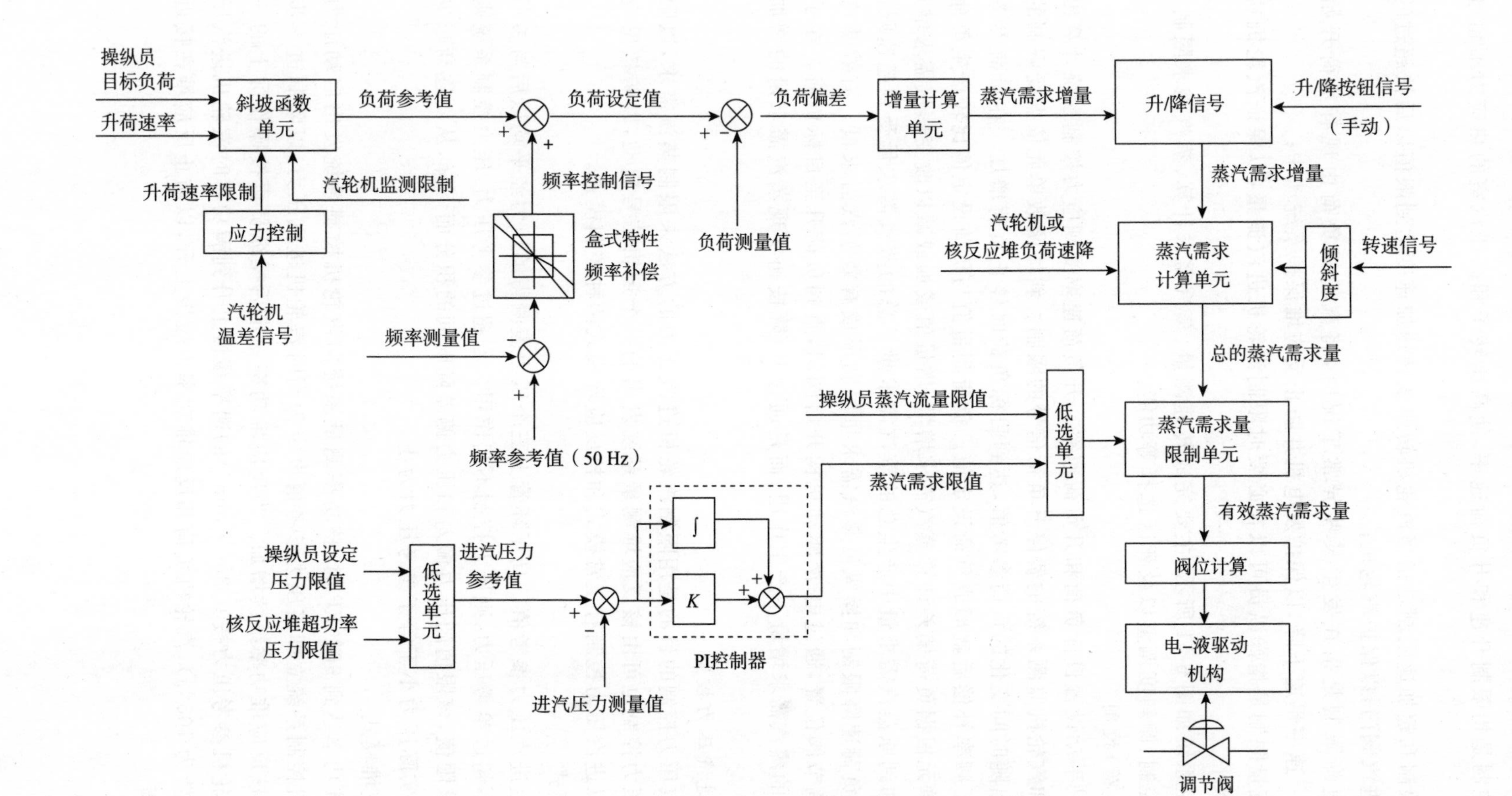

图 6-51　汽轮机控制系统方框图

3. 频率控制

由于电能不能存贮，所以电网的频率经常由于在网机组总功率与接网总负荷不匹配而随时波动。如在网机组总功率大于接网总负荷时，造成电网频率增加，反之减小。要维持电网频率值不变，就要求核电厂的汽轮发电机组自动或手动地改变向电网输送的有功功率来补偿功率与负荷的失配，即调频。补偿能力的大小取决于倾斜度 K。所谓倾斜度 K 就是电网频率 f 的相对变化量 $\Delta f/f_0$ 与其补偿物理量 G 的相对变化量 $\Delta G/G_0$ 之比的负值。

$$K = -\frac{\Delta f/f_0}{\Delta G/G_0} \tag{6-27}$$

汽轮机控制系统投入自动模式时的频率补偿称为频率控制，此时的补偿物理量为电功率。频率控制信号按如图 6-52 所示的盒式特性参与负荷设定值的计算，以形成有效的负荷设定值。当频率在(50±0.025)Hz 范围内倾斜度调整为 20 000%，即不响应电网频率的波动，故称死区，目的是减少汽轮机进汽阀频繁动作。在此范围以外，倾斜度调整为 4%。

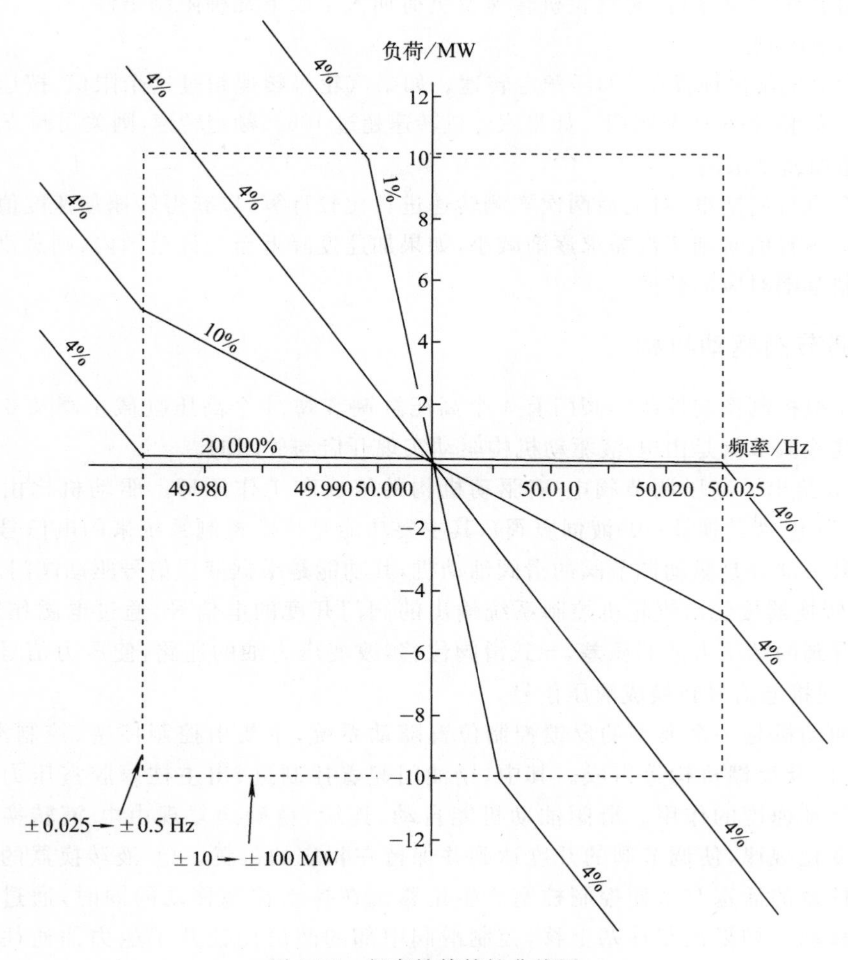

图 6-52　频率补偿特性曲线图

当汽轮机控制系统处于非自动模式时的频率补偿称为频率贡献。此时的补偿物理量为蒸汽需求。频率贡献信号按同步(或非同步)倾斜度特性来计算。通过工程师设计,倾斜度可在2.5%～25%之间调整。

4. 应力控制

应力控制的目的是使汽轮机关键部件的热应力不超过允许限值。所谓关键部件,一是指高压汽柜,二是指高压转子。高压汽柜的热应力是通过监测其内壁和中壁的温差并进行计算得到的;高压转子的热应力不能直接测量,而改用测量其模拟探头的表面与中心温差来代替。由温差换算出应力,再由应力换算出允许升速速率和允许升负荷速率。操纵员给定的升速速率和升负荷速率如果大于允许的应力升速速率和升负荷速率时,则用后者取代前者进行升速和升负荷。应力控制可由操纵员投入和切除。只要投入,转速和负荷变化即可按设定的速率进行,同时又可将热应力限制在允许范围以内。汽轮机进入临界转速和带最小负荷时应力控制不起作用。

5. 转速及负荷限制

为保证机组安全运行,对汽轮机转速及负荷加入了以下几种限制条件。

(1) 超速限制

超速限制的限值预置在103%额定转速。如果汽轮机转速超过这个限值,按速度限制特性减少蒸汽需求,关小调节阀门。如果汽轮机转速超过106%额定转速,则关闭调节阀门。

(2) 超加速度限制

在每个执行周期里,对前后两次实测转速进行比较计算,以获得转速加速度值。如果加速度值超出预置值时则蒸汽需求逐渐减小,如果加速度降低至允许范围内,则蒸汽需求恢复至正常控制范围对应的数值。

6.9.3 调节阀驱动机构

由汽轮机控制系统控制的阀门有4个高压缸调节阀、4个高压缸截止阀及6个低压缸调节阀。这些调节阀是由电-液驱动机构驱动实现开启与关闭的。

图6-53给出了高压调节阀电-液驱动机构的组成和工作原理。驱动机构由两部分组成,一部分为电-液转换器(电-液伺服阀),其主要功能是将由控制系统来的电信号转换成液压信号。另一部分是驱动调节阀的滑阀油动机,其功能是根据液压信号驱动阀门。

电-液转换器接受由汽轮机控制系统输出的阀门开度的电信号,通过电磁作用形成电-液转换器滑阀两端压力油的压差,导致滑阀位移,改变压力油的通路,使压力信号进入滑阀油动机,实现将电信号转换成液压信号。

滑阀油动机是一个典型的反馈控制位置随动系统,主要由控制柱塞、控制滑阀、错油门、主柱塞以及反馈机构等组成。其中,错油门起着控制进、出主柱塞腔室压力油的流量或主柱塞移动速度的作用。滑阀油动机能自动、连续、精确地复现由电-液转换器输入液压信号的变化规律,使调节阀的开度达到并保持在相应的位置。电-液转换器的压力油进入到控制柱塞的活塞腔室使控制柱塞产生位移。在控制柱塞移动的同时,通过杠杆带动控制滑阀移动。如果控制柱塞上移,控制滑阀中部的凸肩便让开了压力油通往主柱塞右腔的错油门,压力油经打开了的错油门流至主柱塞的右腔,推动主柱塞左移,并压缩弹簧。主柱塞通过导杆带动调节阀,使其向开启方向移动。当控制系统输出关阀信号时,

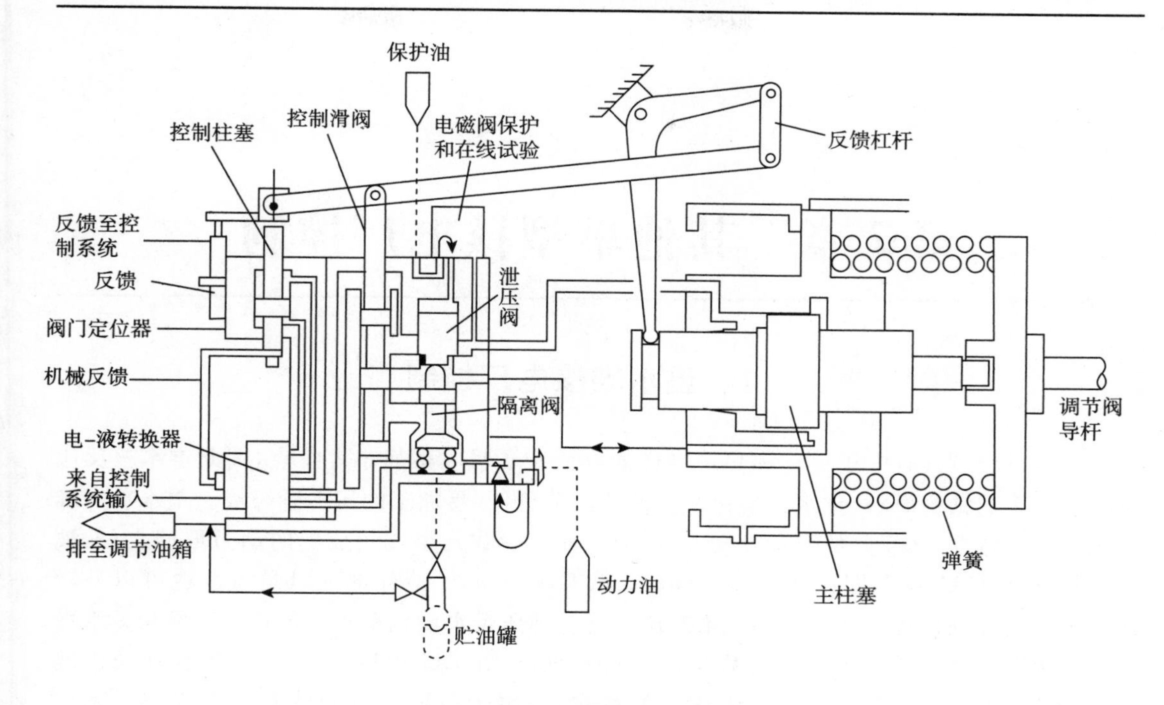

图 6-53　高压调节阀驱动机构原理图

控制柱塞将下移，通过杠杆带动控制滑阀下移，滑阀中部的凸肩让开了通往排油通路的错油门。主柱塞右腔与排油管路相通，在被压缩弹簧的张力作用下，推动主柱塞右移，通过导杆使调节阀关小。

习　题

6.1　试说明压水堆核电厂控制系统的组成和功能。

6.2　试述核反应堆的自稳自调特性。

6.3　试述控制棒提升一步控制棒驱动线圈的通/断电顺序。

6.4　试述功率分布控制的必要性。

6.5　试回答限制功率分布的三个准则是什么。

6.6　为什么说功率补偿棒控制系统是开环控制系统?

6.7　R 棒控制系统三通道非线性控制器中，功率失配通道的作用是什么?

6.8　在压水堆核电厂中，功率补偿棒控制系统和 R 棒控制系统是怎样对核反应堆进行控制的?

6.9　试述硼浓度控制系统的原理与作用。

6.10　试述蒸汽发生器的液位控制原理，并指出其主要特点。

6.11　试述稳压器的液位控制原理，并指出其主要特点。

6.12　试回答蒸汽排放控制系统有哪两种控制模式。

6.13　试述汽轮机控制的重要性。

第7章 其他堆型核电厂控制

7.1 重水堆核电厂控制

重水(D_2O)具有中子慢化和热传导性能好而中子吸收截面小等特点，因此重水核反应堆可采用天然铀为燃料，重水为慢化剂。堆芯由造价低、易加工的压力管组成。重水动力堆是加拿大经过50多年的研究和开发，已成为世界上少数几个比较成熟的动力堆型之一，被称为坎杜堆(CANDU，即：CANada Deuterium Uranium)。冷却剂可以是重水也可以是轻水。实现商业规模推广的重水动力堆有压力管式加压重水慢化重水冷却核反应堆和重水慢化轻水沸腾核反应堆。前者称为坎杜加压重水堆(CANDU-PHW)；后者称为坎杜沸水堆(CANDU-BLW)，在英国称为产生蒸汽的重水堆(SGHWR)。加拿大的根蒂莱-Ⅰ(Gentilly-Ⅰ)核电厂就是SGHWR型核反应堆(运行时间很短)。本节只讨论坎杜加压重水堆核电厂的控制。

坎杜6为加压重水堆核电厂发展的基本堆型。其突出的特点是：

(1) 堆芯由数百个小的压力管式燃料通道组成而没有压力容器；

(2) 重水慢化，重水冷却；

(3) 慢化剂为低温低压，冷却剂为高压；

(4) 不停堆换料；

(5) 反应性控制装置安装在低温、低压的慢化剂中，不会受到高温高压的影响；

(6) 天然铀燃料或低浓度裂变燃料；

(7) 减轻由意外反应性波动产生的事故后果；

(8) 两套相互独立的全功能安全停堆系统和核反应堆控制系统。

坎杜加压重水堆核电厂主要由核反应堆、热传输泵、稳压器、蒸汽发生器、汽轮机、发电机和换料机及其他辅助系统和设备组成。主要可分为核蒸汽供应系统NSSS(核岛系统)、汽轮发电机系统(常规岛系统)、电气系统和仪表与控制系统以及其他子系统。坎杜堆核电厂的组成如图7-1所示。

由图7-1可知，核反应堆堆芯是由将水平压力管布置在排管容器中构成。堆芯裂变过程产生的热量通过在热传输回路中循环的冷却剂带到四台蒸汽发生器。通过蒸汽发生器传热管管壁将一次侧的热量传到二次侧。冷却剂的循环靠热传输泵(核反应堆冷却剂泵)来驱动。一台稳压器使一回路的压力维持恒定。

在蒸汽发生器中，一次侧为重水，二次侧为轻水。一次侧的热量通过蒸汽发生器传热管管壁加热二次侧的水，使二次侧的轻水在4.593 MPa压力下汽化，产生的蒸汽送到汽轮机高压缸和低压缸推动汽轮机转动，汽轮机带动发电机组发电，最终把核能转化为电能。

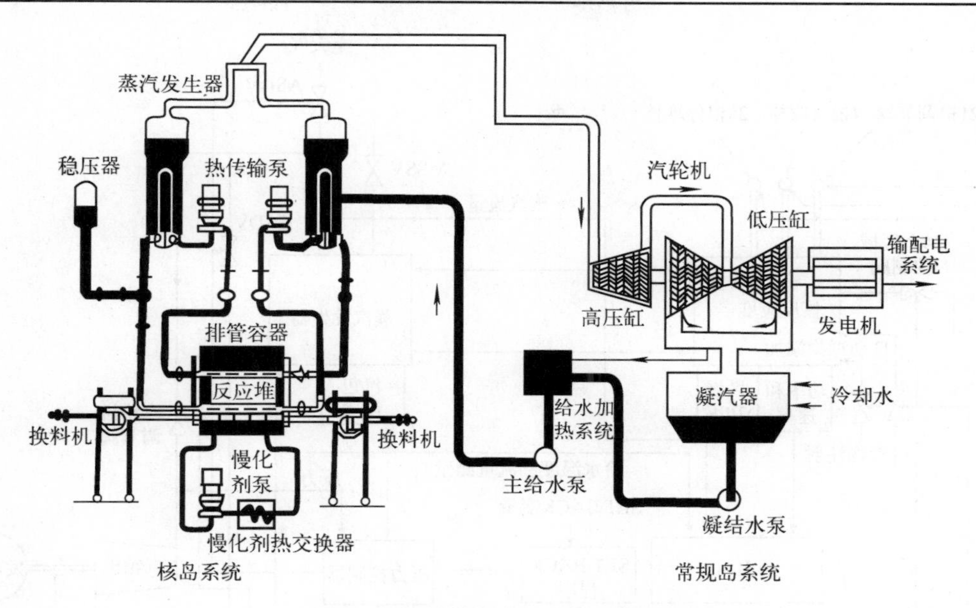

图 7-1　坎杜堆核电厂系统流程图

由汽轮机排出的乏蒸汽经过凝汽器冷凝后成为凝结水，然后由凝结水泵送入给水加热系统加热，最后通过主给水泵将水送回到蒸汽发生器二次侧的给水入口处进入蒸汽发生器，再一次被加热，完成一次循环。

坎杜堆核电厂控制系统主要由核反应堆功率控制系统、热传输压力和装量控制系统、蒸汽发生器压力和液位控制系统、全厂负荷控制系统、汽轮机控制系统、不停堆换料机控制系统和慢化剂温度控制系统等组成，如图 7-2 所示。

坎杜堆核电厂控制系统的主要功能是：

(1) 用于核反应堆的启动、停闭、升功率、降功率以及维持核反应堆稳态运行功率水平等功率控制；

(2) 自动跟踪以 10%FP · min^{-1}线性速率升、降负荷，能经受 100%FP 甩负荷和快速降负荷，减少不必要的停堆；

(3) 实现功率分布控制，使核反应堆在良好的安全性和经济性状态下运行；

(4) 抵消剩余反应性，补偿在运行中由于温度变化、中毒以及燃耗所引起的反应性变化。

坎杜堆核电厂控制特点是实现了数字计算机闭环控制。主要控制功能都是通过数字计算机进行数据采集和分析比较，然后根据各种不同的控制规律发出控制指令而实现的。

核电厂双重冗余控制计算机系统是由两台相互独立进行控制的数字计算机组成。两台计算机连续地对机组的各种参数进行监测，但在同一时刻只有一台计算机进行控制，而另一台计算机热备用。如果主控制计算机出现故障，将自动切换为备用计算机控制。若两台计算机都出现故障，则核反应堆将自动安全停堆。

坎杜堆核电厂控制的目的是使核电厂安全、高效地运行，将核能转化为电能。蒸汽发生器压力是通过核反应堆功率控制、汽轮机负荷控制、蒸汽凝汽器排放或蒸汽大气排放控制维持恒定的。电力输出的频率和电压是通过汽轮机负荷控制器控制进入汽轮机的蒸汽流量实

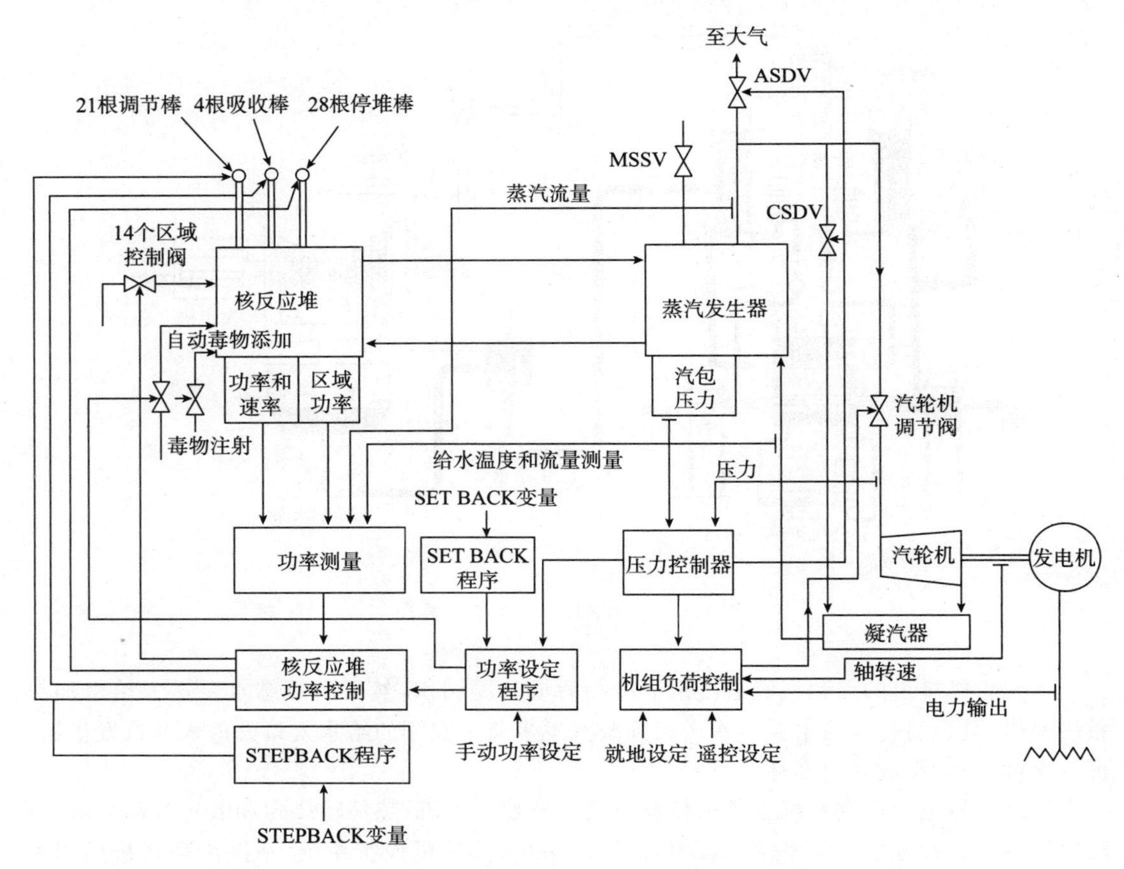

图 7-2 坎杜堆核电厂控制系统方框图

ASDV——大气蒸汽排放阀;CSDV——凝汽器蒸汽排放阀;MSSV——主蒸汽安全阀;

SETBACK——线性降功率;STEPBACK——阶跃降功率

现的。除此之外,还有些辅助控制系统共同实现核电厂控制功能。

坎杜堆核电厂控制系统的设计要求:

(1) 汽轮机控制器应具有响应由远距控制中心要求的负荷变化命令的能力;

(2) 机组控制系统是通过控制器的作用,使核反应堆的输出功率能跟踪由满足电网频率补偿引起的汽轮机输出的变化;

(3) 在需要的时候,机组控制系统有能力控制非正常降功率运行;

(4) 控制具有阻毒运行的能力(核反应堆运行、无汽轮机以及足够高的功率水平下预防中毒);

(5) 如果电网断电,机组控制系统能连续为辅助设备供电;

(6) 在除升温和冷却以外的所有条件下,蒸汽发生器压力能够被控制到尽可能接近压力设定值 4.593 MPa。特别是在核反应堆事故保护停堆时,为了维持热传输泵有足够的吸入压力,蒸汽发生器压力不必经过大的减少;

(7) 任何时候尽可能避免主蒸汽安全阀(MSSVs)开启。

坎杜堆核电厂的负荷运行控制主要有两种模式:“正常(NORMAL)”模式和“替换(AL-

TERNATE)"模式。"正常"模式是在高功率运行工况下的一般控制模式。由操纵员根据要求设置或改变汽轮机的负荷,核反应堆的功率就被自动调整供给足够的蒸汽以保持汽包压力不变。因此,该模式也称为"堆跟机"模式。"替换"模式是在低功率和运行事故工况下的一般运行控制模式。核反应堆功率被控制到由操纵员设定的功率设定值。核电厂负荷被调节以保持汽包压力不变。当核反应堆的功率是足够的低,如果核反应堆停堆,或者有一个控制棒下插或以其他任何方式到达它的端点,控制系统将自动进入"替换"模式。在任何时候,由操作员通过键盘命令或"HOLD POWER"按钮也可进入"替换"模式。因此,该模式也称为"机跟堆"模式。

两种运行模式在给定功率范围内具有不同的功率变化速率,如表 7-1 所示。

表 7-1　不同运行模式功率变化速率

功率范围	"正常"模式	"替换"模式
>25%FP	1%FP · s^{-1}	1%FP · s^{-1}
10 %FP～25%FP	4%当前功率 · s^{-1}	4%当前功率 · s^{-1}
<10%FP	1%当前功率 · s^{-1}	4%当前功率 · s^{-1}

7.1.1　坎杜堆功率控制系统

坎杜堆核电厂功率控制系统(RRS)是核电厂控制的核心系统,它决定了核电厂的整个运行安全状态。功率控制系统是全厂控制系统的重要组成部分。功率控制系统有两个基本目的:第一,能使核反应堆输出功率与负荷需求相适应;第二,当有内、外扰动引入核反应堆时,能够消除扰动的影响。

坎杜堆功率控制系统的基本功能是:完成全量程中子注量率的测量和核反应堆产生的热功率的测量,在对各种输入参数进行计算后输出不同的控制量,以维持核反应堆的功率和功率的变化速率在相应的设定值上。它直接控制核反应堆的功率,使核反应堆的功率维持在由操纵员设定的功率设定值,或者是为了保持蒸汽发生器的压力为恒值所要求的功率水平。系统能够以某一控制的速率插入或抽出反应性控制单元,从而维持堆芯的反应性平衡。这些反应性控制单元补偿由氙浓度、燃料燃耗、慢化剂毒物浓度或者核反应堆功率改变所引起的反应性变化。能够控制核反应堆的中子注量率分布形状接近于给定的设计形状,从而使核反应堆能够在燃料棒束和燃料通道限值以下运行于满功率。当核电厂发生严重事故时,RRS 提供自动控制或者快速降功率。RRS 也响应操纵员要求实现快速降功率和停堆的手动控制信号。当核反应堆运行的主要参数超出给定的极限值时,功率控制系统将自动快速降功率或紧急停堆。

坎杜堆功率控制系统的设计除要满足核反应堆功率控制系统的一般要求以外,还要满足如下要求:

(1) 在 10^{-4}%FP～100%FP 之间的任一功率水平,能够自动调整核反应堆功率到设定值。设定值可以由操纵员设定("替换"模式),也可以由蒸汽发生器压力控制程序设定("正常"模式)。

(2) 在自动控制范围(10^{-4}%FP～100%FP)内,可在任意两个功率水平之间以某一控制速率进行核反应堆功率水平的调整。

(3) 核反应堆功率处于自动控制状态能跟踪汽轮机负荷的变化,并能通过调硼(或钆)使调节棒处于堆芯的合适位置。

(4) 为了维持堆芯的反应性平衡，能够以某一控制速率插入或抽出反应性控制单元。这些控制单元能够补偿由氙浓度、燃料燃耗、慢化剂毒物浓度、换料或者核反应堆功率变化引起的反应性变化。

(5) 保持中子注量率分布接近它的设计形状，所以核反应堆满功率运行，不会导致功率超限而破坏燃料棒束或通道。由于堆芯空间分布的不稳定性，必须按这个要求采取空间控制措施。堆芯内中子注量率分布是由液体区域控制吸收体和调节棒进行控制的。

(6) 连续监测核电厂重要参数，当这些参数超限时快速降功率。参数限值可以由经济或安全等有关因素确定。

坎杜堆功率控制系统由计算机、测量系统、反应性控制装置以及控制程序等组成，如图7-3所示。测量系统包括核功率测量、中子注量率分布测量和热功率测量系统等，具体设备有电离室、堆芯中子注量率探测器和过程参数测量装置等。反应性控制装置包括液体区域控制吸收体、调节棒、吸收棒、停堆棒以及慢化剂毒物添加和移出系统等。控制计算机作为控制系统的控制器，硬件联锁系统的作用是为了限制系统完全丧失控制功能的后果，反应性控制部件除了受计算机控制以外还要受到硬件联锁系统的一系列限制。

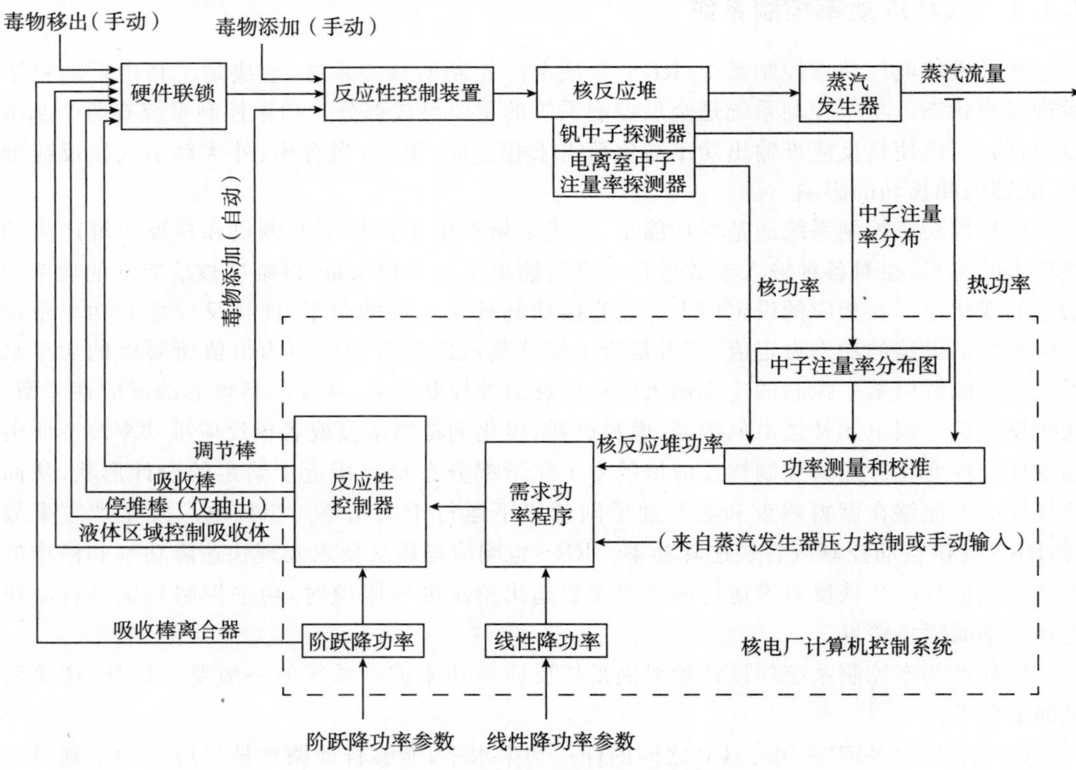

图7-3　坎杜堆功率控制系统方框图

坎杜堆功率控制是建立在功率设定值和各种测量参数的基础上，如堆芯中子注量率、温度、压力、流量、液位和位置等。在计算机中对所输入的参数进行分析计算得到核反应堆运行功率和相关状态参数。将核反应堆的功率测量值与功率设定值进行比较得到功率偏差值。功率设定值可以是操纵员人为设定的，也可以是由反映核电厂负荷的蒸汽发生器压力计算得到的。然后根据功率偏差值得到所要引入堆内的反应性量值，再通过逻辑运算向相应的反应性控制装置发出驱动信号，反应性控制装置根据驱动信号产生相应的动作使中子吸收体在堆内移动，以改变堆内的反应性。最终使核反应堆的功率维持在功率设定值水平上，或者使核反应堆的功率与负荷维持一个新的热平衡状态。

计算机程序运算产生中子注量率分布图形、核反应堆功率测量和校准以及计算实际核反应堆功率，最后产生反应性控制信号等等。系统还根据阶跃降功率参数和线性降功率参数产生相应的反应性驱动装置控制信号和电磁离合器的驱动信号等。核反应堆区域功率的校准，是以慢响应的堆芯中子探测器得到的区域核功率精确值去校准区域内的快响应中子探测器测得的平均区域核功率。

坎杜堆的反应性控制采用几种不同类型的控制方式，其优点在于当一种设备出现故障时可由另一种引入负反应性进行补偿。任意一类反应性控制系统的设计，在数量配备、几何布置、机械性能、水力性能和中子吸收性能上，都是基于一系列的设计要求和设计约束条件。中子吸收体具有一个适当的空间分布和反应性控制范围，满足物理设计对反应性控制系统的功能和性能的要求。不同反应性控制手段的控制作用如下：

(1) 长期和大量的反应性控制主要通过不停堆换料来实现；

(2) 频繁和少量的反应性控制，无论是整体的还是局部的，都是通过液体区域控制吸收体的轻水液位的调节来实现；

(3) 氙效应和换料机临时故障的反应性控制主要通过移动调节棒实现；

(4) 功率快速下降和燃料温度效应的反应性控制主要通过机械控制吸收棒的插入来实现；

(5) 初始剩余反应性和长期停堆氙效应的反应性控制主要通过慢化剂毒物的注入来实现。

短期反应性控制的主要方法是改变 14 个液体区域控制水室轻水的液位，同时调节棒和吸收棒也进行辅助控制。调节棒和吸收棒是否被移动取决于液体区域控制水室轻水的液位和功率偏差值 E_p，如图 7-4 所示。一般情况下，当液体区域控制吸收体的液位在满量程的 20%～70%之间，且功率偏差在－3%FP～3%FP 范围内为液体区域控制的正常范围，调节棒全部插入，机械控制吸收棒全部抽出，液体区域控制程序将功率偏差转换为液体区域控制阀门控制信号以调节液位的变化。当功率偏差太大或液体区域控制水室的平均液位太高或太低时，仅轻水区域控制水室液位不能控制核反应堆，必须由调节棒和吸收棒提供附加的反应性控制。

调节棒操作特性如图 7-4(a)所示。当功率偏差大于 3%FP，或功率偏差在－3%FP～3%FP 范围内，但区域控制水室液位高于 70%时，进行插入调节棒操作。当功率偏差小于－3%FP，或功率偏差在－3%FP～3%FP，但区域控制水室液位低于 20%时，抽出 1 组调节棒；功率偏差小于－4%FP 时抽出 2 组调节棒。

吸收棒操作特性如图 7-4(b)所示。当功率偏差大于 1.5%FP，或功率偏差在－3%FP～1.5%FP范围内，但区域控制水室液位高于 80%时，插入 2 根吸收棒；功率偏差大于4%FP，插入 4 根吸收棒。当功率偏差小于－3%FP，或功率偏差在－3%FP～1.5%FP，但区域控制水室液位低于 70%时，抽出 2 根吸收棒；功率偏差小于－4%FP 时，抽出 4 根吸收棒。功率偏差在－3%FP～1.5%FP 内，区域控制水室液位在 70%～80%时，停

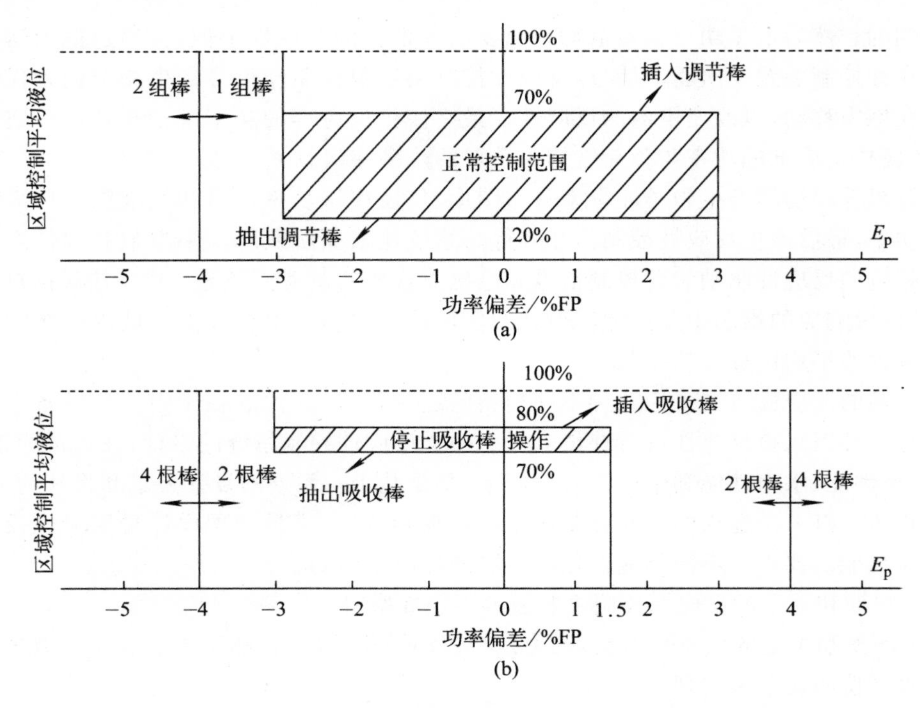

图 7-4　反应性控制特性图

(a)调节棒操作;(b)吸收棒操作

止吸收棒的操作。

区域控制水室的液位(反应性)控制原理如图 7-5 所示。采用氦气气泡法(差压方法)测量单元水室液位,用电离室和堆内中子注量率探测器测量中子注量率。中子注量率、液位设定值和测量值、供水压力以及回水集管调节阀的状态等都是控制器的输入信号或反馈信号。流量调节阀门控制信号来自数字控制计算机,即控制器。它对输入信号和反馈信号进行功

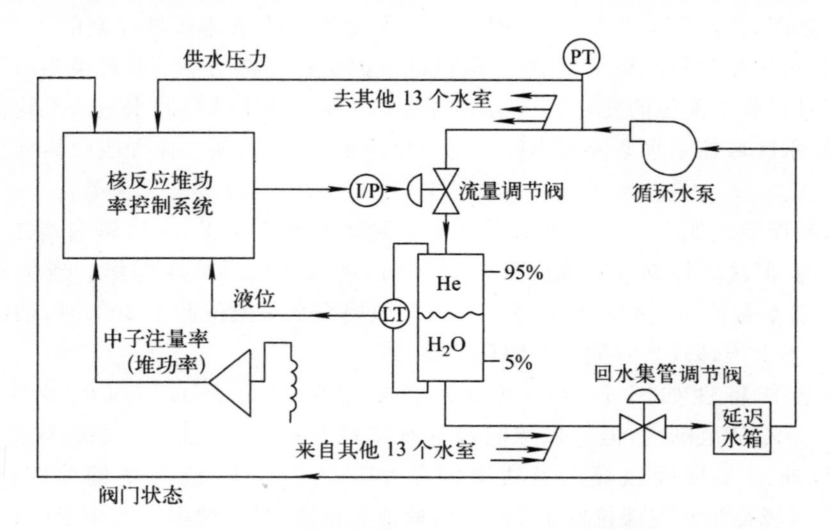

图 7-5　区域控制水室的液位控制原理方框图

能运算，然后输出流量调节阀门的控制信号。一般情况下，回水集管的流量(即水室的流出量)是一个恒定值，它取决于水室中氦气的压力和回水集管调节阀的开度。调节流量调节阀的开度就能改变流入水室的流量，水室流入量和流出量的偏差决定了其液位的变化，因此达到了控制液位的目的。水室液位变化影响到核反应堆内反应性的变化，最终实现了对核反应堆功率的控制。

为了保证总功率的量值并获得一个比较理想的功率分布，液位控制是连续控制的。每一个区域控制都同样地应用总功率控制信号。低功率时，所有区域控制水室的液位是基本液位，且是相同的。稳态时流量调节阀门必须是开启的，进水流量与排水流量相抵消。

7.1.2　蒸汽发生器压力控制系统

蒸汽发生器压力(即二次侧蒸汽压力)恒定是核电厂稳态运行的控制目标。在正常运行期间，维持蒸汽发生器压力为设定值4.593 MPa。在“正常”运行模式，通过调节核反应堆的功率设定值控制蒸汽发生器压力为恒定值。在“替换”运行模式，通过调节汽轮机负荷、凝汽器蒸汽排放阀或大气蒸汽排放阀的阀门开度来维持蒸汽发生器压力为恒定值。蒸汽发生器压力控制的全部功能是由计算机蒸汽发生器压力控制程序的执行而实现的。在“正常”运行模式下，蒸汽发生器的压力控制原理如图7-6所示。

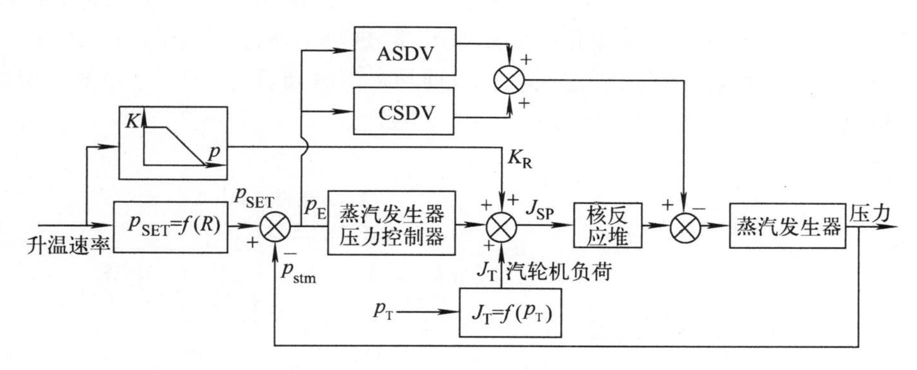

图7-6　“正常”模式压力控制原理方框图

ASDV—大气蒸汽排放阀；CSDV—凝汽器蒸汽排放阀

蒸汽发生器压力控制系统共有8台凝汽器蒸汽排放阀和4台大气蒸汽排放阀。它们将蒸汽排放到凝汽器中或排至大气中。在汽轮机100%甩负荷后，8台凝汽器蒸汽排放阀的排放能力等于最大蒸汽连续额定流量的100%。控制系统允许额定蒸汽流量的70%排至凝汽器。4台大气蒸汽排放阀总的排放能力为额定蒸汽流量的10%。它们的开度正比于压力偏差。当凝汽器失效时，大气蒸汽排放阀也可作为热阱使用。凝汽器蒸汽排放阀和大气蒸汽排放阀都是由计算机执行蒸汽发生器压力控制程序的输出信号控制的。

大气蒸汽排放阀通常被用于控制蒸汽发生器压力瞬态。在预热过程中，当凝汽器不可用时，通过大气蒸汽排放阀向大气中排放蒸汽。在冷却过程中，凝汽器蒸汽排放阀首先开启，降低蒸汽发生器压力。汽轮机脱扣时，压力控制系统快速开启凝汽器蒸汽排放阀以防止蒸汽发生器压力上升并达到主蒸汽安全阀开启的压力整定值。在核反应堆停堆、线性降功率或阶跃降功率过程中，压力控制系统快速减少汽轮机负荷以防止蒸汽发生器压力的过量跌落。

在核电厂扰动期间(如汽轮机脱扣和失去厂外负荷等),通过凝汽器蒸汽排放阀将蒸汽排放到凝汽器中,而不引起主蒸汽安全阀开启或核反应堆紧急停堆。凝汽器蒸汽排放阀从关闭状态到完全开启的行程时间不超过 1 s,大气蒸汽排放阀(两个方向)的行程时间不超过 2 s。

如果由于某种原因,核反应堆功率控制系统不允许核反应堆响应压力控制器的要求,或者是因为停堆、线性降功率或阶跃降功率而使核反应堆功率下降时,核反应堆功率设定值就由各个降功率信号直接控制,"正常"运行模式立即终止,蒸汽压力控制切换到"替换"模式,调节核电厂负荷。同样地,如果操纵员选择手动控制核反应堆,那么蒸汽压力控制也是通过调节核电厂负荷实现的。

7.2 沸水堆核电厂控制

沸水堆(BWR)核电厂是以沸水核反应堆为动力源的核电厂。沸水核反应堆以沸腾轻水为慢化剂和冷却剂并在核反应堆压力容器内直接产生饱和蒸汽。沸水堆核电厂与压水堆核电厂的最大区别在于沸水核反应堆的冷却剂在堆芯内沸腾实现直接循环,产生的蒸汽进入汽轮机,驱动汽轮发电机发电。沸水堆核电厂主系统主要由核反应堆、汽轮机、凝汽器、凝结水泵、加热器、给水泵和再循环水泵等组成,如图 7-7 所示。沸水核反应堆的堆内压力只有压水核反应堆的一半(大约 7.2 MPa),因此,冷却剂易沸腾而产生汽泡。沸水核反应堆具有负的反应性空泡系数。汽泡量变化的主要原因,除热功率外,还有堆芯压力因素。压力变化将使汽泡量变化,反应性就变化,造成核反应堆功率的波动,这是所不希望的。所以,沸水堆通常采用保持堆芯压力恒定的运行方式。

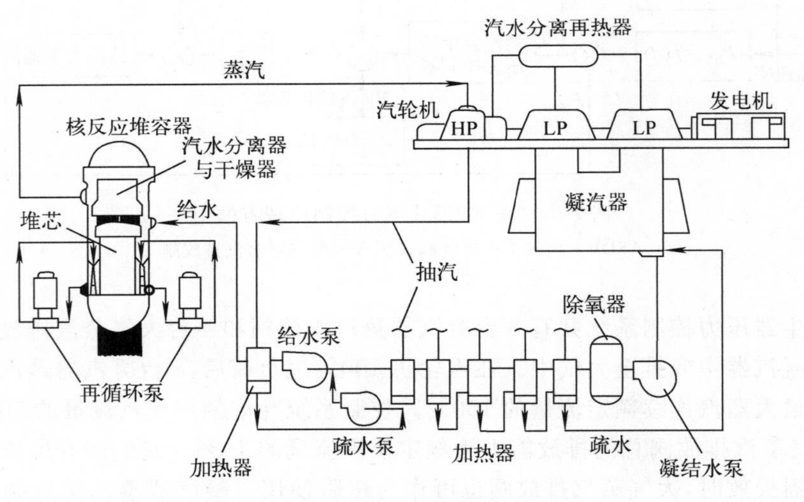

图 7-7　沸水堆核电厂系统简图

HP—汽轮机高压缸;LP—汽轮机低压缸

由于沸水堆具有负的反应性空泡系数,当核反应堆热功率急速增大时,堆芯汽泡增多后自然抑制热功率增长,而当再循环泵停止时,也由于汽泡含量增加,核反应堆热功率会自然下降。沸水堆的这一负反馈效应使它具有自稳自调特性。由于汽泡含量可以根据水的再循环流量改变，因此只要控制再循环流量就很容易控制热功率输出。沸水堆的负反应性空泡系数改进了核反应堆的运行特性和大部分事故下的安全特性。但当丧失外负荷（如主蒸汽隔离阀关闭和超高压断路器断开等）时，核反应堆升压，汽泡减少，则堆芯输入正反应性使功率上升，导致压力的进一步上升，这一过程为核反应堆的正反馈。由于是直接循环，这一瞬变的发展很快，从而容易对堆芯燃料元件形成冲击。

7.2.1　沸水堆核电厂的控制系统

沸水堆核电厂控制系统的功能是保持核电厂正常运行时的状态参数、控制核反应堆的功率以及保证核反应堆的安全。沸水核反应堆控制主要包括：核反应堆的反应性控制、功率控制、压力控制和液位控制等，如图 7-8 所示。

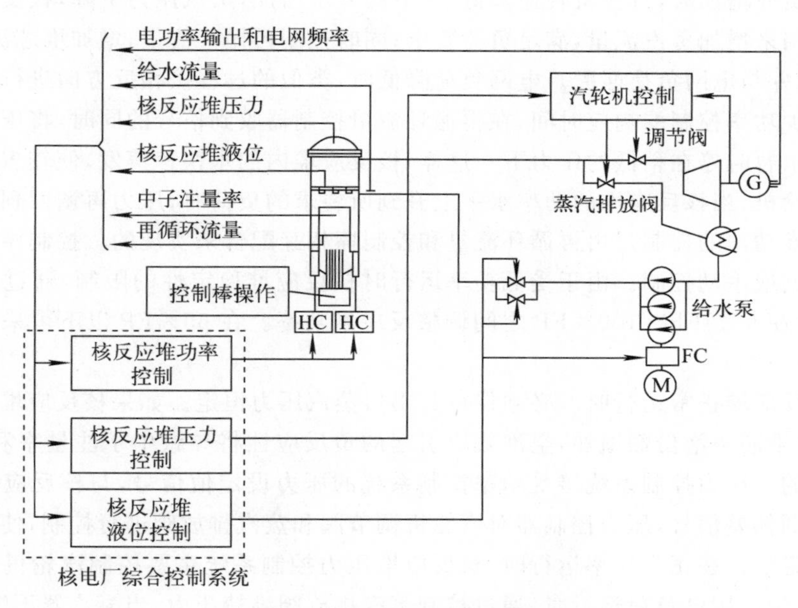

图 7-8　沸水堆核电厂控制系统方框图

FC—频率转换器；HC—液力耦合器；M—电动机

沸水核反应堆反应性控制主要采用控制棒、硼酸溶液以及在燃料芯块中加入固体可燃毒物（如 Gd_2O_3）来补偿运行过程中核反应堆的反应性变化。沸水堆控制棒采用碳化硼（B_4C）作吸收体，其形状多为十字形，插在 4 个相邻正方形方盒燃料组件之间的间隙中，从核反应堆压力容器的底部插入堆芯。控制棒采用液压驱动机构驱动，驱动水的压力高于核反应堆堆芯内的压力。紧急停堆时控制棒自动插入堆芯，所需要的全部高压驱动水都保存在储水罐中。每一个驱动机构都配备有单独的储水罐、操纵间和连接管道。当接到紧急停堆信号时，驱动活塞上腔的水排到处于大气压下的排水母管内，储水罐内的高压水注入驱动活塞下腔，活塞向上移动就推动控制棒迅速上移插入堆芯。

沸水核反应堆是通过移动控制棒来补偿在启动、停闭及运行过程中的温度效应、中毒和燃耗所产生的反应性变化的，并用来展平堆芯内的中子注量率分布。

控制棒亦可用来进行反应堆功率控制，但由于堆芯内使用了轴向和径向分布的可燃毒物，在正常功率运行时，很少需要对控制棒进行操作。

沸水核反应堆主要是通过调节再循环流量来控制核反应堆功率的。沸水核反应堆是按压力不变、流量可变的方式运行的。设置再循环回路起到了利用汽泡所产生的负反应性来控制反应堆功率的作用。再循环流量与核反应堆功率大致成正比。

当核电厂操纵员发出提升功率的信号时，该信号使再循环流量控制器重新定值，增加再循环流量。较高流速的流体通过堆芯时以较快的速度带走汽泡，这就减少了堆芯内的汽泡，导致反应性增加、核反应堆的功率上升，汽泡增加，一直达到新的平衡功率为止。核反应堆的功率上升，产生的蒸汽也就增多，引起核反应堆压力容器内的压力上升，压力控制器向汽轮机的调节阀控制系统发出信号，增大调节阀开度，汽轮机出力增加，堆内压力又恢复到设定值。要降低功率时，按照相同的程序，但以相反的方向进行。

当电网负荷增加时，汽轮机转速降低，调节阀开度增加，蒸汽压力下降，核反应堆容器内的蒸汽储能用来增加蒸汽流量，满足负荷要求；同时控制再循环流量，增加堆芯流量，使反应堆功率上升，并与电网负荷匹配。电网负荷降低时，类似的过程按相反方向进行。

为了减少功率控制的响应时间，在再循环流量控制器收到信号的同时，将压力控制器压力设定值指示暂时停在稍低的压力下。这样，核反应堆内的水快速蒸发，使较多的蒸汽几乎立即供给汽轮机，当核反应堆的功率水平上升到所要求的负荷时，压力再调回到正常值。

核反应堆功率的控制是由再循环流量和控制棒相互配合来实现的。控制棒和再循环流量能自动控制或手动控制。由于受低功率运行时核反应堆稳定性的限制，通过再循环流量的控制，可以在 65%FP～100%FP 之间调整反应堆功率。在 65%FP 以下可采用控制棒进行功率控制。

沸水核反应堆正常运行时。必须保持其出口蒸汽压力恒定。如果核反应堆蒸汽压力下降，将会引起堆芯空泡份额增加，空泡效应引起的负反应性将导致中子注量率和功率下降，这是不希望的。压力控制系统接受功率控制系统的压力设定值信号，与核反应堆实际压力进行比较得到偏差信号，压力控制器对汽轮机调节阀和蒸汽排放阀进行控制，使核反应堆压力恢复到设定值。在正常功率运行时，核反应堆压力控制系统主要控制汽轮机调节阀的开度；在启动或带厂用电负荷运行时，通过控制蒸汽排放阀维持压力；当凝汽器不能工作时，压力控制系统启动蒸汽释放系统，将蒸汽排放于安全壳内的冷凝水池。当负荷快速增长时，压力设定值可短时下降几个百分点，以加速响应过程。一般压力波动值为 3%～4%。

沸水核反应堆通常设有液位控制系统，液位控制的目的是保持核反应堆的给水与蒸汽负荷相平衡，即保持冷却剂的质量平衡。沸水核反应堆的液位信号由液位计给出，液位控制系统使液位保持在 $L_{ref}-20\%\sim L_{ref}+15\%$ 的范围内（L_{ref} 为液位参考值），超过这个范围就会发出停堆信号。液位控制是通过调节给水管道上阀门的开度和给水泵的转速来实现的。

此外，沸水核反应堆还设有安全保护系统，以防止核反应堆运行异常和事故危及核反应堆的安全。由于沸水核反应堆冷却剂自然循环能力比压水核反应堆的大好几倍，故在低功率时，只要堆芯被水淹没，燃料元件被烧毁的可能性就很小。所以沸水核反应堆除防止高功率燃料元件烧毁外，另一重要的保护就是液位保护，包括高液位保护和低液位保护。高液位保护是防止水进入汽轮机；低液位保护是防止堆芯裸露。沸水堆核电厂只有一回路，汽轮机有可能被放射性沾污，因此运行中对设备的放射性监督是相当重要的。

7.2.2　先进沸水堆核电厂的控制系统

先进沸水堆(ABWR)核电厂是在沸水堆核电厂的基础上进行系统改进后形成的。它采用了一体化的核蒸汽供应系统，将冷却剂再循环泵改用内置泵，用堆内循环代替了原沸水堆的喷射泵和堆外再循环系统；采用了加可燃毒物钆和燃料棒轴向分区富集度布置的方法来展平堆内功率分布；利用内置泵的转速变化调节堆芯冷却剂流量，结合控制棒微调实现不同量程区间的功率控制；仪表与控制系统采用了数字化技术和容错结构；控制棒驱动机构采用了电动机和液压传动系统两种驱动方式，以实现反应性微调和控制棒联动。

先进沸水堆核电厂的控制系统主要包括反应性控制系统、压力控制系统、给水控制系统和再循环流量控制(功率控制)系统，如图7-9所示。

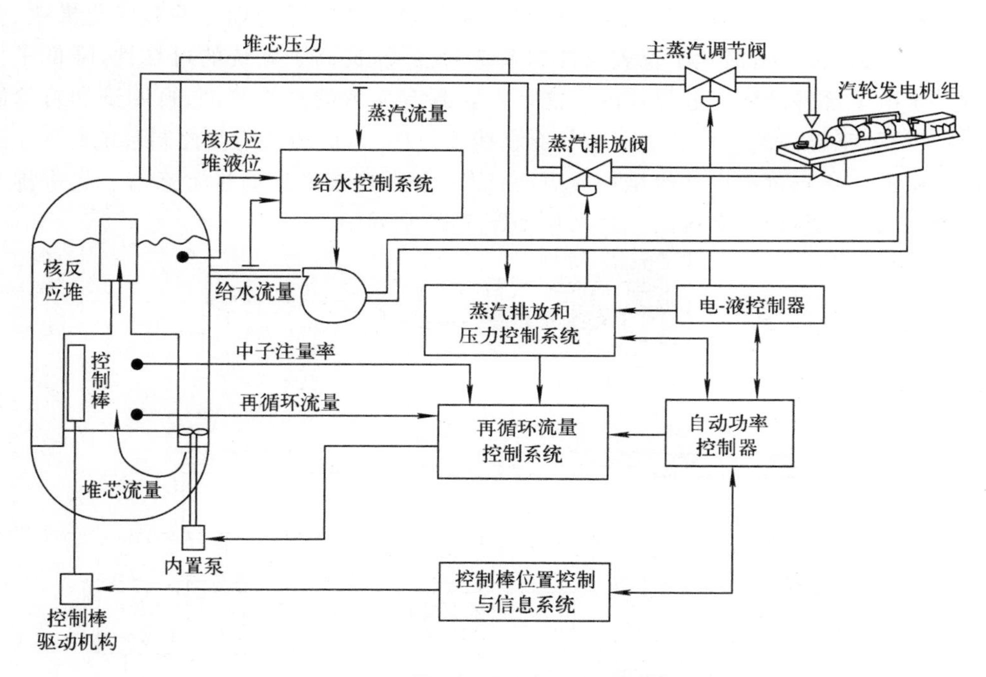

图7-9　先进沸水堆核电厂控制系统方框图

先进沸水堆反应性控制系统由控制棒位置控制与信息系统和再循环流量控制系统组成。核反应堆启动和停闭时大幅度的功率变化、功率分布的调整以及由于燃耗引起的堆芯反应性变化的补偿主要是由调节控制棒实现反应性控制的，反应堆功率则主要是通过再循环流量控制来调节的。

控制棒位置控制与信息系统是通过控制棒驱动机构，调整控制棒在堆内的位置来改变堆芯反应性，从而控制反应堆功率水平和功率分布。再循环流量控制系统通过控制内置泵转速来改变流过堆芯的冷却剂流量，从而改变作为中子慢化剂的水的密度，进而改变核反应速度以改变功率。通过改变再循环流量的方法控制功率，使堆芯的功率分布大致保持一定，同时，能够快速改变核反应堆的功率，从而具有良好的功率控制特性，可以使先进沸水堆很好地实现负荷跟踪运行。在先进沸水堆运行期间，仅由少部分固定的控制棒(一般少于总控制棒数的 1/10)组成的一个控制棒组在堆芯内移动来补偿整个运行寿期内的反应性变化。该设计减少了由于控制棒组选择和控制棒插入或抽出对功率分布的扰动,简化了运行,提高了运行的可靠性和安全性。

先进沸水堆的液位控制由主回路给水控制系统实现。给水控制系统通过调节给水流量来维持压力容器内液位在参考值上。给水系统有汽动给水泵和电动给水泵两套装置,通过调节汽动给水泵和电动给水泵的转速以及给水调节阀的开度控制给水流量,从而达到维持压力容器液位恒定的目的。

先进沸水堆的压力控制由蒸汽排放和压力控制系统完成。蒸汽排放和压力控制系统通过调节汽轮机调节阀的开度和蒸汽排放阀的开度来维持压力容器内压力恒定,从而降低反应堆紧急停堆、汽轮发电机跳闸和主蒸汽安全阀开启的频率。

先进沸水堆核电厂的数字化仪表与控制系统采用了基于微处理器的数字化模块、全容错设计和光纤通信网络,简化了仪表与控制系统的接线,提高了系统的可靠性,降低了仪表与控制系统电子部件故障引起停堆的可能性。它具有完善的在线校准、自测试和自诊断功能,保证系统处于良好的工作状态。它具有在线修复能力,保护系统及控制系统的冗余通道均可以在核电厂运行过程中在线维护或更换,而不会影响核电厂的正常运行。先进沸水堆核电厂数字化仪表与控制系统的总体结构如图 7-10 所示。

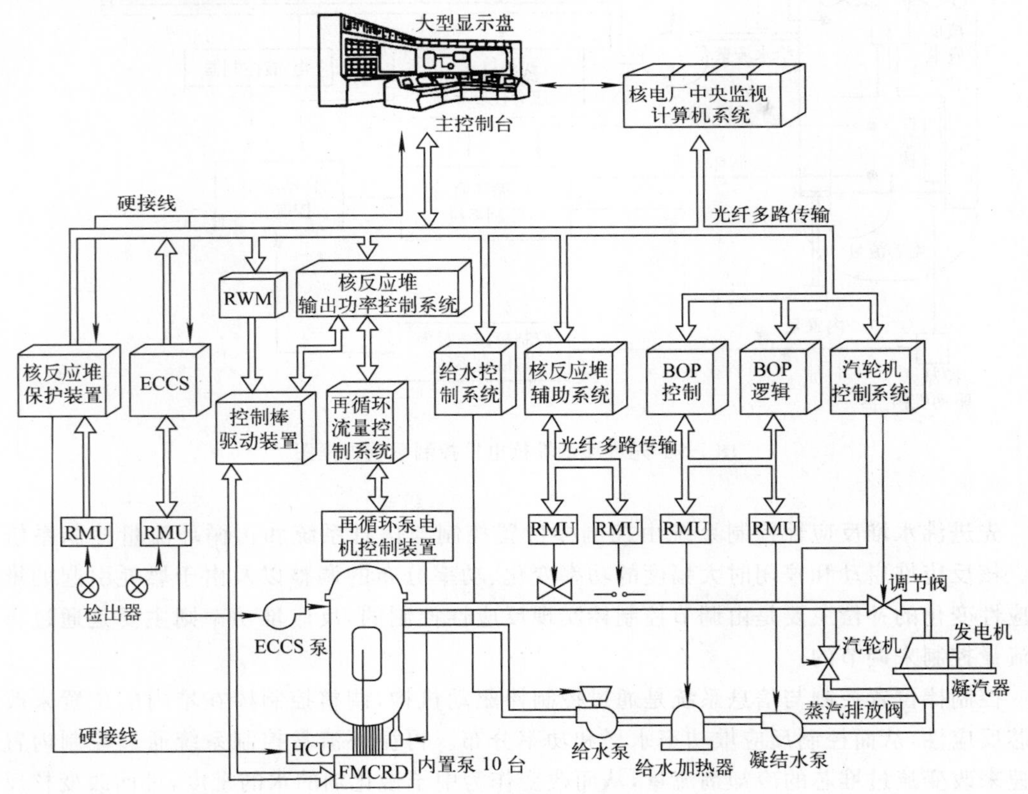

图 7-10　先进沸水堆核电厂数字化仪表与控制系统的结构图

BOP—辅助系统;ECCS—应急堆芯冷却系统;FMCRD—微动控制棒驱动机构;

HCU—液压控制器;RMU—远程多路传输单元;RWM—控制棒位置控制与信息系统

先进沸水堆核电厂的仪表与控制系统采用了冗余通信网络系统。现场设备的运行状态及控制信号通过远程多路传送单元(RMU)转换成数字信号,通过光纤传送到中央控制室。保护系统四个通道及专设安全设施的三个通道分别设置独立的多路通信系统,每个通道内采用冗余光纤。通道之间采用光纤传输,互相交换数据。非安全级系统采用冗余光纤的多路通信系统。安全级系统与非安全级系统的多路通信系统彼此独立。高速光纤数据传输改善了电气隔离和防火性能,并有效地提高了抗干扰能力。

先进沸水堆核电厂启停、正常运行及事故后操作实现了高度自动化,简化了核电厂的运行操作,从而减轻了运行人员的负担,并减少了人为失误的可能性。

先进沸水堆堆芯有 205 根十字形翼状控制棒,四个燃料组件之间插入一根控制棒组成控制棒组件。控制棒采用碳化硼或铪吸收体,由堆芯下部插入。控制棒是由位于核反应堆压力容器下方的电机驱动和液压驱动的微动控制棒驱动机构(FMCRD)驱动的,如图 7-11 所示。微动控制棒驱动机构实现了电动和液压驱动相结合,提高了正常运行反应性控制的

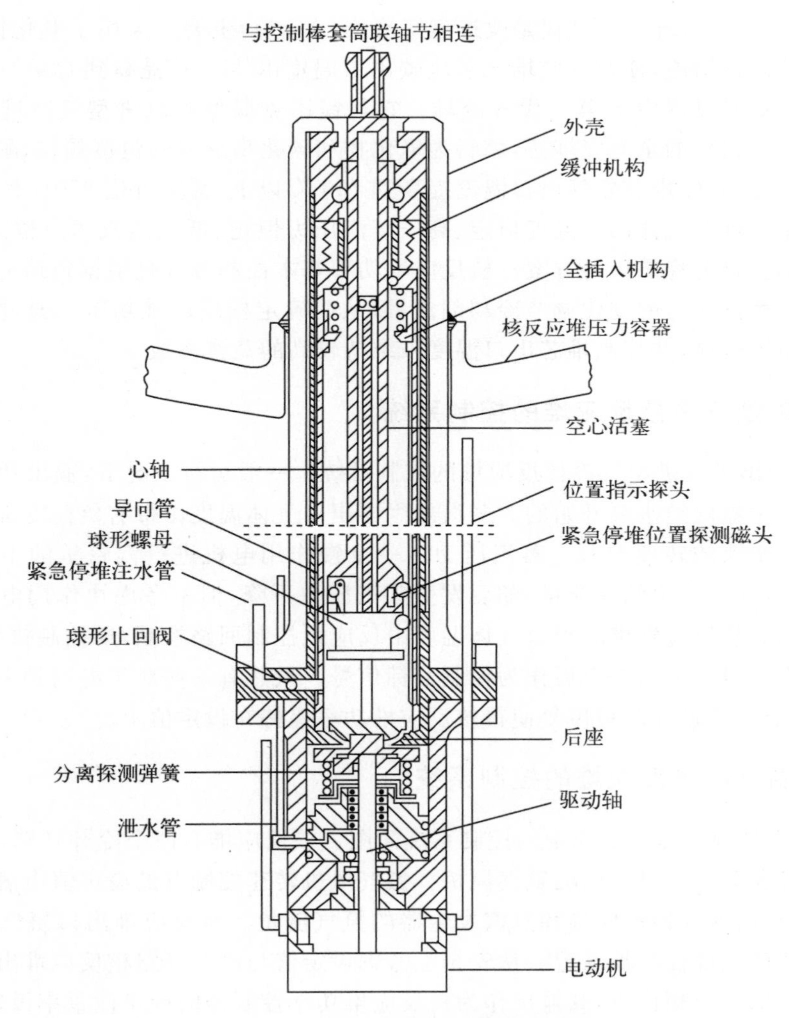

图 7-11　微动控制棒驱动机构结构图

精度和紧急停堆的速度以及可靠性。在正常运行工况下，控制棒的插入和抽出是由步进电动机驱动。步进电动机安装在微动控制棒驱动机构的下部，电动机转动，驱动轴也就转动，与驱动轴相连接的心轴也随之转动，驱动涡轮驱动球形螺母与空心活塞随之作直线运动，通过连接件使控制棒的吸收体在堆芯移动，实现控制堆芯反应性的目的。由于球形螺母与空心活塞下部之间没有固定连接，在需要紧急停堆时，高压水注入空心活塞下部腔室内，水压使空心活塞下部受到向上推力，从而空心活塞与球形螺母分离，快速将控制棒吸收体插入堆芯，实现紧急停堆。

7.3　气冷核反应堆控制

以石墨为慢化剂，气体（二氧化碳或氦气）为冷却剂的核反应堆，被称为气冷核反应堆(GCR)。气冷动力堆经过了三个发展阶段，产生了三代堆型。第一代为天然铀石墨气冷堆，如英国卡特霍尔(Calder Hall)核电厂。由于燃料元件采用镁合金（镁铍）包壳，又称镁诺克斯型(Magnox)气冷堆。第二代是改进型气冷堆(AGR)，主要是采用了氧化铀、不锈钢燃料包壳及其他改进措施，使核反应堆二氧化碳出口温度由 400 ℃提高到 670 ℃左右。高温气冷堆(HTGR)是发展中的第三代气冷堆。它与镁诺克斯型和改进型气冷堆的区别在于由石墨燃料元件组成的全陶瓷堆芯，燃料为氧化物和碳化物形成的包覆颗粒、耐高温结构材料和氦气作冷却剂，使堆芯氦气出口温度提高到 750 ℃以上，甚至可达 950～1 000 ℃。

气冷堆采用堆芯气体出口温度恒定、高压蒸汽压力恒定、低压蒸汽压力恒定、改变一回路气体冷却剂流量的稳态运行方案。核反应堆功率基本控制方式是根据负荷的需求确定蒸汽流量。根据蒸汽压力的变化调节冷却剂流量，从而确定核反应堆功率。通过移动控制棒补偿氙毒和温度效应，并控制堆芯出口温度来维持较高的蒸汽参数。

7.3.1　改进型气冷核反应堆的控制系统

图 7-12 给出了改进型气冷核反应堆的控制系统。一般运行工况下，输出功率的改变是从直流蒸汽发生器的给水泵开始的。蒸汽发生器出口气体温度由带有负荷需求附加信号可调节的汽动给水泵的转速控制。蒸汽压力由一个慢作用电机进行汽轮机的主蒸汽流量控制，足够慢以致允许排出储存能量，随后发生蒸汽压力下降，但不考虑快作用电机对这个压力瞬态的限制。核反应堆堆芯出口气体温度由反应性控制回路控制，即控制棒位置控制，核电厂负荷需求信号作适当修改后作为控制目标信号。虽然有一些对于电网频率变化的瞬时响应，最终主蒸汽流量控制被恢复使得核反应堆功率保持在设定值上。

7.3.2　高温气冷核反应堆的控制系统

图 7-13 为高温气冷核反应堆的控制系统简图。核反应堆有两个冷却环路，每个环路有一台蒸汽发生器和一台可调速的氦气风机。氦气风机转速控制器的设定值由蒸汽压力控制器给定，用来控制流经核反应堆和蒸汽发生器的氦气流量。核反应堆出口氦气温度控制器的设定值由蒸汽温度控制器给定。从安全上考虑设定值与两个环路核反应堆出口氦气温度测量值中较高的一个相比较，其输出作为核反应堆功率控制器的中子注量率设定值，再与中子注量率测量值比较，偏差信号使控制棒移动，调节核反应堆功率使之与负荷匹配。

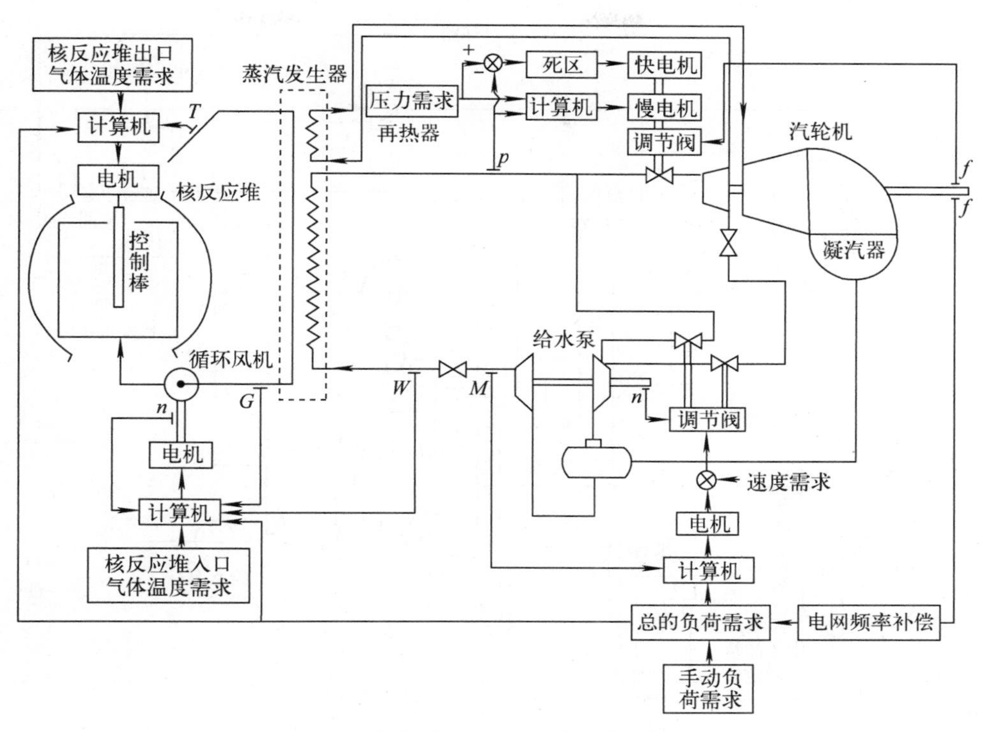

图 7-12　改进型气冷核反应堆控制系统简图

T—温度；p—压力；G,M,W—流量；f—频率；n—转速

当核电厂需要提升功率时，汽轮机的主蒸汽阀门开启，蒸汽流量增加，蒸汽压力降低，蒸汽温度也降低，蒸汽发生器中由一次侧到二次侧的换热加强，一回路氦气温度下降。压力变化通过蒸汽压力控制器提高氦气风机转速控制器的设定值，结果使氦气流量增加，核反应堆功率增加，蒸汽压力恢复到额定值。与此同时，核反应堆出口氦气温度降低，通过氦气温度控制器要求堆芯有更高的中子注量率，即要求提升控制棒。另一方面，蒸汽温度因氦气温度下降也有减小的趋势，通过蒸汽温度控制器去提高氦气温度设定值，导致氦气温度控制器的输出增加，使控制棒进一步提升，于是，核反应堆功率会自动跟踪负荷变化，并维持了蒸汽参数的恒定。如果负荷减小，则控制系统的作用过程相反。

7.4　钠冷快中子增殖核反应堆控制

由快中子引起链式裂变反应并将所释放出来的热能转换为电能的核电厂为快中子增殖堆核电厂。所谓增殖核反应堆是指快中子核反应堆在运行过程中，能在消耗易裂变核素的同时生产易裂变核素，且能使生产量大于消耗量，实现易裂变核素增殖，故由此而得名。快中子增殖核反应堆的堆芯与一般核反应堆堆芯不同，它分燃料区和增殖再生区。燃料区的^{239}Pu 或^{235}U 在快中子作用下实现快中子链式裂变反应，再生区内利用^{238}U 吸收快中子转化为新的核燃料^{239}Pu。核反应堆的链式裂变反应由插入燃料区的 12 根控制棒进行控制。

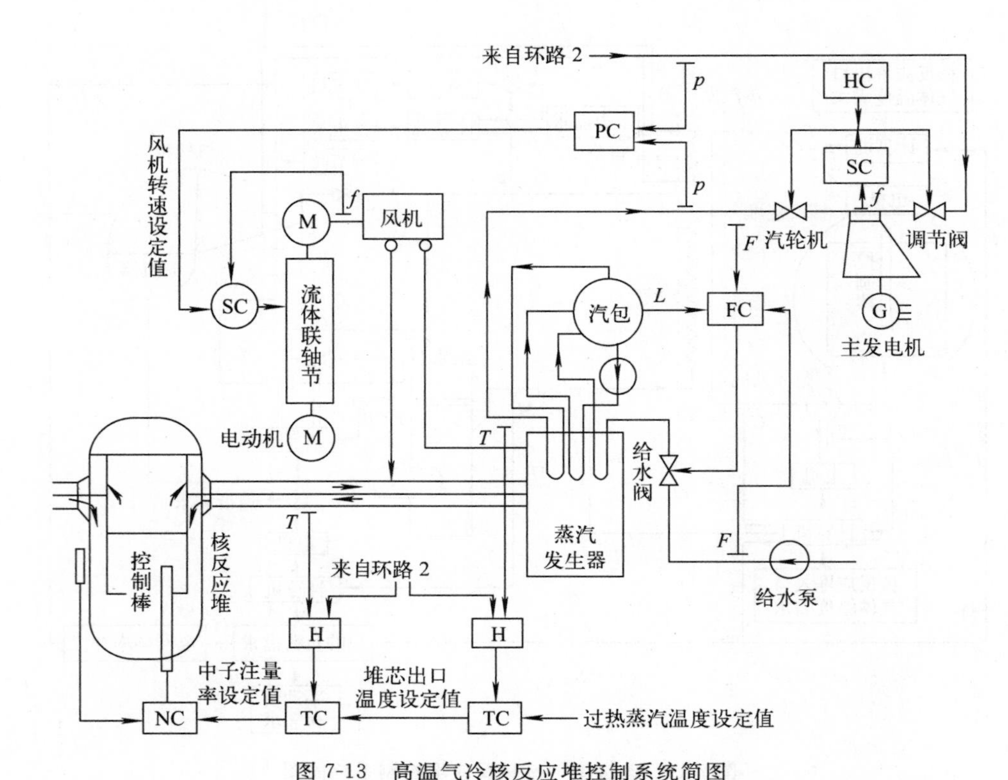

图 7-13　高温气冷核反应堆控制系统简图

T—温度；p—压力；F—流量；f—转速；L—液位；FC—给水流量控制器；NC—中子注量率控制器；PC—压力控制器；SC—转速控制器；TC—温度控制器；H—高选器；HC—负荷控制器

快中子核反应堆内不仅没有慢化剂，连冷却剂也不能使用慢化能力强的轻水或重水。若采用液态金属钠作为冷却剂，则核反应堆成为钠冷快中子增殖核反应堆。

采用钠冷快堆作为动力源的核电厂为钠冷快堆核电厂。钠冷快堆核电厂由三条回路组成，根据一回路冷却系统结构的不同可以分为回路式和池式两种。回路式安全性稍差些。所谓池式钠冷快堆核电厂是指把核反应堆堆芯连同一回路钠泵和钠-钠中间热交换器浸泡在一个大型的液态钠池中。二回路是钠循环回路，工作压力高于一回路压力。三回路的水在蒸汽发生器内吸收二回路钠的热量变为过热蒸汽送往汽轮机做功。池式钠冷快中子增殖堆核电厂系统如图 7-14 所示。

一回路钠在钠泵的驱动下在一回路系统内流动，当流经堆芯时被加热，流经中间热交换器时加热二回路钠，实现能量传递。二回路钠在二回路系统的中间热交换器和蒸汽发生器之间流动，在蒸发器中加热三回路给水使其汽化产生蒸汽，在过热器中加热蒸汽使其过热。蒸汽发生器产生的过热蒸汽将驱动汽轮机转动，同时带动发电机发电，将热能转换为电能。

由于存在中间热交换器，核反应堆和汽轮机调节阀之间存在两个时间延迟，使得快速跟踪负荷产生困难。钠冷快堆运行的控制方式主要有两种：冷却剂钠流量恒定和冷却剂钠流量可变方式。

钠冷快堆核电厂控制系统包括反应性控制系统（即控制棒控制系统）、一回路钠流量控

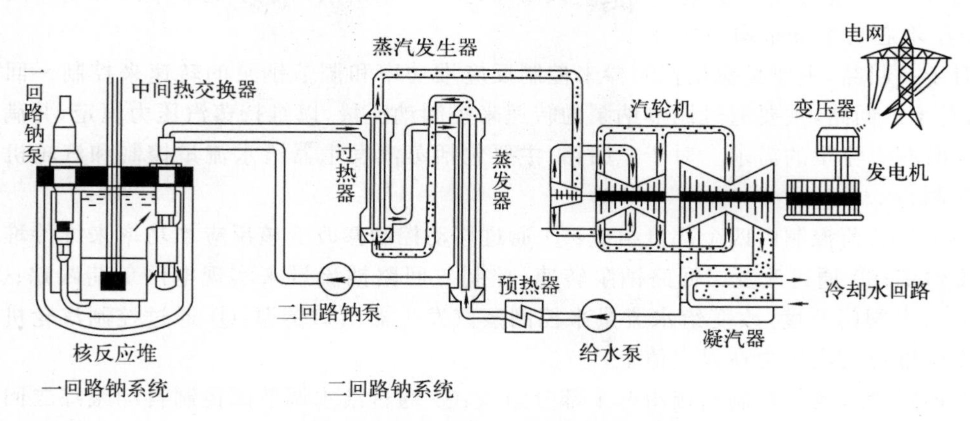

图 7-14　池式钠冷快中子增殖堆核电厂系统简图

制系统、二回路钠流量控制系统、三回路给水流量控制系统、蒸汽压力和温度控制系统以及负荷控制系统等，如图 7-15 所示。

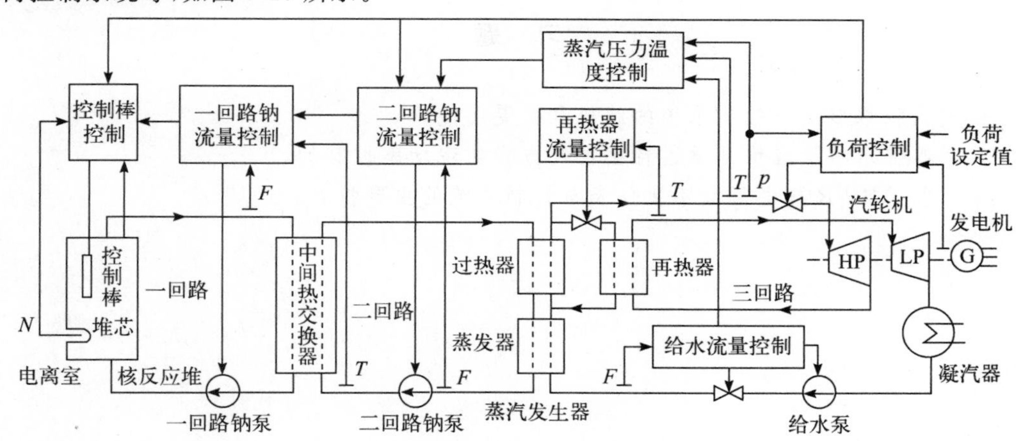

图 7-15　钠冷快堆核电厂控制系统方框图

T—温度；p—压力；F—流量；N—中子注量率；HP—汽轮机高压缸；LP—汽轮机低压缸

图 7-15 为冷却剂钠流量可变方式钠冷快堆控制系统方框图。冷却剂钠流量可变方式是较理想的控制方式，冷却剂流量随功率成正比变化。但各部分温度不是严格保持一定的，要作某些变化，以便缓和对核反应堆结构材料热应力的限制。流量控制可以缩短核反应堆启动和停闭时间，改善核反应堆对负荷的跟踪性能。但冷却剂泵的驱动机构较复杂，整个控制系统也要复杂得多。

快中子增殖核反应堆的反应性控制系统通过移动控制棒来改变堆芯的反应性，以维持核反应堆在稳定功率运行或改变核反应堆的功率。同时，也用来补偿瞬时的或长期的由于温度、氙毒和燃耗等效应引起的反应性变化，使核反应堆保持在临界状态。由于快中子增殖堆不同于热中子核反应堆，所以控制方法和控制性能方面有其本身的特征：① 所用的控制棒数目比热中子核反应堆的少；② 由于快中子堆内缓发中子份额小，快中子增殖堆容易达到瞬发临界，因此控制棒价值较小；③ 改变堆芯中子反射层对中子泄漏率的控制作用比较明显；④ 堆芯功率分布均匀性好。

对于一回路，主要是应用控制棒来控制反应堆功率和调节钠泵的转速来控制一回路钠流量；对于二回路，主要通过调节钠泵的转速来控制钠流量，以维持蒸汽压力恒定，并满足负荷跟踪时蒸汽流量的需求。对于三回路，主要包括蒸汽发生器给水流量控制和汽轮机调节阀的控制。

核电厂负荷控制由四个部分组成：① 通过移动控制棒改变核反应堆功率来维持堆芯出口温度恒定；② 通过改变二回路钠泵转速，控制二回路钠流量来实现电网负荷跟踪；③ 通过调节给水阀门开度，改变给水流量来控制蒸汽发生器出口钠温；④ 通过控制汽轮机调节阀开度以维持蒸汽压力在设定值上。

三回路给水流量控制系统由两个部分组成：① 通过给水调节阀控制自动跟踪二回路钠流量变化实现给水流量对蒸汽负荷变化的快速响应；② 通过给水调节阀的压差来控制给水泵转速，使给水流量与蒸汽流量保持平衡。给水流量控制系统不仅要保证蒸汽总流量的需求，而且还要保证每台蒸汽发生器内部水流与蒸汽流的稳定性。

习　题

7.1　试述坎杜堆核电厂控制系统的组成和主要功能。

7.2　试回答沸水核反应堆是通过什么控制方式实现功率控制的。

7.3　试回答 ABWR 核电厂数字化仪表与控制系统的主要特点。

第8章 核电厂的数字控制

8.1 概 述

数字控制技术是自动控制理论与数字计算机技术相结合的产物，因此，数字控制是以自动控制理论和计算机为基础的。同时由于计算机的出现并应用于自动控制，使得自动控制技术也发生了巨大的飞跃。因为计算机具有运算速度快、精度高、存储容量大以及逻辑运算和判断的能力等特点，可以实现高级复杂的控制算法，并可以获得快速精确的控制效果。计算机所具有的信息处理能力，可将生产过程控制和企业管理有机地结合起来，为提高企业管理水平和效益创造了条件。

自从1942年世界上第一座核反应堆诞生及1946年在美国生产出第一台电子计算机以来，两种技术都有迅速的发展。计算机用于核反应堆，最初是从核反应堆复杂科学计算开始的。尽管当时还是电子管计算机，但它起到了极其重要的作用。随着计算机技术的发展，计算机在核反应堆技术上的应用就更加广泛了。

在20世纪50年代末，由于计算机的体积缩小、工作可靠性提高、价格降低，这便引起了许多从事核反应堆监测和控制工作的技术人员的注意。从此就开始了计算机用于核反应堆过程参数监测和控制的探索和尝试。事实表明，这种探索和尝试为后来核电厂计算机监测和控制奠定了良好的基础。

在计算机应用于核反应堆过程控制研究的初期，分两个研究方向：一是用计算机代替核电厂的常规监测仪表，实现核电厂过程参数的计算机数据采集、分析和报警；二是研究核反应堆计算机控制技术，再利用该技术开发先进的核反应堆控制技术。随着核电厂的装机容量逐步增大，核反应堆变得更加复杂庞大，迫切需要寻求先进的监测和控制技术，以进一步发挥先进核反应堆的功能，并保证核电厂的安全。计算机技术的飞速发展及其小型化，使得计算机在核电厂的在线应用在技术和经济上成为可能。

计算机数据采集技术用于核电厂实现过程参数的在线监测、数据处理、数据记录以及越限报警等功能是计算机在核电厂被动式的在线应用。运用计算机来实现核反应堆堆芯及设备的性能计算、核反应堆功率控制、堆芯功率分布控制、汽轮机启动、负荷控制、换料装置控制以及核反应堆异常状态的检测和安全系统的启动等功能，才构成了完整的核电厂计算机监测与控制。

随着近20多年来控制和信息技术（网络通信技术、计算机硬件技术、嵌入式系统技术、现场总线技术、各种组态软件技术、数据库技术等）的不断发展和日益成熟，系统可靠性也有了很大提高，加之人们对核电厂信息的获取和对先进控制功能的实现等有了更高的要求，数字化仪表与控制技术开始全面进入核电厂的实际应用。

许多正在运行的核电厂在设计建造时或进行仪表与控制系统改造过程中，都不同程度地在中子注量率监测、核反应堆控制和限值系统以及核反应堆保护系统等局部都采用了计算机，例如，德国 GKN Ⅰ压水堆核电厂运行了 20 年后，于 1999 年底为两台机组实现了核反应堆控制和限值系统的计算机集散控制。在国内，几乎所有的试验研究核反应堆和核电厂都有计算机在线监测和数据处理。也有一些核电厂仪表与控制系统局部应用了数字计算机控制技术，例如压水堆核电厂二回路系统采用数字控制系统。

近年来，数字控制在核电厂的应用有了较快的发展。国内外部分正在运行的核电厂和所有正在建设的核电厂都采用了数字化仪表与控制系统。

8.1.1 数字控制系统的组成与特点

在控制系统中控制器是核心部件。模拟控制器是由模拟电路构成的，它是随时间连续起作用的，也称为连续控制器，其主要的缺点是缺乏灵活性。由连续控制器组成的系统为连续控制系统。如果用数字计算机代替模拟控制器，控制器就成为数字控制器。由于所处理的数值为连续信号的瞬时值，所以计算机控制器也称为采样控制器。由数字控制器构成的系统为数字控制系统，也称为计算机控制系统或离散控制系统。计算机控制系统主要由计算机、控制对象、测量变送器与执行机构等组成，如图 8-1 所示。计算机执行程序进行数据采集，根据给定的控制规律算法对各种信息自动地进行处理和运算，然后通过过程输出设备向执行机构发送控制命令，实现对控制对象的控制。计算机的性能将直接影响数字控制系统的性能。

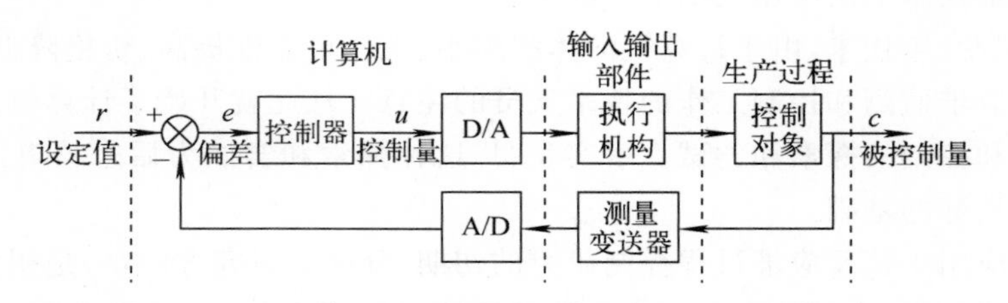

图 8-1 数字控制系统的结构方框图

生产过程的数字控制系统主要由硬件和软件两部分组成。硬件部分主要包括主机、过程输入、输出设备、人-机界面设备、自动化仪表以及通信设备等。

(1) 主机 主机包括计算机的中央处理单元和内存储器，它们是计算机控制系统的核心部分。内存储器用来存储操作系统程序与实现运算控制和信号输入、输出等功能程序。系统启动后，CPU 就从内存储器读出指令并执行。

(2) 外部设备 外部设备主要是指常规外部设备和输入、输出通道等。常规外部设备按功能可分为三类：输入设备、输出设备和外存储器。输入、输出通道指的是模拟量输入、输出通道和数字量输入、输出通道，它是计算机控制系统的特有设备，主要包括过程输入、输出通道及显示报警设备等。输入通道的任务是把反映生产过程工况的各种物理参数转换为电信号并及时送往主机。输出通道则是将主机输出的数字信号转换为适应各种执行机构的信号（模拟量信号和开关量信号），用来控制执行机构的动作。通常一个主机要同时控制许多执行机构，这就要求通道具有输出分配的功能。

(3) 自动化仪表　自动化仪表主要是指监测装置与执行机构。监测装置包括传感器和变送器，用于测量表征控制对象运动状态的各种物理量，如温度、压力、流量、液位、转速、位移和中子注量率等，并把它们转换为电信号。数字式监测装置直接把测得的物理量转化为数字量。执行机构是驱动控制部件，其作用是将计算机的输出信号转换为控制部件的相应动作以改变影响控制对象的物理变量。

显示和报警装置用于让操作人员及时了解生产过程的实际工况，并在出现异常及危及正常生产和安全时，能及时地告诉操作人员，以便采取预防措施。

(4) 通信设备　新一代工业过程的控制、监测和管理较为复杂，往往需要几台或几十台计算机才能完成监测、控制和管理任务。因此，在不同位置、不同功能的计算机之间或设备之间就需要通过通信设备进行信息交换。为此把多台计算机或设备连接起来，构成各种计算机通信网络。

在采用计算机控制的过程中，主机能够自动地接受监测装置从现场送来的反映控制对象运动状态的各种信息，并自动地对这些信息进行加工、处理和分析，并发出相应的控制命令，再以电信号形式送至现场，由现场执行机构完成过程控制，使控制对象的运动维持某一特定状态或按工艺流程顺序推进。主机的这种自动工作能力除了有硬件作为基础外，乃是软件所赋予的。由此可见，程序系统即软件是支持计算机控制系统工作所必不可少的支柱，它和硬件一样是构成系统必不可少的组成部分。控制系统软件可分为系统软件和应用软件两类。

(1) 系统软件　系统软件一般包括操作系统、程序设计系统和服务性程序等。操作系统是对计算机本身资源进行管理和调度的程序。程序设计系统包括程序设计语言、编译程序及解释程序等。服务性程序有编辑程序、调试程序、连接程序及故障诊断程序等。系统软件通常由计算机厂商为用户配套，具有一定的通用性。

(2) 应用软件　应用软件是为实现控制目标而编制的专用程序，如过程监控程序，包括监测程序、数据处理程序、上下限检查及报警程序和工艺操作台服务程序等；过程控制程序，包括判断程序、过程分析程序、开环和闭环控制程序、PID 控制器计算程序以及最优和复杂规律控制程序等。

为了方便用户，减少工程技术人员编写控制程序的工作量，许多计算机控制厂商不同程度地提供过程控制程序的开发平台软件，有的称为组态软件。在此平台上不直接编写程序，而是通过输入系统结构图，由该软件自动生成控制程序。

数字控制系统有如下特点：

(1) 系统结构　一般数字控制系统包含数字部件和模拟部件，称为混合信号控制系统。如果系统中全是数字部件，则称为全数字控制系统。

(2) 由程序实现控制作用　在数字控制系统中，控制规律是由数字计算机通过执行控制程序来实现的。控制规律的改变只要对控制程序进行修改即可实现，不用更换硬件设备。

(3) 离散信号处理　数字控制器只能接受、处理和输出数字信号。如果系统的测量和执行单元为模拟部件，为实现数字控制作用，必须采用模-数转换器(A/D)和数-模转换器(D/A)进行信号的转换，以实现模拟信号的输入和输出。

(4) 信号传递时延　连续控制系统中模拟信号的计算速度和传递速度都极快，可以认为是瞬时完成的，即该时刻的系统输出反映了同一时刻输入的响应。而在数字控制系统中，模-数转换及数-模转换和控制算法的计算总需要一定时间，从模拟信号的采样输入到模拟信号的输出，这段时间相当于数字控制器的延迟时间 τ，称为计算时延。由于计算机控制系统存在“计算时延”，因此，系统的输出与输入不是在同一时刻的相应值。

（5）复杂控制功能　由于计算机控制功能是通过执行控制程序而实现的，所以能方便地通过修改程序实现如多回路、多变量、自寻优控制、智能控制以及模糊控制等复杂控制功能。同时也发挥了计算机存储量大、计算速度快、实现逻辑分析和判断的特长。

8.1.2　计算机控制的分类

计算机参与控制的程度和方式不同，所采用控制系统也就不同。它与所控制对象的复杂程度密切相关。不同的控制对象，不同的控制要求，需要采用不同的控制方案和控制系统。

1. 数据采集与操作指导

数据采集是计算机应用于工业生产过程最早也是最简单的一种形式。通过监测装置与输入通道将表征工业生产过程状态的大量信息统一成数码形式采集到计算机中，由计算机进行必要的数据处理，如数字滤波、仪表误差修正、量纲变换、越限比较等，再按需要显示或打印制表。当出现测量值越限等异常情况时，发出报警信号。另一方面，计算机按工艺要求计算出各控制量应有的合适或最优的数值以供操作人员改变各模拟控制器设定值或操作执行机构，起到了操作指导的作用。

2. 直接数字控制

直接数字控制(DDC)是计算机参与控制的最基本形式。直接数字控制系统是一个闭环的计算机控制系统，控制原理如图 8-1 所示。在核电厂控制应用中，通常选用工业控制计算机或可编程控制器进行直接数字控制。在这种系统中，对用作数字控制器的计算机的实时性和可靠性要求都很高。

3. 分级计算机控制

随着计算机功能的增强和广泛应用，计算机的应用远超出了直接数字控制的范畴，形成了计算机综合应用环境，称为分级计算机控制。一般的分级计算机控制系统，自上而下分别由管理级、监督级与直接控制级组成，如图 8-2 所示。

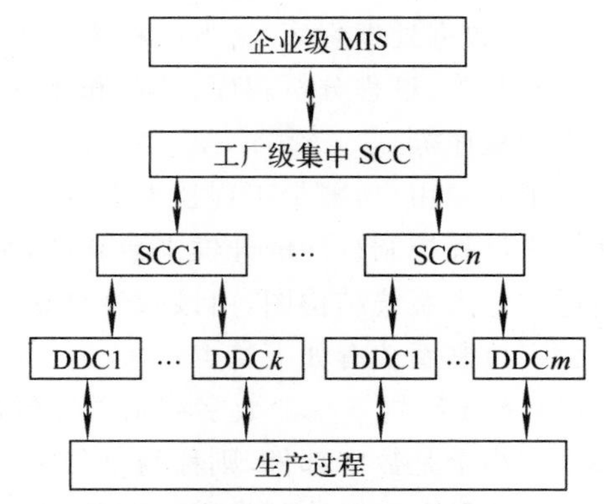

图 8-2　分级计算机控制系统方框图
MIS—管理信息系统；SCC—监督控制计算机；
DDC—直接数字控制

管理级的管理信息系统(MIS)用于完成整个企业或工厂的生产规划与管理，要求管理信息系统计算机具有较强的数据处理能力和大的存储容量，通常使用工作站或高性能的网络服务器等。

监督级的监督控制计算机(SCC)的主要任务是完成最优控制或自适应控制的计算，以指挥下一级直接数字控制计算机的工作。监督控制的效果很大程度上取决于所采用的数学模型和算法。

直接控制级为直接数字控制。一般比较复杂系统的计算机控制通常采用监督控制和直接数字控制构成两级计算机控制系统，也称为上位机和下位机控制系统。其中直接数字控制计算机分布在靠近受控设备的现场，而监督控制计算机则放置在远离设备的控制室。

4. 集中型计算机控制

所谓集中型计算机控制就是由一台计算机承担工业过程的多个回路的直接数字控制。为实现这种控制形式所构成的系统也就被称为集中型计算机控制系统。集中型计算机控制系统是一种多目的、多任务的控制系统，如图 8-3 所示。集中型计算机控制系统的特点是计算机的利用率高，易于实现复杂的高级控制、易于通信，并能集中显示操作。但由于在集中型控制系统中，一台计算机控制几百个回路或上千个回路，一旦计算机发生故障，系统就不能正常工作，影响整个系统的运行，即所谓的“危险集中”，所以系统的可靠性是一个关键问题。通常采用多重冗余计算机的方式提高集中型计算机控制系统的可靠性。

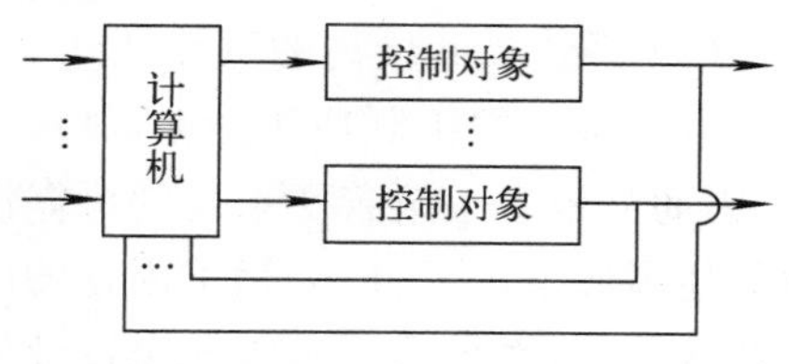

图 8-3　集中型计算机控制系统方框图

5. 集散型计算机控制

计算机集中控制系统虽具有很多优点，但由于它的危险集中，使系统的可靠性降低。如果适当综合模拟仪表和计算机控制的优点，将危险分散，即将控制部分分散，而将显示和操作部分高度集中，就形成了被广泛应用的集散型控制系统(Total Distributed Control System，TDCS)。集散型控制系统是以微处理机为核心，实现地理上或功能上的分散控制，又通过高速数据通道把各个分散点的信息集中起来进行监视和控制操作。由于它是在分散型控制的基础上发展起来的，且主要特征是分散控制，因此，也被称为分散型控制系统(Distributed Control System，DCS)。微型计算机体积小、可靠性高、价格低廉等特点为集散型计算机控制的实现和推广创造了良好的物质基础。集散型控制系统依赖于计算机技术、网络通信技术、过程控制技术和显示技术，简称 4C 技术。集散型控制系统不但有控制功能强、效率高的特点，而且还具备优于其他类型计算机控制系统的可靠性。这都是常规模拟控制仪表和计算机集中型控制不可比拟的。集散型计算机控制系统由基本控制器、高速数据通道、高速数据通道服务器、输入/输出装置、CRT 操作站和监督计算机等组成，如图 8-4 所示。

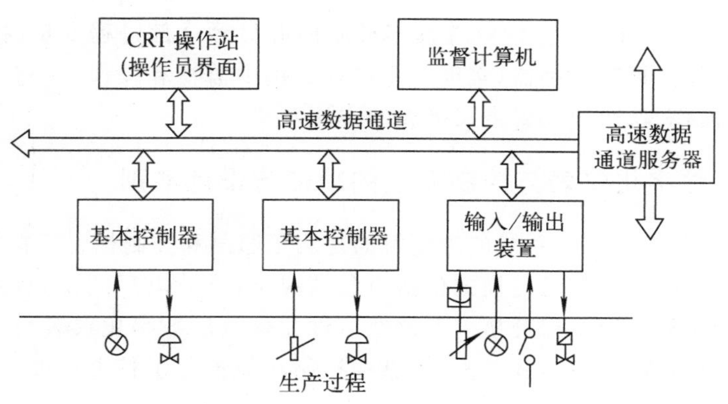

图 8-4　集散型计算机控制系统方框图

由于集散型控制系统的操作和管理集中，测量和控制功能分散，因此系统具有以下特点：

(1) 系统具有极高的可靠性

由于系统的控制功能分散，每台控制器只控制少量的回路，即使发生故障影响面也比较小，因而从根本上改善了系统的可靠性。由于系统中的硬件大部分采用了大规模集成电路和其他高质量的元件，采用了固化的应用软件，降低了硬件和软件的故障概率。对于关键的设备或部件，系统采用多重冗余设计使系统的可靠性大大提高。另外系统还具有比较完善的自检查和自诊断功能。系统执行诊断程序对系统进行定期诊断检查，如发现故障及时将故障显示在 CRT 上，并发出报警信号，以引起操作人员的响应，同时显示出故障的位置，方便维护人员及时排除故障，以提高系统的可靠性和可使用性。

(2) 提高了系统的效率，实现了较为复杂的功能

由于计算机的控制功能是通过执行程序来实现的，所以除了能实现简单的 PID 控制外，还可实现复杂控制规律如串级控制、前馈控制、解耦控制、自适应控制、最优控制和非线性控制等功能，也可以实现顺序控制。计算机具有快速反应和高精度运算的优点，提高了控制的品质。集散型控制系统操作使用简便，对操作者来说不必考虑程序设计问题，主要集中精力考虑如何有效地运用已定义的功能模块来制订所希望的控制方案。

(3) 系统容易开发，便于扩展

集散型计算机控制系统的软件和硬件采用模块化结构。功能程序模块化，这些模块可以通过操作任意选择并被方便地组合成各种复杂的控制功能软件，为控制软件的开发带来极大的方便。系统功能的扩展主要是通过增加相应的功能模块而实现的。

(4) 系统费用大幅度降低，具有良好的性能价格比

采用微型计算机或微处理机，其价格比采用小型计算机完成同样功能的价格要低得多。由于采用了计算机与计算机之间的通信系统，数据高速通道提高了现代分时通信技术水平，实现了综合控制。集散型控制系统的基本控制单元或过程输入/输出接口单元可直接安装在现场，通过数据高速通道(网线)与主控制室连接，实现信息的传递，故大大减少了系统布线，节省了工程费用，降低了成本。

(5) 友好的人-机界面

在人-机操作台上，可以通过键盘选择多种画面并显示全部过程变量、控制变量及其他参数，还可以直接操作远程控制器，实现工业过程的集中监视和操作。一台 CRT 操作台能替代庞大的仪表操作盘，给使用者带来极大的方便。

8.1.3 核电厂数字化仪表与控制系统的功能与设计准则

核电厂数字化仪表与控制系统的主要目的是用于监测和控制核电厂释热和电能生产的主要和辅助工艺过程，在所有运行模式包括应急情况下，维持电厂的安全性、可操作性和可靠性，并且在正常运行工况下保证核电厂的经济性。核电厂数字化仪表与控制系统由一个完整的一体化计算机系统组成，其监测、信息和控制功能覆盖了核电厂的所有过程系统，包括仪表、控制以及保护系统等。

核电厂数字化仪表与控制系统用于：①核电厂的首次启动和以后的启动；②正常运行下的优化处理，维持设备的规定工况；③汽轮发电机组在正常运行、正常运行的中断事件和设

计基准事故下的功率限制、降功率和停堆，并能维持次临界；④非正常运行工况的早期探测，消除和/或使所有设计基准事故和超设计基准事故事件的影响最小。

达到上述目标要有设备、仪表与控制系统和操纵员的参与。核电厂数字化仪表与控制系统将完成信息功能和控制功能。

1. 信息功能

核电厂数字化仪表与控制系统强大的信息功能是传统常规仪表所无法比拟的。它不再需要传统的控制台及手动操作仪表盘台，完全用监视器或大屏幕进行监视及控制。过程操作和监视系统承担着过程控制、过程信息以及过程管理的任务。信息功能包括：运行条件的调整、状态监测和诊断；核电厂相关安全参数的监测；核电厂停堆和事故后的监测；紧急情况下对操纵员的支持；工艺设备资源的监测等。

信息功能主要提供：①核电厂运行工况和设备状况的采集信息和初步处理结果；②通过显示器、公用信息屏和单个仪表提供可视化信息；③机组参数偏离设定值的警告信号和提示信息；④保护、联锁动作以及操纵员操作的监测和分析；⑤汽轮发电机组例行状态、过程事件、运行中重要参数和紧急情况时参数的记录，并生成运行文件和报告；⑥给操纵员以信息支持；⑦汽轮发电机组运行技术和经济指标的计算。

2. 控制功能

控制功能主要包括维持安全运行、停闭核反应堆到次临界、在正常运行状态被破坏和紧急状态的情况下停闭汽轮发电机组以及事故后的检查和测量。详细可分为以下几种情况：

(1) 正常运行时，用于反应堆的启动、停闭、升功率、降功率以及维持核反应堆稳态运行功率水平等功率控制；实现功率分布控制；主要工艺过程控制及保证其经济性；维持运行参数在设计文件规定的限值内，维持安全运行条件。

(2) 紧急情况时，根据核物理参数和过程参数进行预防性的核反应堆保护；主要工艺过程控制(参数限制和核反应堆停闭)；维持保护屏障的作用和限制参数在安全运行边界和允许条件范围内。

(3) 在设计基准事故(DBA)情况下，停闭主要工艺过程；维持保护屏障的作用和将参数限制在最大设计边界范围内。

(4) 在超设计基准事故(BDBA)情况下，停闭主要工艺过程；维持和限制对屏障的作用，以便不超过安全壳系统最大设计边界。

在上述所有运行情况下，仪表与控制系统确保人员的生存条件并限制对人员、当地人口和环境的辐射。

核电厂主要过程的监测、控制和安全操作是在主控制室进行的。在所有的运行工况下，包括设计基准事故和超设计基准事故工况，从主控制室执行整个核电厂的控制。主控制室遭到破坏时，由备用控制室进行安全过程的应急控制。主控制室设计中广泛使用显示器和键盘控制，同时后备控制盘用于安全设备的备用控制。

3. 核电厂数字化仪表与控制系统设计准则

核电厂数字化仪表与控制系统(主要是安全仪表与控制系统)设计遵循以下安全准则：

(1) 故障安全　所谓故障安全是当仪表与控制系统或部件发生故障时，核电厂应能在毋需任何触发动作的情况下进入安全状态。

(2) 单一故障　对某一设计基准事件，并同时存在下述情况时，安全系统应有能力完成全部必需的安全功能:①在安全系统内存在任何单一可探测故障,并同时存在所有可判别的但不可探测的故障;②由上述单一故障引起的所有故障;③引起要求安全功能的设计基准事件或由设计基准事件引起的所有故障和系统误动作。单一故障可能出现在要求安全系统动作的设计基准事件之前或设计基准事件期间的任何时间。

(3) 多样性　多样性应用于执行同一功能的多重系统或部件,是通过多重系统或部件中引入不同属性而实现。获得不同属性的方式有:采用不同的工作原理、不同的物理变量或不同的运行条件以及使用不同制造厂的产品等。采用多样性原则能减少某些共因故障的可能,从而提高系统的可靠性。

(4) 独立性　采用系列(元件)间的功能和/或实体隔离来提高可靠性,使得其自身的故障不引起其他系列(元件)的继发性故障。在设计系统时通过采用功能的和实体的分隔来实现独立性。为了提高系统的独立性,特别是相对于一般原因引起的某些故障来说,系统的布置和设计采用实体隔离的原则是完全必要的。

(5) 冗余性　通过采用相对于必要的最小容量和足以满足系统执行设定功能的结构上的、功能上的、信息上的和时间上的冗余方法来提高可靠性。冗余性,就是说使用多于所需要的设备元件的最小量来实现系统的设定功能,是提高与安全有关的硬件设备可靠性的重要设计原则。不同的或相似的元件可用来达到冗余的目的。

(6) 共因故障　若干装置或部件的功能可能由于出现某一特定事件或原因而失效,为共因故障。引起这种影响的来源可能是设计缺陷、制造缺陷、运行或维护差错、自然事件、人为事件、信号饱和以及环境条件变化,或核电厂内任何其他运行或故障引起的意外级联效应。设计中尽可能采取措施使这种效应减至最小。

核电厂内的某些场所,有可能成为不同安全重要性的各种设备或线路的自然汇合点,例如安全壳贯穿区、电动机控制中心、电缆走廊、设备间、主控制室和核电厂的工艺控制电脑等。在这些场所,必须尽可能采取适当的措施以防止共因故障。

(7) 可试验性和可维修性　安全仪表与控制系统的冗余性为系统的在线测试提供了可能性。为了能发现系统自身的故障和修理故障的部件或元件,防止故障积累并因此导致总的系统故障,需要对系统进行定期测试试验。在线测试主要有测量系统的测试、逻辑单元的测试以及执行机构的测试等。

8.2　核电厂的集中型计算机控制

本节将以坎杜(CANDU)堆核电厂为例简要介绍核电厂集中型计算机控制系统。

8.2.1　坎杜堆核电厂计算机控制系统的组成

1. 双重冗余计算机系统

坎杜堆核电厂计算机系统由两台计算机、13台显示器、打印机、数据采集装置、触点扫描仪、自动切换联锁装置以及控制台等仪器装置组成,如图8-5所示。两台计算机系统连续地对机组的各种参数进行监测与控制。在正常工作的情况下,主控制计算机完成除换料机自动控制以外的全部控制功能。热备用计算机在线热备用期间仍进行数据采集、分析计算和产生控制信号,并具有与主控制计算机相同的功能,但控制信号并不被传输到控制现场。如果主控制计算机出现故障，将自动切换为热备用计算机，控制信号被传送到控制现场，所以切换过程是平稳的。两台计算机都出现故障，则核反应堆将自动安全停堆。

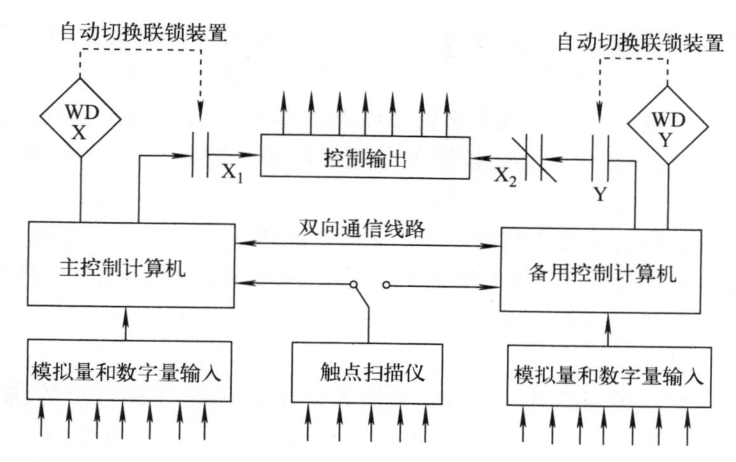

图 8-5　双重冗余计算机系统结构方框图

WDX—监控器 X；WDX—监控器 Y

显示器显示包括了模拟量的棒状图、历史趋势曲线图、模拟量数值和数字量状态列表、区域控制水室液位和工艺原理图等。棒状图显示每 5 s 刷新一次，一幅趋势图最多可显示 4 个模拟量，在显示历史趋势曲线图时，系统最多可存储 208 个变量短期历史数据和最多 96 个长期历史数据来供历史曲线趋势图显示。所谓短期历史数据，就是显示 1 幅屏幕曲线所需的数据 180 点。而长期历史数据，就是显示 12 幅屏幕曲线所需的数据 180×12 点。

数据采集装置为现场物理数据的计算机输入系统，共有模拟量输入信号 3 264 个(即数据采集点数)，数字量输入信号 1 712 个。模拟量输入为 0～±0.5 V 的电压信号，精度≤0.5 %，模-数转换速度为每秒 10 000 点。每一路模拟量输入通道都配有滤波器。数字量输入信号为继电器触点状态。继电器电源为 48 V 直流电源，输入时间常数为 10 ms，配有 125 V，60 Hz 超压保护。计算机输出为控制信号，包括 128 个模拟量控制信号和 1 032 个数字量控制信号。模拟量输出信号为 4～20 mA 电流信号，输出精度为 0.5%。最大外部负载为 700 Ω。每一路输出都有一个 50 Ω 的电阻反馈到模拟量输入通道，以校验控制目标的正确性。数字量输出是汞湿簧继电器触点信号。每个继电器都配有固态驱动器和锁定存储器，并有触点保护。

计算机系统配置了一台触点扫描仪。扫描仪以 4 ms 周期巡检 2 560 个触点。扫描仪中带有存储器，以保存扫描到的触点状态，并向主控制计算机报告状态改变的数字量和检查时间。

在主控制和热备用计算机之间有一条双向通信线路(Data Link)，承担两台计算机之间的数据传输任务。当一台打印机出现故障时，通过这条数据传输线将要打印的信息传输到另一台计算机，在另一台打印机上进行打印。另一功能是校验两台计算机之间重要信息是否一致。

自动切换联锁装置对模拟量输出是一个简单的继电器联锁装置。当一个控制程序输出一个模拟量时，控制程序以串行或并行方式驱动四个数字信号，这些数字信号激发一定数量的控制转换继电器。只有计算机的控制触点与现场设备的控制线路相连接，才能把模拟量输出信号送到现场设备上去。对于重要的数字量输出信号也被采用类似的联锁，即由控制程序来实施数字量信号的联锁。

监控器(WATCHDOG)是一个时间延迟计数器。每台计算机配置两个监控器，在正常情况下，执行程序定期清除该监控器。一旦监控器超时，将产生中断，所产生的中断将导致：①全部模拟量输出设置为 4 mA，模拟量输出线路的联锁触点被断开，送到现场设备的模拟信号被隔离；②计算机重新启动。监控器可以用钥匙开关关闭，一旦监控器关闭，模拟量输出的联锁触点将如同监控器超时一样被断开。

每台控制计算机都是通过串行接口与一台 PC 机终端连接，这台终端计算机被称为虚拟控制台。在 PC 机上运行 PROCOM 软件可以控制计算机初始化和运行在线系统、检查和修改计算机寄存器和内部存储器以及运行内部存储器诊断程序。

2. 数字控制系统

坎杜堆核电厂数字控制系统是由直接控制数字计算机、输入输出设备、驱动部件以及控制软件组成。系统主要包括：核反应堆功率控制系统、热传输压力和装量控制系统、蒸汽发生器压力和液位控制系统、机组负荷控制系统和汽轮机控制系统，另外还有不停堆换料机控制系统和慢化剂温度控制系统等，如图 8-6 所示。

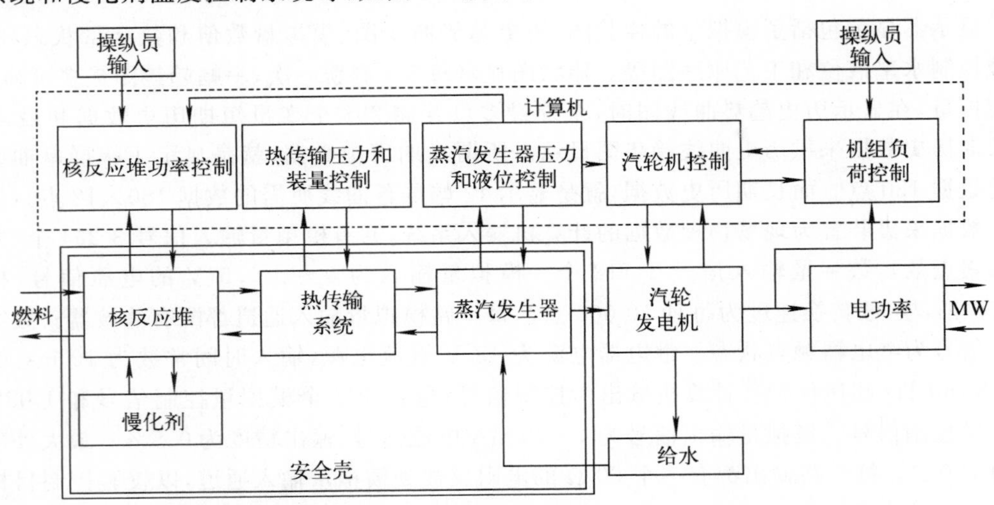

图 8-6 坎杜堆核电厂数字控制系统方框图

核反应堆功率控制系统是通过控制液体区域控制吸收体、调节棒、机械控制吸收棒以及慢化剂自动毒物添加系统等反应性控制装置实现核反应堆的启动、运行、功率控制和停闭等。控制系统的输入量有核反应堆功率测量值和设定值。功率设定值既可以由蒸汽发生器二次侧压力确定，也可以由操纵员通过计算机键盘输入。

热传输压力和装量控制系统在正常运行和可能的瞬态工况下，能维持一回路压力在某一限定范围内。它控制从稳压器中排出重水蒸气的流量可使压力下降；控制稳压器电加热器加热稳压器中的重水使其汽化导致压力上升。热传输系统的冷却剂装量是通过控制从热传输系统下泄的重水流量和上充到热传输系统的重水流量而实现的。在正常运行情况下，控制稳压器液位在设定值上。

蒸汽发生器压力和液位控制系统，通过调节核反应堆功率设定值或者调节核电厂负荷（包括汽轮机负荷、凝汽器蒸汽排放和大气蒸汽排放）而控制蒸汽发生器压力，也可以控制热传输系统的升温和降温。通过控制蒸汽发生器的两个流通能力大的给水调节阀和一个流通能力很小的启动阀，实现蒸汽发生器液位控制。蒸汽发生器液位设定值是核反应堆功率的函数。

汽轮机控制系统控制汽轮机提速并且校准速度，也具有对汽轮发电机组进行宽范围的监测功能。

机组负荷控制系统根据操纵员的设定值改变汽轮机负荷，或者通过远程负荷控制中心改变汽轮机负荷，能维持所要求的汽轮机负荷。它也监测汽轮机的重要参数，监测电力输出的频率和电压。

8.2.2　坎杜堆核电厂计算机控制软件

坎杜堆核电厂计算机控制系统的主要功能是实现核电厂的实时控制以及其他功能。计算机有两个工作模式，即在线模式和离线模式。计算机软件是由在线实时操作系统软件、功能程序、离线程序生成软件以及离线硬件诊断程序组成。

1. *在线实时操作系统*

计算机是在在线实时操作系统平台上执行相应的功能程序和其他程序而完成它所具有的全部功能。在线实时操作系统的主要功能是响应计算机系统运行过程中各种不同优先级别的中断请求和调用各种子程序的服务，以保证核电厂计算机系统的直接数字控制等功能。在机组控制过程中，每一个功能程序执行一个或更多计算机所要求的功能。这些功能包含核反应堆、热传输系统、换料机等系统的直接数字控制、报警、数据记录和图形显示等。另外还包括有服务子程序以支持所有功能程序。服务子程序的功能包括处理所有的输入/输出请求、标准数据转换和功能程序要求的其他请求等。

在线实时操作系统用于调度所有程序的执行和检查其正常运行。可编程实时钟能通过编程实现从 100 μs 到 410 ms 的时间间隔的中断，基本实时钟的周期定为 10 ms。在线实时操作系统按如下的由高到低的优先级别顺序调度程序。

(1) 检测计算机硬件出错和系统再启动程序　计算机的硬件错误是以中断形式通知系统的。这些中断为：①企图非法读写内部存储器；②内部存储器奇偶校验错；③失电；④监控器超时。

除了企图非法读写内部存储器中断外，其他中断的产生都将导致系统的重新启动。系统重新启动要完成：①把外部存储器的程序和数据载入内部存储器；②复位所有设备和未响应的中断；③以初始状态开始所有功能程序。

禁止任何一台计算机在 5 min 内作第二次启动。

(2) 输入/输出中断管理程序　输入/输出中断管理程序是管理计算机系统的输入/输出，由一个输入/输出中断的产生而被调用。其主要任务是完成：①数据的输入/输出；②检查硬件错误；③检查数据的有效性；④输入/输出完成时，通知调用者或操作系统。

输入/输出中断包括模拟量、数字量、触点扫描仪、键盘和打印机等。

(3) 检查驻留在内部存储器和外部存储器程序执行时间的程序　本程序是通过一个计数器管理来检查驻留内部存储器和外部存储器程序的执行时间。当程序正常结束时，计数器被复位。如果计数器结束而产生中断，则认为出错，程序和计数器被重新执行。再次出错，程序被关闭和给出出错信息，并将程序转移到另一台计算机上执行。

(4) 驻留内部存储器的程序　驻留内部存储器的程序一般是调用周期小于 2 s 的程序。

(5) 驻留外部存储器的程序　驻留外部存储器的程序是一些调用周期大于等于2 s的程序或随机调用的程序。执行时被调入内部存储器。

(6) 时间校验程序　时间校验程序是由一个计数器以 0.5 s 的周期调用。主要执行：①检查计算机盘上功能程序的开关状态，周期性执行功能程序或关闭功能程序；②检查周期性执行程序是否在指定周期内执行；③如果程序被关闭，程序转移到另一台计算机上执行。

(7) 后台程序　后台程序的主要任务是：①循环执行一系列检查和调度任务；②接受输入/输出的请求，当请求满足时，启动输入/输出；③执行将程序调入覆盖区和禁止其他程序使用覆盖区；④指示运行正常等。

2. 功能程序

功能程序是应用软件的核心程序，完成正常、异常工况下的全部控制、报警、显示、数据记录以及人-机交互等功能。

(1) 输入/输出功能程序

①模拟量输入程序完成模拟量输入、标度转换、模拟量输入值被保存或记录、限值比较和超限值记录以及模拟量有效性检查等功能；②模拟量输出程序完成模拟量输出、标度转换、模拟量输出值被保存或记录等功能；③数字量输入程序完成数字量输入、状态变化被保存或记录等功能；④数字量输出程序完成数字量输出、输出状态被保存或记录等功能。数据的输入是由数据采集系统完成的，输出是由控制系统完成的。输入/输出功能也包括了换料机控制系统的数据输入/输出。

(2) 控制功能程序

①核反应堆功率控制程序　控制核反应堆的反应性控制装置以维持核反应堆的功率水平在给定功率水平上；②热传输压力和装量控制程序　在正常运行和可能的瞬态工况下，维持一回路压力和冷却剂装量在某一限定范围内；③蒸汽发生器压力控制程序　由改变核反应堆功率设定值而控制蒸汽发生器压力，或者由调节核电厂负荷而控制蒸汽发生器压力。④蒸汽发生器液位控制程序　通过调节蒸汽发生器的给水调节阀开度对其液位进行控制；⑤汽轮机控制程序　控制汽轮机提速并且校准速度，也有对汽轮发电机组进行宽范围的监测功能；⑥汽轮机监测程序　作为汽轮机控制程序的辅助程序可监测汽轮发电机和各种子系统的状态；⑦机组负荷控制程序　根据操纵员的设定值改变汽轮机负荷，或者通过远程负荷控制中心改变汽轮机负荷，维持所要求的汽轮机负荷，机组负荷控制程序也监测汽轮机的重要参数；⑧慢化剂温度控制程序　通过调节慢化剂热交换器的供水调节阀使排管容器出口的慢化剂温度维持在设定值上；⑨自检程序　检查模拟量和数字量的输入/输出；⑩换料机和燃料输运系统控制程序　为燃料装卸系统提供顺序控制和直接数字控制；⑪中子注量率测绘程序　用来自 102 个钒中子注量率探测器的信号计算 14 个区域的中子注量率平均值。程序还计算核反应堆所有的三维栅格的约 500 个中子注量率点，并打印输出。虽然该程序最初为数据记录程序，但在此描述它是因为当中子注量率峰值被检测到时它就影响核反应堆控制，并且计算液体区域控制微分校准因子供核反应堆功率控制程序使用。它也提供中子注量率高信号给核反应堆功率控制程序的控制棒下插逻辑；⑫汽轮机发电机控制和监测程序。上述控制程序大部分都是驻留在两台计算机中，只有换料机控制程序仅驻留在

热备用计算机。

(3) 报警功能程序

报警功能是将所有过程和系统异常信息保存和显示的功能。报警程序处理内容包括：①模拟量输入报警：监视所有模拟量的输入，对那些不合理的、超越设定值的模拟量发出报警信号；②数字量输入报警：监视所有的数字量输入，然后发送那些状态变化的数字量；③燃料通道出口温度报警：监视每一个燃料通道的出口温度，当某一个燃料通道温度测量值不合理或者与相邻燃料通道的平均温度差超出设定值时发出报警信号；④控制程序报警：通过对每个控制程序的检查，若发现数字量和模拟量的输入错误或不一致的输入时发出报警信号；⑤扫描触点报警：提供所有通过计算机的触点扫描仪输入状态变化的公布。

计算机系统配置了两台专用CRT显示报警信息。报警信息包括报警发生时间和变量名等。报警优先级处理将核电厂的所有报警信号分为重要报警和次要报警。例如核反应堆停堆、核反应堆线性降功率、核反应堆阶跃降功率及汽轮机脱扣都为重要报警信号。

(4) 人-机交互功能程序

人-机交互设备由显示器及其功能键盘组成友好的人-机界面。显示器与功能键盘在人-机交互功能程序的运行下实现人-机交互功能。通过它能输入数值到核电厂控制系统、改变设定值或报警限值等。

(5) 数据记录功能程序

数据记录功能程序是打印供长期使用和即时使用的模拟量和数字量信息。长期记录是每小时准点的模拟量和数字量信息作为一个记录，然后8 h打印一次这些记录。即时记录是当操纵员通过键盘请求时，打印模拟量和数字量信息的当前值的记录或者8 h的记录。

3. 离线功能程序生成软件

离线功能程序生成软件能够产生和修改功能程序和数据文件。它激活一个程序生成软件来开发新程序并将该程序传送到控制计算机的内存进行测试和调试。在实时操作系统的控制下，可以执行所开发的程序。

4. 离线硬件诊断程序

离线硬件诊断程序被用来考验和检验设备，尽可能地按类别隔离故障和定位故障。计算机系统有一个完整的硬件故障诊断程序，它是通过PC机上载到计算机的内存。诊断程序完成CPU、内存、输入输出、外设、中断系统和显示系统诊断等。

8.3 核电厂的集散型计算机控制

由于核电厂的规模庞大、系统复杂、不同系统又相对分散，而且管理高度集中在主控制室，同时要求核电厂控制系统具有高可靠性、结构灵活和易操作等特点，所以集散型计算机控制系统是实现核电厂综合控制的理想方案。本节将简要介绍压水堆核电厂集散型计算机控制系统。

8.3.1 核电厂集散型计算机控制系统的组成

某压水堆核电厂采用的数字化仪表与控制系统是一个核电厂集散型计算机控制的典型

例子。它是由正常运行仪表与控制系统(TELEPERM XP,或简称为 TXP)和安全仪表与控制系统(TELEPERM XS,或简称为 TXS)组成的,完成核电厂的全部数字化监测与控制任务。核电厂集散型计算机控制系统的结构如图 8-7 所示。正常运行仪表与控制系统完成非安全级要求的监测、数据处理和自动控制任务。该系统包含所有必要操作、监督、自动化、监测以及存档的设备。通过显示屏可对核电厂过程进行监测和控制。安全仪表与控制系统能满足所有核电厂对于安全仪表与控制系统的要求。它具有事故保护和控制的自动功能,完成安全级和安全相关级的高可靠性的监测、控制和保护任务。其典型的应用包括核反应堆紧急停堆、专设安全设施的驱动(如应急堆芯冷却和余热排出)等。数字化安全仪表与控制系统已被应用于十几座不同类型的核电厂中,包括压水堆和沸水堆核电厂等。

正常运行仪表与控制系统和安全仪表与控制系统是开放式系统,可以方便地进行系统扩展,也可以与其他类型的自动控制系统相连。核电厂数字化仪表与控制系统的数据通信是通过高速数据网络实现的,包括工业以太网和现场总线两种类型的网络。安全仪表与控制系统和正常运行仪表与控制系统之间是通过网关连起来的。

图 8-7 中,监督与控制层级、通信层级 1、处理层级、通信层级 2、自动化层级、单个控制层级和现场层级 7 个层级为核电厂数字化仪表与控制系统根据各部分的功能进行的分级。有的核电厂分为 3 个层级,即 0 层级(现场层级)、1 层级(单个控制层级和自动化层级)和 2 层级(处理层级、通信层级和监督与控制层级)。

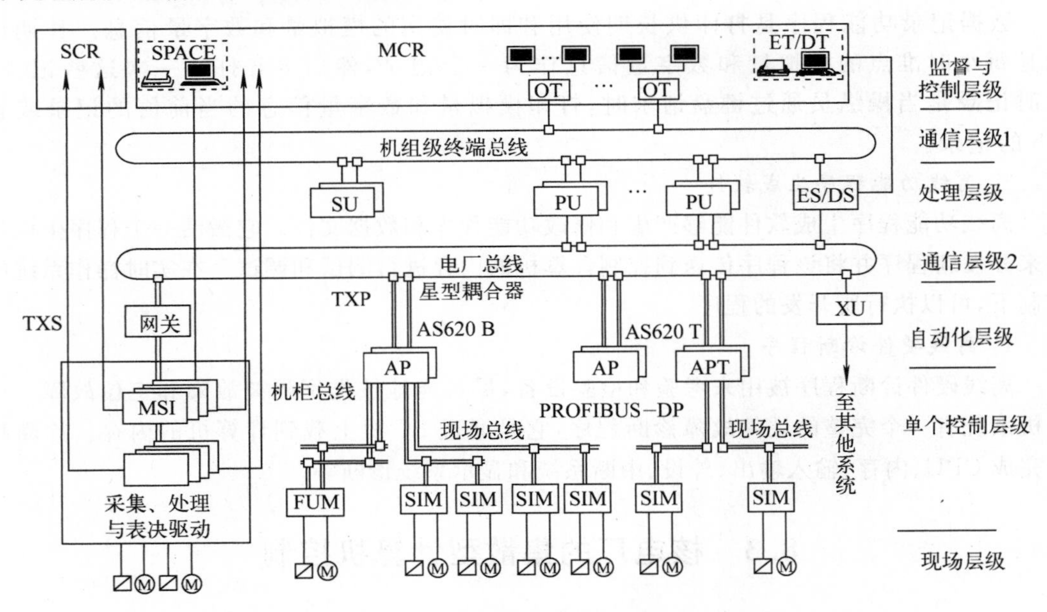

图 8-7 核电厂集散型计算机控制系统结构方框图

AP—自动处理器;APT—汽轮机自动处理器;DS—诊断系统工作站;DT—诊断系统工程师终端;
ES—工程设计与调试系统工作站;ET—工程设计与调试系统的工程师终端;FUM—功能模件;
MSI—监测与服务接口计算机;OT—操纵员终端;PU—数据处理器;SIM—信号模件;
SPACE—安全仪表与控制系统的工程设计与调试系统;SU—数据存储器;
SCR—备用控制室;MCR—主控制室;XU—与其他网络的连接装置

8.3.2　正常运行仪表与控制系统

正常运行仪表与控制系统由自动化系统(AS620)、操作与监测系统(OM690)和工程设计与调试系统(ES680)以及网络总线系统等组成,如图 8-11 所示。

1. 自动化系统

自动化系统执行组控制和单项控制任务。它获取从现场过程或设备采集到的测量值和状态参量,完成开环和闭环控制,并把产生的命令送往现场。自动化系统也是 TXP 系统与过程的接口,它将操作和监测系统所需信息从现场传送到操作及监视系统,并把操作与监测系统所发出的命令传送给现场。自动化系统根据不同的应用功能可分为 3 种不同的类型:基本型自动化系统(AS620B),主要执行从辅助设备保护到机组协调控制装置的各项自动化控制任务。汽轮机快速控制型自动化系统(AS620T),用于执行快速汽轮机闭环控制任务。核电厂辅助仪表与控制系统,用于核电厂一些子系统。由于功能上有一定的独立性,因而需要独立的完成过程监测和控制。图 8-8 给出了自动化系统的结构。

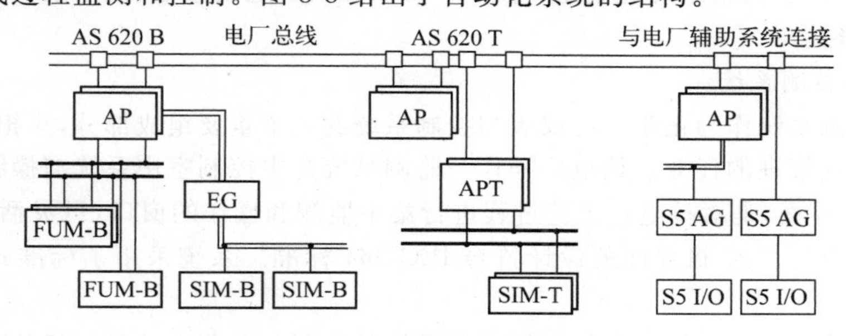

图 8-8　自动化系统的结构方框图

FUM-B—用于基本系统的功能模件;EG—扩展单元;

SIM-B—用于基本系统的信号模件;SIM-T—用于汽轮机控制系统的信号模件;

S5 AG—自动控制器;S5 I/O—输入/输出单元

(1) 基本型自动化系统　用于核电厂中非安全级过程的监测与控制,主要实现机组的协调控制、顺序控制及信息系统等功能。它接收现场和控制台的指令,进行处理和逻辑判断,并进行相应的过程控制。基本型自动化系统的核心是自动处理器(AP)。一个带有 CPU 948R 的 AG S5-155H 可编程逻辑控制器构成了自动处理器的硬件基础。自动处理器执行应用软件实现核电厂中的开环控制、闭环控制以及保护的自动控制等功能。这些软件功能块存放在一个库内。工程设计与调试系统以图形方式完成功能图的逻辑连接调用这些功能块,生成系统的自动控制程序代码。基本型自动化系统的通信处理器将自动处理器与电厂总线相连。通过这种方式,自动处理器之间可以进行通信,而且还可以实现自动处理器与上级过程控制装置之间的通信。

基本型自动化系统有功能模件和信号模件两种模件。功能模件被安装在机柜总线的电子机柜中构成集中结构,通过机柜总线与自动处理器连接;信号模件被安装在现场分站机柜中构成分散结构,通过现场总线(PROFIBUS)实现分站与分站之间的相互连接以及分站与自动处理器之间的连接,如图 8-8 所示。集中结构和分散结构各有优缺点,通常是把两种结构融为一体,为用户提供不同的设计方案。

(2) 汽轮机快速控制型自动化系统　是为汽轮机和发电机的闭环控制设计的。其特点是通过极短的响应时间和处理周期，保证汽轮发电机的快速闭环控制。汽轮机的开环控制和保护功能由基本型自动化系统完成。汽轮机快速控制型自动化系统由汽轮机自动处理器(APT)和具有信号模件的现场分站组成，如图 8-8 所示。汽轮机自动处理器极短的响应时间和极快的处理速度保证了最快的闭环控制处理。汽轮机自动处理器通过通信处理器与电厂总线相连接。和操作与监测系统、基本型自动化系统以及其他系统的数据通信是通过自动处理器实现的。为了最大限度地提高可使用率，汽轮机自动处理器被设计成为双重冗余结构，采用两个相同的闭环控制器，其中一个为主控制器，另一个为备用控制器，并处于热备用状态。如果主控制器发生故障，则由监视装置将控制作用由主控制器切换至热备用控制器。

(3) 辅助仪表与控制系统　独立地完成核电厂中其功能上有一定独立性的一些子系统的过程监测和控制。自动处理器是辅助件的首端站。各辅助仪表与控制系统都是通过自动处理器连接到 TXP 过程控制系统的，如图 8-8 所示。这个连接就使辅助仪表与控制系统的各组件受 TXP 过程控制系统的监测和控制。可以完成二进制数值、模拟数值以及状态和命令等数据的传输。

2. 操作与监测系统

操作与监测系统作为正常运行仪表与控制系统的一个重要组成部分，承担过程控制、过程信息以及过程管理的任务。核电厂操作与监测系统是主控制室中系统与操纵员之间的功能强大的人-机界面，是对核电厂工艺过程进行集中监测和操作的窗口，可灵活组态，适用于各种规模的核电厂。人-机界面的设计符合 IEC 964 标准。系统采用了标准式模件设计和开放式结构。

核电厂操作与监测系统执行核电厂工艺系统的控制和监测以及显示任务。为了适应仪表与控制系统静态的和动态的要求(组态、处理、速度和主控制室设计)，操作与监测的功能被分散到数据处理器(PU)、数据存储器(SU)和操纵员操作终端(OT)三部分，如图 8-9 所示。

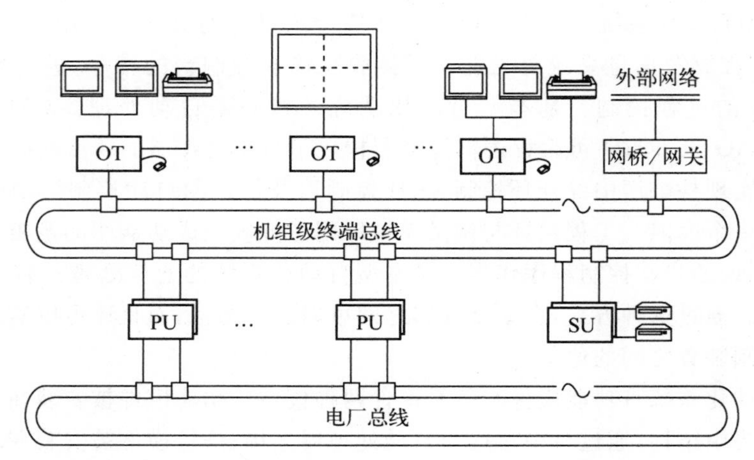

图 8-9　核电厂操作与监测系统方框图

OT—操纵员终端；PU—数据处理器；SU—数据存储器

数据处理器的任务是过程信息功能的处理、执行计算和为操作终端提供动态信息等。它用于对机组的实时操作命令和实时过程的处理。一般配置两对冗余的数据处理器，可以处理大约9 000多个现场I/O点。数据存储器的任务是在数据库内存储数据，为人-机界面功能和全网报表功能提供信息。操作终端的任务是显示所有核电厂画面并完成对核电厂的操作。人-机界面功能的程序包均存于操作终端计算机中。每个操作终端都带有4个CRT的功能，可以包含整个机组操作和监视功能。若一台机组配置多台操作终端，则意味着具有多重冗余。也可以配置大屏幕终端，该大屏幕可以显示一幅巨大画面，也可以同时显示4幅不同的CRT画面。大屏幕技术对现场的调试和运行带来了方便，为机组的安全运行提供了可靠的监控手段。通过终端总线，操作终端能访问所有短期或长期的存档数据，因此可执行全厂的操作和监视任务。将操作终端与过程处理和数据存储器从工作区域上分开，可实现主控制室的灵活设计。整个核电厂的所有表示法和操作选项对每一个监视器都是可用的，所以在每一个终端上可对全厂的情况进行监视及操作。

操作与监测系统还可用于多机组核电厂的集中过程控制及过程信息处理，即从控制中心对几台机组进行集中操作、监视和信息归档。其中一种方案是用全厂级终端总线进行多机组运行，全厂级控制室管理其机组级控制室。

操作与监测系统的工艺信息显示和记录功能主要包括：①分层级显示可直接引导操纵员到事件的原因，实现在线显示层级自由导航；②核电厂显示；③工艺信息显示，包括曲线显示、棒状显示和动态特性显示等；④操作、指示和详细情况窗口；⑤动态功能图；⑥实况视频显示；⑦报警显示；⑧报警/事件记录、运行记录和状态记录等。

根据机组的实际需要，可以配置若干台不同类型的打印输出设备，以确保机组数据的长期有效管理和存档。

3. 工程设计与调试系统

工程设计与调试系统是正常运行仪表与控制系统的一个组成部分，是该系统的组态系统。它是由功能图编辑器、人-机界面编辑器以及程序代码生成器等组成。功能图编辑器用于建立TXP系统的自动逻辑、计算、记录和硬件的组态；人-机界面编辑器用于创建操作与监测画面；程序代码生成器产生应用程序代码。

使用工程设计与调试系统进行自动化系统、操作与监测系统、总线系统必要的硬件和软件的组态，如图8-10所示。图中拓扑结构图、机柜布置图和模件布置图为自动化系统的硬件描述，功能图为系统的软件功能描述，通过布置图和功能图可以自动产生程序代码和接线图。通过过程控制、过程信息和过程管理的描述图产生操作与监测系统的程序代码。产生的程序代码可上载到相应的计算机单元中并被执行。

工程设计与调试系统是一个由数据库支持的全图形系统。采用国际上成熟的标准化软件，如UNIX操作系统和关系数据库。工程设计与调试系统提供了连贯的前向工程设计，如基础设计、详细设计、调试、修改和升级以及系统的维护都是通过工程设计与调试系统实现的。正常运行仪表与控制系统的所有子系统都必须被组态。从执行机构、传感器的设计任务定义直到自动控制系统功能的组态都是通过工程设计与调试系统实现的。

工程设计面向工艺过程，不需要关于自动控制系统软件设计的专门知识。用户可在基础设计、详细设计、调试和维护中使用同一个工具。强大的导航功能可以引导工程师快速获得有关自动控制系统任务的信息，一旦出现故障，它便可迅速查清故障点及其原因。

正常运行仪表与控制系统除了上述系统以外，还有诊断系统和调试工具。诊断系统为

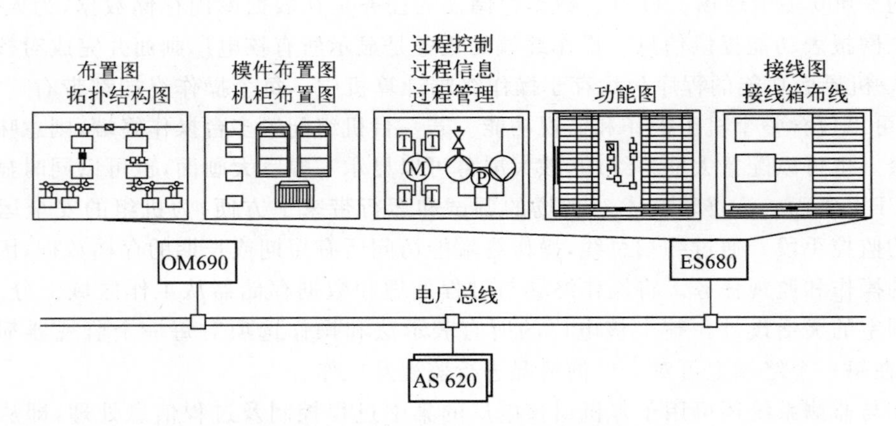

图 8-10　工程设计与调试系统方框图

OM690—操作与监测系统;AS620—自动化系统;ES680—工程设计与调试系统

自动控制系统维护人员提供有关的信息和诊断功能,并使维护人员详细地对系统的故障作出判断和分析。诊断系统由 PC 机或服务器及应用软件包组成,诊断软件为模块化结构,其功能分块装入一个客户机或服务器系统。调试工具是专门用于调试和维修的工具,它并不介入过程控制、过程信息、组态以及参数化。

8.3.3　安全仪表与控制系统

安全仪表与控制系统由核反应堆仪表与控制系统、安全仪表与控制系统的工程设计与调试系统(SPACE)以及操纵员操作和信息显示系统组成,如图 8-11 所示。核反应堆仪表与控制系统完成所有安全仪表与控制功能,对核电厂安全重要参数进行监测和处理,并产生紧急停堆和驱动专设安全设施信号,以确保在运行中和事故后核反应堆和核电厂的安全。工程设计与调试系统是专门为安全仪表与控制系统的工程设计、调试和维护而设计的。它是一个基于数据库面向对象的图形工具系统,对安全仪表与控制系统的全部功能进行硬件和软件的组态。操纵员操作和信息显示系统是操纵员与核电厂安全仪表与控制系统之间的接口。它包括了服务器、操作终端、数据存储和记录设备以及必要的操作按钮等。

安全仪表与控制系统结构设计采用了冗余概念和基本计算机单元。基本计算机单元有:服务器、数据采集计算机、处理计算机、表决与驱动计算机、监测与服务接口(MSI)计算机以及网关计算机等。主控制室和备用控制室的操作盘台以及现场自动化仪表也是系统的主要组成部分。主控制室操作盘台是通过主控制室监测计算机和监测与服务接口计算机相连接的,以实现对核电厂的监测与控制。服务器和工程设计与调试系统终端也放置在主控制室,利用工程设计与调试系统终端可对 TXS 系统进行组态和调试等。另一部分控制盘台是被放置在备用控制室,通过备用控制室监测计算机和监测与服务接口计算机相连接。

1. *核反应堆仪表与控制系统*

核反应堆仪表与控制系统主要承担与安全有关的测量和控制以及核反应堆和核电厂保护功能。它选用了四重冗余三级结构,包括数据采集计算机、处理计算机和表决与驱动计算

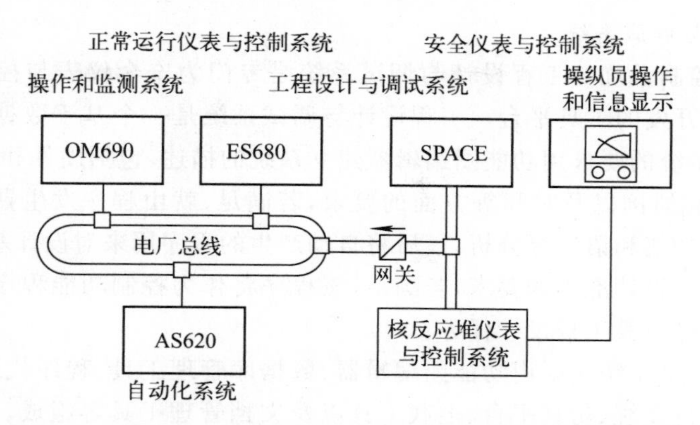

图 8-11　正常运行仪表与控制系统与安全仪表与控制系统连接方框图

OM690—操作与监测系统；ES680—工程设计与调试系统；

AS620—自动化系统；SPACE—安全仪表与控制系统的工程设计与调试系统

机，如图 8-12 所示。过程变量是通过独立的采集计算机采集，然后传输到 4 个相互独立的处理计算机。处理模块执行适当算法对数据进行处理。当有系统状态参数偏离正常运行范围时，给出相应的报警和驱动保护动作的信号。这些信号能否形成使控制棒快速落入堆芯导致紧急停堆或者使专设安全设施启动的命令，主要取决于 4 个表决与驱动计算机的逻辑运算和表决结果。安全仪表与控制系统为四取二符合逻辑。如果停堆的符合逻辑成立，则输出紧急停堆命令驱动停堆断路器断开实现紧急停堆；如果启动专设安全设施投入的符合逻辑成立，则输出驱动专设安全设施的命令到驱动机构启动相应的设备进入工作状态。

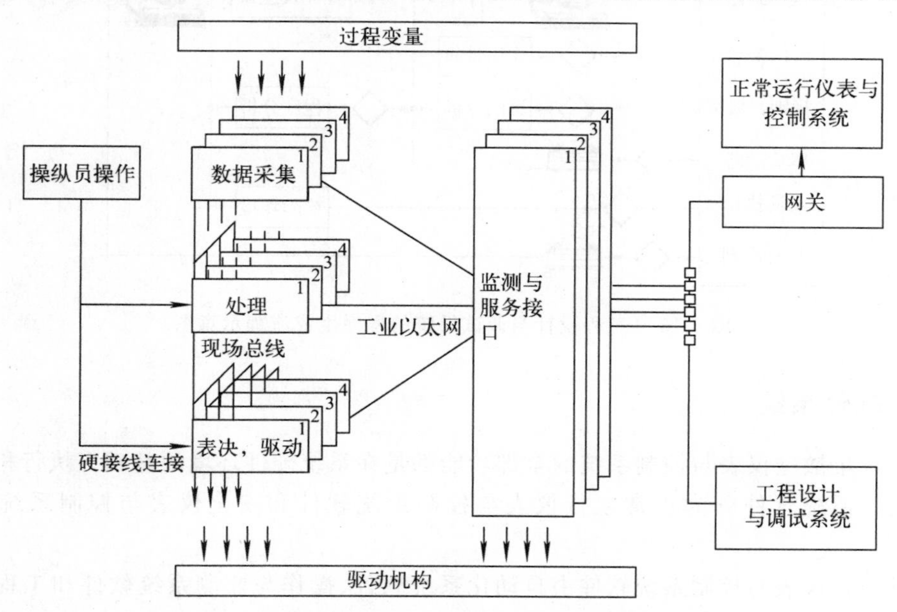

图 8-12　核反应堆仪表与控制系统方框图

数据采集计算机、处理计算机和表决与驱动计算机是通过工业以太网分别和监测与服务接口计算机相连接并实现数据通信。数据采集计算机、处理计算机和表决与驱动计算机之间的连接和通信是通过现场总线实现的。

2. 工程设计与调试系统

安全仪表与控制系统的工程设计与调试系统是专门为安全仪表与控制系统的工程设计、调试和维护而开发的工具平台。工程设计与调试系统是一个基于数据库的全图形工具系统。根据工艺系统的要求用功能图编辑器建立系统的描述，包括硬件和软件，检验系统是否满足各种规则和惯例以及时间等方面的要求，若满足，就由程序发生器自动产生程序代码，并对程序进行功能和语法等分析，最后将自动产生的程序用来对设计基准事故进行仿真计算，验证是否满足设计准则的要求，若满足，该程序将作为控制功能程序上载给核反应堆仪表与控制系统，完成其工程设计任务。

工程设计与调试系统主要由功能图编辑器、数据库管理工具、程序代码发生器、编译链接工具、验证与确认系统、仿真平台、上载工具以及文档管理工具等组成。工程设计与调试系统具有如下具体功能：①仪表与控制系统硬件和软件组态的描述；②正式设计(功能图和结构图)的建立和确认；③自动程序代码生成；④编译链接生成目标程序；⑤生成程序的验证与确认；⑥上载软件到目标系统上；⑦目标系统仪表与控制功能的检验。

工程设计与调试系统的程序生成流程如图 8-13 所示。

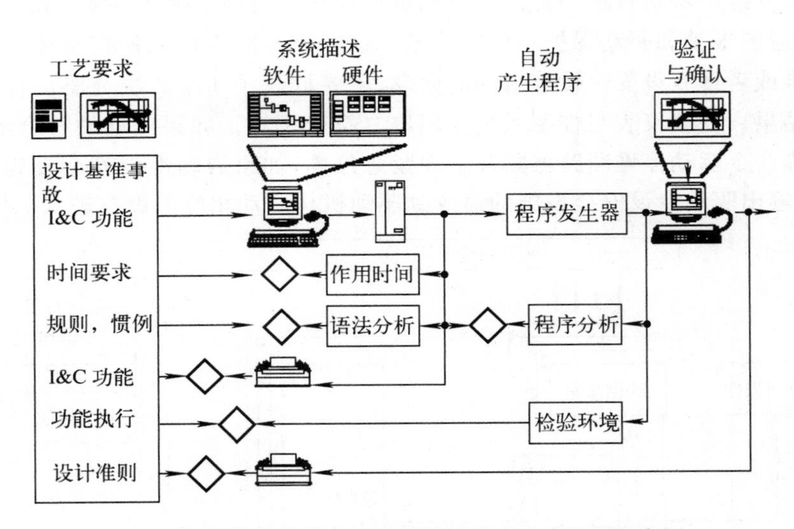

图 8-13　工程设计与调试系统的程序生成流程示意图

8.3.4　软件系统

核电厂集散型仪表与控制系统的全部功能都是在系统硬件环境的基础上执行相应的软件实现的。系统软件分为正常运行仪表与控制系统软件和安全仪表与控制系统软件两部分。

正常运行仪表与控制系统软件由自动化系统软件、操作与监测系统软件和工程设计与调试系统软件等组成。软件包括操作系统软件、运行环境软件和应用软件。自动化系统软件由系统软件、用户程序、在线修改、功能模块和自检程序等组成，完成核电厂的自动控制和保护任务。系统软件对于专门的自动任务是独立的，并且在所有的自动处理器中是相同的。用户程序完成核电厂的自动任务包括测量、开环控制、闭环控制和保护等。功能块能够被工程设计与调试系统用来组态成复杂的自动系统程序。操作与监测系统中的各种应用软件可以一起组态,相应的功能包含在过程控制、过程信息和过程管理这3个软件包中。过程控制、过程信息和过程管理的执行由操作与监测系统的各种基本功能支持,这些基本功能以操作系统、目标管理器以及基础软件的形式安装于每一个数据处理器、存储器和操作终端计算机之中。工程设计与调试系统是一个由数据库支持的全图形系统。采用国际上成熟的标准化软件,如UNIX操作系统和关系数据库等。

安全仪表与控制系统软件可分为离线软件和在线软件两种。离线软件服务于工程组态、检验、评价、实验和维护等,它在服务单元或计算机网络上运行。在线软件被分为应用软件、运行软件和操作系统软件。应用软件是由工程设计与调试系统根据功能图,从功能块库中取出相应的功能块组合起来产生的。它在计算机上运行执行仪表与控制功能、通信功能以及在核电厂运行期间的直接在线自检等功能。

8.3.5 核电厂集散型控制总线系统

1. 通信网络概述

数据通信是集散控制系统的重要组成部分。对数据通信的要求是可靠性高、安全性好、实时响应快和对恶劣环境的适应性好等。计算机数据通信网络是利用通信线路和通信设备,把分布在不同厂区具备独立功能的多台计算机、终端及其辅助设备连接起来实现数据传输的一种网络。对于集散控制,由于网络资源共享,可以充分发挥各种资源的作用和特长,实现协调控制,提高系统的可靠性,降低系统投资。计算机通信网络由通信线路、通信控制处理机以及软件等组成。通信线路是数据传输高速通道的基础,也称为传输介质。现在工业局域网使用比较普遍的有双绞线、同轴电缆和光纤光缆。通信处理器位于通信线路和计算机之间,担负数据的发送、接收和差错控制等通信控制处理任务。

数据通信网络的拓扑结构是指网络中各个结点(站)之间的相互连接的形式,通常有总线型、环型、星型和树型等结构。总线型结构是集散控制系统中最常用和最成熟的一种拓扑结构。总线型结构是实行分散的控制策略,其结构灵活,易于扩展。由于采用无源传输总线,某个站的故障不会影响其他站的工作。

2. 通信网络协议

为了便于不同的生产场所、网上不同型号的计算机和设备共同遵守一个用于信息传递的人为约定,以实现正常通信和资源共享,就产生了网络通信协议。为了实现通信网络的标准化,国际标准化组织ISO公布了开放型系统互联(OSI)协议分层模型。OSI协议采用七层结构,每一层都具有相对独立的功能,且下层为上层提供服务,对等层间遵守共同协议。七层结构自下而上依次为物理层、数据链路层、网络层、传送层、会话层、表示层和应用层,如图8-14所示。在七层结构中,物理层和数据链路层是硬件和软件的结合,而其他较高层则是由软件实现的。物理层是通信网络上各设备之间的物理接口。它提供物理介质及其机械特性、电气特性、功能特性和过程特性等一些物理参数,如通信介质、传输速率和接插件规格等都在该层说明。常用的物理协议有RS-232和RS-422等。数据链路层是物理层的管理控制器,负责数据成帧、差错控制和介质访问控制等。

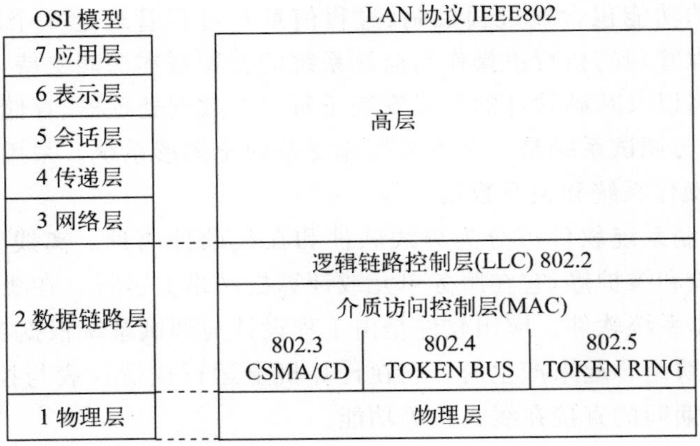

OSI 模型	LAN 协议 IEEE802		
7 应用层	高层		
6 表示层			
5 会话层			
4 传递层			
3 网络层			
2 数据链路层	逻辑链路控制层(LLC) 802.2		
	介质访问控制层(MAC)		
	802.3 CSMA/CD	802.4 TOKEN BUS	802.5 TOKEN RING
1 物理层	物理层		

图 8-14　OSI 多层结构和 LAN 协议

工业控制局域网络(LAN)多采用总线型和环型拓扑结构,没有中间交换结点,因此不需要选择路径。根据 IEEE 802 标准,LAN 协议参照了 OSI 模型的物理层和数据链路层,如图 8-14 所示。局域网络的物理层协议类似于一般网络的物理层,在发送或接收时对数据(信号)流进行编码或解码。对应数据链路层由逻辑链路控制层(LLC)和介质访问控制层(MAC)实现其相应功能。LLC 在发送时,把数据装配成带有站地址段、控制段、信息段和 CRC 校验段的帧,并提供给介质访问控制层的接口。在接收时,拆卸帧、执行站地址识别、CRC 校验,并把数据传送给上层。网络的访问控制是要解决网络通道上节点使用权问题。MAC 可采用三种访问控制方式:载波侦听多路访问/冲突(或碰撞)监测(CSMA/CD)、令牌总线控制(TOKEN BUS)和令牌环控制(TOKEN RING)技术。

载波侦听多路访问/冲突监测的竞争访问技术适用于总线型网络,挂在总线上的各站共享一条广播式传输线,每个站都是平等的,采用竞争方式发送信息到总线上。任何一个站可以随时随地广播报文或信息包,当某个站识别到报文上的接收站地址与本站相符时,便将报文接收下来。当两个或两个以上站同时发送信息时,就会发生冲突,造成报文作废。为了防止冲突,解决报文报废问题,发送站在发送报文前,先监听一下总线是否空闲,如果空闲则发送报文到总线上,这种方法可以看作是“先听后讲”。但是,尽管如此仍有可能发生冲突,因为从组织报文到报文在总线上的传输有段延时,在此期间可能有另一个站发送报文到总线上,而未被监听到,一旦发出报文就会与总线上的报文发生冲突。为解决这一问题,在发送报文开始的一段时间内,仍监听总线,采用“边听边讲”办法,把接收到的信息与自己发送的信息比较,若相同则继续发送,若不同则说明发生了报文冲突,立即停止发送报文,并发送一段简短的冲突标志。通常把这种“先听后讲”和“边听边讲”相结合的办法称为 CSMA/CD 技术。CSMA/CD 的控制策略归结为:竞争发送、广播式传输、载波侦听、冲突监测、冲突后退和再试发送。

3. 工业以太网

以太网(ETHERNET)是目前应用最广泛的一类局域网,属于基带总线局域网。选用以太网络适配器的工业控制网就称为工业以太网局域网。以太网网络由若干服务器和操作站组成。它采用双绞线、同轴电缆或光纤光缆作为传输介质。以无源电缆作为总线来传输数据帧，并以曾经在历史上表示传播电磁波的媒质——以太(Ether)来命名。所有的以太网都遵循IEEE 802.3标准。以太网局域网络适配器(实现LAN物理层和数据链路层的硬件接口)是由网络收发器、编码解码器和链路控制器三部分组成。

工业以太网的结构体系是基于CSMA/CD通信控制机制。以太网有如下特点：①以太网在逻辑上是一种总线型的拓扑结构；②网络上的所有计算机共享通信介质；③使用介质共享访问控制；④使用基带传输，数据传输速率为10～100 Mbps；⑤可以支持各种协议和计算机硬件平台；⑥网络成本低，被广泛使用。

4. 现场总线

现场总线(Fieldbus)是指安装在制造或过程区域的现场装置与控制室内的自动装置之间的数字式、串行、多点通信的数据总线，也是自动化领域中计算机通信系统中的低成本网络。现场总线被用于支持现场装置，实现传感器、变送器、控制器、监视器以及各装置之间通信等功能的通信网络。一条现场总线可为众多的可寻址现场设备实现多点连接、支持底层的现场智能设备与高层的系统利用公用传输介质交换信息。它属于最底层的网络系统，将传统DCS系统现场控制机的功能全部分散在各个网络节点处。现场智能仪表完成数据采集、数据处理、控制运算和数据输出等大部分现场功能，只有一些现场无法完成的高级控制功能才由上级主计算机完成。基于现场总线技术的控制系统被称为现场总线控制系统。

2003年4月国际标准化组织正式公布的第三版现场总线国际标准包含了10种类型的现场总线：TS61158现场总线、ControlNet和Ethernet/IP现场总线、PROFIBUS现场总线、P-NET现场总线、FF HSE现场总线、Swift-Net现场总线、WorldFIP现场总线、INTERBUS现场总线、FF H1现场总线以及PROFInet现场总线。

现场总线技术有如下特点：①数字化的信号传输；②开放式、资源共享、可集成性；③可靠性高、可维护性好；④低成本等。

现场总线通信协议则根据自身特点加以简化，采用了物理层、数据链路层和应用层，同时考虑到现场装置的控制功能和具体运用又增加了用户层，形成了现场总线通信协议的4层模型，如图8-15所示。

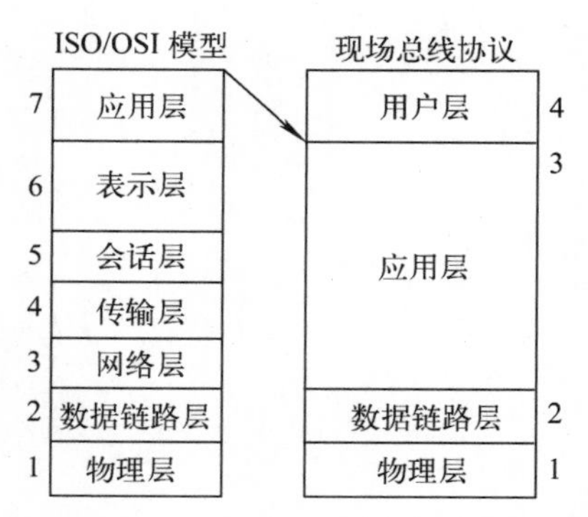

图8-15　现场总线的通信协议

5. 核电厂集散控制总线系统

某核电厂集散控制系统采用了SIMATIC NET通信总线系统，由电厂级终端总线(监控终端总线)、机组级终端总线、电厂总线和现场总线组成，如图8-7所示。该总线系统是一种符合国际标准，传输速度快、功能强的以太网和现场总线相结合的工业局域网络，担负过程控制系统中各组件之间的通信任务以及与其他外部系统的通信。与外部系统通信采用基于ISO/OSI的七层结构建立起来的通信协议。利用电厂级终端总线可监控多台机组。机组级终端总线用于操作终端与数据处理器、数据存储器、工程设计与调试系统工作站和诊断系统工作站之间的通信。电厂总线用于自动化系统、操作与监测系统、工程设计与调试系统和诊断系统之间的通信，并通过网关与安全仪表与控制系统实现通信。终端总线和电厂总线结构是由虚拟环形光缆与星型耦合器(或光链路模件、光开关模件)建立起来的工业以太网总线。它具有高度的可使用率和单一故障容错的特性。总线通信采用IEEE 802.3标准和

CSMA/CD通信控制机制。现场总线采用了PROFIBUS-DP总线系统。现场站设备之间和现场站设备到上一级自动控制系统的数据传输,安全仪表与控制系统的采集计算机、处理计算机和表决与驱动计算机之间以及冗余计算机通道之间的数据传输都是通过PROFIBUS总线实现的。现场总线还可选用冗余的配置,传输速率是1.5 Mbps。

习 题

8.1 试描述数字控制系统有哪些特点。

8.2 试绘制核电厂集散型计算机控制系统的简单结构方框图。

8.3 简单描述核电厂集散型数字化仪表与控制系统的功能和特点。

8.4 试回答安全仪表与控制系统的硬件组成。

8.5 试说明工业以太网总线与现场总线的特点。

8.6 试回答工程设计与调试系统的组成和功能。

第9章 先进压水堆核电厂控制

9.1 非能动先进压水堆核电厂控制

9.1.1 非能动先进压水堆核电厂概述

非能动先进压水堆(Advanced Passive PWR,AP1000)核电厂是美国西屋公司开发的第三代1 000 MW级非能动安全压水堆核电厂。它采用了成熟的技术,通过简化系统、减少设备,同时,采用非能动方式,简化了专设安全设施,减少了人员干预,显著提升了核电厂安全性和经济性,满足美国用户文件(URD)的有关要求。核反应堆内部事件的堆芯熔化频率为 5.08×10^{-7}/(堆·年),大规模放射性释放频率为 5.94×10^{-8}/(堆·年)。

非能动先进压水堆核电厂主要安全系统采用非能动设计,布置在安全壳内。它是一种先进的"非能动型压水堆核电技术",其最大的特点就是设计简练、易于操作,而且充分利用了诸多"非能动的安全体系",比传统的压水堆安全系统要简单、有效得多。所谓非能动安全系统就是利用重力、自然循环和贮能等方式,不需要专设动力源驱动来完成系统和安全功能执行的系统。由于采用了模块化建设技术,多头并进实施建设,使非能动先进压水堆核电厂的建设周期大大缩短至60个月,其中从浇注第一罐混凝土到装料只需36个月。这样既进一步提高了核电厂的安全性,同时也能显著降低核电机组建设以及长期运营的成本。采用堆顶测量技术,取消了核反应堆压力容器底部贯穿件。采用一体化堆顶结构,增强结构刚度,并减少大修换料操作时间。在设计上考虑了所有的严重事故现象,针对每一严重现象均采取了相应的缓解措施。安全壳采用外层为预应力混凝土,内层为钢板的双层结构。

非能动先进压水堆核电厂核反应堆采用了成熟的314堆型,并将三环路改为两环路,形成单堆布置两环路四进两出的核电机组。每个闭合环路都由两台核反应堆冷却剂泵、一台蒸汽发生器和相应的管道组成。核反应堆热功率为3 400 MW,上网电功率为1 090 MW,设计寿命为60年。

核反应堆堆芯采用157个燃料组件,燃料组件由264根燃料棒、24根控制棒导向管和1根中央测量管组成,排列成17×17方阵形式。燃料组件的有效燃料长度为426.7 cm,平均线功率密度为188 $W\cdot cm^{-1}$。从首炉堆芯开始就具备18个月的长燃料循环周期,具备不调硼负荷跟踪能力。

非能动先进压水堆堆芯的反应性是通过控制棒、可溶毒物和可燃毒物控制的。共有69束控制棒组件,包括53束黑体棒组件和16束灰体棒组件。黑体棒组件是由24根银-铟-镉(Ag-In-Cd)制成的中子吸收元件组成。灰体棒组件反应性价值较黑体棒低,由12根银-铟-镉制成的中子吸收元件和12根304不锈钢棒组成。

控制棒组件分为调节棒组和停堆棒组。调节棒组用于当核反应堆功率或温度改变时,补偿运行过程中的反应性变化。调节棒组分为M棒组和AO棒组。M棒组包括M1,M2,MA,MB,MC和MD棒组,其中M1和M2为黑体棒组,MA,MB,MC和MD为灰体棒组。M1和M2棒组用于堆芯功率控制,MA,MB,MC和MD棒组用于在30%FP以上功率运行工况的负荷跟踪控制。在整个功率运行范围内,机械补偿模式(MSHIM)利用MA,MB,MC,MD,M1和M2维持程序设定的冷却剂平均温度。AO为黑体棒组,用于轴向偏移控制以实现核反应堆功率分布控制。AO棒组由控制系统单独控制,可以在功率运行范围内维持一个几乎不变的轴向偏移,满足常轴向偏移控制(CAOC)的基本要求。停堆棒组均为黑体棒组,分为SD1,SD2,SD3和SD4共4组,用于核反应堆停堆。控制棒组件的分组见表9-1。控制棒组件在堆芯的布置如图9-1所示。

表 9-1　控制棒棒束组件分组

类别		棒组	棒束数目
调节棒组	MSHIM 灰体棒组	MA	4
		MB	4
		MC	4
		MD	4
	MSHIM 黑体棒组	M1	4
		M2	4,4
	AO 黑体棒组	AO	4,5
停堆棒组		SD1	4,4
		SD2	4,4
		SD3	4,4
		SD4	4,4
总数			69

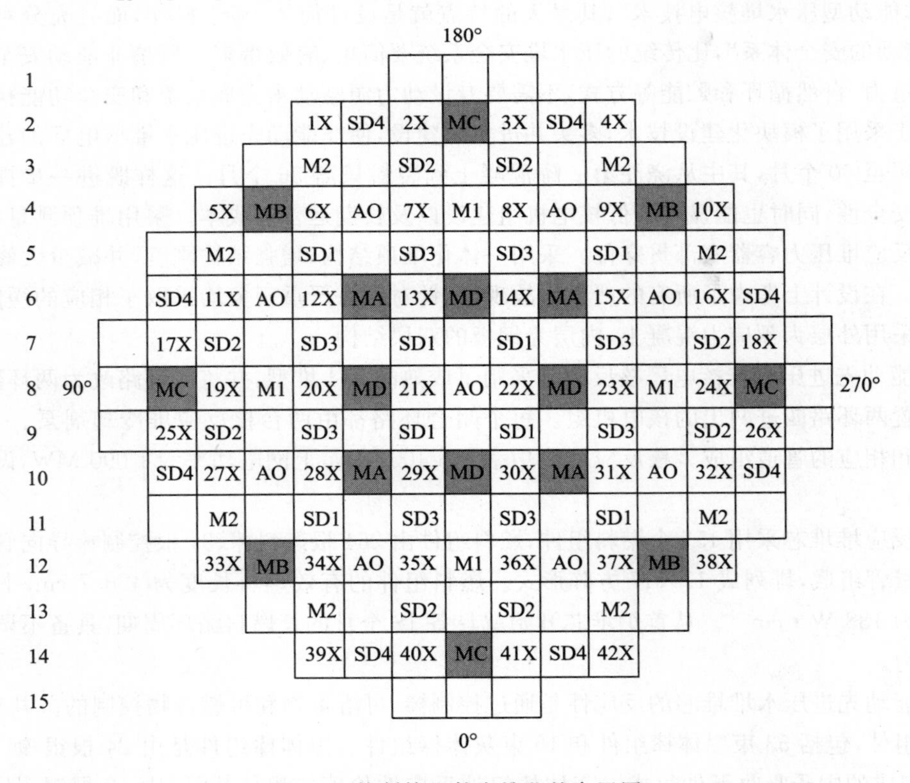

图 9-1　控制棒组件在堆芯的布置图

可溶毒物为核反应堆冷却剂中的硼，它以硼酸形式溶解在冷却剂中，用来改变堆芯反应性。可燃毒物可采用离散型或一体化型两种类型的可燃吸收材料，用以补偿燃料循环中的部分剩余反应性。离散型可燃吸收体一种是传统的硼硅酸盐玻璃制成的可燃毒物棒；另一种为通水环状可燃吸收体（WABA），即为环状、薄壁的含 B_4C 的氧化铝芯块。一体化燃料可燃吸收体（IFBA）一种是在燃料芯块表面涂有硼化锆（ZrB_2）覆层；另一种是 UO_2-Gd_2O_3 弥散体构成的燃料芯块。

非能动先进压水堆核电厂仪表与控制系统的主要特点可概括为：采用了非能动的专设安全系统，专设安全设施驱动系统的设计有很大变化；采用了数字化集散型仪表与控制系统；采用了快速降功率系统；核反应堆堆芯测量采用了自给能探测器；控制棒设置了功率分布控制棒组（即 AO 棒组）；核反应堆冷却剂系统采用了大容积的稳压器；采用了多样化驱动系统等。

9.1.2　非能动先进压水堆核电厂的控制系统

非能动先进压水堆核电厂控制系统的功能是建立核电厂运行状态，并将相应参数保持在预先设定的限值以内，以保证核电厂的安全性和经济性。主要系统包括核反应堆功率控制系统、快速降功率系统、稳压器压力和液位控制系统、蒸汽发生器液位控制系统（给水控制系统）以及蒸汽排放控制系统等。

在正常运行瞬态工况下，控制系统能够自动控制核电厂，无需手动干预也不会使相关参数到达保护或设备极限值。在发生某些预期的运行事件时，核电厂控制系统具有高可靠性，并满足以下设计要求：

(1) 功率在 25%FP～100%FP 之间，具有承受从初始功率阶跃下降 10%FP 的能力，功率在 15%FP～90%FP 之间，具有承受从初始功率阶跃上升 10%FP 的能力，而不引起核反应堆停堆或者蒸汽排放；

(2) 核电厂运行在 15%FP～100%FP 之间，能承受速率为 $5\%FP \cdot min^{-1}$ 的负荷线性变化，而不引起核反应堆停堆或者蒸汽排放，但受到堆芯功率分布的限制；

(3) 具有承受甩满负荷而不停堆的能力；

(4) 具有在满功率运行工况下汽轮机停机而不停堆的能力；

(5) 具有依据电网负荷跟踪图跟踪电网的日负荷循环（循环周期为 24 h）的能力；

(6) 满足在 10 min 内增加或减小 20%FP 功率的要求；

(7) 具有应付电网频率变化的能力。

1. 非能动先进压水堆功率控制系统

核反应堆功率控制系统由功率控制和轴向偏移控制两个子系统组成，并分别完成核反应堆功率控制和功率分布控制等功能。核反应堆功率控制系统能够使核电厂响应以下的负荷变化瞬态，而不会引起核反应堆停堆或蒸汽排放。

(1) ±10%FP 负荷阶跃变化；

(2) $\pm 5\%FP \cdot min^{-1}$ 负荷线性变化；

(3) 日负荷跟踪运行按以下的方式：

① 2 h 内，功率由 100%FP 线性降到 50%FP；

② 在 2～10 h 内，功率维持在 50%FP；

③ 2 h 内,功率由 50%FP 线性升到 100%FP;

④ 随后,在 24 h 循环周期内的剩余时间,功率维持在 100%FP。

(4)为响应电网频率变化,控制核反应堆使功率以 $2\%FP \cdot min^{-1}$ 的速率线性变化,功率最大改变量为 10%FP。

核反应堆功率运行控制模式包括负荷跟踪、负荷控制和基本负荷运行控制模式。核反应堆功率控制子系统控制 MA,MB,MC,MD,M1 和 M2 棒组;轴向偏移控制子系统控制 AO 棒组。

核电厂运行时,可将 MA,MB,MC 和 MD 灰体棒组进一步组合为 Mα,Mβ 和 Mγ,如表 9-2 所示。具体分组方案根据堆芯核运行最佳估计分析器确定。由表中可以看出一个燃料循环运行周期内的不同区段分组是不同的。M 棒组的插入和提升程序如图 9-2 所示。

表 9-2 灰体棒组组合方案表

组合后灰体棒组	运行循环周期的不同区段			
	1	2	3	4
Mα	MA+MB	MC+MD	MA+MB	MC+MD
Mβ	MC	MA	MD	MB
Mγ	MD	MB	MC	MA

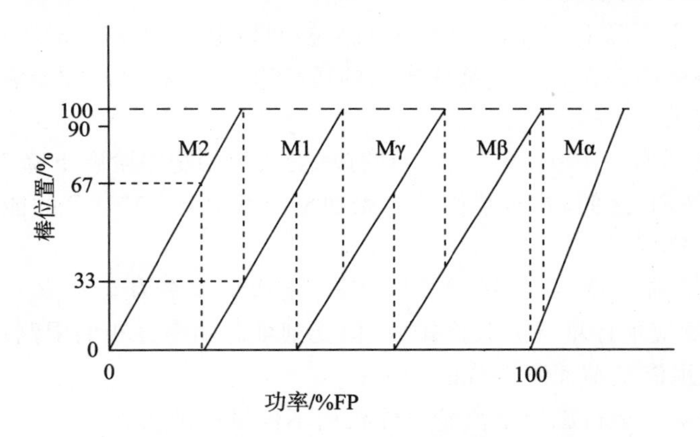

图 9-2 M 棒组的插入和提升程序图

由图 9-2 可以看出,M 棒组移动时,M2 和 M1,M1 和 Mγ,Mγ 和 Mβ 分别有 33%的重叠,Mβ 和 Mα 有 10%的重叠。核电厂在额定功率运行时,允许有一组灰体棒组 Mα 插入堆芯,而且当 Mα 棒组插入 100%时,Mβ 棒组插入 10%。灰体棒的反应性价值较小,不会过大影响核反应堆径向功率分布。

AP1000 核电厂用每天自动提升 Mα 棒组约 20 步替代每天的硼稀释操作,相当于每天稀释 4 μg/g 的硼。当 Mα 棒组全部抽出活性区时,进行硼稀释操作。

功率控制子系统通过调节 M 棒组在堆芯内的位置以改变核反应堆的功率,并将核反应堆冷却剂平均温度保持在程序冷却剂平均温度控制带内。在高功率和低功率分别采用不同的控制原理。

在高功率情况下,功率控制子系统的原理如图 9-3 所示。它由冷却剂平均温度定值通道、冷却剂平均温度测量通道和功率失配通道组成。核反应堆功率控制的被控制量是冷却剂平均温度 T_{av}。冷却剂平均温度定值通道依据冷却剂平均温度程序定值单元的特性曲线，由汽轮机冲动级压力（代表汽轮机负荷）产生冷却剂平均温度参考值 T_{ref}。它随汽轮机负荷由零功率到满功率线性增加，也称程序参考温度。冷却剂平均温度测量通道测得每条核反应堆冷却剂环路冷却剂平均温度，然后经高选器、超前/滞后单元和滤波器处理得到参与控制的冷却剂平均温度 T_{av}。功率失配通道的主要功能是对核反应堆的功率与汽轮机负荷的差值进行微分运算，得到偏差微分信号，然后与 T_{av} 和 T_{ref} 求和得到综合温度偏差。棒速程序控制单元将综合温度偏差信号作为输入产生 M 棒组移动信号，包括控制棒提升、插入和速度信号。棒速程序控制单元设有一个死区，当综合温度偏差信号处于死区范围内时，M 棒组不移动。当综合温度偏差大于死区范围时，M 棒组移动且速度与综合温度偏差信号大小成正比。M 棒组移动速度在 8～72 步 · min^{-1} 的范围内变化。手动控制时则按预定的固定速度移动一个棒组。

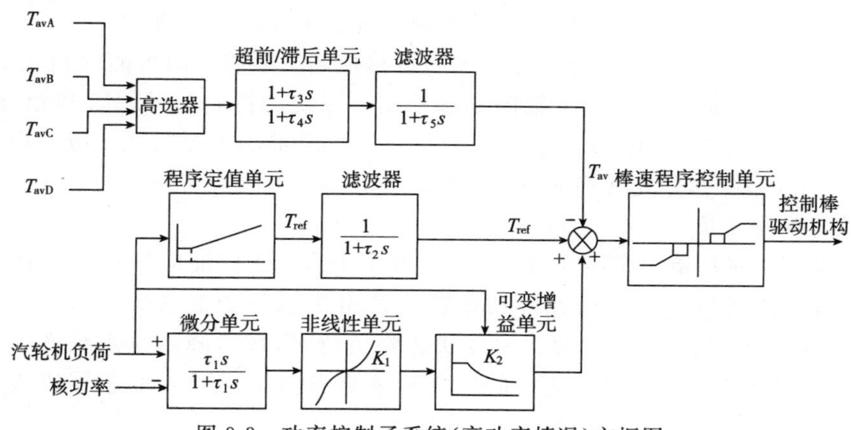

图 9-3　功率控制子系统（高功率情况）方框图

在低功率情况下，汽轮机离线，使用蒸汽排放系统控制核反应堆冷却剂平均温度，核反应堆的功率控制则是通过功率控制子系统调节控制棒实现的。在该系统中操纵员可以向控制棒速度和方向计算单元输入一个设定的功率水平，也可以是一个新的功率水平和达到它的功率变化速率。计算单元根据测量到的核功率与核功率设定值之间的偏差计算出 M 棒组移动的方向和速度信号。该信号是否被用作控制棒的移动信号，取决于高/低功率控制切换联锁门电路的状态，如图 9-4 所示。

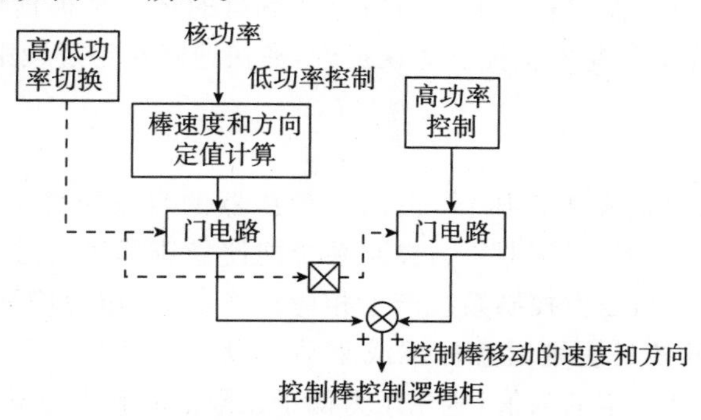

图 9-4　功率控制子系统（低功率情况）方框图

核反应堆功率分布控制的实质是控制核反应堆轴向功率的分布，由轴向偏移控制子系统实现。对于负荷跟踪和电网频率变化的瞬态过程，轴向偏移控制子系统通过移动 AO 棒组控制核反应堆轴向偏移 AO，将其控制在一个预期的范围内。AO 棒组一般处于堆芯上部位置，且仅有很小一部分插入堆芯。其反应性价值较大，只需移动很小的距离就能有效地控制核反应堆轴向功率分布。

AP1000 核电厂采用了常轴向偏移控制，即维持轴向偏移为常数 AO_{ref}，实际应用时采用轴向功率偏差 ΔI 的目标运行带。轴向偏移的测量值是轴向偏移控制子系统的输入，由此得到相应的轴向功率偏差 ΔI，然后与目标运行带进行比较。当 ΔI 超出目标运行带时，就会控制 AO 棒组以 8 步 · min^{-1} 的速度移动，使 ΔI 回到运行目标带以内。如果 ΔI 从正方向超出目标运行带，插入 AO 棒组，使堆芯上部功率减少；如果 ΔI 从负方向超出目标运行带，提升 AO 棒组，使堆芯上部功率增加，从而将 ΔI 控制到目标运行带内。这个目标运行带是根据经补偿的堆外中子注量率测量值，以及操纵员输入的预期轴向偏移目标值和目标带宽，并考虑运行控制模式（负荷跟踪、负荷控制或者基本负荷）计算得到的。

为了最大限度地减少核反应堆功率和轴向偏移控制子系统之间可能的相互干扰，设定功率控制子系统的控制信号优先于轴向偏移控制子系统的控制信号。M 棒组在移动时，AO 棒组被闭锁；只有当冷却剂平均温度偏差值在核反应堆功率控制死区范围内或相关控制棒组已经停止移动时，才允许移动 AO 棒组。

2. 快速降功率系统

所谓快速降功率是指甩负荷大于 50%FP 的情况下，使核反应堆功率迅速降到蒸汽排放系统有能力处理的水平。快速降功率功能是由快速降功率系统驱动功率控制棒快速插入堆芯实现的。当汽轮机发生大幅度快速降负荷时，快速降功率系统产生一个释放预先选定的控制棒的信号。预先选定的控制棒依靠重力快速插入堆芯导致核反应堆功率迅速下降。

大的甩负荷通过一回路与二回路功率失配信号也会触发蒸汽排放系统和核反应堆功率控制系统。开始甩负荷之后，由于冷却剂平均温度程序参考值与核反应堆冷却剂平均温度测量值不匹配，相应的功率控制棒组以受控的方式插入。甩负荷蒸汽排放控制器也以相似的控制方式调节蒸汽排放阀的阀门开度，进行蒸汽排放以防止核反应堆冷却剂温度上升。控制棒插入和蒸汽排放协调动作，直到核反应堆功率降到大约 15%FP。这时控制棒停止插入，通过调节蒸汽排放速率以维持蒸汽流量与热负荷相匹配。

在快速降功率过程中，要求释放的控制棒及其数量的选择是根据堆芯燃料循环燃耗和热功率水平确定的。为了避免发生控制棒误提升，在快速降功率过程中闭锁控制棒提升，不允许控制棒提升。

3. 稳压器压力控制系统

AP1000 核电厂采用大容积稳压器，提高了稳压器的自稳定能力，使稳压器不设卸压阀。在正常运行瞬态工况下，稳压器压力控制系统能使稳压器压力维持或恢复到压力参考值。在瞬态过程中，稳压器压力控制系统产生相应动作，防止压力增加到一定的限值，避免压力高于该限值时触发核反应堆紧急停堆或驱动专设安全设施来防止压力边界超压。同样，也要防止压力降低到一定的限值，避免压力低于该限值时触发驱动专设安全设施或偏离泡核沸腾情况发生。

稳压器压力控制系统控制比例式加热器、通/断式加热器和比例式喷淋装置以改变或维持稳压器的压力。当压力低于压力参考值不大时，通过调节比例式加热器的加热功率可以将压力控制在压力参考值。当压力低于压力参考值较大并超出某设定范围时，通过投入通/断式加热器以及利用稳压器内饱和水的闪蒸来增加压力。当压力高于压力参考值时，通过比例调节来自一回路冷段冷却剂的喷淋流量以改变蒸汽凝结，实现降压。

稳压器压力控制系统包括 PI 控制器和 PID 控制器，控制器的输入信号是稳压器压力测量值与压力参考值之间的压力偏差信号($p-p_{ref}$)。该信号经 PI 控制器补偿后，用于调节比例加热器的加热功率或比例喷淋流量，以抵制一回路系统的压力扰动。压力偏差信号($p-p_{ref}$)经 PID 控制器补偿后，用于控制通/断式加热器的是否投入。稳压器压力控制系统的控制特性如图 9-5 所示。经控制器补偿后的压力偏差信号大于 0.172 MPa 时，比例开启喷淋流量调节阀，开度正比于压力偏差信号。当压力偏差大于等于 0.516 MPa 时，喷淋流量达到最大。当压力偏差信号小于 0.103 MPa 时，比例式加热器投入，加热功率正比于压力偏差信号。当压力偏差信号小于 −0.172 MPa 时，通/断式加热器投入，加热功率恒定。当比例式加热器有能力单独恢复压力时，通/断式加热器停止工作。当稳压器液位大幅度增加时，通/断式加热器也投入。这样可以避免稳压器中过冷液体的积聚，从而允许稳压器内液体闪蒸来限制任何负荷引起的压力降低。

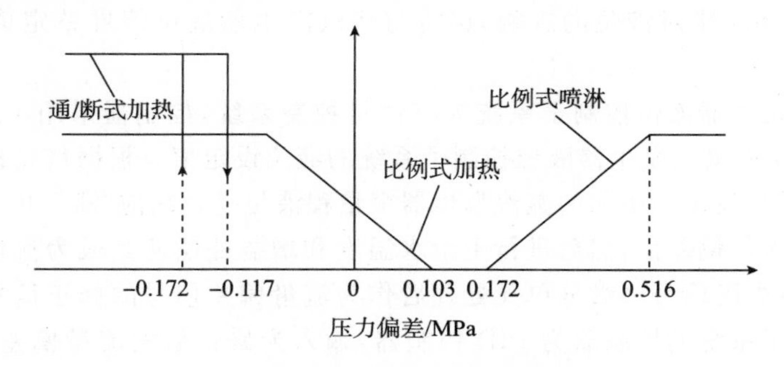

图 9-5　稳压器压力控制特性曲线图

4. 稳压器液位控制系统

稳压器液位控制系统也可看作一回路水装量控制系统，主要功能是将稳压器液位维持或恢复在程序液位控制带内，并使稳压器液位与高/低液位紧急停堆整定值保持一定的裕量，不致引起保护系统动作。

稳压器液位控制系统是根据图 9-6 所示的特性进行稳压器液位控制的。图中上下虚线分别是稳压器液位控制带上限和下限，控制带随功率增加而程序上移。当核反应堆功率由热态零功率(291.7℃)增加到热态满功率(300.9℃)，核反应堆冷却剂会发生膨胀，因此稳压器液位的设定值随功率的变化线性增加，从 35.6% 增加到 47.7%，见图中液位控制带中间的实线。由于稳压器的容积大，因此可以设置足够宽(21.6%～48%)的程序液位控制带，在正常瞬态工况下，当液位在液位控

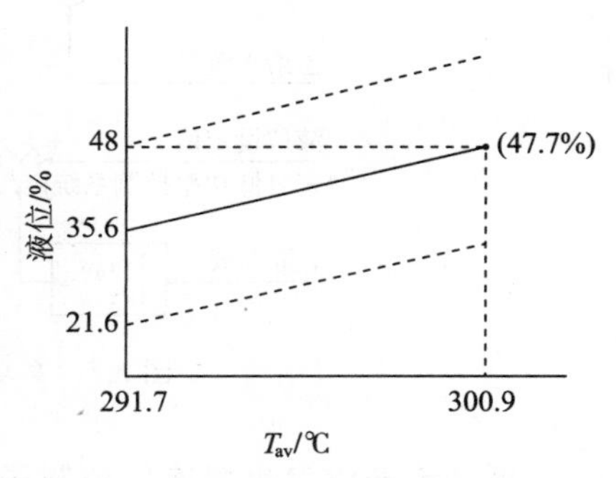

图 9-6　稳压器液位控制特性曲线图

制带内变化，依靠稳压器自稳定性能就能对液位进行调节；只有在液位超出稳压器液位控制带时，才由稳压器液位控制系统对稳压器液位进行控制，使其回到控制带内。

当稳压器液位低于液位控制带下限时，控制系统输出信号启动上充泵，上充流量按预定的速率增加，导致核反应堆冷却剂系统装量增加和稳压器液位上升。当液位到达液位控制带中的程序设定值时，停闭上充泵。当稳压器液位高于液位控制带上限时，控制系统输出信号开启由核反应堆冷却剂系统到化学与容积控制系统下泄管道上的隔离阀，下泄流将使装量减少和稳压器液位下降。当液位到达液位控制带中的程序设定值时，关闭隔离阀。

5. 蒸汽发生器液位控制系统（给水控制系统）

蒸汽发生器液位控制系统又被称为给水控制系统，在整个运行范围内能实现全程自动控制，不需要操纵员干预。蒸汽发生器液位控制系统由高功率蒸汽发生器液位控制子系统和低功率蒸汽发生器液位控制子系统组成。在正常功率运行工况下，采用高功率控制模式；在启动和停闭运行工况下，采用低功率控制模式。高功率蒸汽发生器液位控制子系统和低功率蒸汽发生器液位控制子系统之间的切换是基于被测给水流量自动完成的。在控制模式之间以及手动与自动控制之间能平滑过渡。

高功率蒸汽发生器液位控制子系统的主要功能是控制蒸汽发生器的主给水流量，在核电厂稳态功率运行工况下保持蒸汽发生器壳侧程序液位；在核电厂瞬态运行工况下限制壳侧工质收缩和膨胀对液位的影响，保持与蒸汽发生器液位停堆整定值之间有适当的裕量。

高功率蒸汽发生器液位控制子系统为三冲量控制系统，控制器采用了 PID 控制器，如图 9-7 所示。高功率蒸汽发生器液位控制子系统的液位设定值是根据汽轮机负荷程序确定的，也可以由操纵员设定。被测的蒸汽发生器窄量程液位经过超前/滞后单元补偿后与液位设定值比较产生液位偏差值，然后进行主给水温度和增益补偿使其成为流量偏差信号。蒸汽流量/给水流量失配信号经微分单元处理后作为流量偏差信号的修正信号。高功率蒸汽发生器液位控制子系统的控制器为 PID 控制器，输入为修正后的流量偏差信号，产生一个用于控制主给水调节阀的高功率流量要求信号。通过调节主给水流量调节阀的阀门开度就可改变主给水流量，从而实现对蒸汽发生器液位的控制。PID 控制器的比例增益 K_8 和积分时间常数 τ_8 可根据蒸汽流量变化进行调整。

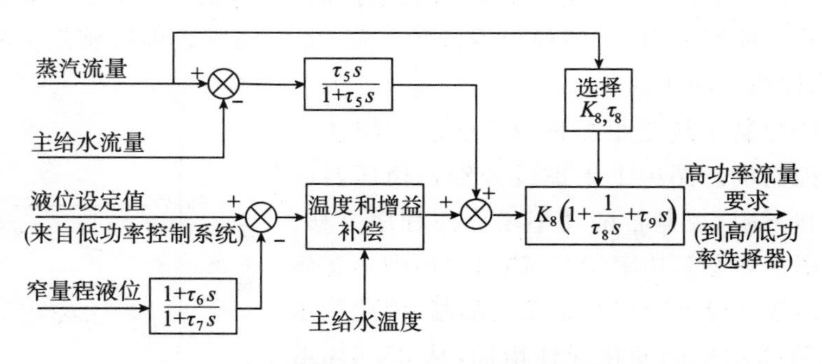

图 9-7　高功率蒸汽发生器液位控制系统方框图

低功率蒸汽发生器液位控制子系统的主要功能是控制进入蒸汽发生器的启动给水流

量，在核电厂低功率（大约低于 10%FP）、零负荷、升温和冷却工况下，保持蒸汽发生器壳侧程序液位。低功率蒸汽发生器液位控制子系统是单冲量控制系统，控制器采用了 PID 控制器，如图 9-8 所示。

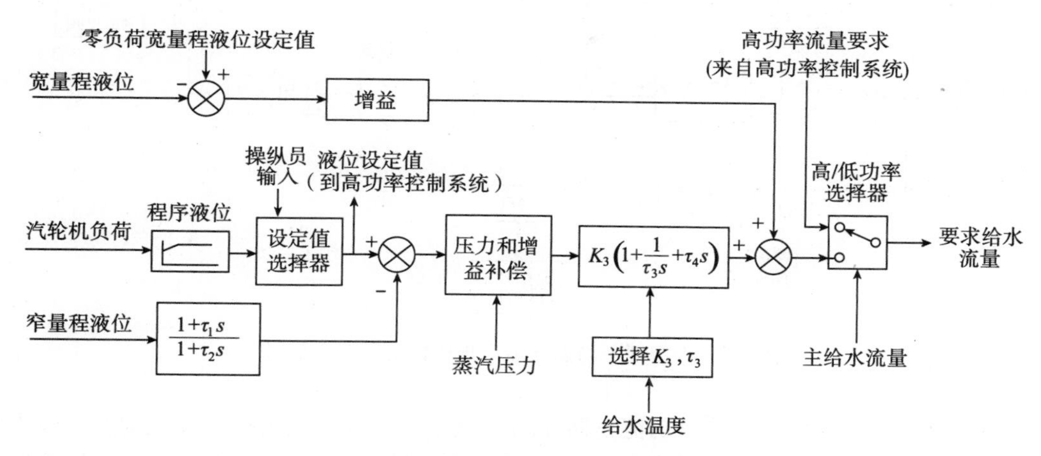

图 9-8　低功率蒸汽发生器液位控制系统方框图

低功率蒸汽发生器液位控制子系统得到液位偏差的原理与高功率控制系统相同。液位偏差经过蒸汽压力和增益补偿后输入 PID 控制器，控制器进行运算处理并产生一个用于控制启动给水调节阀的低功率流量要求信号。该信号还要经过测量的蒸汽发生器宽量程液位与零负荷宽量程液位设定值之间的偏差信号修正，产生最终的低功率流量要求信号。PID 控制器的比例增益 K_3 和积分时间常数 τ_3 可根据给水温度变化进行调整。

6. 蒸汽排放控制系统

AP1000 核电厂要能维持 100%FP 甩负荷和在 100%FP 功率运行时汽轮机紧急停机而不发生核反应堆紧急停堆时，不需要向大气排放蒸汽，也不要求开启稳压器或蒸汽发生器的安全阀。蒸汽排放控制系统与快速降功率系统协同工作，可以容纳异常甩负荷并减少对核反应堆冷却剂系统的瞬态冲击。将主蒸汽排放到凝汽器为核蒸汽供应系统提了一个“人为”的负荷。对甩负荷和汽轮机停机，“人为”负荷补偿了核反应堆功率和汽轮机负荷的差额，也可以带走核反应堆紧急停堆后的储能和衰变热，使核电厂进入并维持在低负荷或平衡零负荷运行状态。

当核电厂发生全部甩负荷事件时，快速降功率系统释放若干选定的停堆控制棒组或 AO 棒组，使核反应堆的功率迅速下降到蒸汽排放控制系统能处理的水平（40%的蒸汽排放能力）。向凝汽器排汽的蒸汽排放系统由 6 个蒸汽排放阀组成，并分成两组，每组 3 个。

蒸汽排放控制系统有冷却剂平均温度控制模式和蒸汽压力控制模式。在核电厂功率运行时，采用冷却剂平均温度控制模式；在低功率运行工况和核电厂冷停堆工况时，采用蒸汽压力控制模式。

(1) 冷却剂平均温度控制模式

蒸汽排放控制系统为冷却剂平均温度控制模式时，又分为甩负荷蒸汽排放控制方式和核电厂紧急停堆蒸汽排放控制方式，如图 9-9 所示。

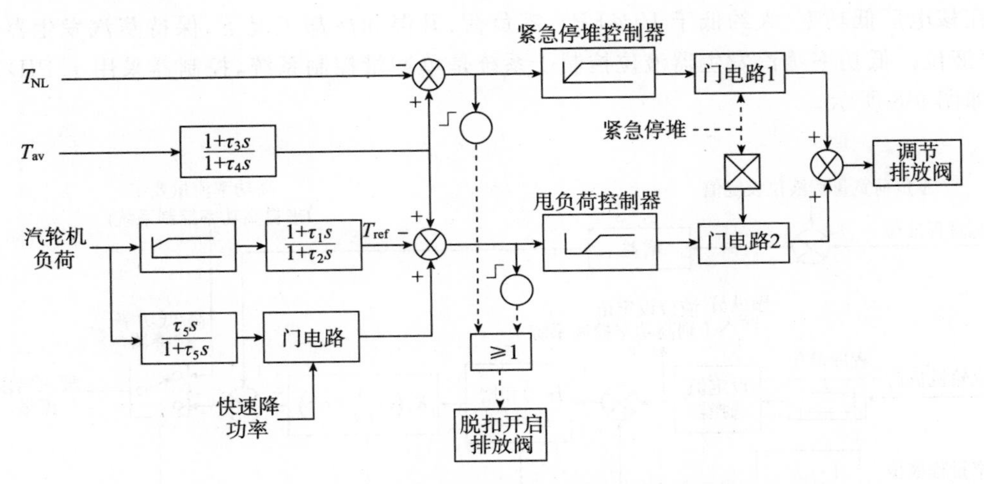

图 9-9　冷却剂平均温度蒸汽排放控制系统方框图

甩负荷蒸汽排放控制的主要功能是防止由于核电厂大幅度甩负荷所导致的核反应堆冷却剂温度大幅度上升。冷却剂平均温度测量值 T_{av} 和冷却剂平均温度参考值 T_{ref} 作为输入信号。两者之间的偏差作为阀门控制要求信号（$T_{av}-T_{ref}$），即根据温度偏差值的大小调节蒸汽排放阀的阀门开度。甩负荷控制器的控制特性如图 9-10 所示。由图可见，阀门控制要求信号设置了一个死区。其目的是当甩负荷时若阀门控制要求信号小于排放控制阈值时由功率控制系统完成温度控制，大于该阈值时启动蒸汽排放。

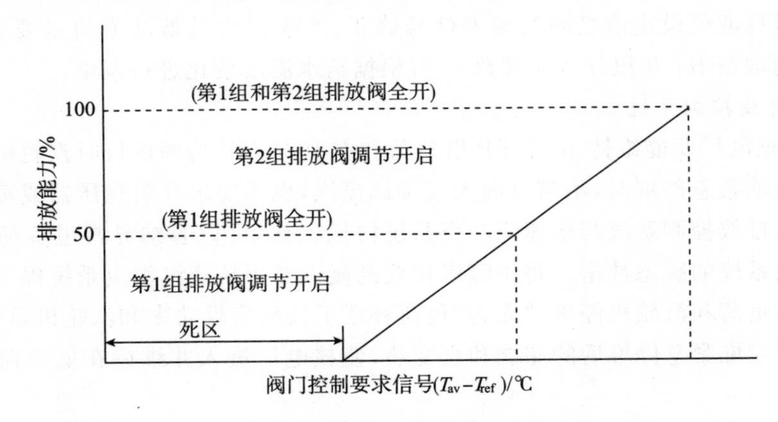

图 9-10　甩负荷控制器特性曲线图

当甩负荷导致核反应堆快速降功率时，如果核反应堆功率与汽轮机负荷匹配并且阀门控制要求信号在死区范围内，将终止蒸汽排放。汽轮机紧急停机或电网解列时，结束蒸汽排放控制则由功率控制系统将核反应堆功率降至 15%FP 左右。此时，控制棒停止插入，启动蒸汽排放，以维持核电厂在准备汽轮发电机组重新投入工作和/或电网同步的状态。

核电厂紧急停堆蒸汽排放控制方式阀门控制要求信号为冷却剂平均温度测量值与零负荷冷却剂平均温度参考值之差（$T_{av}-T_{NL}$）。按照阀门控制要求信号的大小开启或关闭相应的阀门。阀门排放能力由紧急停堆控制器的控制特性决定，如图 9-11 所示。

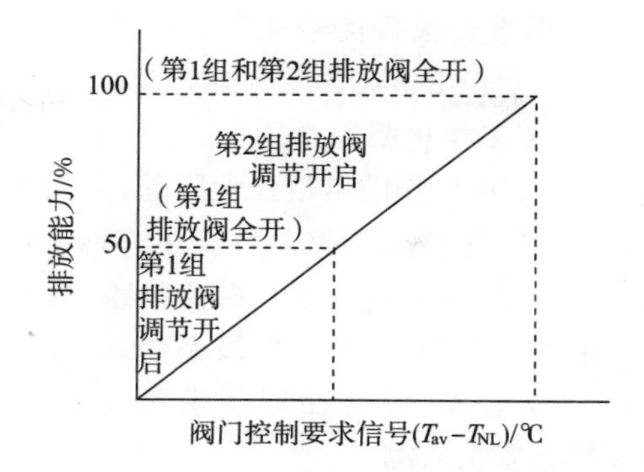

图 9-11　紧急停堆控制器的控制特性曲线图

图 9-9 中还给出了甩负荷蒸汽排放控制方式和核电厂紧急停堆蒸汽排放控制方式的联锁功能。若有紧急停堆信号,甩负荷控制器的输出信号将被门电路 2 阻止;若没有紧急停堆信号,紧急停堆控制器的输出信号将被门电路 1 阻止。另外,当阀门控制要求信号很大,要求蒸汽排放能力超过 100%,则直接驱动蒸汽排放阀门全部脱扣开启,使温度增加最小,然后被调节关闭。

(2) 蒸汽压力控制模式

在热备用和余热排出系统投用之前的余热排出是由蒸汽压力控制模式维持的。蒸汽压力控制模式采用蒸汽集管压力测量值和参考值之间的偏差信号控制到凝汽器的蒸汽流量以维持蒸汽集管的压力在参考值。压力蒸汽排放控制系统如图 9-12 所示,控制器为 PI 控制器。

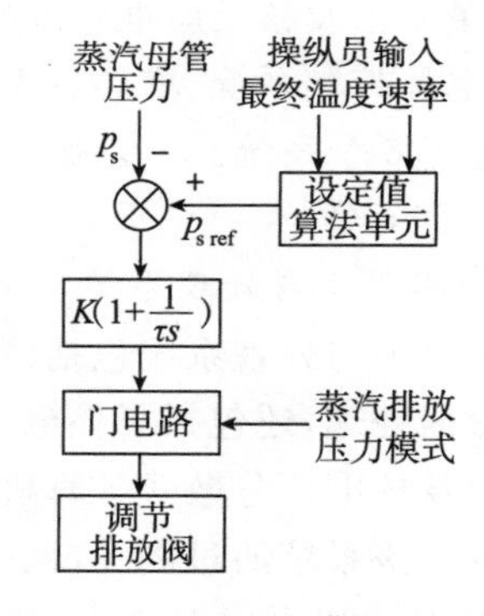

图 9-12　压力蒸汽排放控制系统方框图

蒸汽集管压力参考值 $p_{s\,ref}$ 由操纵员根据期望的核反应堆冷却剂系统温度手动设置,同时,还允许核电厂以一个选定的速率控制降温。操纵员可以输入期望的冷却速率和期望的反应堆冷却剂温度,控制系统将根据选定的冷却速率控制排放蒸汽流量,直到达到冷却剂温度期望值。

9.1.3　非能动先进压水堆核电厂的数字化仪表与控制系统

非能动先进压水堆核电厂数字化仪表与控制系统采用成熟的数字化技术设计,是一个先进的集散型仪表与控制系统,由于安全系统采用了非能动设计,许多专设安全设施驱动系统(ESFAS)被简化甚至取消,所以相应的仪表与控制系统也得到简化。由于多样化驱动系统(DAS)的采用,可避免信息提供和控制操作过程中的共模失效。人-机界面设计充分考虑了运行核电厂的经验反馈。

先进压水堆核电厂数字化仪表与控制系统具有如下特点:

(1) 数字化安全仪表与控制系统采用四取二符合逻辑结构;

(2) 事故后的监测;

(3) 紧凑型主控制室,大屏幕显示屏;

(4) 采用了先进的基于图像技术的人-机界面,设计采用了先进的人因工程学原理;

(5) 先进的报警系统：①遵循重要报警信号优先的报警准则；②尽可能减少报警次数；③报警图标显示于系统和部件图上并给出灵活的分类列表；④直接进入报警响应程序；

(6) 为防止共模失效：①采用多样化驱动系统；②针对信息和控制的可进入性问题，采用了多样性的人-机界面；③针对手动操作的可信任性问题，采取纵深防御的分析措施。

非能动先进压水堆核电厂数字化仪表与控制系统由 Ovation 平台和 Common Q 平台(Common Qualified Platform)组成。Ovation 平台由控制器、输入输出模块、工作站以及高速通信网络等组成。Ovation 用于核电厂非安全级系统运行参数的监测、显示和控制。Common Q 由 1E 级硬件和软件组成，包括处理器模块、输入输出模块和通信模块等。Common Q 用于核电厂的保护与安全监测。

先进压水堆核电厂数字化仪表与控制系统主要由数据显示与处理系统(DDS)、运行控制中心系统(OCS)、保护与安全监测系统(PMS)、核电厂控制系统(PLS)、堆芯仪表系统(IIS)、特殊监测系统(SMS)、汽轮机控制和诊断系统(TOS)、多样化驱动系统(DAS)、辐射监测系统(RMS)、地震监测系统(SJS)以及实时数据网络等组成，如图 9-13 所示。实时数据网络是一个非安全级的多重冗余 100 Mbps 高速以太网络。系统结构图由下至上可分为 0 层级、1 层级和 2 层级三个层级。0 层级也称现场层级，主要包括核电厂的执行机构、传感器、变送单元以及核反应堆停堆断路器等。1 层级为自动化层级，主要包括保护与安全监测系统、核电厂控制系统、堆芯仪表系统、特殊监测系统和多样化驱动系统以及汽轮机控制和诊断系统等 6 个系统。2 层级为监督与控制层级，主要包括数据显示与处理系统以及运行控制中心系统等。

1. 数据显示与处理系统

数据显示与处理系统包括技术支持中心的显示、主控制室显示与远程停堆站显示以及相应的数据处理，还包括了核电厂报警系统显示与处理系统、计算机化的运行与事故处理规程系统以及核电厂分散式计算机系统所执行的各种运行日志记录、历史记录、软件文档的显示与处理。该系统通过网关/网桥与其他核电厂系统连接。

2. 运行控制中心系统

运行控制中心系统由主控制室、远距离停堆室、运行支持中心、技术支持中心、就地控制室等组成。主控制室是运行控制中心最重要的部分之一，它由操纵员控制台、值班长工作台、大屏幕显示器、控制与显示设备等组成。采用集散型数字化仪表与控制系统以后，主控制室内不再有几十个控制盘(台)、数百个控制开关、按钮及显示记录仪表等，所有的控制将由操纵员在控制台上通过软操作方式执行。

操纵员控制台是主控制室的核心，配置有一组彩色图形显示器及软操作装置(如键盘、鼠标、触摸屏等)。操纵员控制台还配置有先进的报警信息系统，显示核电厂的异常状态以及与报警信号相关的信息。

3. 保护与安全监测系统

保护与安全监测系统属于核安全级(1E 级)系统，执行核反应堆紧急停堆、专设安全设施驱动等功能。系统中的设备(包括传感器和停堆断路器等)都采用四重冗余，按四取二符合逻辑工作，具有很高的可靠性。当其中某个冗余部分或独立通道出现故障时，能自动由四取二符合逻辑转为三取二符合逻辑，便于维修与定期试验。

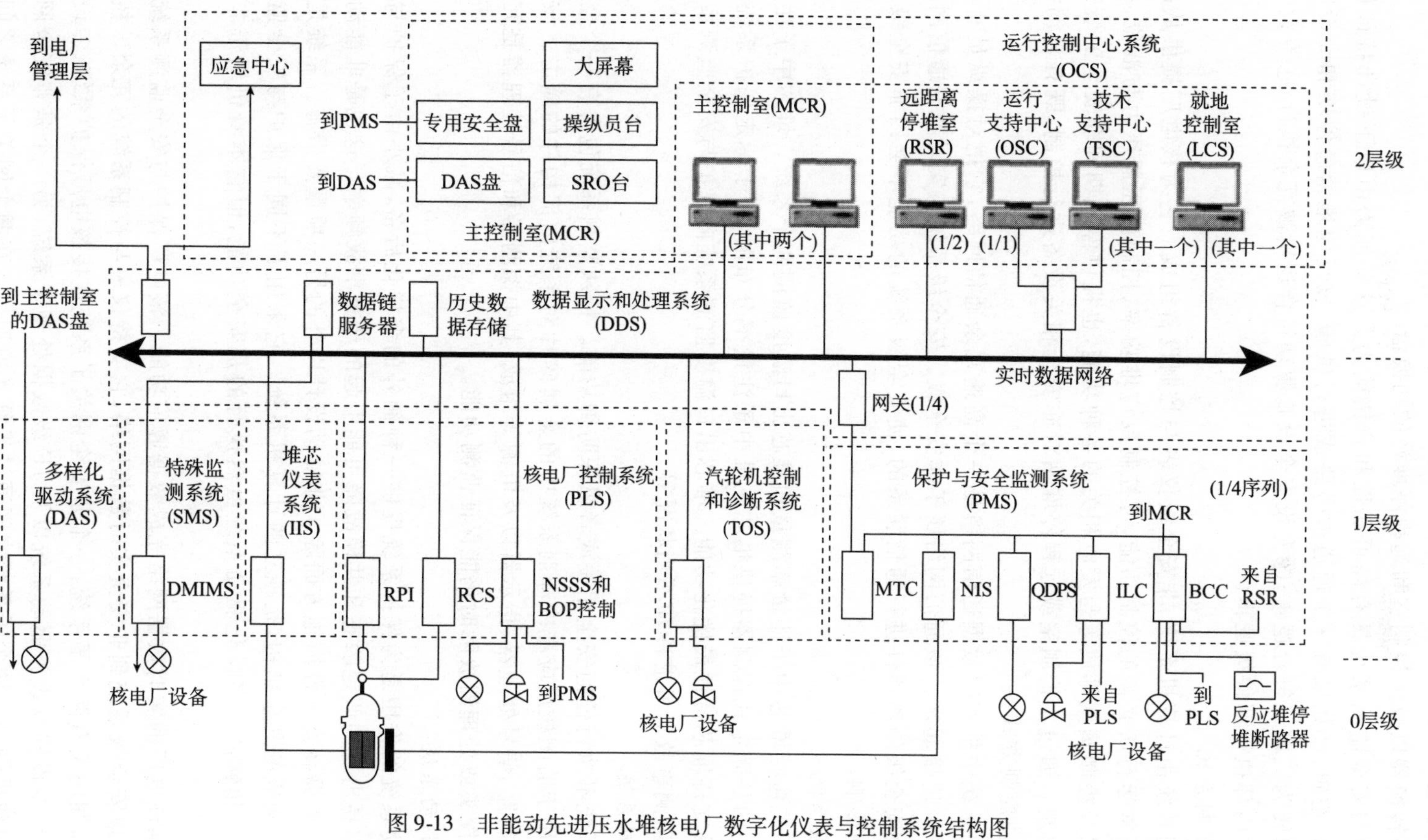

图 9-13　非能动先进压水堆核电厂数字化仪表与控制系统结构图

SRO—核反应堆高级操纵员；DMIMS—数字式金属撞击监测系统；RPI—棒位指示系统；RCS—棒位控制系统；

MTC—维修与试验柜；NIS－堆外核仪表系统；NSSS—核蒸汽供应系统；BOP—核电厂辅助系统；

QDPS—1E 级数据处理系统；ILC—断路逻辑柜；BCC—双稳态符合逻辑柜

主控制室中还包括有安全级数据显示设备(用于显示保护系统与核电厂重要的安全状态与参数)、多路转换器以及主控制室和远程停堆站的切换盘。

核电厂保护与安全监测系统具有高可靠性和容错能力。这些能力由以下设计特征保证:①四取二符合逻辑;②如果有一个通道被旁路或进行试验,核反应堆紧急停堆和专设安全设施驱动逻辑转为三取二符合逻辑;③专设安全设施驱动符合逻辑被冗余执行;④专设安全设施驱动硬件内部执行部件级逻辑。

4. 核电厂控制系统

核电厂控制系统由计算机系统、非安全级仪表与控制设备组成。它为核电厂提供从冷停堆到满功率正常运行所必需的控制功能,可控制反应堆功率、控制稳压器压力与液位、控制主给水流量以及控制蒸汽排放等与发电相关的各种功能,也提供停堆期间非安全的衰变热排出系统的控制。通过主控制室或远程停堆站对非安全相关设备进行控制,既有自动控制方式,也有手动控制方式。

核电厂控制系统中的实时数据通信网络是一个高速冗余通信网络,它把对操纵员有重要意义的各个系统连接起来。该通信网络属于非安全级。安全级系统与实时数据通信网络是通过网关及核安全级隔离器件进行通信联系的,使安全级系统的功能不会因非安全级系统的故障而受到影响。

5. 堆芯仪表系统

堆芯仪表系统包括堆芯中子注量率测量和堆芯出口温度监测两个系统。堆芯中子注量率测量系统采用的是固定式探测器提供堆芯三维中子注量率分布图,用于标定保护系统的中子探测器以及支持堆芯特性最优化功能。堆芯出口温度监测系统向保护与安全监测系统提供信号,用于监测事故后堆芯冷却不当状况等。

6. 特殊监测系统

特殊监测系统不执行任何安全相关或者纵深防御功能。特殊监测系统包含有一个金属撞击监测系统,用于监测核反应堆冷却剂系统中的金属碎片对系统内部构件的撞击。该系统由探测器、控制器、信号处理器、指示器以及电源等组成,其中探测器和信号处理器是冗余的,以保证单个探头或处理器故障时仍能保证监测功能。

7. 多样化驱动系统

多样化驱动系统的作用是为保护系统提供一种额外的多样化后备,减小由于保护与控制系统中不太容易出现的假定瞬态和共模故障可能引起的严重事故频率。这也是非能动先进压水堆核电厂在提高安全性措施方面除了非能动设计以外的另一项重要措施。系统是一个基于微处理器构成的冗余结构,是独立的计算机系统。它采用了不同于保护与安全监测系统的结构、硬件和软件。多样化驱动系统虽然执行的是安全功能,但它本身仍属于非安全级。

先进压水堆核电厂的实时数据网络完成数据通信功能。核电厂保护与安全监测系统的网关/网桥连接该安全级系统到非安全实时数据网络,它支持仪表与控制系统的冗余。核电厂保护与安全监测网关有两个子系统:一个是安全网关子系统连接核电厂保护系统、专设安全设施符合逻辑、专设安全设施驱动系统以及 1E 级数据处理子系统;另一个是非安全网关子系统连接实时数据网络。两个子系统之间通过光纤光缆连接。在两个网关子系统之间的主要信息流是从安全子系统到非安全子系统。而从非安全子系统到安全子系统的信息流要作如下限制：

(1) 这些信号只被用于通信控制器，且不会传送到安全系统，对安全系统不起作用；

(2) 主控制室和远程停堆站的操作员控制台是非安全级的。由这里发出的作用于核电厂保护与安全监测系统的软控制输入，必须从非安全级网关传到安全级网关。

核电厂保护与安全监测网关提供1E级与非1E级之间电气隔离和信息隔离作用。

9.2 改进型欧洲压水堆核电厂控制

9.2.1 改进型欧洲压水堆核电厂概述

改进型欧洲压水堆(Evolutionary Power Reactor，或 European Pressurized Reactor，EPR)核电厂是法国和德国核工业界联合开发的新一代改进型压水堆核电厂，保持了压水堆技术的延续性，采纳了法国和德国最新投入运行的N4和KONVOI核电厂所应用的新技术，满足欧洲用户要求(EUR)，属于第三代核电技术。核电厂一回路主系统由一个核反应堆和四个闭合环路组成。这些闭合环路以核反应堆压力容器为中心作辐射状布置，每个闭合环路都由一台核反应堆冷却剂泵、一台蒸汽发生器和相应的管道组成。它具有4个独立的安全通道，带有金属衬里的双层安全壳。EPR堆芯设计有241个核燃料组件，初始堆芯采用四种不同富集度的燃料分区布置。燃料组件为17×17排列，包括24根控制棒导向管和265根燃料棒，换料周期可以长达24个月。改进型欧洲压水堆堆芯的反应性是通过控制棒、可溶硼和可燃毒物棒控制的，共有89根控制棒，其中36根调节棒，53根停堆棒。控制棒中子吸收体材料是银-铟-镉合金(Ag-In-Cd)和烧结的碳化硼(B_4C)的混合物，其中Ag-In-Cd在下部而B_4C在上部。可燃毒物棒芯块是以铀为基体的含钆毒物(低富集铀UO_2加上氧化钆Gd_2O_3的混合氧化物)。EPR核电厂单台机组发电能力为1 600 MW级，设计寿命为60年。

9.2.2 改进型欧洲压水堆核电厂数字化控制原理

改进型欧洲压水堆核电厂采用数字化仪表与控制系统完成所有工况下的监测、控制以及保护任务，被分为正常监测与控制功能和安全相关监测与控制功能。改进型欧洲压水堆核电厂仪表与控制系统的组成包括将物理变量转换成电信号的传感器、完成信号采集和处理并产生驱动信号的过程控制计算机、操纵员的监控装置、网络系统以及执行机构等。仪表与控制系统及有关设备的整体设计必须符合工艺、核安全和运行条件的要求。改进型欧洲压水堆核电厂数字化仪表与控制系统如图9-14所示。

0层级为工艺过程接口层级(也称现场层级)，由过程仪表、堆芯内测量仪表、堆芯外测量仪表、控制棒位置测量、核反应堆压力容器液位测量、松脱部件与振动监测、辐射监测、事故仪表、硼浓度在线监测仪表等传感器和开关装置组成，功能是实现对现场参数的测量和控制驱动。1层级为系统自动化层级，由过程控制计算机等组成，包括过程自动系统、核反应堆控制、监视和限制系统、核反应堆保护系统、安全自动系统、优先与执行器控制系统和严重事故仪表与控制系统等，执行核反应堆保护、核反应堆控制、监督和限制、安全自动化和过程自动控制等功能。2层级为工艺过程监督与控制层级，由工作站、仪表盘台和显示装置等组

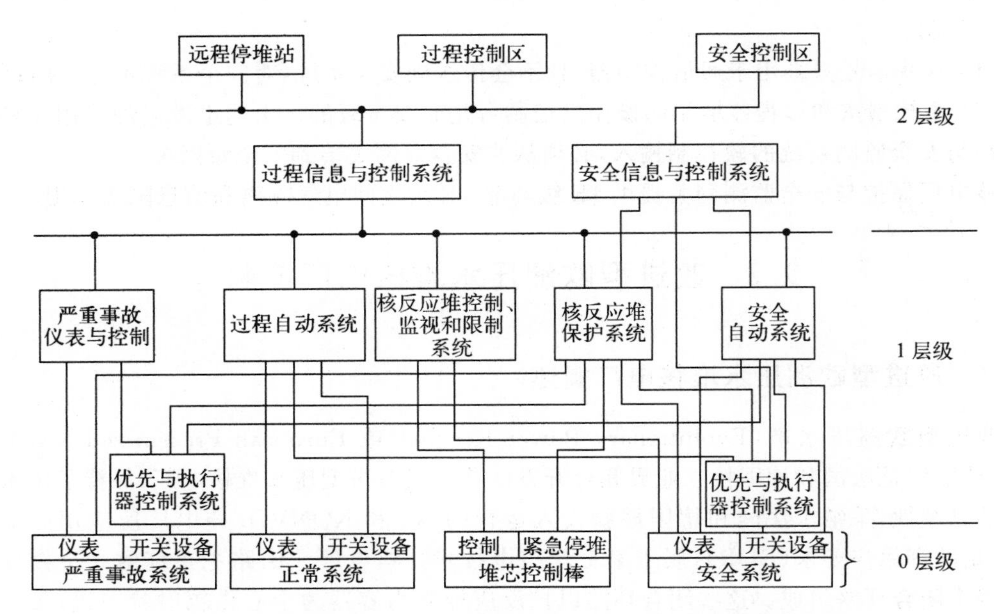

图 9-14　改进型欧洲压水堆核电厂数字化仪表与控制系统方框图

成，分为远程停堆站、过程控制区、安全控制区以及技术支持中心，也可归为过程信息与控制系统和安全信息与控制系统两类。此外，还有第 3 层级为核电厂管理层级。

改进型欧洲压水堆核电厂的数字化仪表与控制系统设计符合核电厂的故障安全、单一故障、冗余性、独立性、多样性以及共模故障等安全设计准则。根据其对安全的重要性分为安全级、安全相关级和非安全级，见表 9-3，同时给出设备质量等级。

表 9-3　安全分级与设备质量等级

安全等级	安全功能描述	设备质量等级
F1A	执行在事故情况下将核反应堆引导到受控状态的功能	E1A
F1B	执行在事故情况下将核反应堆引导到安全状态的功能 该功能在于避免放射性释放的危险	E1B
F2	能对核电厂安全作出贡献的其他功能	E2
NC	非安全级功能	NC

堆芯外仪表测量核反应堆功率，同时提供信号用以监测堆芯的临界。依靠四个环路的冷段和热段的温度测量以及响应快速的中子注量率测量，可以实现四重冗余的一回路热平衡控制。

三维功率分布的预测和测量依赖两类堆芯仪表：

(1) 用以验证堆芯设计并校准其他用于堆芯监测和保护目的的可移动式标准仪表。

(2) 用以向监测和保护系统提供在线信息的固定式仪表，在异常情况下或超过预定限值时，这种信息将触发保护动作。

可移动式标准仪表用于功率分布评估，它采用一种气动小球系统，从压力容器顶部插入一叠钒合金球，通过气动力输送至核反应堆堆芯(在燃料组件的指套管内)，在堆芯内移动

3 min后就可以到一个板上。每个探测器的驱动装置在 5 min 内对 30 个位置进行测量。这样就给出了堆芯局部中子注量率的数值，经过处理后形成三维功率分布图。

固定堆芯测量装置由中子探测器和热电偶组成，它们测量堆芯径向和轴向中子注量率分布以及堆芯出口处温度径向分布。中子注量率信号用来控制轴向功率分布并用于堆芯监测和保护。堆芯出口处热电偶连续测量燃料组件出口温度，并在发生冷却剂丧失事故时为堆芯监测系统提供信号。它们也提供径向功率分布信息和热工水力局部情况。

改进型欧洲压水堆核电厂正常仪表与控制系统主要控制功能包括：①基于核反应堆中子注量率或冷却剂平均温度，通过调节控制棒位置和硼浓度实现对核反应堆功率的控制；②核反应堆冷却剂的压力和装量的控制；③蒸汽发生器液位的控制等。图 9-15 所示为改进型欧洲压水堆核电厂控制原理。

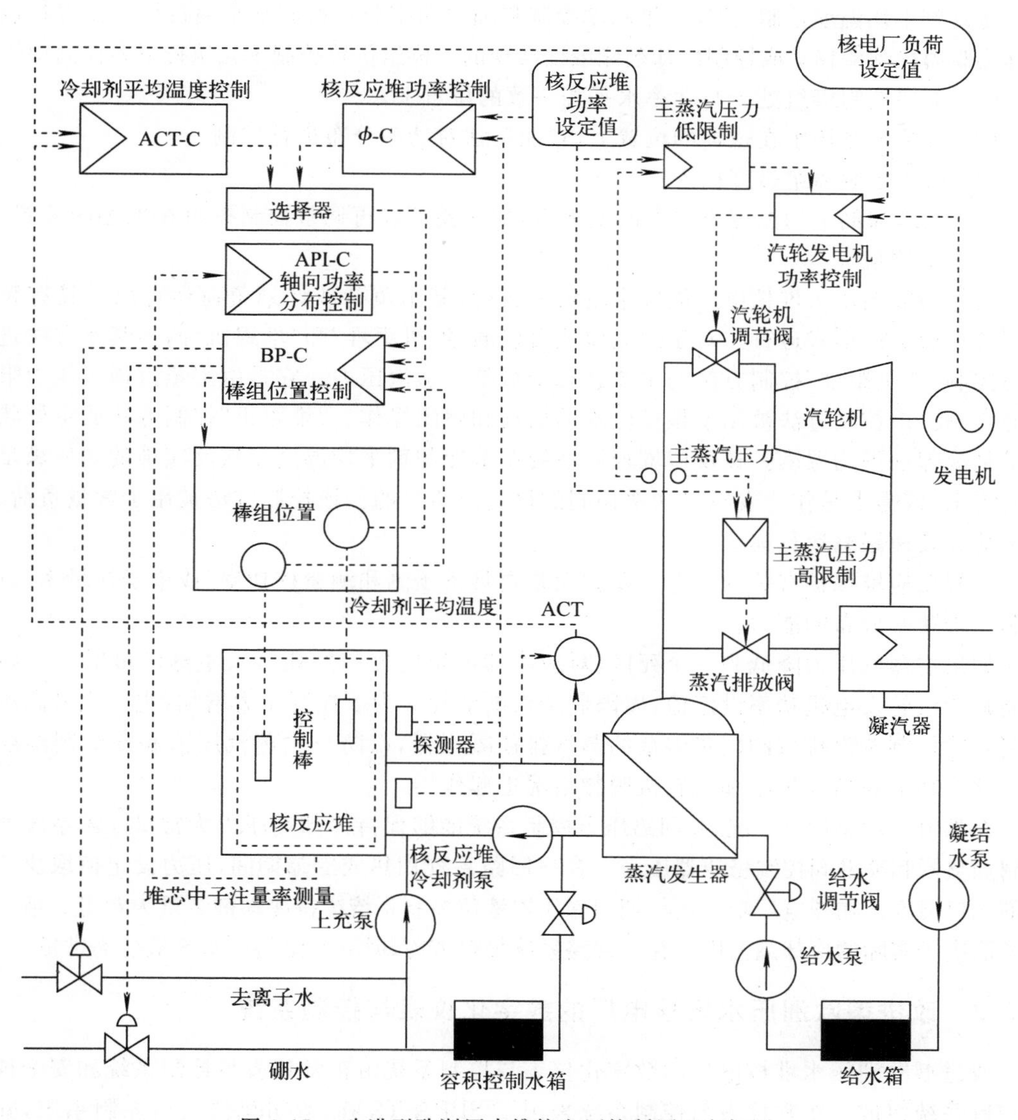

图 9-15　改进型欧洲压水堆核电厂控制原理方框图

图 9-15 中,实线表示工艺过程工质流动管线,虚线表示控制信号的通路。核反应堆反应性控制是由冷却剂平均温度控制(ACT-C)、核反应堆功率控制(ϕ-C)、轴向功率分布控制(API-C)以及控制棒位置控制(BP-C)共同作用实现的,最终达到改变核反应堆功率的目的。除此之外,还通过化学与容积控制系统进行反应性的控制。

由核电厂负荷设定值给出相应的冷却剂平均温度参考值与冷却剂平均温度的测量值进行比较,其差值用于冷却剂平均温度控制。核反应堆功率设定值与功率测量值进行比较,其差值用于核反应堆功率控制。

核反应堆堆芯的轴向功率分布形状是由轴向功率不平衡控制,通过选择不同控制棒组的适当位置以及棒组之间的相互交叠进行控制。控制参数为核反应堆轴向偏移(AO)。控制防止轴向功率振荡发生。

冷却剂平均温度控制、核反应堆功率控制和轴向功率分布控制都是通过棒组位置控制单元直接驱动控制棒移动或控制冷却剂硼浓度实现的。棒组位置控制单元执行下列控制功能:

(1) 维持控制棒组处于与功率水平相一致的位置上;

(2) 维持控制棒组在这样的位置上,它能单独对功率分布进行控制;

(3) 防止控制棒组过度插入;

(4) 在冷却剂平均温度出现大的偏离后,如必要可以再调整控制棒组在堆芯的位置,同时插入多个棒组。

改进型欧洲压水堆核电厂能以常量负荷运行、基本负荷或计划负荷运行以及具有频率控制的负荷跟踪模式运行。对于这些模式可以通过"机跟堆"和"堆跟机"两种基本方法进行功率控制。"机跟堆"控制方法的主要状态变量是主蒸汽压力。它是由主蒸汽最大压力限制功能控制。该控制方法被用于核反应堆的启动和停闭操作。"堆跟机"控制方法的主要状态变量是冷却剂平均温度。核反应堆控制系统调节冷却剂平均温度使核反应堆的功率满足电网的需求,该需求是作为发电机功率控制的设定值给出的。该控制方法被用于常量负荷、基本负荷和负荷跟踪运行模式。

与核反应堆保护有关的一个主要方面是要具备预测和测量核功率(或中子注量率)以及堆芯三维功率分布的能力。

如果主蒸汽压力降低到一个死区(对应冷却剂温度控制的死区),主蒸汽最低压力限制功能减少汽轮发电机功率设定值,以限制蒸汽的消耗。为了控制压力增加,主蒸汽最高压力限制功能控制蒸汽排放阀门将多余的蒸汽排往凝汽器,以防止主蒸汽压力和冷却剂温度上升。这个功能在负荷拒绝和汽轮机脱扣情况也起作用。

在核电厂功率运行工况,一回路压力控制系统能够保持冷却剂压力为常量。该系统通过控制加热器和喷淋阀控制稳压器压力。在一回路系统加热或冷却期间,压力设定值取决于冷却剂入口温度。在核电厂功率运行期间稳压器液位控制系统维持冷却剂装量为常量。液位设定值取决于实际的冷却剂温度。在一回路系统加热或冷却期间,维持冷却剂液位为常量。

9.2.3　改进型欧洲压水堆核电厂的数字化仪表与控制系统

改进型欧洲压水堆核电厂的数字化仪表与控制系统由正常仪表与控制系统和安全仪表与控制系统组成。正常仪表与控制系统采用了 SPPA-T2000 数字化仪表与控制系统,安全仪表与控制系统采用了 TELEPERM XS 数字化仪表与控制系统,如图 9-16 所示。

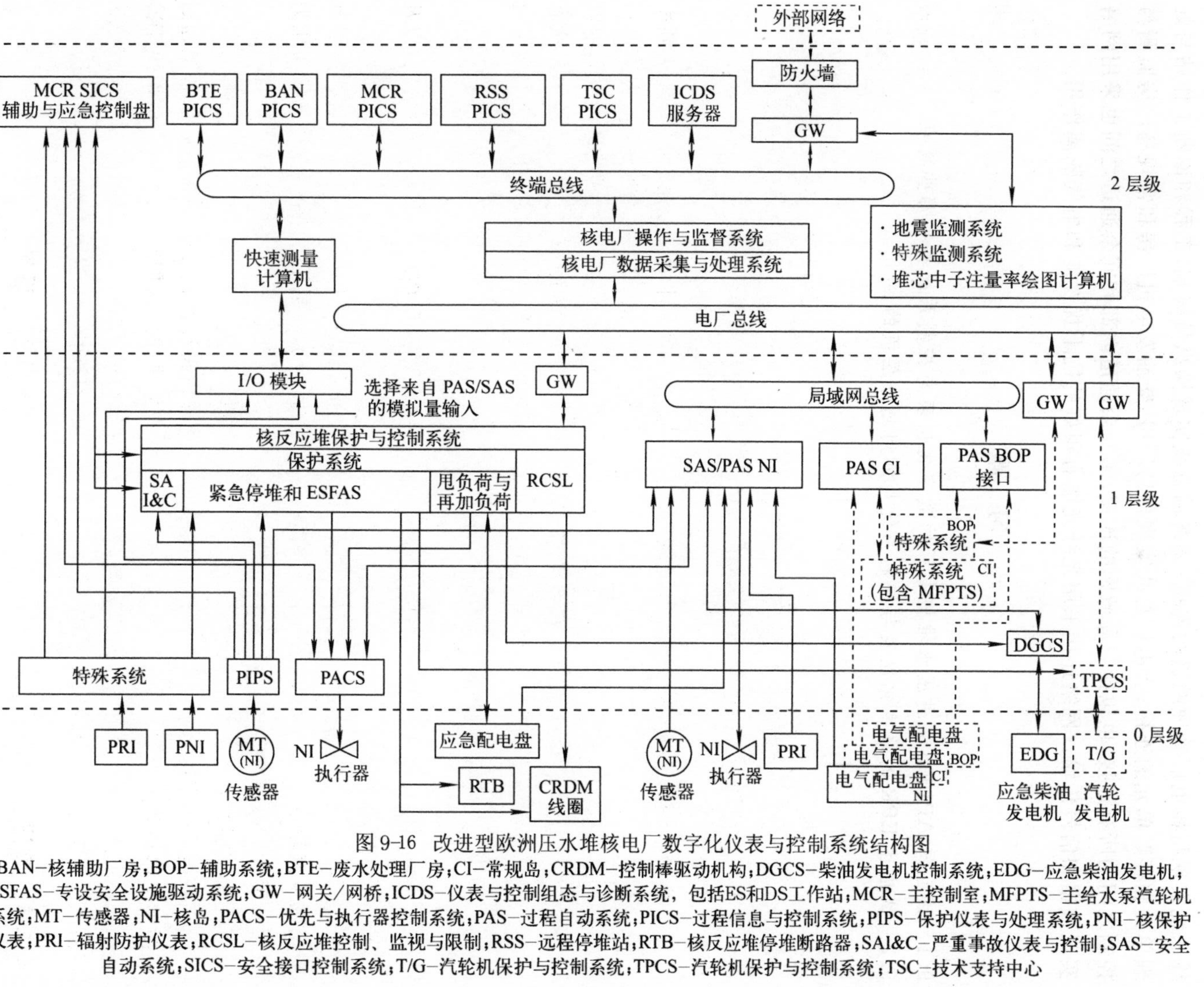

图 9-16　改进型欧洲压水堆核电厂数字化仪表与控制系统结构图

BAN—核辅助厂房；BOP—辅助系统；BTE—废水处理厂房；CI—常规岛；CRDM—控制棒驱动机构；DGCS—柴油发电机控制系统；EDG—应急柴油发电机；ESFAS—专设安全设施驱动系统；GW—网关/网桥；ICDS—仪表与控制组态与诊断系统，包括ES和DS工作站；MCR—主控制室；MFPTS—主给水泵汽轮机系统；MT—传感器；NI—核岛；PACS—优先与执行器控制系统；PAS—过程自动系统；PICS—过程信息与控制系统；PIPS—保护仪表与处理系统；PNI—核保护仪表；PRI—辐射防护仪表；RCSL—核反应堆控制、监视与限制；RSS—远程停堆站；RTB—核反应堆停堆断路器；SAI&C—严重事故仪表与控制；SAS—安全自动系统；SICS—安全接口控制系统；T/G—汽轮机保护与控制系统；TPCS—汽轮机保护与控制系统；TSC—技术支持中心核电厂数字化仪表与控制系统是通过通信网络将处理单元、存贮单元、过程控制计算机、工作站终端以及外部系统连接在一起构成。

改进型欧洲压水堆核电厂仪表与控制系统的网络结构与功能包括:①由全厂级网络总线系统实现与核电厂管理网络的连接;②终端总线实现操纵员终端、工程和诊断工作站与处理单元和存贮单元的连接;③电厂总线实现核岛厂房、柴油发电机厂房和常规岛厂房监测与控制之间的所有连接,也包括与局域网的连接;④冗余通道内部和冗余通道之间也采用网络实现数据和信号传输。网络连接采用光纤光缆有很好的抗干扰性能和电气隔离作用。

习　题

9.1　试回答 AP1000 先进压水堆核电厂的数字化仪表与控制系统具有哪些特点。

9.2　试描述 EPR 的数字化仪表与控制系统是如何划分层级的。

参考文献

[1] 张建民．核反应堆控制．北京:原子能出版社,2009.
[2] 桑维良,张建民．压水堆控制与保护监测．北京:原子能出版社,1993.
[3] [美]绪方胜彦．现代控制工程．第一版．卢伯英,佟明安,罗维铭译．北京:科学出版社,1980.
[4] [美]绪方胜彦．现代控制工程．第三版．卢伯英,于海勋等译．北京:电子工业出版社,2000.
[5] 沈传文,肖国春,于敏,等．自动控制理论．西安:西安交通大学出版社,2007.
[6] 张爱民．自动控制原理．北京:清华大学出版社,2006.
[7] 于长官,等．现代控制理论及应用．哈尔滨:哈尔滨工业大学出版社,2005.
[8] 薛定宇．控制系统计算机辅助设计——MATLAB语言及应用．北京:清华大学出版社,1996.
[9] 傅龙舟．核反应堆动力学．北京:原子能出版社,1993.
[10] 黄祖洽．核反应堆动力学基础．第二版．北京:北京大学出版社,2007.
[11] M. A. Schultz. Control of Nuclear Reactors and Power Plants. Second Edition. McGraw-Hill Book Company,Inc. ,1961.
[12] Milton Ash. Nuclear Reactor Kinetics. Mc Graw-Hill Book Company,Inc. ,1965.
[13] Lynn E. Weaver. Reactor Dynamics and Control State Space Techniques. American Elsevier Publishing Company,Inc. ,1968.
[14] Samuel Glasstone,Alexamder Sesonske. Nuclear Reactor Engineering. Chapman & Hall,Inc. ,1994.
[15] J. Lewins. Nuclear Reactor Kinetics and Control. Pergamon Press, 1978.
[16] Daniel Rozon. Introduction to Nuclear Reactor Kinetics. Polytechnic International Press, 1998.
[17] 陈伯成．5 MW供热堆的控制模型．核动力工程,1996,17(5).
[18] 姬向东,吴满蓉,秦乐刚．5 MW低功率堆功率自动调节系统的设计计算与试验．核动力工程,1992,13(4).
[19] 广东核电培训中心．900 MW压水堆核电站系统与设备(上、下册)．北京:原子能出版社,2005.
[20] 濮继龙．大亚湾核电站运行教程(上、下册)．北京:原子能出版社,1999.
[21] 孔昭育,等．核电厂培训教程．北京:原子能出版社,1992.
[22] 马昌文,徐元辉．先进核动力反应堆．北京:原子能出版社,2001.
[23]《中国电力百科全书》编辑委员会,中国电力出版社《中国电力百科全书》编辑部．中国电力百科全书-核能及新能源发电卷．第二版．北京:中国电力出版社,2001.
[24] 王奇卓,潘婉仪,等．重水堆核电站译文集．北京:原子能出版社,1983.
[25] 张建民,R. A. Olmstead. 秦山三期CANDU核电厂的控制系统．核动力工程,1999,20(6).
[26] 吴企渊．计算机网络．北京:清华大学出版社,2006.
[27] 何克忠,李伟．计算机控制系统．北京:清华大学出版社,1998.
[28] 侯志林．过程控制与自动化仪表．北京:机械工业出版社,2000.
[29] 熊淑燕,等．火力发电厂集散控制系统．北京:科学出版社,2000.
[30] TELEPERM XP. The Process Control System for Economical Power Plant Control (System Overview). SIEMENS,2000.
[31] TELEPERM XS. The Digital I&C System for Functions Important to Safety in Nuclear Power Plants (System Overview). SIEMENS,1998.
[32] 顾军扬,陈连发．先进型沸水堆核电厂．北京:中国电力出版社,2007.

[33] 靳智平．电厂汽轮机原理及系统．第二版．北京：中国电力出版社，2006.
[34] 孙汉虹，等．第三代核电技术 AP1000. 北京：中国电力出版社，2010.
[35] 林诚格．非能动安全先进压水堆核电技术(上、中、下三册). 北京：原子能出版社，2010.
[36] 李蔚，吴帆，王峰．AP1000 全数字化仪控系统安全分析．电力安全技术，2006,8(6).

附录1　缓发中子份额和先驱核衰变常量

一、热中子裂变

核素	组	β_i	λ_i/s^{-1}	τ_i/s
^{233}U	1	0.000 241	0.012 6	79.37
	2	0.000 769	0.033 4	29.94
	3	0.000 637	0.131	7.63
	4	0.000 890	0.302	3.31
	5	0.000 205	1.27	0.787
	6	0.000 065	3.13	0.319
	β=0.002 81±0.000 05		β/λ=0.050 s	
^{235}U	1	0.000 266	0.012 7	78.74
	2	0.001 492	0.031 7	31.55
	3	0.001 317	0.115	8.70
	4	0.002 851	0.311	3.22
	5	0.000 897	1.40	0.714
	6	0.000 182	3.87	0.258
	β=0.007 00±0.000 08		β/λ=0.089 s	
^{239}Pu	1	0.000 086	0.012 9	77.52
	2	0.000 637	0.031 1	32.15
	3	0.000 491	0.134	7.46
	4	0.000 746	0.331	3.02
	5	0.000 234	1.26	0.794
	6	0.000 080	3.21	0.312
	β=0.002 27±0.000 04		β/λ=0.033 s	
^{241}Pu	1	0.000 054	0.012 8	78.13
	2	0.001 249	0.029 9	33.44
	3	0.000 943	0.124	8.06
	4	0.002 127	0.352	2.84
	5	0.000 993	1.61	0.621
	6	0.000 087	3.47	0.288
	β=0.005 45±0.000 54		β/λ=0.060 s	

二、快中子裂变

核素	组	β_i	λ_i/s^{-1}	τ_i/s
^{232}Th	1	0.000 759	0.012 4	80.65
	2	0.003 350	0.033 4	29.94
	3	0.003 462	0.121	8.26
	4	0.009 962	0.321	3.12
	5	0.003 842	1.21	0.826
	6	0.000 960	3.29	0.304
	β=0.022 3±0.001 4		β/λ=0.225 s	
^{233}U	1	0.000 229	0.012 6	79.37
	2	0.000 732	0.033 4	29.94
	3	0.000 605	0.131	7.63
	4	0.000 845	0.302	3.31
	5	0.000 194	1.27	0.787
	6	0.000 061	3.13	0.319
	β=0.002 66±0.000 07		β/λ=0.048 s	
^{235}U	1	0.000 251	0.012 7	78.74
	2	0.001 406	0.031 7	31.55
	3	0.001 241	0.115	8.70
	4	0.002 687	0.311	3.22
	5	0.000 845	1.40	0.714
	6	0.000 172	3.87	0.258
	β=0.006 60±0.000 13		β/λ=0.084 s	
^{238}U	1	0.000 210	0.013 2	75.76
	2	0.002 214	0.032 1	31.15
	3	0.002 618	0.139	7.19
	4	0.006 270	0.358	2.79
	5	0.003 635	1.41	0.709
	6	0.001 212	4.02	0.249
	β=0.016 1±0.000 62		β/λ=0.124 s	

续表

核素	组	β_i	λ_i/s^{-1}	τ_i/s
^{239}Pu	1	0.000 081	0.012 9	77.52
	2	0.000 594	0.031 1	32.15
	3	0.000 458	0.134	7.46
	4	0.000 695	0.331	3.02
	5	0.000 218	1.26	0.794
	6	0.000 074	3.21	0.312
	β=0.002 12±0.000 10		β/λ=0.031 s	
^{240}Pu	1	0.000 081	0.012 9	77.52
	2	0.000 789	0.031 3	31.95
	3	0.000 555	0.135	7.41
	4	0.001 012	0.333	3.00
	5	0.000 370	1.36	0.735
	6	0.000 084	4.04	0.247
	β=0.002 89±0.000 35		β/λ=0.038 9 s	
^{241}Pu	1	0.000 054	0.012 8	78.13
	2	0.001 246	0.029 9	33.44
	3	0.000 941	0.124	8.06
	4	0.002 122	0.352	2.84
	5	0.000 990	1.61	0.621
	6	0.000 087	3.47	0.288
	β=0.005 44±0.000 55		β/λ=0.062 s	

附录 2　常用拉普拉斯变换与 Z 变换表

	$f(t)$	$F(s)$	$F(z)$
1	$\delta(t)$	1	1
2	$\delta(t-kT)$	e^{-kTs}	z^{-k}
3	$1(t)$	$\frac{1}{s}$	$\frac{1}{1-z^{-1}}$
4	t	$\frac{1}{s^2}$	$\frac{Tz^{-1}}{(1-z^{-1})^2}$
5	$\frac{1}{2}t^2$	$\frac{1}{s^3}$	$\frac{T^2z^{-1}(1+z^{-1})}{2(1-z^{-1})^3}$
6	e^{-at}	$\frac{1}{s+a}$	$\frac{1}{1-e^{-aT}z^{-1}}$
7	$1-e^{-at}$	$\frac{a}{s(s+a)}$	$\frac{(1-e^{-aT})z}{(z-1)(z-e^{-aT})}$
8	te^{-at}	$\frac{1}{(s+a)^2}$	$\frac{Te^{-aT}z^{-1}}{(1-e^{-aT}z^{-1})^2}$
9	$a^{\frac{t}{T}}$	$\frac{1}{s-(\frac{1}{T})\ln a}$	$\frac{1}{1-az^{-1}}(a>0)$
10	$\sin\omega t$	$\frac{\omega}{s^2+\omega^2}$	$\frac{z^{-1}\sin\omega T}{1-2z^{-1}\cos\omega T+z^{-2}}$
11	$\cos\omega t$	$\frac{s}{s^2+\omega^2}$	$\frac{1-z^{-1}\cos\omega T}{1-2z^{-1}\cos\omega T+z^{-2}}$
12	$e^{-at}\sin\omega t$	$\frac{\omega}{(s+a)^2+\omega^2}$	$\frac{z^{-1}e^{-aT}\sin\omega T}{1-2z^{-1}e^{-aT}\cos\omega T+z^{-2}e^{-2aT}}$
13	$e^{-at}\cos\omega t$	$\frac{s+a}{(s+a)^2+\omega^2}$	$\frac{1-z^{-1}e^{-aT}\cos\omega T}{1-2z^{-1}e^{-aT}\cos\omega T+z^{-2}e^{-2aT}}$

附录3　核反应堆的传递函数

一、^{235}U 热堆的传递函数

$\Lambda = 10^{-3}$ s

$$K_R G_R(s) = \frac{n_0(s+3.01)(s+1.14)(s+0.301)(s+0.111)(s+0.0305)(s+0.0124)}{\Lambda s(s+6.90)(s+2.83)(s+1.01)(s+0.193)(s+0.0675)(s+0.0143)}$$

$\Lambda = 10^{-4}$ s

$$K_R G_R(s) = \frac{n_0(s+3.01)(s+1.14)(s+0.301)(s+0.111)(s+0.0305)(s+0.0124)}{\Lambda s(s+64.4)(s+2.90)(s+1.02)(s+0.195)(s+0.0681)(s+0.0143)}$$

$\Lambda = 10^{-5}$ s

$$K_R G_R(s) = \frac{n_0(s+3.01)(s+1.14)(s+0.301)(s+0.111)(s+0.0305)(s+0.0124)}{\Lambda s(s+640)(s+2.90)(s+1.02)(s+0.195)(s+0.0681)(s+0.0143)}$$

$\Lambda = 10^{-6}$ s

$$K_R G_R(s) = \frac{n_0(s+3.01)(s+1.14)(s+0.301)(s+0.111)(s+0.0305)(s+0.0124)}{\Lambda s(s+6400)(s+2.90)(s+1.02)(s+0.195)(s+0.0682)(s+0.0143)}$$

二、^{233}U 热堆的传递函数

$\Lambda = 10^{-3}$ s

$$K_R G_R(s) = \frac{n_0(s+2.50)(s+1.13)(s+0.326)(s+0.139)(s+0.034)(s+0.0126)}{\Lambda s(s+3.19)(s+2.07)(s+1.13)(s+0.226)(s+0.0961)(s+0.0163)}$$

$\Lambda = 10^{-4}$ s

$$K_R G_R(s) = \frac{n_0(s+2.50)(s+1.13)(s+0.326)(s+0.139)(s+0.034)(s+0.0126)}{\Lambda s(s+26.1)(s+2.37)(s+1.16)(s+0.206)(s+0.109)(s+0.0163)}$$

$\Lambda = 10^{-5}$ s

$$K_R G_R(s) = \frac{n_0(s+2.50)(s+1.13)(s+0.326)(s+0.139)(s+0.034)(s+0.0126)}{\Lambda s(s+259)(s+2.38)(s+1.16)(s+0.206)(s+0.109)(s+0.0163)}$$

$\Lambda = 10^{-6}$ s

$$K_R G_R(s) = \frac{n_0(s+2.50)(s+1.13)(s+0.326)(s+0.139)(s+0.034)(s+0.0126)}{\Lambda s(s+2590)(s+2.38)(s+1.15)(s+0.207)(s+0.108)(s+0.0163)}$$

三、^{239}Pu 热堆的传递函数

$\Lambda = 10^{-3}$ s

$$K_R G_R(s) = \frac{n_0(s+2.70)(s+1.12)(s+0.326)(s+0.124)(s+0.0301)(s+0.0128)}{\Lambda s(s+2.98)(s+2.00)(s+1.03)(s+0.286)(s+0.0547)(s+0.0164)}$$

$\Lambda = 10^{-4}$ s

$$K_R G_R(s)=\frac{n_0(s+2.70)(s+1.12)(s+0.326)(s+0.124)(s+0.030\,1)(s+0.012\,8)}{\Lambda s(s+20.9)(s+2.64)(s+1.02)(s+0.303)(s+0.054\,8)(s+0.016\,6)}$$

$\Lambda=10^{-5}$ s

$$K_R G_R(s)=\frac{n_0(s+2.70)(s+1.12)(s+0.326)(s+0.124)(s+0.030\,1)(s+0.012\,8)}{\Lambda s(s+206)(s+2.65)(s+1.02)(s+0.304)(s+0.054\,9)(s+0.016\,7)}$$

$\Lambda=10^{-6}$ s

$$K_R G_R(s)=\frac{n_0(s+2.70)(s+1.12)(s+0.326)(s+0.124)(s+0.030\,1)(s+0.012\,8)}{\Lambda s(s+2\,059)(s+2.65)(s+1.01)(s+0.309)(s+0.050\,5)(s+0.017\,9)}$$

四、^{238}U 快堆的传递函数

$\Lambda=10^{-3}$ s

$$K_R G_R(s)=\frac{n_0(s+4.03)(s+1.41)(s+0.360)(s+0.139)(s+0.032)(s+0.013\,2)}{\Lambda s(s+16.6)(s+3.66)(s+1.13)(s+0.214)(s+0.069\,9)(s+0.014\,4)}$$

$\Lambda=10^{-4}$ s

$$K_R G_R(s)=\frac{n_0(s+4.03)(s+1.41)(s+0.360)(s+0.139)(s+0.032)(s+0.013\,2)}{\Lambda s(s+158)(s+3.73)(s+1.14)(s+0.216)(s+0.069\,3)(s+0.014\,7)}$$

$\Lambda=10^{-5}$ s

$$K_R G_R(s)=\frac{n_0(s+4.03)(s+1.41)(s+0.360)(s+0.139)(s+0.032)(s+0.013\,2)}{\Lambda s(s+1\,571)(s+3.74)(s+1.14)(s+0.216)(s+0.069\,3)(s+0.014\,8)}$$

$\Lambda=10^{-6}$ s

$$K_R G_R(s)=\frac{n_0(s+4.03)(s+1.41)(s+0.360)(s+0.139)(s+0.032)(s+0.013\,2)}{\Lambda s(s+15\,700)(s+3.74)(s+1.14)(s+0.216)(s+0.069\,3)(s+0.014\,8)}$$

五、^{232}Th 快堆的传递函数

$\Lambda=10^{-3}$ s

$$K_R G_R(s)=\frac{n_0(s+3.29)(s+1.21)(s+0.321)(s+0.121)(s+0.033\,5)(s+0.012\,4)}{\Lambda s(s+22.0)(s+3.11)(s+1.07)(s+0.177)(s+0.069\,6)(s+0.015\,3)}$$

$\Lambda=10^{-4}$ s

$$K_R G_R(s)=\frac{n_0(s+3.29)(s+1.21)(s+0.321)(s+0.121)(s+0.033\,5)(s+0.012\,4)}{\Lambda s(s+216)(s+3.14)(s+1.07)(s+0.178)(s+0.069\,6)(s+0.015\,4)}$$

$\Lambda=10^{-5}$ s

$$K_R G_R(s)=\frac{n_0(s+3.29)(s+1.21)(s+0.321)(s+0.121)(s+0.033\,5)(s+0.012\,4)}{\Lambda s(s+2\,151)(s+3.14)(s+1.08)(s+0.178)(s+0.069\,7)(s+0.015\,4)}$$

$\Lambda=10^{-6}$ s

$$K_R G_R(s)=\frac{n_0(s+3.29)(s+1.21)(s+0.321)(s+0.121)(s+0.033\,5)(s+0.012\,4)}{\Lambda s(s+21\,500)(s+3.14)(s+1.08)(s+0.178)(s+0.069\,7)(s+0.015\,4)}$$

附录 4　核反应堆的对数频率特性曲线图

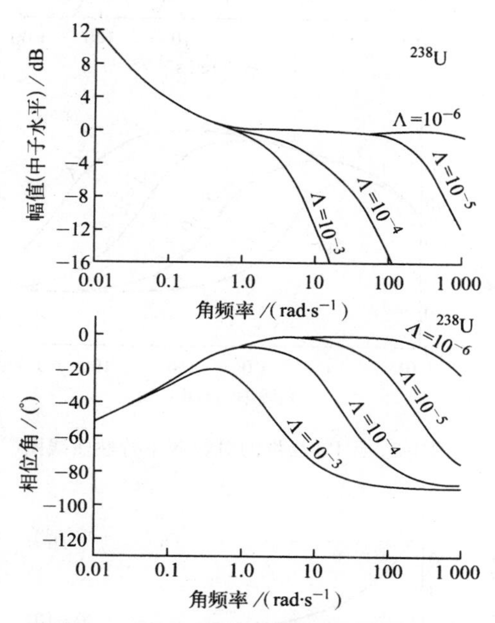

附图 4-1　^{238}U 快堆的对数频率特性曲线图

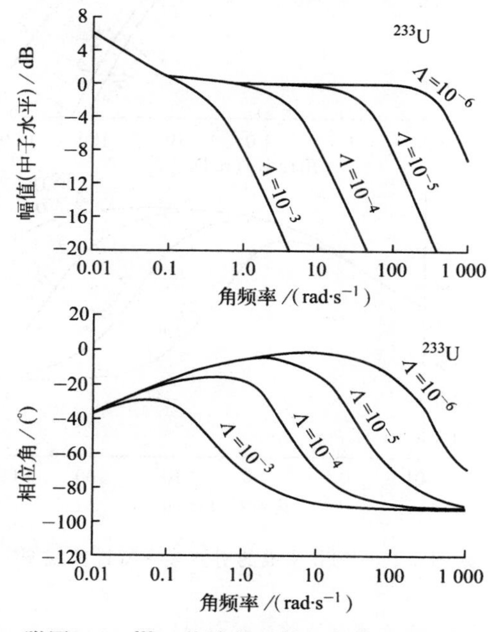

附图 4-2　^{233}U 热堆的对数频率特性曲线图

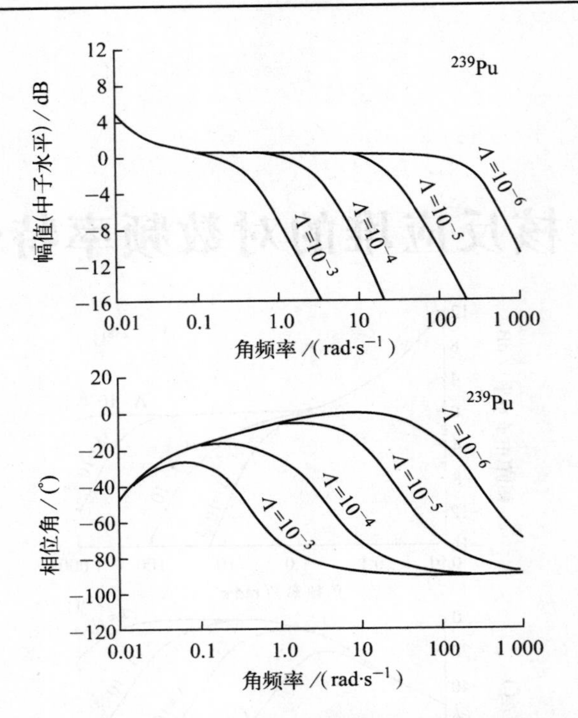

附图 4-3　^{239}Pu 热堆的对数频率特性曲线图

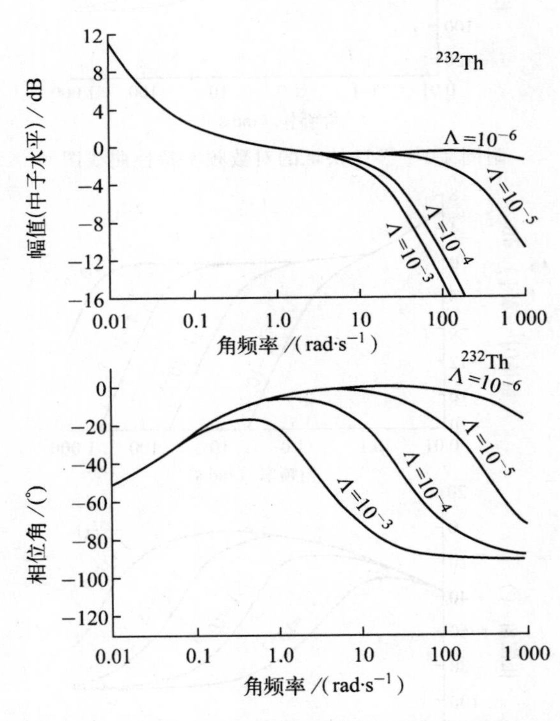

附图 4-4　^{232}Th 快堆的对数频率特性曲线图